GABCOM & GABMET
Acronyms of Compounds and Methods in Chemistry and Physics

1st Edition

Prepared and issued by — Gmelin-Institut für Anorganische Chemie der Max-Planck-Gesellschaft zur Förderung der Wissenschaften
Director: Ekkehard Fluck

Author of acronyms list GABCOM: R. Bohrer
Coauthors: B. Kalbskopf
H.-J. Richter-Ditten

Author of acronyms list GABMET: L. Leichner
Coauthor: E. Best

Data processing: A. Nebel, R. Maass and G. Olbrich

Springer-Verlag
Berlin · Heidelberg · New York · London · Paris · Tokyo · Hong Kong · Barcelona · Budapest   1993

ISBN 3-540-93653-X Springer-Verlag, Berlin · Heidelberg · New York · London · Paris · Tokyo · Hong Kong · Barcelona

This work is subject to copyright. All rights are reserved, whether the whole or part of the material is concerned specifically those of translation, reprinting, reuse of illustrations, broadcasting, reproduction by photocopying machine or similar means, and storage in data banks. Under §54 of the German Copyright Law where copies are made for other than private use, a fee is payable to "Verwaltungsgesellschaft Wort", Munich.

© by Gmelin-Institut Frankfurt/M. 1993
Printed in Germany

The use of registered names, trademarks, etc., in this publication does not imply, even in the absence of a specific statement, that such names are exempt from the relevant protective laws and regulations and therefore free for general use.

Production: Mrotzek. Werbeagentur. Heidelberg.

GABCOM & GABMET
Acronyms of Compounds and
Methods in Chemistry and Physics

GABCOM: GMELIN ABBREVIATIONS OF COMPOUNDS
GABMET: GMELIN ABBREVIATIONS OF METHODS

Table of Contents

1. **GABCOM: A List of Acronyms of Compounds** 2

   1.1 Purpose of the Compilation 2

   1.2 Data Status 2

   1.3 The different data items 1

       1.3.1 Abbreviation 1

       1.3.2 Systematic Names 2

       1.3.3 Linearized Structure Formula 2

       1.3.4 The Trivial Name 3

2. **GABMET: A List of Acronyms of Methods and Terms** 3

3. **The Databases GABCOM and GABMET** 4

4. **Updates** 4

A GABCOM List of Acronyms of Compounds 7

B GABMET List of Acronyms of Methods 307

1. GABCOM: A List of Acronyms of Compounds

1.1 Purpose of the Compilation

Requirements for precision and economy in modern scientific writing often necessitates the introduction of acronyms or abbreviations. In the fields of chemistry and biology acronyms for compounds are now widely used and methods of measurements in various experimental fields are sometimes better known by their abbreviations than by their original designations.

Because of the lack of generally recognized rules for abbreviating names of compounds (the recommendations by the International Union of Pure and Applied Chemistry (IUPAC) rules are not always followed), the meaning of acronyms encountered during the study of scholarly publications is far from being obvious. For instance, the list published with this book contains the acronym "TMP" nine times, denoting at least nine different compounds by the same term. On the other hand, at least eight different abbreviations have been found in the literature for the compound bis(2-ethylhexyl)phosporic acid ester: D2EGFK, D2EHHP, D2EHPA, DEHPA, EHPA, HD2EHP, HDEHP, PP.

It is the purpose of the present compilation of acronyms for chemical compounds to provide a quick reference to such unidentified abbreviations. The compilation may prove useful for readers of scientific literature in such diverse fields as chemistry, physical chemistry, physics, biology, and even medicine. However, it should be stressed that the present list can never be complete because every day new acronyms are "invented" and introduced into the literature.

1.2 Data Status

The book contains 3,646 different acronyms and 3,483 different compounds from almost any field of inorganic and organic chemistry. Chelating ligands and standard reagents used in analytical chemistry account for a large number of the acronyms. The entries in the compilation were taken from the original literature in the period of 1950 to 1990; abbreviations used in the review literature or those of trade names were also taken into account.

The frequency of occurrence of an acronym did not serve as a criterion for selection of the acronym. Acronyms for compounds in the field of biochemistry are only included if the constitution could be reasonably represented by a linearized formula. A linearized structure formula and the corresponding systematic name of a compound are included to facilitate the identification of an acronym by the user. This will be important in cases where the abbreviation has been derived from a semi-systematic name, e.g., "SAL2PHEN" and "SAL2PROP" are derived from "N,N'-bis(salicylidene)-o-phenylenediamine" and "N,N'-bis(salicylidene)propylenediamine", respectively. In this example, the first compound is a phenylene derivative, but the second originates from propane (propylene = propene!) as can be seen in the systematic name:

2,2'-[1,2-phenylenebis(nitrilomethylidyne)]bisphenol for 1,2-$(HO-C_6H_4-2-CH=N-)_2C_6H_4$

2,2'-[1,3-propanediylbis(nitrilomethylidyne)]bisphenol for
$$HO-C_6H_4-2-CH=N-CH_2CH_2CH_2-N=CH-2-C_6H_4-OH$$

The introduction of systematic names will facilitate access to information from the Chemical Abstracts Service (Registry Number, abstracts, structure, literature, etc).

1.3 The different data items

Entries in the list of compounds can contain up to four fields which are differentiated by their typographic appearence:

abbreviation systematic name
  formula
  (trivial) name

e.g.

1,4-(Bu)dab N,N'-bis(1,1-dimethylethyl)1,2-ethanediimine
  t-C_4H_9-N=CH-CH=N-C_4H_9-t
  1,4-di-tert.-butyl-1,4-diazabutadiene

The use of lower and upper case in the text fields follows the grammatical rules of the respective language.

1.3.1 Abbreviation

Generally, the entries of the list are sorted alphabetically according to acronym. However, the following special characters which can be a part of an acronym do not influence the sequence:

[ ] { } ( ) , ' " "' - .

The same applies to capital letters, blank spaces, and Greek letters. German "Umlaute" (ä, ö, ü) are sorted as "ae", "oe", and "ue".

According to these rules,

"15-aneN5" and "[15]aneN5"

are treated as identical, just as

"EDTA", Edta", or "edta".

The following sequence from the abbreviation list exemplifies these rules in context:

```
     . . .
     1,3-pd3a . . .
     13Pda . . .
     1,3-pdta . . .
     1,3-PN . . .
     1-3 TADAB . . .
     1,4,7-[11]aneN3 . . .
     1,4,7-[13]aneN3 . . .
     14-aneS4 . . .
     14Bda . . .
     1,4-(Bu)dab . . .
     14NQ . . .
     . . .
```

Special characters are treated as follows: "ß-Aad" is entered after "Aad" but not as "beta-Aad"; δ-Säure is sorted like "saeure" and is placed behind "SACSAC" and "1,2,4-Säure".

Information concerning structural isomerism of an abbreviated compound is often omitted by the author, this can even happen for a distinctive isomeric form, e.g., 9-

borabicyclo[3.3.1]nonane is found in the literature abbreviated as "9-BBN" and "BBN". Therefore, all abbreviations starting with a numeral were entered twice, provided that the number denotes structural isomerism and not, e.g. crown ethers. The second entry is sorted following the first letter:

...
FAD ...
FADH ...
1-FAL ...
...

There are no abbreviations of anions which derive from different degrees of protonation of polyvalent acids, e.g., $H3EDTA^-$, the list contains only abbreviations of neutral parent compounds, e.g. H4EDTA.

1.3.2 Systematic Names

The systematic names are derived following the rules of nomenclature as defined by the Chemical Abstracts Service (CAS) which are formulated in their "Chemical Substance Index" but without inverting the parent compound and substituents, for example:

methyl-2-bromo-3-chloropropanoate, $Cl-CH_2-CH(Br)-COO-CH_3$,

is listed in the CAS Chemical Substance Index as "propanoic acid, 2-bromo-3-chloro-methyl ester", but here it is denoted as "2-bromo-3-chloro propanoic acid methyl ester".

The reason to prefer CAS names over IUPAC names is that IUPAC frequently allows for several names for one compound while CAS can have only one to avoid multiple entries in the Chemical Substance Index. In some instances, IUPAC names are used where the corresponding CAS name is not systematic.

1.3.3 Linearized Structure Formula

For compounds exhibiting definitive structures linearized formulae are provided representing the specific constitution. In some cases the initial numeral is omitted in the linearized representations. E.g., adenosine-5'-triphosphate (ATP) is formulated as:

$(NH_2)N_4C_5H_2-OC_4H_4(OH)_2-CH_2-[OP(=O)(OH)]_2-O-P(=O)(OH)_2$.

Polyatomic ions are written in square brackets and separated by a space. Cations are placed in front of anions. Triple bonds are not denoted.

Mesomers and Isomers

For mesomeric systems only one of the resonance structures is given, in the case of tautomers only one structure is named. Prefixes and symbols for other isomeric forms (cis-, trans-, endo-, exo-, D-, L-, S-, R-, (+), (-), (±), etc.) are not considered. For better readability the prefixes "i-", "t-", and "c-" (for $R-CH(CH_3)_2$ and $R-C(CH_3)_3$, respectively, or "cyclo") were used. If no prefix is given before an alkyl fragment, "n" for "normal" is implied. The prefix "iso-" (not "i-"!) in front of a name indicates a not explicitely defined isomer or a mixture of isomers.

Ring Systems

Crown ethers and other large heterocyclic compounds with multiple atom sequences are split at an arbitrary position, e.g. $[-(CH_2CH_2-O)_3-]$ or $[-(N(CH_3)-CH_2CH_2CH_2)_4-]$

The numbering sequence of ring systems with different heteroatoms follows CAS rules and is always placed first, substituents appear either ahead or at the end of a formula:

$4\text{-}CH_3\text{-}1,3,2\text{-}O_2NC_2H_2$ for 4-methyl-1,3,2-dioxazole

$1,4\text{-}ONC_4H_7(=O)\text{-}3$ for 3-morpholinone

Hydrogen atoms at ring heteroatoms are not specifically marked. In monocyclic alkanes the prefix "c-" is used. In bicyclic ring systems the numbering sequence precedes the formula:

$[3.3.1]\text{-}9\text{-}BC_8H_{15}$ for "9-borabicyclo[3.3.1]nonane"

For the convenience of the user in some cases quasi-linearized structures are used:

$N(\text{-}CH_2CH_2\text{-})_3N$ for 1,4-diazabicyclo[2.2.2]octane

but

$NH_2\text{-}(CH_2)_6\text{-}NH_2$ for $NH_2\text{-}CH_2CH_2CH_2CH_2CH_2CH_2\text{-}NH_2$

1.3.4 The Trivial Name

If the abbreviation was not derived from the systematic but from the trivial name this is then entered on the last line in italics. No trivial name is given when the origin of the abbreviation is uncertain or just a logical short form (e.g. 12-crown-4).

The spelling of German and English trivial names follow the rules defined in Römpp's Chemie-Lexikon, 7. Edition, Stuttgart 1972-77.

---

2. GABMET: A List of Acronyms of Methods and Terms

Scientific literature in chemistry and physics contains acronyms of chemical, technical, and other methods, which are not always explicitely defined. This may be inconvenient in some cases.

Since there are no guidelines for defining acronyms, duplications serving different purposes are possible. For example, CIS is an acronym for:
- characteristic isochromate spectroscopy
- constant initial energy spectra
- constant initial state
- contact to inner solution

The current list of acronyms, GABMET, should aid a better understanding of scientific literature and enables the reader to check for the posssible existence of a particular acronym.

The alphabetically sorted list currently contains 4,218 abbreviations of methods and definitions used in physics, chemistry and technology.

3. The Databases GABCOM and GABMET

The acronym lists are also available as databases for IBM-compatible computers. They can be ordered from:

Springer Verlag
Dept. New Media
P.O. Box 10 52 80
D-6900 Heidelberg
Germany

4. Updates

We would appreciate additions (always citing the original literature reference) and comments which can be sent to:

Gmelin-Institut
c/o Registerabteilung
Varrentrappstr. 40/42
D-6000 Frankfurt/Main 90
Germany

FAX No. +49 69 7917 338

The databases will be updated annually and a new edition of the book will be published, if an appropriate number of new acronyms can be included.

A GABCOM List of Acronyms of Compounds

[10]aneN3 decahydro-1,4,7-triazecine
[-NH-CH_2CH_2-NH-CH_2CH_2-NH-$CH_2CH_2CH_2$-]
1,4,7-triazacyclodecane

1,12-DTPR phenanthro[1,10-cb:8,9-c'b']bisthiopyran
1,12-$S_2C_{18}H_{10}$
1,12-dithiaperylene

[11]aneN3 1,4,8-triazacycloundecane
[-NH-CH_2CH_2-NH-$CH_2CH_2CH_2$-NH-$CH_2CH_2CH_2$-]

1,2,4-Säure 4-amino-3-hydroxy 1-naphthalenesulfonic acid
4-NH_2-3-HO-$C_{10}H_5$-SO_3H-1
1-Amino-2-naphthol-4-sulfonsäure

[12]aneN3 1,5,9-triazacyclododecane
[-NH-$CH_2CH_2CH_2$-NH-$CH_2CH_2CH_2$-NH-$CH_2CH_2CH_2$-]

[12]aneS3 1,5,9-trithiacyclododecane
[-S-$CH_2CH_2CH_2$-S-$CH_2CH_2CH_2$-S-$CH_2CH_2CH_2$-]

12AS 12-(9-anthrylcarboxy)stearic acid
$C_{14}H_9$-9-COO-CH(C_6H_{13})-$(CH_2)_{10}$-COOH
12-(9-anthroyloxy)stearic acid

12BQ 3,5-cyclohexadiene-1,2-dione
$C_6H_4(=O)_2$-1,2
1,2-benzoquinone

12C4 1,4,7,10-tetraoxacyclododecane
[-CH_2CH_2-O-$]_4$
12-crown-4

12CHDA 1,2-cyclohexanediamine
c-$C_6H_{10}(NH_2)_2$-1,2

12-crown-4 1,4,7,10-tetraoxacyclododecane
[-CH_2CH_2-O-$]_4$

1,2-DTA 1,2-dithiane
1,2-$S_2C_4H_8$

12Eda 1,2-ethanediamine
NH_2-CH_2CH_2-NH_2

12N46D 3,4-dioxo-3,4-dihydro naphthalene-1,7-disulfonic acid, ion(2-)
$[3,4-(O=)_2-C_{10}H_4-(SO_3)_2-1,7]^{2-}$
1,2-naphthoquinone-4,6-disulfonate

12NQ	1,2-dihydro 1,2-naphthalenedione	

12NQ   1,2-dihydro 1,2-naphthalenedione
$C_{10}H_6(=O)_2$-1,2
1,2-naphthoquinone

12NQ4S   3,4-dioxo-3,4-dihydro 1-naphthalenesulfonic acid, ion(1-)
$[3,4\text{-}(O=)_2\text{-}C_{10}H_5\text{-}1\text{-}SO_3]^-$
1,2-naphthoquinone-4-sulfonate

1,2-PN   1,2-propanediamine
$NH_2\text{-}CH_2\text{-}CH(CH_3)\text{-}NH_2$

12S4   1,4,7,10-tetrathiacyclododecane
$[\text{-}CH_2CH_2\text{-}S\text{-}]_4$

13-aneS4   1,4,7,10-tetrathiacyclotridecane
$[\text{-}CH_2CH_2CH_2\text{-}S\text{-}(CH_2CH_2\text{-}S)_3\text{-}]$

1,3-CHXN   cis-1,3-cyclohexanediamine
$1,3\text{-}(NH_2)_2\text{-}C_6H_{10}$

13D2P   1,3-diamino 2-propanol
$NH_2\text{-}CH_2\text{-}CH(OH)\text{-}CH_2\text{-}NH_2$

13DAP   1,3-propanediamine
$NH_2\text{-}CH_2CH_2CH_2\text{-}NH_2$
1,3-diaminopropane

1,3-mpd3a   N-(carboxymethyl)-N-[3-{(carboxymethyl)(methyl)amino}propyl] glycine, ion(3-)
$[OOC\text{-}CH_2\text{-}N(CH_3)\text{-}CH_2CH_2CH_2\text{-}N(CH_2\text{-}COO)_2]^{3-}$
1,3-(N-methyl)propanediamine-N,N',N'-triacetate

1,3-mpdta   N,N'-[1-methyl-1,3-propanediyl]bis[N-(carboxymethyl)glycine], ion(4-)
$[(OOC\text{-}CH_2)_2N\text{-}CH_2CH_2\text{-}CH(CH_3)\text{-}N(CH_2\text{-}COO)_2]^{4-}$
1,3-methylpropylenediamine-N,N,N',N'-tetraacetate

1,3-pd3a   N-(carboxymethyl)-N-[3-{(carboxymethyl)amino}propyl]glycine, ion(3-)
$[OOC\text{-}CH_2\text{-}NH\text{-}CH_2CH_2CH_2\text{-}N(CH_2\text{-}COO)_2]^{3-}$
1,3-propanediamine-N,N,N'-triacetate

13Pda   1,3-propanediamine
$NH_2\text{-}CH_2CH_2CH_2\text{-}NH_2$

1,3-pdta   N,N'-(1,3-propanediyl)bis[N-(carboxymethyl)glycine], ion(4-)
$[(OOC\text{-}CH_2)_2N\text{-}CH_2CH_2CH_2\text{-}N(CH_2\text{-}COO)_2]^{4-}$
1,3-propanediamine-N,N,N',N'-tetraacetate

1,3-PN   1,3-propanediamine
$NH_2\text{-}CH_2CH_2CH_2\text{-}NH_2$

1-3 TADAB   4-(2-thiazolyl-azo) 1,3-benzenediamine
$4\text{-}(1,3\text{-}SNC_3H_2\text{-}2\text{-}N=N)\text{-}C_6H_3\text{-}(NH_2)_2\text{-}1,3$
4-(2-thiazolyl-azo) 1,3-diaminobenzene

1,4,7-[11]aneN3　　1,4,7-triazacycloundecane
　　　　　　　　　　[-NH-CH$_2$CH$_2$-NH-CH$_2$CH$_2$-NH-CH$_2$CH$_2$-CH$_2$CH$_2$-]

1,4,7-[13]aneN3　　1,4,7-triazacyclotridecane
　　　　　　　　　　[-NH-CH$_2$CH$_2$-NH-CH$_2$CH$_2$-NH-(CH$_2$)$_6$-]

14-aneS4　　　　　1,4,8,11-tetrathiacyclotetradecane
　　　　　　　　　　[-S-CH$_2$CH$_2$-S-CH$_2$CH$_2$CH$_2$-]$_2$

14Bda　　　　　　1,4-butanediamine
　　　　　　　　　　NH$_2$-CH$_2$CH$_2$-CH$_2$CH$_2$-NH$_2$

1,4-(Bu)dab　　　　N,N'-bis(1,1-dimethylethyl) 1,2-ethanediimine
　　　　　　　　　　t-C$_4$H$_9$-N=CH-CH=N-C$_4$H$_9$-t
　　　　　　　　　　1,4-di-tert.-butyl-1,4-diazabutadiene

14NQ　　　　　　1,4-dihydro 1,4-naphthalenedione
　　　　　　　　　　C$_{10}$H$_6$(=O)$_2$-1,4
　　　　　　　　　　1,4-naphthoquinone

14S4　　　　　　　1,4,8,11-tetrathiacyclotetradecane
　　　　　　　　　　[-S-CH$_2$CH$_2$-S-CH$_2$CH$_2$CH$_2$-]$_2$

14TMC　　　　　　1,4,8,11-tetramethyl-1,4,8,11-tetraazacyclotetradecane
　　　　　　　　　　[-N(CH$_3$)-C$_2$H$_4$-N(CH$_3$)-C$_3$H$_6$-N(CH$_3$)-C$_2$H$_4$-N(CH$_3$)-C$_3$H$_6$-]

[15]aneN3S2　　　1,4-dithia-7,10,13-triazacyclopentadecane
　　　　　　　　　　[-S-CH$_2$CH$_2$-S-CH$_2$CH$_2$-NH-CH$_2$CH$_2$-NH-CH$_2$CH$_2$-NH-CH$_2$CH$_2$-]

15-aneN4　　　　　1,4,8,12-tetraazacyclopentadecane
　　　　　　　　　　[-NH-CH$_2$CH$_2$-NH-CH$_2$CH$_2$CH$_2$-NH-CH$_2$CH$_2$CH$_2$-NH-CH$_2$CH$_2$CH$_2$-]

[15]aneN4O　　　　1-oxa-4,7,10,13-tetraazacyclopentadecane
　　　　　　　　　　[-O-CH$_2$CH$_2$-NH-CH$_2$CH$_2$-NH-CH$_2$CH$_2$-NH-CH$_2$CH$_2$-NH-CH$_2$CH$_2$-]

15-aneN5　　　　　1,4,7,10,13-pentaazacyclopentadecane
　　　　　　　　　　[-NH-CH$_2$CH$_2$-NH-CH$_2$CH$_2$-NH-CH$_2$CH$_2$-NH-CH$_2$CH$_2$-NH-CH$_2$CH$_2$-]

[15]aneN5　　　　　1,4,7,10,13-pentaazacyclopentadecane
　　　　　　　　　　[-NH-CH$_2$CH$_2$-NH-CH$_2$CH$_2$-NH-CH$_2$CH$_2$-NH-CH$_2$CH$_2$-NH-CH$_2$CH$_2$-]

[15]aneS5　　　　　1,4,7,10,13-pentathiacyclopentadecane
　　　　　　　　　　[-S-CH$_2$CH$_2$-S-CH$_2$CH$_2$-S-CH$_2$CH$_2$-S-CH$_2$CH$_2$-S-CH$_2$CH$_2$-]

15C5　　　　　　　1,4,7,10,13-pentaoxacyclopentadecane
　　　　　　　　　　[-CH$_2$CH$_2$-O-]$_5$
　　　　　　　　　　15-crown-5

15-crown-5　　　　1,4,7,10,13-pentaoxacyclopentadecane
　　　　　　　　　　[-CH$_2$CH$_2$-O-]$_5$

1,5-DTCO　　　　　1,5-dithiacyclooctane
　　　　　　　　　　[-S-CH$_2$CH$_2$CH$_2$-S-CH$_2$CH$_2$CH$_2$-]

1,5-I-AEDANS	5-[2-(iodoacetylamino)ethylamino] 1-naphthalenesulfonic acid 5-[I-CH$_2$-C(=O)-NH-CH$_2$CH$_2$-NH]-C$_{10}$H$_6$-1-SO$_3$H *N-iodoacetyl-5-ethyldiamine-1-naphthalenesulfonic acid*
1,5-J-AEDANS	5-[2-(iodoacetylamino)ethylamino] 1-naphthalenesulfonic acid 5-[I-CH$_2$-C(=O)-NH-CH$_2$CH$_2$-NH]-C$_{10}$H$_6$-1-SO$_3$H *N-Jodoacetyl-5-aethyldiamin-1-naphthalinsulfonsäure*
1,5-ptnta	N,N'-(1,5-pentanediyl)bis[N-(carboxymethyl)glycine], ion (4-) [(OOC-CH$_2$)$_2$N-(CH$_2$)$_5$-N(CH$_2$-COO)$_2$]$^{4-}$ *1,5-pentanediaminetetraacetate*
[15]pydieneN5	3,6,9,12,18-pentaazabicyclo[12.3.1]octadeca-2,12-diene [-N=CH-(2,6-NC$_5$H$_3$)-CH=N-CH$_2$CH$_2$-NH-CH$_2$CH$_2$-NH-CH$_2$CH$_2$-]
15S5	1,4,7,10,13-pentathiacyclopentadecane [-CH$_2$CH$_2$-S-]$_5$
15TMC	1,4,8,12-tetramethyl-1,4,8,12-tetraazacyclopentadecane [-N(CH$_3$)-C$_2$H$_4$-N(CH$_3$)-C$_3$H$_6$-N(CH$_3$)-C$_3$H$_6$-N(CH$_3$)-C$_3$H$_6$-]
16-aneN4	1,5,9,13-tetraazacyclohexadecane [-CH$_2$CH$_2$CH$_2$-NH-]$_4$
[16]aneN5	1,4,7,10,13-pentaazacyclohexadecane [-NH-CH$_2$CH$_2$-NH-CH$_2$CH$_2$-NH-CH$_2$CH$_2$-NH-CH$_2$CH$_2$-NH-(CH$_2$)$_3$-]
16C4	1,5,9,13-tetraoxacyclohexadecane [-CH$_2$CH$_2$CH$_2$-O-]$_4$ *16-crown-4*
16CROWN4	1,5,9,13-tetraoxacyclohexadecane [-CH$_2$CH$_2$CH$_2$-O-]$_4$
1,6-DTPY	[1]benzothiopyrano[6,5,4-def][1]benzothiopyran 1,6-S$_2$C$_{14}$H$_8$ *1,6-dithiapyrene*
[16]pydieneN5	3,6,10,13,19-pentaazabicyclo[13.3.1]nonadeca-2,13-diene [-N=CH-(2,6-NC$_5$H$_3$)-CH=N-CH$_2$CH$_2$-NH-CH$_2$CH$_2$CH$_2$-NH-CH$_2$CH$_2$-]
16TMC	1,5,9,13-tetramethyl-1,5,9,13-tetraazacyclohexadecane [-{N(CH$_3$)-CH$_2$CH$_2$CH$_2$}$_4$-]
[17B]aneN5	1,4,7,11,14-pentaazacycloheptadecane [-NH-CH$_2$CH$_2$-NH-CH$_2$CH$_2$-NH-(CH$_2$)$_3$-NH-CH$_2$CH$_2$-NH-(CH$_2$)$_3$-]
[17C]aneN5	1,4,7,10,13-pentaazacycloheptadecane [-NH-CH$_2$CH$_2$-NH-CH$_2$CH$_2$-NH-CH$_2$CH$_2$-NH-CH$_2$CH$_2$-NH-(CH$_2$)$_4$-]
1,7-DTPR	anthra[1,9-cb:5,10-c'b']bisthiopyran 1,7-S$_2$C$_{18}$H$_{10}$ *1,7-dithiaperylene*

[17]pydieneN5	3,7,10,14,20-pentaazabicyclo[14.3.1]eicosa-2,14-diene [-N=CH-(2,6-NC$_5$H$_3$)-CH=N-(CH$_2$)$_3$-NH-CH$_2$CH$_2$-NH-(CH$_2$)$_3$-]
[18A]aneN5	1,4,7,11,15-pentaazacyclooctadecane [-NH-CH$_2$CH$_2$-NH-CH$_2$CH$_2$-NH-(CH$_2$)$_3$-NH-(CH$_2$)$_3$-NH-(CH$_2$)$_3$-]
[18]aneS6	1,4,7,10,13,16-hexathiacyclooctadecane [-(S-CH$_2$CH$_2$)$_6$-]
[18B]aneN5	1,4,8,11,15-pentaazacyclooctadecane [-NH-CH$_2$CH$_2$-NH-(CH$_2$)$_3$-NH-CH$_2$CH$_2$-NH-(CH$_2$)$_3$-NH-(CH$_2$)$_3$-]
18C6	1,4,7,10,13,16-hexaoxacyclooctadecane [-CH$_2$CH$_2$-O-]$_6$ *18-crown-6*
[18C]aneN5	1,4,7,10,13-pentaazacyclooctadecane [-NH-CH$_2$CH$_2$-NH-CH$_2$CH$_2$-NH-CH$_2$CH$_2$-NH-CH$_2$CH$_2$-NH-(CH$_2$)$_5$-]
18-crown-6	1,4,7,10,13,16-hexaoxacyclooctadecane [-CH$_2$CH$_2$-O-]$_6$
1,8-DTPY	[2]benzothiopyrano[6,5,4-def][1]benzothiopyran 1,8-S$_2$C$_{14}$H$_8$ *1,8-dithiapyrene*
1,8-J-AEDANS	8-[2-(iodoacetylamino)ethylamino] 1-naphthalenesulfonic acid 8-[I-CH$_2$-C(=O)-NH-CH$_2$CH$_2$-NH]-C$_{10}$H$_6$-1-SO$_3$H *N-Jodoacetyl-8-aethyldiamin-1-naphthalinsulfonsäure*
18oda	1,8-octanediamine NH$_2$-(CH$_2$)$_8$-NH$_2$
18S6	1,4,7,10,13,16-hexathiacyclooctadecane [-CH$_2$CH$_2$-S-]$_6$
[19]aneN5	1,4,8,12,16-pentaazacyclononadecane [-NH-CH$_2$CH$_2$-NH-(CH$_2$)$_3$-NH-(CH$_2$)$_3$-NH-(CH$_2$)$_3$-NH-(CH$_2$)$_3$-]
[19B]aneN5	1,4,7,10,13-pentaazacyclononadecane [-NH-CH$_2$CH$_2$-NH-CH$_2$CH$_2$-NH-CH$_2$CH$_2$-NH-CH$_2$CH$_2$-NH-(CH$_2$)$_6$-]$_3$
1-FAL	1-fluoro propadiene CHF=C=CH$_2$ *1-fluoroallene*
1-FCP	1-fluorocyclopropene 1-F-c-C$_3$H$_3$
1-FIQTSC	2-(1-isoquinolinylmethylidene) hydrazinecarbothiamide 2-NC$_9$H$_6$-[CH=N-NH-C(=S)-NH$_2$]-1 *1-formylisoquinoline thiosemicarbazone*

1-FPP	1-fluoropropyne F-CC-CH$_3$	
1-FVM	1-fluoropropene CHF=CH-CH$_3$ *1-fluorovinylmethylene*	
1-MeCYT	4-amino-1-methyl 1H-pyrimidine-2-one 1-CH$_3$-4-NH$_2$-1,3-N$_2$C$_4$H$_2$(=O)-2 *1-methylcytosine*	
1-MeIMID	1-methyl 1,3-diazole 1-CH$_3$-1,3 N$_2$C$_3$H$_3$ *1-methyl-imidazole*	
1Np	1-naphthalenol C$_{10}$H$_7$-1-OH	
1NpAm	1-naphthalenamine C$_{10}$H$_7$-1-NH$_2$	
1NptA	1-naphthalenecarboxylic acid C$_{10}$H$_7$-1-COOH *1-naphthoic acid*	
1-PTS	2-phenyl hydrazinecarbothiamide C$_6$H$_5$-NH-NH-C(=S)NH$_2$ *1-phenyl-thiosemicarbazone*	
[20]aneN5	1,5,9,13,17-pentaazacycloeicosane [-NH-(CH$_2$)$_3$-NH-(CH$_2$)$_3$-NH-(CH$_2$)$_3$-NH-(CH$_2$)$_3$-NH-(CH$_2$)$_3$-]	
21C7	1,4,7,10,13,16,19-heptaoxacycloheneicosane [-CH$_2$CH$_2$-O-]$_7$ *21-crown-7*	
2,3,2-TET	3,7-diaza 1,9-nonanediamine [NH$_2$-CH$_2$CH$_2$-NH-CH$_2$CH$_2$CH$_2$-NH-CH$_2$CH$_2$-NH$_2$] *1,4,8,11-tetraaza-undecane*	
235MBQ	2,3,5-trimethyl 2,5-cyclohexadiene-1,4-dione 2,3,5-(CH$_3$)$_3$-C$_6$H(=O)$_2$-1,4 *2,3,5-trimethyl-1,4-benzoquinone*	
2,3,6-TBA	2,3,6-trichloro benzoic acid 2,3,6-Cl$_3$-C$_6$H$_2$-COOH	
23C14B	2,3-dichloro 2,5-cyclohexadiene-1,4-dione 2,3-Cl$_2$-C$_6$H$_2$(=O)$_2$-1,4 *2,3-dichloro-1,4-benzoquinone*	
23M14B	2,3-dimethyl 2,5-cyclohexadiene-1,4-dione 2,3-(CH$_3$)$_2$-C$_6$H$_2$(=O)$_2$-1,4 *2,3-dimethyl-1,4-benzoquinone*	

2,4,5-T	2,4,5-trichlorophenoxy acetic acid $2,4,5\text{-}Cl_3\text{-}C_6H_2\text{-}O\text{-}CH_2\text{-}COOH$
2,4,5-TB	4-(2,4,5-trichlorophenoxy) butanoic acid $2,4,5\text{-}Cl_3\text{-}C_6H_2\text{-}O\text{-}CH_2CH_2CH_2\text{-}COOH$
2,4,5-TCPPA	2-(2,4,5-trichlorophenoxy) propanoic acid $2,4,5\text{-}Cl_3\text{-}C_6H_2\text{-}O\text{-}CH(CH_3)\text{-}COOH$
2,4,5-TP	2-(2,4,5-trichlorophenoxy) propanoic acid $2,4,5\text{-}Cl_3\text{-}C_6H_2\text{-}O\text{-}CH(CH_3)\text{-}COOH$
[24]aneS6	1,5,9,13,17,21-hexathiacyclotetracosane $[\text{-}CH_2CH_2CH_2\text{-}S\text{-}]_6$
24C8	1,4,7,10,13,16,19,22-octaoxacyclotetracosane $[\text{-}CH_2CH_2\text{-}O\text{-}]_8$ *24-crown-8*
2,4-D	2,4-dichlorophenoxy acetic acid $2,4\text{-}Cl_2\text{-}C_6H_3\text{-}O\text{-}CH_2\text{-}COOH$
2,4-DB	4-(2,4-dichlorophenoxy) butanoic acid $2,4\text{-}Cl_2\text{-}C_6H_3\text{-}O\text{-}CH_2CH_2CH_2\text{-}COOH$
2,4-DEP	phosphorous acid tris[2-(2,4-dichlorophenoxy)ethyl] ester $(2,4\text{-}Cl_2\text{-}C_6H_3\text{-}O\text{-}CH_2CH_2\text{-}O)_3P$ *O,O,O-tris-(2,4-dichlorophenoxy-ethyl)-phosphite*
2,4-DES	sodium 2-(2,4-dichlorophenoxy)ethyl sulfate $Na\ [2,4\text{-}Cl_2\text{-}C_6H_3\text{-}O\text{-}CH_2CH_2\text{-}O\text{-}SO_3]$
2,4-DP	2-(2,4-dichlorophenoxy) propanoic acid $2,4\text{-}Cl_2\text{-}C_6H_3\text{-}O\text{-}CH(CH_3)\text{-}COOH$
2,4-ptnta	N,N'-[1,3-dimethyl-1,3-propanediyl]bis[N-(carboxymethyl)glycine], ion(4-) $[(OOC\text{-}CH_2)_2N\text{-}CH(CH_3)\text{-}CH_2\text{-}CH(CH_3)\text{-}N(CH_2\text{-}COO)_2]^{4-}$ *2,4-pentanediaminetetraacetate*
24S6	1,5,9,13,17,21-hexathiacyclotetracosane $[\text{-}CH_2CH_2CH_2\text{-}S\text{-}]_6$
25B14B	2,5-dibromo 2,5-cyclohexadiene-1,4-dione $2,5\text{-}Br_2\text{-}C_6H_2(=O)_2\text{-}1,4$ *2,5-dibromo-1,4-benzoquinone*
25C14B	2,5-dichloro 2,5-cyclohexadiene-1,4-dione $2,5\text{-}Cl_2\text{-}C_6H_2(=O)_2\text{-}1,4$ *2,5-dichloro-1,4-benzoquinone*
25DMBQ	2,5-dimethyl 2,5-cyclohexadiene-1,4-dione $2,5\text{-}(CH_3)_2\text{-}C_6H_2(=O)_2\text{-}1,4$ *2,5-dimethyl-1,4-benzoquinone*

25E14B	2,5-diethoxy 2,5-cyclohexadiene-1,4-dione $2,5\text{-}(C_2H_5\text{-}O)_2\text{-}C_6H_2(=O)_2\text{-}1,4$ *2,5-diethoxy-1,4-benzoquinone*
25H14B	2,5-dihydroxy 2,5-cyclohexadiene-1,4-dione $2,5\text{-}(HO)_2\text{-}C_6H_2(=O)_2\text{-}1,4$ *2,5-dihydroxy-1,4-benzoquinone*
25M14B	2,5-dimethoxy 2,5-cyclohexadiene-1,4-dione $2,5\text{-}(CH_3\text{-}O)_2\text{-}C_6H_2(=O)_2\text{-}1,4$ *2,5-dimethoxy-1,4-benzoquinone*
26C14B	2,6-dichloro 2,5-cyclohexadiene-1,4-dione $2,6\text{-}Cl_2\text{-}C_6H_2(=O)_2\text{-}1,4$ *2,6-dichloro-1,4-benzoquinone*
26CPIP	2,6-dichloro-4-(4-hydroxyphenylimino)-2,5-cyclohexadien-1-one $2,6\text{-}Cl_2\text{-}4\text{-}[HO\text{-}4\text{-}C_6H_4\text{-}N=]\text{-}C_6H_2(=O)$ *2,6-dichlorophenol-indophenol*
26Dma	2,6-dimethyl benzenamine $2,6\text{-}(CH_3)_2\text{-}C_6H_3\text{-}NH_2$ *2,6-dimethylaniline*
26M14B	2,6-dimethoxy 2,5-cyclohexadiene-1,4-dione $2,6\text{-}(CH_3\text{-}O)_2\text{-}C_6H_2(=O)_2\text{-}1,4$ *2,6-dimethoxy-1,4-benzoquinone*
26M4P	2,6-dimethyl 4(4H)-pyranone $2,6\text{-}(CH_3)_2\text{-}OC_5H_2(=O)\text{-}4$
2,6-TNS	6-(4-methylphenylamino) 2-naphthalenesulfonic acid $HO_3S\text{-}2\text{-}C_{10}H_6\text{-}6\text{-}(NH\text{-}C_6H_4\text{-}4\text{-}CH_3)$ *6-(p-toluidino)-2-naphthalenesulfonic acid*
2,7-DMNAPY	2,7-dimethyl-1,8.naphthyridine $2,7\text{-}(CH_3)_2\text{-}1,8\text{-}N_2C_8H_4$
2,7-MSDTPY	2,7-bis(methylseleno) [1]benzothiopyrano[6,5,4-def][1]benzothiopyran $2,7\text{-}(CH_3\text{-}Se)_2\text{-}1,6\text{-}S_2C_{14}H_6$ *2,7-bis(methylseleno)-1,6-dithiapyrene*
2,7-MTDTPY	2,7-bis(methylthio) [1]benzothiopyrano[6,5,4-def][1]benzothiopyran $2,7\text{-}(CH_3\text{-}S)_2\text{-}1,6\text{-}S_2C_{14}H_6$ *2,7-bis(methylthio)-1,6-dithiapyrene*
2AAa	glycine $NH_2\text{-}CH_2\text{-}COOH$ *2-amino acetic acid*
2ABA	2-amino benzoic acid $2\text{-}NH_2\text{-}C_6H_4\text{-}COOH$

2AP	2-amino phenol $2\text{-}NH_2\text{-}C_6H_4\text{-}OH$
2Apa	alanine $CH_3\text{-}CH(NH_2)\text{-}COOH$ *2-amino propanoic acid*
2APy	2-pyridinamine $NC_5H_4\text{-}2\text{-}NH_2$ *2-amino pyridine*
2AS	2-(9-anthrylcarboxy)stearic acid $C_{14}H_9\text{-}9\text{-}COO\text{-}CH(C_{16}H_{33})COOH$ *2-(9-anthroyloxy)stearic acid*
2B5M14	2-bromo-5-methyl 2,5-cyclohexadiene-1,4-dione $2\text{-}Br\text{-}5\text{-}CH_3\text{-}C_6H_2(=O)_2\text{-}1,4$ *2-bromo-5-methyl-1,4-benzoquinone*
2BrPy	2-bromo pyridine $2\text{-}Br\text{-}NC_5H_4$
2C5M14	2-chloro-5-methyl 2,5-cyclohexadiene-1,4-dione $2\text{-}Cl\text{-}5\text{-}CH_3\text{-}C_6H_2(=O)_2\text{-}1,4$ *2-chloro-5-methyl-1,4-benzoquinone*
2-CEA	N-(2-chloroethyl)-N-ethyl-2-methyl benzenemethanamine $Cl\text{-}CH_2CH_2\text{-}N(C_2H_5)\text{-}CH_2\text{-}C_6H_4\text{-}2\text{-}CH_3$
2'-CMP	cytidine-2'-(dihydrogenmonophosphate) $(O=)(NH_2)N_2C_4H_2\text{-}OC_4H_4(OH)(CH_2\text{-}OH)\text{-}O\text{-}P(=O)(OH)_2$ *cytidine-2'-monophosphate*
2CPy	2-chloro pyridine $2\text{-}Cl\text{-}NC_5H_4$
2EHHPP	phenylphosphonic acid mono(2-ethylhexyl) ester $C_6H_5\text{-}P(=O)(OH)\text{-}O\text{-}CH_2\text{-}CH(C_2H_5)\text{-}C_4H_9$ *2-ethylhexyl hydrogen phenylphosphonate*
2-EH(Φ)PA	phosphoric acid mono(2-ethylhexyl) monophenyl ester $HO\text{-}P(=O)(O\text{-}C_6H_5)\text{-}O\text{-}CH_2\text{-}CH(C_2H_5)\text{-}C_4H_9$ *2-ethylhexylphenyl-phosphoric acid*
2EHPPA	phenylphosphonic acid mono(2-ethylhexyl) ester $C_6H_5\text{-}P(=O)(OH)\text{-}O\text{-}CH_2\text{-}CH(C_2H_5)\text{-}C_4H_9$ *2-ethylhexyl phenylphosphonic acid*
2-EHPPA	phenylphosphonic acid mono(2-ethylhexyl) ester $C_6H_5\text{-}P(=O)(OH)\text{-}O\text{-}CH_2\text{-}CH(C_2H_5)\text{-}C_4H_9$ *2-ethylhexyl phenylphosphonate*
2FPy	2-fluoropyridine $2\text{-}F\text{-}NC_5H_4$

2-FPYTSC	2-(2-pyridylmethylidene) hydrazinecarbothiamide NC_5H_4-[CH=N-NH-C(=S)-NH_2]-2 *2-formylpyridine thiosemicarbazone*
2-FTTSC	2-(2-thienylmethylidene) hydrazinecarbothiamide SC_4H_3-2-CH=N-NH-C(=S)-NH_2 *2-formylthiophene-thiosemicarbazone*
2'-GMP	guanosine-2'-(dihydrogenmonophosphate) (O=)(NH_2)$N_4C_5H_2$-OC_4H_4(OH)(CH_2-OH)-O-P(=O)$(OH)_2$ *guanosine-2'-monophosphate*
2-HIMDA	N-carboxymethyl-N-(2-hydroxyethyl) glycine HO-CH_2CH_2-N(CH_2-COOH)$_2$ *N-(2-hydroxyethyl)iminodiacetic acid*
2-IMDPT	N-(imidazol-2-ylmethyl)-N'-[3-(imidazol-2-ylmethylamino)propyl]-1,3-propanediamine (1,3-$N_2C_3H_3$)-2-CH_2-(NH-$CH_2CH_2CH_2$)$_2$-NH-CH_2-2-(1,3-$N_2C_3H_3$) *1,11-bis(imidazol-2-yl)-2,6,10-triazaundecane*
2IPy	2-iodo pyridine 2-I-NC_5H_4
2M14BQ	2-methyl 2,5-cyclohexadiene-1,4-dione 2-CH_3-C_6H_3(=O)$_2$-1,4 *2-methyl-1,4-benzoquinone*
2M5i14	2-methyl-5-(1-methylethyl) 2,5-cyclohexadiene-1,4-dione 2-CH_3-5-(i-C_3H_7)-C_6H_2(=O)$_2$-1,4 *2-methyl-5-isopropyl-1,4-benzoquinone*
2-Me[9]aneN2O	2-methyl-2,3,4,5,6,7,8,9-octahydro1H-1,4,7-oxadiazonine [-O-CH(CH_3)-CH_2-NH-CH_2CH_2-NH-CH_2CH_2-] *2-methyl 1-oxa-4,7-diazacyclononane*
2-Me[9]aneN3	2-methyl 2,3,4,5,6,7,8,9-octahydro-1H-1,4,7-triazonine [-NH-CH(CH_3)-CH_2-NH-CH_2CH_2-NH-CH_2CH_2-] *2-methyl 1,4,7-triazacyclononane*
2Mea	2-amino ethanethiol NH_2-CH_2CH_2-SH *2-mercaptoethylamine*
2-MePIPDTC	2-methyl piperidine-1-carbodithioic acid, ion(1-) [2-CH_3-NC_5H_9-1-CS_2]$^-$ *2-methyl-piperidine-dithiocarbamate*
2-MeTHF	2-methyl tetrahydrofuran 2-CH_3-OC_4H_7
2MPa	2-mercapto propanoic acid HS-CH(CH_3)-COOH

2MPy   2-methyl pyridine
                    2-CH_3-NC_5H_4

2Mxp   2-methoxy pyridine
                    2-(CH_3-O)-NC_5H_4

2NP   2-nitro propane
                    $(CH_3)_2$CH-NO_2

2Np   2-naphthalenol
                    $C_{10}H_7$-2-OH

2NpAm   2-naphthalenamine
                    $C_{10}H_7$-2-NH_2

2NptA   2-naphthalenecarboxylic acid
                    $C_{10}H_7$-2-COOH
                    2-naphthoic acid

2OHQ   2-quinolinol
                    1-NC_9H_6-2-OH
                    2-hydroxyquinoline

2-PAM   2-(hydroxyiminomethyl)-1-methyl pyridinium iodide
                    [1-CH_3-NC_5H_4-2-CH=N-OH] I
                    2-pyridine-2-aldoxime-N-methyl-iodide

2-PAM-chlorid   2-(hydroxyiminomethyl)-1-methyl pyridinium chloride
                    [1-CH_3-NC_5H_4-2-CH=N-OH] Cl
                    2-pyridine-2-aldoxime-N-methyl-chloride

2PATSC   2-(pyridylmethylidene) hydrazinecarbothiamide
                    NC_5H_4-2-CH=N-NH-C(=S)-NH_2
                    2-pyridinaldehyde thiosemicarbazone

2-PDS   2,2'-dithiobis(pyridine)
                    NC_5H_4-2-SS-2'-NC_5H_4
                    di-(2-pyridyl)-disulfide

2-pea   α-methyl 2-pyridinemethanamine
                    NC_5H_4-2-CH(CH_3)-NH_2
                    1-(2-pyridyl) ethanamine

2PeoA   trans-2-pentenoic acid
                    C_2H_5-CH=CH-COOH

2-PG   3-hydroxy-2-phosphonooxy propanoic acid
                    HO-CH_2-CH(COOH)-O-P(=O)$(OH)_2$
                    D-2-phosphoglyceric acid

2-pic   2-pyridinemethanamine
                    NC_5H_4-2-CH_2-NH_2
                    2-picolinylamine

2 R-Säure	3-amino-5-hydroxy 2,7-naphthalenedisulfonic acid $3\text{-}NH_2\text{-}5\text{-}HO\text{-}C_{10}H_4\text{-}(SO_3H)_2\text{-}2,7$
2SQ	quinoline-2-thiol $1\text{-}NC_9H_6\text{-}2\text{-}SH$ *2-mercaptoquinoline*
2tBa	2-(1,1-dimethylethyl) benzenamine $2\text{-}(t\text{-}C_4H_9)\text{-}C_6H_4\text{-}NH_2$ *2-tert.-butylaniline*
2-TST	2-(trimethylsilyl) thiazole $2\text{-}(CH_3)_3Si\text{-}1,3\text{-}SNC_3H_2$
3,10-DTPR	phenanthro[1,10-bc:8,9-b'c']bisthiopyran $3,10\text{-}S_2C_{18}H_{10}$ *3,10-dithiaperylene*
3,10-DTPR(Ph)2	2,11-diphenyl phenanthro[1,10-bc:8,9-b'c']bisthiopyran $2,11\text{-}(C_6H_5)_2\text{-}3,10\text{-}S_2C_{18}H_8$ *2,11-diphenyl 3,10-dithiaperylene*
3',5'-cGMP	cyclic-3',5'-(hydrogen phosphate) guanosine $[(NH_2)N_4C_5H_2(=O)]\text{-}O_3PC_5H_6(=O)(OH)_2$ *cyclic-guanosine-3',5'-monophosphate*
3,8-MTDTPY	3,8-bis(methylthio) [1]benzothiopyrano[6,5,4-def][1]benzothiopyran $3,8\text{-}(CH_3\text{-}S)_2\text{-}1,6\text{-}S_2C_{14}H_6$ *3,8-bis(methylthio)-1,6-dithiapyrene*
3,9-DTPR	anthra[1,9-bc:5,10-b'c']bisthiopyran $3,9\text{-}S_2C_{18}H_{10}$ *3,9-dithiaperylene*
3ABA	3-amino benzoic acid $3\text{-}NH_2\text{-}C_6H_4\text{-}COOH$
3AcPy	1-(3-pyridyl) ethanone $3\text{-}[CH_3\text{-}C(=O)]\text{-}NC_5H_4$ *3-acetyl pyridine*
3'-AMP	adenosine-3'-(dihydrogenmonophosphate) $(NH_2)N_4C_5H_2\text{-}OC_4H_4(OH)(CH_2\text{-}OH)\text{-}O\text{-}P(=O)(OH)_2$ *adenosine-3'-monophosphate*
3AP	3-amino phenol $3\text{-}NH_2\text{-}C_6H_4\text{-}OH$
3APA	ß-alanine $NH_2\text{-}CH_2CH_2\text{-}COOH$ *3-amino propionic acid*

3APy   3-pyridinamine
                  NC_5H_4-3-NH_2
                  3-amino pyridine

3-chloro-CCP [(3-chlorophenyl)hydrazono] propanedinitrile
                  $(NC)_2$C=N-NH-C_6H_4-3-Cl
                  3-chloro-carbonylcyanidephenylhydrazone

3'-CMP   cytidine-3'-(dihydrogenmonophosphate)
                  (O=)(NH_2)$N_2C_4H_2$-OC_4H_4(OH)(CH_2-OH)-O-P(=O)$(OH)_2$
                  cytidine-3'-monophosphate

3-CNACAC   2-acetyl-3-oxo butanenitrile
                  CH_3-C(=O)-CH(CN)-C(=O)-CH_3
                  3-cyanopentane-2,4-dione

3CNPy   3-pyridinecarbonitrile
                  NC_5H_4-3-CN
                  3-cyano pyridine

3CPy   3-chloro pyridine
                  3-Cl-NC_5H_4

3-FCP   3-fluorocyclopropene
                  3-F-c-C_3H_3

3-FPP   3-fluoropropyne
                  HCC-CH_2F

3-FVM   3-fluoropropene
                  CH_2=CH-CH_2F
                  3-fluorovinylmethylene

3'-GMP   guanosine-3'-(dihydrogenmonophosphate)
                  (O=)(NH_2)$N_4C_5H_2$-OC_4H_4(OH)(CH_2-OH)-O-P(=O)$(OH)_2$
                  guanosine-3'-monophosphate

3Hyp   3-hydroxy pyrrolidine-2-carboxylic acid
                  3-HO-NC_4H_7-2-COOH
                  3-hydroxyproline

3-MeACAC   3-methylpentane-2,4-dione
                  CH_3-C(=O)-CH(CH_3)-C(=O)-CH_3

3-MePIPDTC   3-methyl piperidine-1-carbodithioic acid, ion(1-)
                  [3-CH_3-NC_5H_9-1-CS_2]$^-$
                  3-methyl-piperidine-dithiocarbamate

3MPy   3-methyl pyridine
                  3-CH_3-NC_5H_4

3Mxp   3-methoxy pyridine
                  3-(CH_3-O)-NC_5H_4

3OHQ   3-quinolinol
                 1-NC_9H_6-3-OH
                 3-hydroxyquinoline

3PeoA   trans-3-pentenoic acid
                 CH_3-CH=CH-CH_2-COOH

3-PG   2-hydroxy-3-phosphono propanoic acid
                 O=P(OH)$_2$-O-CH_2-CH(OH)-COOH
                 3-phosphoglycerate

3-PYR-PY   3-(pyrrol-1-ylmethyl)-pyridine
                 3-(C_4H_4N-1-CH_2)-C_5H_4N

3SQ   quinoline-3-thiol
                 1-NC_9H_6-3-SH
                 3-mercaptoquinoline

4-(2,4-DB)   4-(2,4-dichlorophenoxy) butanoic acid
                 2,4-Cl_2-C_6H_3-O-$CH_2CH_2CH_2$-COOH

4ABA   4-amino benzoic acid
                 4-NH_2-C_6H_4-COOH

4AP   4-amino phenol
                 4-NH_2-C_6H_4-OH

4-Apdtc   N-(1,5-dimethyl-3-oxo-2-phenyl-1,2-dihydro-1H-pyrazol-4-yl) dithiocarbamic acid
                 4-[HS-C(=S)NH]-1,5-$(CH_3)_2$-2-C_6H_5-1,2-N_2C_3(=O)-3
                 4-aminophenazone dithiocarbamic acid

4APy   4-pyridinamine
                 NC_5H_4-4-NH_2
                 4-amino pyridine

4-CPA   4-chlorophenoxy acetic acid
                 Cl-4-C_6H_4-O-CH_2-COOH

4EtTSC   N-ethyl hydrazinecarbothiamide
                 NH_2-NH-C(=S)-NH-C_2H_5
                 4-ethyl thiosemicarbazide

4-FPYTSC   2-(4-pyridylmethylidene) hydrazinecarbothiamide
                 NC_5H_4-[CH=N-NH-C(=S)-NH_2]-4
                 4-formylpyridine-thiosemicarbazone

4Hyp   4-hydroxy pyrrolidine-2-carboxylic acid
                 4-HO-NC_4H_7-2-COOH
                 4-hydroxyproline

4-IMDPT   N-(imidazol-4-ylmethyl)-N'-[3-(imidazol-4-ylmethylamino)propyl]-
                 1,3-propanediamine
                 (1,3-$N_2C_3H_3$)-4-CH_2-NH-$(CH_2CH_2CH_2$-NH)$_2$-CH_2-4-(1,3-$N_2C_3H_3$)
                 1,11-bis(imidazol-4-yl)-2,6,10-triazaundecane

4-MePIPDTC	4-methyl piperidine-1-carbodithioic acid, ion(1-)	
	[4-CH_3-NC_5H_9-1-CS_2]$^-$	
	4-methyl-piperidine-dithiocarbamate	
4-MeTZ	4-methyl thiazole	
	1,3-$SNC_3H_2(CH_3)$-4	
4MPy	4-methyl pyridine	
	4-CH_3-NC_5H_4	
4-MU	7-hydroxy-4-methyl 2H-1-benzopyran-2-one	
	7-HO-4-CH_3-1-OC_9H_4(=O)-2	
	4-methylumbelliferone	
4Mxp	4-methoxy pyridine	
	4-(CH_3-O)-NC_5H_4	
4OHQ	4-quinolinol	
	1-NC_9H_6-4-OH	
	4-hydroxyquinoline	
4-PEC	S-[2-(4-pyridinyl)-ethyl]-L-cysteine	
	NC_5H_4-4-CH_2CH_2-S-CH_2-CH(NH_2)-COOH	
4-PEP	2-amino-3-methyl-3-[2-(4-pyridyl)ethylthio] butanoic acid	
	NC_5H_4-4-CH_2CH_2-S-C(CH_3)$_2$-CH(NH_2)-COOH	
	S-[2-(4-pyridyl)ethyl]-DL-penicillamine	
4-phenyl-TAD	4-phenyl-(δ)1-1,2,4-triazoline-3,5-dione	
	4-C_6H_5-1,2,4-N_3C_2(=O)$_2$-3,5	
4-PPy	4-phenyl pyridine	
	4-C_6H_5-C_5H_4N	
4-PTS	N-phenyl hydrazinecarbothiamide	
	NH_2-NH-C(=S)-NH-C_6H_5	
	4-phenyl-thiosemicarbazide	
4SQ	quinoline-4-thiol	
	1-NC_9H_6-4-SH	
	4-mercaptoquinoline	
5,7-DHT	3-(2-aminoethyl) 1H-indole-5,7-diol	
	5,7-(HO)$_2$-1-NC_8H_3-3-CH_2CH_2-NH_2	
	5,7-dihydroxy tryptamine	
5'-AMP	adenosine-5'-(dihydrogenmonophosphate)	
	(NH_2)$N_4C_5H_2$-OC_4H_4(OH)$_2$-CH_2-O-P(=O)(OH)$_2$	
	adenosine-5'-monophosphate	
5-AP	1,10-phenanthrolin-5-amine	
	5-NH_2-1,10-$N_2C_{12}H_7$	
	5-amino-1,10-phenanthroline	

5-ASA 5-amino-2-hydroxy benzoic acid
$5\text{-}NH_2\text{-}2\text{-}HO\text{-}C_6H_3\text{-}COOH$
5-amino salicylic acid

5'-ATP adenosine-5'-(tetrahydrogentriphosphate)
$(NH_2)N_4C_5H_2\text{-}OC_4H_4(OH)_2\text{-}CH_2\text{-}O\text{-}[P(=O)(OH)]_2\text{-}P(=O)(OH)_2$
adenosine-5'-triphosphate

5Avl 5-amino pentanoic acid
$NH_2\text{-}CH_2CH_2\text{-}CH_2CH_2\text{-}COOH$
5-aminovaleric acid

5-Br-PSAA 3-[{3-amino-4-((5-bromo-2-pyridinyl)azo)phenyl}propylamino]
1-propanesulfonic acid
$3\text{-}NH_2\text{-}4\text{-}(5\text{-}Br\text{-}NC_5H_3\text{-}2\text{-}N=N)\text{-}C_6H_3\text{-}N(C_3H_7)\text{-}CH_2CH_2CH_2\text{-}SO_3H$
(5-bromo-2-pyridylazo)-(N-propyl-3-sulfopropylamino)aniline

5'-CDP cytidine-5'-(trihydrogendiphosphate)
$(O=)(NH_2)N_2C_4H_2\text{-}OC_4H_4(OH)_2\text{-}CH_2\text{-}O\text{-}P(=O)(OH)\text{-}O\text{-}P(=O)(OH)_2$
cytidine-5'-diphosphate

5-Cl-PADAP 2-(5-chloro-2-pyridylazo)-5-diethylamino phenol
$2\text{-}(Cl\text{-}5\text{-}NC_5H_3\text{-}2\text{-}N=N)\text{-}5\text{-}(C_2H_5)_2N\text{-}C_6H_3\text{-}OH$

5-ClPHEN 5-chloro 1,10-phenanthroline
$5\text{-}Cl\text{-}1,10\text{-}N_2C_{12}H_7$

5'-CMP cytidine-5'-(dihydrogenmonophosphate)
$(O=)(NH_2)N_2C_4H_2\text{-}OC_4H_4(OH)_2\text{-}CH_2\text{-}O\text{-}P(=O)(OH)_2$
cytidine-5'-monophosphate

5'-CTP cytidine-5'-(tetrahydrogentriphosphate)
$(O=)(NH_2)N_2C_4H_2\text{-}OC_4H_4(OH)_2\text{-}CH_2\text{-}[OP(=O)(OH)]_2\text{-}O\text{-}P(=O)(OH)_2$
cytidine-5'-triphosphate

5'-dTDP thymidine-5'-(trihydrogendiphosphate)
$(CH_3)(O=)_2\text{-}N_2C_4H_2\text{-}OC_4H_5(OH)\text{-}CH_2\text{-}O\text{-}P(=O)(OH)\text{-}O\text{-}P(=O)(OH)_2$
thymidinediphosphate

5'-dTMP thymidine-5'-(dihydrogenmonophosphate)
$(CH_3)(O=)_2\text{-}N_2C_4H_2\text{-}OC_4H_5(OH)\text{-}CH_2\text{-}O\text{-}P(=O)(OH)_2$
thymidine-5'-monophosphate

5'-dTTP thymidine-5'-(tetrahydrogentriphosphate)
$(CH_3)(O=)_2\text{-}N_2C_4H_2\text{-}OC_4H_5(OH)\text{-}CH_2\text{-}O\text{-}[P(O)(OH)O]_2\text{-}P(O)(OH)_2$
thymidine-5'-triphosphate

5'-GDP guanosine-5'-(trihydrogendiphosphate)
$(O=)(NH_2)N_4C_5H_2\text{-}OC_4H_4(OH)_2\text{-}CH_2\text{-}O\text{-}P(=O)(OH)\text{-}O\text{-}P(=O)(OH)_2$
guanosine-5'-diphosphate

5'-GMP guanosine-5'-(dihydrogenmonophosphate)
$(O=)(NH_2)N_4C_5H_2\text{-}OC_4H_4(OH)_2\text{-}CH_2\text{-}O\text{-}P(=O)(OH)_2$
guanosine-5'-monophosphate

5'-GTP guanosine-5'-(tetrahydrogentriphosphate)
$(O=)(NH_2)N_4C_5H_2\text{-}OC_4H_4(OH)_2\text{-}CH_2\text{-}O[P(=O)(OH)O]_2\text{-}P(=O)(OH)_2$
guanosine-5'-triphosphate

5-HT 3-(2-aminoethyl) 5(1H)-indolol
$5\text{-}HO\text{-}(1\text{-}NC_8H_5)\text{-}3\text{-}CH_2CH_2\text{-}NH_2$
5-hydroxy tryptamine

5-HTP 5-hydroxy tryptophan
$1\text{-}NC_8H_5(OH\text{-}5)\text{-}3\text{-}CH_2\text{-}CH(NH_2)\text{-}COOH$

5'-IDP inosine-5'-(trihydrogendiphosphate)
$(O=)N_4C_5H_3\text{-}OC_4H_4(OH)_2\text{-}CH_2\text{-}O\text{-}P(=O)(OH)\text{-}O\text{-}P(=O)(OH)_2$
inosine-5'-diphosphate

5'-IMP inosine-5'-(dihydrogenmonophosphate)
$(O=)N_4C_5H_3\text{-}OC_4H_4(OH)_2\text{-}CH_2\text{-}O\text{-}P(=O)(OH)_2$
inosine-5'-monophosphate

5'-ITP inosine-5'-(tetrahydrogentriphosphate)
$(O=)N_4C_5H_3\text{-}OC_4H_4(OH)_2\text{-}CH_2\text{-}O\text{-}[P(=O)(OH)\text{-}O]_2\text{-}P(=O)(OH)_2$
inosine-5'-triphosphate

5-OH-2FPTSC 2-(5-hydroxy-2-pyridylmethylidene) hydrazinecarbothiamide
$5\text{-}HO\text{-}NC_5H_3\text{-}[CH=N\text{-}NH\text{-}C(=S)\text{-}NH_2]\text{-}2$
5-hydroxy-2-formylpyridine-thiosemicarbazone

5OHQ 5-quinolinol
$1\text{-}NC_9H_6\text{-}5\text{-}OH$
5-hydroxyquinoline

5-SIM 5-sulfo 1,3-benzenedicarboxylic acid dimethyl ester
$1,3\text{-}[CH_3\text{-}O\text{-}C(=O)]_2\text{-}C_6H_3\text{-}5\text{-}SO_3H$
dimethyl-5-sulfo-isophthalate

5'-UDP uridine-5'-(trihydrogendiphosphate)
$(O=)_2\text{-}N_2C_4H_3\text{-}OC_4H_4(OH)_2\text{-}CH_2\text{-}O\text{-}P(=O)(OH)\text{-}O\text{-}P(=O)(OH)_2$
uridine-5'-diphosphate

5'-UMP uridine-5'-(dihydrogenmonophosphate)
$(O=)_2\text{-}N_2C_4H_3\text{-}OC_4H_4(OH)_2\text{-}CH_2\text{-}O\text{-}P(=O)(OH)_2$
uridine-5'-monophosphate

5'-UTP uridine-5'-(tetrahydrogentriphosphate)
$(O=)_2\text{-}N_2C_4H_3\text{-}OC_4H_4(OH)_2\text{-}CH_2\text{-}O\text{-}[P(=O)(OH)\text{-}O]_2\text{-}P(=O)(OH)_2$
uridine-5'-triphosphate

6-APA 6-amino-3,3-dimethyl-7-oxo 4-thia-1-azabicyclo[3.2.0]heptane-2-carboxylic acid
$6\text{-}NH_2\text{-}2\text{-}HOOC\text{-}3,3\text{-}(CH_3)_2\text{-}7\text{-}(O=)\text{-}[3.2.0]\text{-}4,1\text{-}SNC_5H_3$
6-amino penicillanic acid

6-BAP N-phenylmethyl 1H-purin-6-amine
$6\text{-}(C_6H_5\text{-}CH_2\text{-}NH)\text{-}1,3,7,9\text{-}N_4C_5H_3$
6-benzylamino purine

6-MP 1H-purine-6-thiol
1,3,7,9-$N_4C_5H_3$-6-SH
6-mercaptopurine

6OHQ 6-quinolinol
1-NC_9H_6-6-OH
6-hydroxyquinoline

6-PG 2,3,4,5-tetrahydroxy-6-phosphonooxy hexanoic acid
$(HO)_2P(=O)O\text{-}CH_2\text{-}CH(OH)\text{-}CH(OH)\text{-}CH(OH)\text{-}CH(OH)\text{-}COOH$
6-phosphogluconate

7-ACA 3-[(acetyloxy)methyl]-7-amino-8-oxo5-thia-1-azabicyclo[4.2.0]oct-2-ene-2-carboxylic acid
3-(CH_3-COO-CH_2)-7-NH_2-8-(O=)-1,5-NSC_6H_4-2-COOH
7-aminocephalosporanic acid

7-MeHYP 6-hydroxy-7-methyl 1H-purine
6-HO-7-CH_3-1,3,7,9-$N_4C_5H_2$
7-methylhypoxanthine

7OHQ 7-quinolinol
1-NC_9H_6-7-OH
7-hydroxyquinoline

8-MOP 9-methoxy 7H-furo[3,2-g][1]benzopyran-7-one
9-(CH_3-O)-1,8-$O_2C_{11}H_5$-(=O)-7
8-methoxypsoralen

8QATSC 2-(quinolinyl-8-methylidene) hydrazinecarbothiamide
1-NC_9H_6-[CH=N-NH-C(=S)-NH_2]-8
8-quinolinaldehyde thiosemicarbazone

[9]aneN2O 2,3,4,5,6,7,8,9-octahydro-1,4,7-oxadiazonine
[-O-CH_2CH_2-NH-CH_2CH_2-NH-CH_2CH_2-]
1-oxa-4,7-diazacyclononane

[9]aneN2S 2,3,4,5,6,7,8,9-octahydro-1,4,7-thiadiazonine
[-S-CH_2CH_2-NH-CH_2CH_2-NH-CH_2CH_2-]
1-thia-4,7-diazacyclononane

[9]aneN3 2,3,4,5,6,7,8,9-octahydro-1H-1,4,7-triazonine
[-NH-CH_2CH_2-NH-CH_2CH_2-NH-CH_2CH_2-]
1,4,7-triazacyclononane

[9]aneNO2 2,3,6,7,8,9-hexahydro 5H-1,4,7-dioxazonine
[-O-CH_2CH_2-O-CH_2CH_2-NH-CH_2CH_2-]
1,4-dioxa-7-azacyclononane

[9]aneS3 1,4,7-trithionane
[-S-CH_2CH_2-S-CH_2CH_2-S-CH_2CH_2-]
1,4,7-trithiacyclononane

9AQ1S	9,10-dioxo-9,10-dihydro 1-anthracenesulfonic acid 9,10-$(O=)_2$-$C_{14}H_7$-SO_3H-1 *9,10-anthraquinone-1-sulfonic acid*
9AQ26S	9,10-dioxo-9,10-dihydro anthracene-2,6-disulfonic acid 9,10-$(O=)_2$-$C_{14}H_6$-$(SO_3H)_2$-2,6 *9,10-anthraquinone-2,6-disulfonic acid*
9AQ27S	9,10-dioxo-9,10-dihydro anthracene-2,7-disulfonic acid 9,10-$(O=)_2$-$C_{14}H_6$-$(SO_3H)_2$-2,7 *9,10-anthraquinone-2,7-disulfonic acid*
9AQ2S	9,10-dioxo-9,10-dihydro anthracene-2-sulfonic acid 9,10-$(O=)_2$-$C_{14}H_7$-SO_3H-2 *9,10-anthraquinone-2-sulfonic acid*
9AQ5DS	9,10-dioxo-9,10-dihydro anthracene-1,5-disulfonic acid 9,10-$(O=)_2$-$C_{14}H_6$-$(SO_3H)_2$-1,5 *9,10-anthraquinone-1,5-disulfonic acid*
9AQDS	9,10-dioxo-9,10-dihydro anthracene-1,8-disulfonic acid 9,10-$(O=)_2$-$C_{14}H_6$-$(SO_3H)_2$-1,8 *9,10-anthraquinone-1,8-disulfonic acid*
9AS	9-(9-anthrylcarboxy)stearic acid $C_{14}H_9$-9-COO-CH(C_9H_{19})-$(CH_2)_7$-COOH *9-(9-anthroyloxy)stearic acid*
9-BBN	9-borabicyclo[3.3.1]nonane [3.3.1]-9-BC_8H_{15}
9S3	1,4,7-trithionane [-S-CH_2CH_2-S-CH_2CH_2-S-CH_2CH_2-] *1,4,7-trithiacyclononane*
A	6-amino purine 6-NH_2-1,3,7,9-$N_4C_5H_3$ *adenine*
A	9-ß-D-ribofuranosyl-9H-purin-6-amine 6-NH_2-(1,3,7,9-$N_4C_5H_2$-9)-1'-OC_4H_4[$(OH)_2$-2',3']-4'-CH_2-OH *adenosine*
A	2-amino propanoic acid CH_3-CH(NH_2)-COOH *alanine*
A3SA	3-amino benzenesulfonic acid NH_2-3-C_6H_4-SO_3H *aniline-3-sulfonic acid*
A4SA	4-amino benzenesulfonic acid NH_2-4-C_6H_4-SO_3H *aniline-4-sulfonic acid*

AA	2-amino anthracene 2-NH_2-$C_{14}H_9$
AA	2,4-pentanedione CH_3-C(=O)-CH_2-C(=O)-CH_3 *acetylacetone*
AA	adenosine-3'(or 5')-(dihydrogenmonophosphate) $(NH_2)N_4C_5H_2$-$OC_4H_4(OH)_2$-CH_2-O-P(=O)$(OH)_2$ *adenylic acid*
AA	2-propene-1-ol CH_2=CH-CH_2-OH *allylalcohol*
AA	4-(4-methoxyphenyl) butane-2-one CH_3-O-4-C_6H_4-CH_2CH_2-C(=O)-CH_3 *anisylacetone*
2AAa	glycine NH_2-CH_2-COOH *2-amino acetic acid*
AAA	3-oxo-N-phenyl butanamide CH_3-C(=O)-CH_2-C(=O)-NH-C_6H_5 *acetoacetanilide*
AAAF	acetic acid 2-(2-fluorenylamino)-2-oxoethyl ester CH_3-COO-CH_2-C(=O)-NH-2-$C_{13}H_9$ *2-(N-acetoxyacetylamino) fluorene*
AAB	4-phenylazo benzenamine NH_2-C_6H_4-(N=N-C_6H_5)-4 *4-amino azobenzene*
AABS	2-(N-acetylamino) butanoic acid CH_3-C(=O)NH-CH(C_2H_5)-COOH α-*N-Acetylamino-Buttersäure*
AABZ	4,4'-[(1,1'-biphenyl)-4,4'-diyldinitrilo]bis(2-pentanone) [-1-C_6H_4-{N=C(CH_3)-CH_2-C(=O)-CH_3}-4]$_2$ *bis(acetylacetone)benzidine*
AAC	aminoalkyl cellulose
AAC	2-acetylamino trans-2-butenoic acid CH_3-C(=O)NH-C(=CH-CH_3)-COOH α-*N-Acetylamino-Crotonsäure*
Aad	2-amino hexanedioic acid HOOC-CH(NH_2)-$CH_2CH_2CH_2$-COOH α-*aminoadipic acid*

ßAad 3-amino hexanedioic acid
HOOC-CH$_2$-CH(NH$_2$)-CH$_2$CH$_2$-COOH
ß-aminoadipic acid

AAED 4,4'-(1,2-ethanediyldinitrilo) bis(2-pentanone)
CH$_3$-C(=O)-CH$_2$-C(CH$_3$)=N-CH$_2$CH$_2$-N=C(CH$_3$)-CH$_2$-C(=O)-CH$_3$
bis(acetylacetone)ethylenediamine

AAMX N-(dimethylphenyl)-3-oxo butanamide
CH$_3$-C(=O)-CH$_2$-C(=O)-NH-C$_6$H$_3$(CH$_3$)$_2$
acetoacet-m-xylidide

AAO acetaldehyde oxime
CH$_3$-CH=NOH

AAOA N-(2-methoxyphenyl)-3-oxo butanamide
CH$_3$-C(=O)-CH$_2$-C(=O)-NH-C$_6$H$_4$-2-O-CH$_3$
acetoacet-o-anisidine

AAOC N-(2-chlorophenyl)-3-oxo butanamide
CH$_3$-C(=O)-CH$_2$-C(=O)-NH-C$_6$H$_4$-2-Cl
acetoacet-o-chloroanilide

AAODA 4,4'-[3,3'-dimethoxy-(1,1'-biphenyl)-4,4'-diyl-dinitrilo] bis(2-pentanone)
[-1-C$_6$H$_3$-(O-CH$_3$)-3-{N=C(CH$_3$)-CH$_2$-C(=O)-CH$_3$}-4]$_2$
bis(acetylacetone)-o-dianisidine

AAOT N-(2-methylphenyl)-3-oxo butanamide
CH$_3$-C(=O)-CH$_2$-C(=O)-NH-C$_6$H$_4$-2-CH$_3$
acetoacet-o-toluidine

aap 4-amino-1,5-dimethyl-2-phenyl 1,2-dihydro-3H-pyrazol-3-one
4-NH$_2$-1,5-(CH$_3$)$_2$-2-C$_6$H$_5$-1,2-N$_2$C$_3$(=O)-3
4-aminoantipyrine

AAPPD 4,4'-(1,4-phenylenedinitrilo) bis(2-pentanone)
1,4-[CH$_3$-C(=O)-CH$_2$-C(CH$_3$)=N]$_2$C$_6$H$_4$
bis(acetylacetone)-p-phenylenediamine

AAS 4-thioxo 2-pentanone
CH$_3$-C(=S)-CH$_2$-C(=O)-CH$_3$
monothioacetylacetone

AAS2 2,4-pentanedithione
CH$_3$-C(=S)-CH$_2$-C(=S)-CH$_3$
dithioacetylacetone

AAZ 2-acetylamino-3-phenyl propenoic acid
C$_6$H$_5$-CH=C[NH-C(=O)-CH$_3$]-COOH
α-N-Acetamino-Zimtsäure

AB azobenzene
C$_6$H$_5$-N=N-C$_6$H$_5$

2ABA	2-amino benzoic acid 2-NH_2-C_6H_4-COOH
3ABA	3-amino benzoic acid 3-NH_2-C_6H_4-COOH
4ABA	4-amino benzoic acid 4-NH_2-C_6H_4-COOH
ABA	3-amino benzoic acid 3-NH_2-C_6H_4-COOH
ABA	4-acetyl benzoyl azide 4-[CH_3-C(=O)]-C_6H_4-C(=O)-N_3
ABA	3-methyl-5-(1-hydroxy-2,6,6-trimethyl-4-oxo-2-cyclohexenyl) 2-cis,4-trans-pentadienoic acid 1-HO-2,6,6-$(CH_3)_3$-4-(O=)C_6H_3-CH=CH-C(CH_3)=CH-COOH *abscisic acid*
ABAAP	1,5-dimethyl-4-[(4-dimethylamino)phenylmethylenamino]-2-phenyl 1,2-dihydro-3H-pyrazol-3-one 1,5-$(CH_3)_2$-4-[$(CH_3)_2$N-4-C_6H_4-CH=N]-2-C_6H_5-1,2-N_2C_3(=O)-3 *4-N-(4'-N,N-dimethylaminobenzylidene)-aminoantipyrine*
ABEI	6-[(4-aminobutyl)ethylamino]-2,3-dihydro 1,4-phthalazinedione 6-[NH_2-CH_2CH_2-CH_2CH_2-N(C_2H_5)]-2,3-$N_2C_8H_5$(=O)$_2$-1,4 *N-ethyl-N-(4-aminobutyl)-isoluminol*
ABL	3-acetyl tetrahydrofuran-2-one 3-[CH_3-C(=O)]-2-(O=)OC_4H_5 *α-acetyl-γ-butyrolactone*
ABN	4-acetylbenzoyl imidogen 4-[CH_3-C(=O)]-C_6H_4-C(=O)-N *4-acetyl benzoylnitrene*
ABN	2,2'-azobis[(2-methyl)propanenitrile] $(CH_3)_2$C(CN)-N=N-C$(CH_3)_2$-CN *azobisisobutyronitrile*
abpy	2,2'-azobis(pyridine) NC_5H_4-2-N=N-2'-NC_5H_4
ABR	acrylate-butadiene-rubber
ABS	acrylonitrile-butadiene-styrene terpolymer
ABS	alkyl benzenesulfonic acid, ion(1-) [R-C_6H_4-SO_3]$^-$ *alkylbenzene sulfonate*
ABTS	2,2'-azinobis(3-ethyl-benzthiazoline-6-sulfonic acid) [6-HO_3S-3-C_2H_5-(1,3-SNC_7H_3-2)=N-]$_2$

Abu	2-amino butanoic acid C_2H_5-CH(NH$_2$)-COOH *α-aminobutyric acid*	
AC	acetylated cellulose	
AC	acetyl- CH_3-C(=O)-	
AC	acetic acid, ion(1-) [CH_3-COO]$^-$ *acetate*	
AC	2-propanone CH_3-C(=O)-CH_3 *acetone*	
Ac	acetic acid CH_3-COOH	
Ac	acetyl- CH_3-C(=O)-	
7-ACA	3-[(acetyloxy)methyl]-7-amino-8-oxo5-thia-1-azabicyclo[4.2.0]oct-2-ene-2-carboxylic acid 3-(CH_3-COO-CH_2)-7-NH_2-8-(O=)-1,5-NSC_6H_4-2-COOH *7-aminocephalosporanic acid*	
AcAc	2,4-pentanedione CH_3-C(=O)-CH_2-C(=O)-CH_3 *acetylacetone*	
acac	2,4-pentanedione CH_3-C(=O)-CH_2-C(=O)-CH_3 *acetylacetone*	
AcAcA	3-oxo butanoic acid CH_3-C(=O)-CH_2-COOH *acetylacetic acid*	
ACACEN	6,9-diazatetradecane-2,4,11,13-tetraone CH_3-C(O)-CH_2-C(O)-CH_2-NH-CH_2CH_2-NH-CH_2-C(O)-CH_2-C(O)-CH_3 *N,N'-bis(acetylacetone)ethylenediamine*	
acaspOO'	N-acetyl aspartic acid, ion(2-) [OOC-CH{NH-C(=O)-CH_3}-CH_2-COO]$^{2-}$ *N-acetyl-aspartate*	
ACC	1-amino cyclopropane carboxylic acid 1-NH_2-c-C_3H_4-COOH	
ACD	acetaldehyde CH_3-CHO	

ACE-Cl	carbonochloridic acid 1-chloroethyl ester Cl-COO-CHCl-CH$_3$ *1-chloroethyl chloroformate*
ACES	N-(carbamoylmethyl)-2-amino ethanesulfonic acid NH$_2$-C(=O)-CH$_2$-NH-CH$_2$CH$_2$-SO$_3$H *N-(2-acetamido)-2-aminoethane sulfonic acid*
AcHz	acetic acid hydrazide CH$_3$-C(=O)-NH-NH$_2$ *acethydrazide*
Acm	ethanimidamide CH$_3$-C(=NH)-NH$_2$ *acetamidine*
ACMPPOH	4-acetyl-5-methyl-2-phenyl 2,4-dihydro-3H-pyrazol-3-one 4-[CH$_3$-C(=O)]-5-CH$_3$-2-C$_6$H$_5$-1,2-N$_2$C$_3$H(=O)-3 *4-acetyl-3-methyl-1-phenyl 2-pyrazoline-5-one*
ACN	acetonitrile CH$_3$-CN
AcOH	acetic acid CH$_3$-COOH
Acox	2-propanone oxime (CH$_3$)$_2$C=N-OH *acetoxime*
εAcp	6-amino hexanoic acid NH$_2$-(CH$_2$)$_5$-COOH *ε-minocaproic acid*
ACPC	1-amino cyclopentanecarboxylic acid 1-NH$_2$-c-C$_5$H$_8$-1-COOH
3AcPy	1-(3-pyridyl) ethanone 3-[CH$_3$-C(=O)]-NC$_5$H$_4$ *3-acetyl pyridine*
Acrd	acridine 10-NC$_{13}$H$_9$
Acrl	2-propenoic acid CH$_2$=CH-COOH *acrylic acid*
ACS	3-[(acetyloxy)methyl]-7-amino-8-oxo 5-thia-1-azabicyclo[4.2.0]oct-2-ene-2-carboxylic acid 3-(CH$_3$-COO-CH$_2$)-7-NH$_2$-8-(O=)-[4.2.0]-5,1-SNC$_6$H$_4$-2-COOH *7-Aminocephalosporansäure*

Actd	acetamide $CH_3-C(=O)-NH_2$	
Actld	N-phenyl acetamide $C_6H_5-NH-C(=O)-CH_3$ *acetanilide*	
Acto	2-propanone $CH_3-C(=O)-CH_3$ *acetone*	
ADA	4-(4-acetylphenyl) benzoyl azide $4-[4-\{CH_3-C(=O)\}-C_6H_4]-C_6H_4-C(=O)-N_3$ *4-acetyl-4'-biphenoyl-azide*	
ADA	N-(aminocarbonylmethyl)-N-(carboxymethyl) glycine $NH_2-C(=O)-CH_2-N(CH_2-COOH)_2$ *N-(2-acetamido)-iminodiacetic acid*	
ADAM	9-methylazo anthracene $C_{14}H_9-9-N=N-CH_3$ *9-anthryldiazo methane*	
ADDC	ammonium N,N-diethyl dithiocarbamate $[NH_4]\,[(C_2H_5)_2N-CS_2]$	
ADEF	N,N-diethyl phosphoramidic acid diethyl ester $(C_2H_5-O)_2P(=O)-N(C_2H_5)_2$	
ADGF	N,N-diheptyl phosphoramidic acid diethyl ester $(C_7H_{15}-O)_2P(=O)-N(C_2H_5)_2$	
Adip	hexanedioic acid $HOOC-(CH_2)_4-COOH$ *adipic acid*	
ADMA	4-(9-anthracenyl)-N,N-dimethyl benzenamine $(C_{14}H_9-9-)-4-C_6H_4-N(CH_3)_2$ *4-(9'-anthracenyl)-N,N-dimethylaniline*	
ADMA	N,N-dimethyl 1-alkanamine $R-N(CH_3)_2$ *alkyldimethylamine*	
ADMCS	chloro dimethyl 2-propenyl silane $CH_2=CHCH_2-Si(Cl)(CH_3)_2$ *allyldimethylchlorsilane*	
ADMS	2-propenyldimethylsilyl- $CH_2=CHCH_2-Si(CH_3)_2-$ *allyldimethylsilyl-*	

ADN		4-(4-acetylphenyl)phenyl imidogen
		4-[4-{CH_3-C(=O)}-C_6H_4]-C_6H_4-C(=O)-N
		4-acetyl-4'-biphenoyl-nitrene
ADN		hexanedinitrile
		NC-CH_2CH_2-CH_2CH_2-CN
		adiponitrile
Ado		9-ß-D-ribofuranosyl-9H-purin-6-amine
		6-NH_2-(1,3,7,9-$N_4C_5H_2$-9)-1'-OC_4H_4[(OH)$_2$-2',3']-4'-CH_2-OH
		adenosine
AdoHcy		5'-S-(3-amino-3-carboxypropyl)-5'-thio adenosine
		(NH_2)$N_4C_5H_2$-OC_4H_4(OH)$_2$-CH_2-S-CH_2CH_2-CH(NH_2)-COOH
		S-(5'-adenosyl)-L-homocysteine
ADP		ammonium dihydrogenphosphate
		[NH_4] [H_2PO_4]
ADP		[1,1'-biphenyl]-4-amine
		NH_2-4-C_6H_4-C_6H_5
		4-aminodiphenyl
ADP		adenosine-5'-(trihydrogendiphosphate)
		(NH_2)$N_4C_5H_2$-OC_4H_4(OH)$_2$-CH_2-O-P(=O)(OH)-O-P(=O)(OH)$_2$
		adenosine-5'-diphosphate
ADPA		N-phenyl 1,4-benzenediamine
		4-NH_2-C_6H_4-NH-C_6H_5
		4-aminodiphenylamine
ADPA		9,10-anthracenedipropanoic acid
		9,10-(HOOC-CH_2CH_2)$_2$-$C_{14}H_8$
		9,10-anthracene-dipropionic acid
ADPG		adenosine-5'-(dihydrogenphosphate)-6'-ester with D-glucose
		(NH_2)$N_4C_5H_2$-OC_4H_4(OH)$_2$-CH_2-[O-P(O)(OH)]$_2$-O-CH_2-OC_5H_5(OH)$_4$
		adenosine-5'-diphosphoglucose
ADP-ß-S		5'-adenylic acid monoanhydride with phosphorothioic acid
		(NH_2)$N_4C_5H_2$-OC_4H_4(OH)$_2$-CH_2-OP(=O)(OH)-O-P(=O)(OH)-SH
		adenosine-5'-[ß-thio]diphosphate
ADU		ammonium diuranate
		[NH_4]$_2$ [U_2O_7]
AEACA		5-acetylamino pentanoic acid
		CH_3-C(=O)-NH-(CH_2)$_5$-COOH
		acetyl-epsilon-aminocapronic acid
AEAPT		N-[3-(trimethoxysilyl)propyl] 1,2-ethanediamine
		NH_2-CH_2CH_2-NH-$CH_2CH_2CH_2$-Si(O-CH_3)$_3$
		[N-(2-aminoethyl)-3-aminopropyl]trimethoxysilane

aeed3a	N-[2-{(2-(acetoxy)ethyl)(carboxymethyl)amino}ethyl]-N-(carboxymethyl) glycine, ion(3-)	
	$[CH_3\text{-}COO\text{-}CH_2CH_2\text{-}N(CH_2\text{-}COO)\text{-}CH_2CH_2\text{-}N(CH_2\text{-}COO)_2]^{3-}$	
	N-(acetoxyethyl)ethylenediamine-N,N',N'-triacetate	
aeida	N-(2-aminoethyl)-N-(carboxymethyl) glycine, ion(2-)	
	$[NH_2\text{-}CH_2CH_2\text{-}N(CH_2\text{-}COO)_2]^{2-}$	
	ß-aminoethyliminodiacetate	
AEP	1-piperazinethanamine	
	$1\text{-}(NH_2\text{-}CH_2CH_2)\text{-}1,4\text{-}N_2C_4H_9$	
	1-(2-aminoethyl)piperazine	
AESA	2-amino ethanesulfonic acid	
	$NH_2\text{-}CH_2CH_2\text{-}SO_3H$	
	aminoethane-(ß)-sulfonic acid	
AET	carbamimidothioic acid 2-aminoethyl ester, bis(hydrogenbromide)	
	$NH_2\text{-}CH_2CH_2\text{-}S\text{-}C(NH_2)=NH \cdot 2\ HBr$	
	2-amino-ethylisothiuroniumbromide-hydrobromide	
AF	2-fluorenamine	
	$2\text{-}NH_2\text{-}C_{13}H_9$	
	2-amino fluorene	
Af	2-amino phenol	
	$2\text{-}NH_2\text{-}C_6H_4\text{-}OH$	
AFCO	(1,3-butadiene)tricarbonyl iron	
	$[(CH_2=CH\text{-}CH=CH_2)Fe(CO)_3]$	
AFK	phosphoric acid monoalkyl ester	
	$O=P(O\text{-}R)(OH)_2$	
AHBA	3-amino-4-hydroxy benzoic acid	
	$3\text{-}NH_2\text{-}4\text{-}HO\text{-}C_6H_3\text{-}COOH$	
AHC	aminohexyl cellulose	
AHCTL	3-acetylamino tetrahydrothiophen-2-one	
	$CH_3\text{-}C(=O)\text{-}NH\text{-}3\text{-}SC_4H_5(=O)\text{-}2$	
	N-acetyl homocysteinethiolactone	
AHF	anhydrous hydrogen fluoride	
	HF	
AHIB	2-hydroxy-3-methyl propanoic acid	
	$(CH_3)_2C(OH)\text{-}COOH$	
	α-hydroxoisobutyric acid	
Ahoa	N-hydroxy acetamide	
	$CH_3\text{-}C(=O)\text{-}NH\text{-}OH$	
	acethydroxamic acid	

AH-salt	1,6-hexanediammonium hexanedioate [NH$_3$-(CH$_2$)$_6$-NH$_3$] [OOC-(CH$_2$)$_4$-COO] *adipic acid hexanediamine salt*
AH-Salz	1,6-hexanediammonium hexanedioate [NH$_3$-(CH$_2$)$_6$-NH$_3$] [OOC-(CH$_2$)$_4$-COO] *Adipinsäure-Hexandiamin Salz*
AIBF	N,N-diethyl phosphoramidic acid mono(2-methylpropyl) ester i-C$_4$H$_9$-O-P(=O)(OH)-N(C$_2$H$_5$)$_2$
AIBN	2,2'-azobis[(2-methyl)propanenitrile] (CH$_3$)$_2$C(CN)-N=N-C(CH$_3$)$_2$-CN *azobisisobutyronitrile*
AICA	4-/5-amino 3H-imidazole-5/-4-carboxamide 4-/5-NH$_2$-1,3-N$_2$C$_3$H$_2$-C(=O)NH$_2$-5/-4
AIP	tris(1-methylethoxy) alane Al[O-CH(CH$_3$)$_2$]$_3$ *aluminium isopropoxide*
AIPAAP	1,5-dimethyl-4-(1-methyl-3-oxo)butylidenamino-2-phenyl1,2-dihydro-3H-pyrazol-3-one 1,5-(CH$_3$)$_2$-4-[CH$_3$-C(=O)CH$_2$-C(CH$_3$)=N]-2-C$_6$H$_5$-1,2-N$_2$C$_3$(=O)-3 *4-N-(acetylisopropylidene)-aminoantipyrine*
AKW	aromatic hydrocarbons *aromatische Kohlenwasserstoffe*
Al	2-propenyl- CH$_2$=CH-CH$_2$- *allyl-*
ALA	5-amino-4-oxo pentanoic acid NH$_2$-CH$_2$-C(=O)-CH$_2$CH$_2$-COOH *5-amino-levulinic acid*
Ala	2-amino propanoic acid CH$_3$-CH(NH$_2$)-COOH *alanine*
ala	alanine, ion(1-) [CH$_3$-CH(NH$_2$)-COO]$^-$ *alaninate*
ßAla	3-amino propanoic acid NH$_2$-CH$_2$CH$_2$-COOH *ß-alanine*
Alan	2-amino propanoic acid CH$_3$-CH(NH$_2$)-COOH *alanine*

All	ß-D-allose 1,2,3,4-(HO)$_4$-OC$_5$H$_5$-5-CH$_2$-OH
Alma	N-methyl 2-propen-1-amine CH$_2$=CH-CH$_2$-NH-CH$_3$ *allylmethylamine*
AlOH	2-propen-1-ol CH$_2$=CH-CH$_2$-OH *allyl alcohol*
Alt	D-altrose 1,2,3,4-(HO)$_4$-OC$_5$H$_5$-5-CH$_2$-OH
AM	pentyl- C$_5$H$_{11}$- *amyl-*
Amac	N-carboxymethyl-N-(2,4,6-trioxo-hexahydropyrimidin-5-yl) glycine 5-[(HOOC-CH$_2$)$_2$N]-1,3-N$_2$C$_4$H$_3$(=O)$_3$-2,4,6 *5-aminobarbituric-N,N-diacetic acid*
AMCHA	6-(aminomethyl) cyclohexanoic acid 6-(NH$_2$-CH$_2$)-C$_6$H$_{10}$-COOH
AMEO	3-(triethoxysilyl) propanamine NH$_2$-CH$_2$CH$_2$CH$_2$-Si(O-C$_2$H$_5$)$_3$ *3-aminopropyl triethoxy silane*
Amino-G-Säure	7-amino 1,3-naphthalenedisulfonic acid 7-NH$_2$-C$_{10}$H$_5$-(SO$_3$H)$_2$-1,3 *7-Amino-1,3-naphthalindisulfonsäure*
Amino-H-Säure	8-amino 1,3,6-naphthalenetrisulfonic acid 8-NH$_2$-C$_{10}$H$_4$-(SO$_3$H)$_3$-1,3,6 *8-Amino-1,3,6-naphthalintrisulfonsäure*
Amino-I-Säure	6-amino 1,3-naphthalenedisulfonic acid 6-NH$_2$-C$_{10}$H$_5$-(SO$_3$H)$_2$-1,3 *6-Amino-1,3-naphthalindisulfonsäure*
Amino-J-Säure	6-amino 1,3-naphthalenedisulfonic acid 6-NH$_2$-C$_{10}$H$_5$-(SO$_3$H)$_2$-1,3 *6-Amino-1,3-naphthalindisulfonsäure*
Amino-R-Säure	3-amino 2,7-naphthalenedisulfonic acid 3-NH$_2$-C$_{10}$H$_5$-(SO$_3$H)$_2$-2,7 *3-Amino-2,7-naphthalindisulfonsäure*
Amino-S-Säure	4-amino 1,5-naphthalenedisulfonic acid 4-NH$_2$-C$_{10}$H$_5$-(SO$_3$H)$_2$-1,5 *4-Amino-1,5-naphthalindisulfonsäure*

AMMO	3-(trimethoxysilyl) propanamine $NH_2\text{-}CH_2CH_2CH_2\text{-}Si(O\text{-}CH_3)_3$	
AMMPTA	(4-amino-2-methyl-pyrimidin-5-yl)methylthio acetic acid, ion(1-) $[4\text{-}NH_2\text{-}2\text{-}CH_3\text{-}1,3\text{-}N_2C_4H\text{-}5\text{-}CH_2\text{-}S\text{-}CH_2\text{-}COO]^-$ *(4-amino-2-methyl-5-pyrimidinylmethylthio) acetate*	
(AMOC)2O	dicarbonic acid bis(1,1-dimethylpropyl) ester $C_2H_5\text{-}C(CH_3)_2\text{-}O\text{-}C(=O)\text{-}O\text{-}C(=O)\text{-}O\text{-}C(CH_3)_2\text{-}C_2H_5$ *di-tert.-amyl-dicarbonate*	
3'-AMP	adenosine-3'-(dihydrogenmonophosphate) $(NH_2)N_4C_5H_2\text{-}OC_4H_4(OH)(CH_2\text{-}OH)\text{-}O\text{-}P(=O)(OH)_2$ *adenosine-3'-monophosphate*	
5'-AMP	adenosine-5'-(dihydrogenmonophosphate) $(NH_2)N_4C_5H_2\text{-}OC_4H_4(OH)_2\text{-}CH_2\text{-}O\text{-}P(=O)(OH)_2$ *adenosine-5'-monophosphate*	
AMP	2-amino-2-methyl 1-propanol $(CH_3)_2C(NH_2)\text{-}CH_2\text{-}OH$	
AMP	2-[bis(hydroxymethyl)amino]-2-methyl 1-propanol $(HO\text{-}CH_2)_2N\text{-}C(CH_3)_2\text{-}CH_2\text{-}OH$ *N-bis(hydroxymethyl)-2-amino-2-methyl-1-propanol*	
AMP	peroxyacetic acid 1-hydroxyethyl ester $CH_3\text{-}CH(OH)\text{-}O\text{-}O\text{-}C(=O)\text{-}CH_3$ *acetaldehyde-monoperacetate*	
AMP	adenosine-5'-(dihydrogenmonophosphate) $(NH_2)N_4C_5H_2\text{-}OC_4H_4(OH)_2\text{-}CH_2\text{-}O\text{-}P(=O)(OH)_2$ *adenosine-5'-monophosphate*	
AMP	trisammonium 12-molybdophosphate $[NH_4]_3 [P(Mo_3O_{10})_4]$ *ammonium molybdatophosphate*	
amp	6-methyl 2-pyridinamine $2\text{-}NH_2\text{-}C_5H_3N\text{-}6\text{-}CH_3$ *2-amino-6-methyl pyridine*	
AMP-CP	adenosine-5'-[trihydrogenmethylenebis(phosphonic acid)] $(NH_2)N_4C_5H_2\text{-}OC_4H_4(OH)_2\text{-}CH_2\text{-}O\text{-}P(=O)(OH)\text{-}CH_2\text{-}P(=O)(OH)_2$	
AMP-CPP	adenosine-5'-[hydrogen{(hydroxy(phosphonooxy)phosphinyl)methyl}phosphonic acid] $(NH_2)N_4C_5H_2\text{-}OC_4H_4(OH)_2\text{-}CH_2\text{-}O\text{-}PO(OH)CH_2\text{-}PO(OH)\text{-}OPO(OH)_2$	
AMPD	2-amino-2-methyl 1,3-propanediol $HO\text{-}CH_2\text{-}C(CH_3)(NH_2)\text{-}CH_2\text{-}OH$	

AMP-NH2	adenosine-5'-hydrogenphosphoramidate $(NH_2)N_4C_5H_2\text{-}OC_4H_4(OH)_2\text{-}CH_2\text{-}O\text{-}P(=O)(OH)\text{-}NH_2$ *adenosine-5'-monophosphoroamidate*
AMP-PCP	5'-adenylic acid monoanhydride with methylenebis(phosphonic acid) $(NH_2)N_4C_5H_2\text{-}OC_4H_4(OH)_2\text{-}CH_2\text{-}[O\text{-}P(=O)(OH)]_2\text{-}CH_2\text{-}P(=O)(OH)_2$ *adenosine-5'-[β,γ-methylene]triphosphate*
AMP-PNP	5'-adenylic acid monoanhydride with imidodiphosphoric acid $(NH_2)N_4C_5H_2\text{-}OC_4H_4(OH)_2\text{-}CH_2\text{-}[O\text{-}P(=O)(OH)]_2\text{-}NH\text{-}P(=O)(OH)_2$
AMPS	2-acrylamido-2-methyl 1-propanesulfonic acid $CH_2=CH\text{-}C(=O)NH\text{-}C(CH_3)_2\text{-}CH_2\text{-}SO_3H$
AMP-S	adenosine-5'-O-(dihydrogenphosphorothioate) $C_{10}H_{12}N_5O_3\text{-}5'\text{-}OP(=O)(OH)\text{-}SH$ *adenosine-5'-thiomonophosphate*
AMPSO	2-hydroxy-3-[(2-hydroxy-1,1-dimethylethyl)amino] 1-propanesulfonic acid $HO\text{-}CH_2\text{-}C(CH_3)_2\text{-}NH\text{-}CH_2\text{-}CH(OH)\text{-}CH_2\text{-}SO_3H$
AMPY	2-pyridinemethanamine $NC_5H_4\text{-}2\text{-}CH_2\text{-}NH_2$ *2-aminomethyl pyridine*
AMQ	8-quinolinamine $8\text{-}NH_2\text{-}(1\text{-}NC_9H_6)$ *8-amino quinoline*
AMS	ammonium sulfamate $[NH_4][NH_2\text{-}SO_3]$
AMSA	amino methanesulfonic acid $NH_2\text{-}CH_2\text{-}SO_3H$
AMsartacn	9-amino 1,4,7,11,14,19-hexaazatricyclo[7.7.4.2^{4,14}]docosane $9\text{-}NH_2\text{-}1,4,7,11,14,19\text{-}[7.7.4.2^{4,14}]\text{-}N_6C_{16}H_{33}$
AMTCS	trichloro pentyl silane $C_5H_{11}\text{-}SiCl_3$ *amyltrichlorosilane*
amtz	5-methyl 1,3,4-thiadiazol-2-amine $2\text{-}NH_2\text{-}5\text{-}CH_3\text{-}1,3,4\text{-}SN_2C_2$ *2-amino-5-methyl-1,3,4-thiadiazole*
AN	acetonitrile $CH_3\text{-}CN$
AN	aluminium naphthenate (polymer)
AN	2-propenenitrile $CH_2=CH\text{-}CN$ *acrylonitrile*

ANA 8-(phenylamino) 1-naphthalenesulfonic acid
C_6H_5-NH-8-$C_{10}H_6$-1-SO_3H
8-anilino naphthalene-1-sulfonic acid

ANIL benzenamine
C_6H_5-NH_2
aniline

ANM 1-[4-(phenylamino)-1-naphthalenyl] 1H-pyrrole-2,5-dione
1-(C_6H_5-NH-4-$C_{10}H_6$-1)-$NC_4H_2(=O)_2$-2,5
N-(4-anilino-1-naphthyl)-maleimide

ANPO 2-(1-naphthalenyl)-5-phenyl oxazole
2-($C_{10}H_7$-1-)-5-C_6H_5-1,3-ONC_3H
2-(α-naphthyl)-5-phenyl oxazole

ANPP phosphoric acid mono(4-azido-2-nitrophenyl) ester
$(HO)_2$P(=O)-O-$C_6H_3(N_3$-4)-NO_2-2
4-azido-2-nitrophenyl phosphate

ANS 8-(phenylamino) 1-naphthalenesulfonic acid
C_6H_5-NH-8-$C_{10}H_6$-1-SO_3H
8-anilino-1-naphthalenesulfonic acid

Antu 1-naphthalenyl thiourea
$C_{10}H_7$-1-NH-C(=S)-NH_2
α-naphthyl thiourea

AO 2-amino-2-methyl 3-butanone oxime
CH_3-C(NH_2)(CH_3)-C(CH_3)=NOH

AOAA aminooxy acetic acid
NH_2-O-CH_2-COOH

AOI bis(ammonium) ethanedioate
$(NH_4)_2$ [OOC-COO]
ammonium oxalate (insoluble)

AOP 21-acetoxy-3ß-hydroxy pregn-5-en-20-one
17-[CH_3-COO-CH_2-C(=O)]-$C_{17}H_{22}$(OH-3)$(CH_3)_2$-10,13
21-acetoxy pregnenolone

AOS 1-alkenesulfonic acid ion (1-)
[R-CH=CH-SO_3]$^-$
alpha-olefine-sulfonate

AOT sodium 5,14-diethyl-8,11-dioxo 7,12-dioxaoctadecane-2-sulfonate
Na[C_4H_9-CH(C_2H_5)CH_2-OC(O)CH_2CH(SO_3)C(O)O-CH_2CH(C_2H_5)C_4H_9]
aerosol diiso-octyl sulfosuccinate

2AP 2-amino phenol
2-NH_2-C_6H_4-OH

3AP	3-amino phenol 3-NH_2-C_6H_4-OH
4AP	4-amino phenol 4-NH_2-C_6H_4-OH
5-AP	1,10-phenanthrolin-5-amine 5-NH_2-1,10-$N_2C_{12}H_7$ *5-amino-1,10-phenanthroline*
AP	ammonium perchlorate [NH_4] [ClO_4]
AP	N,N,N',N'-tetramethyl-1-[10(10H)-phenothiazinylmethyl]1,2-ethanediamine 5,10-$SNC_{12}H_8$-10-CH_2-CH[N(CH_3)$_2$]-CH_2-N(CH_3)$_2$ *aminopromazine*
Ap	2-hydroxy butanedioic acid HOOC-CH_2-CH(OH)-COOH *Apfelsäure*
ap	1,5-dimethyl-2-phenyl 1,2-dihydro-3H-pyrazol-3-one 1,5-(CH_3)$_2$-2-C_6H_5-1,2-N_2C_3H(=O)-3 *antipyrine*
2Apa	alanine CH_3-CH(NH_2)-COOH *2-amino propanoic acid*
3APA	ß-alanine NH_2-CH_2CH_2-COOH *3-amino propionic acid*
6-APA	6-amino-3,3-dimethyl-7-oxo 4-thia-1-azabicyclo[3.2.0]heptane-2-carboxylic acid 6-NH_2-2-HOOC-3,3-(CH_3)$_2$-7-(O=)-[3.2.0]-4,1-SNC_5H_3 *6-amino penicillanic acid*
APA	6-amino-3,3-dimethyl-7-oxo 4-thia-1-azabicyclo[3.2.0]heptane-2-carboxylic acid 6-NH_2-2-HOOC-3,3-(CH_3)$_2$-7-(O=)-[3.2.0]-4,1-SNC_5H_3 *6-amino penicillanic acid*
APA	carbonoacidic acid (4-acetyl)phenyl ester 4-[CH_3-C(=O)]-C_6H_4-O-C(=O)-N_3 *(4-acetylphenoxy)carbonyl azide*
APAD	adenosine 5'-(trihydrogendiphosphate)-5'-5'-ester with 3-acetyl-1-ribofuranosyl-pyridinium hydroxide [$C_{10}H_{12}N_5O_4$-{P(O)(OH)-O}$_2$-CH_2-OC_4H_4(OH)$_2$-NC_5H_4-C(O)CH_3]OH *3-acetylpyridine-adenine dinucleotide*
APAE	2-(3-aminopropyl)amino ethanol NH_2-$CH_2CH_2CH_2$-NH-CH_2CH_2-OH

APANS	4-[(2-arsonophenyl)azo]-3-hydroxy naphthalene-2,7-disulfonic acid 4-[2-{(HO)$_2$As(=O)}-C$_6$H$_4$-N$_2$]-3-HO-C$_{10}$H$_4$-2,7-(SO$_3$H)$_2$
APAP	N-(4-hydroxyphenyl) acetamide CH$_3$-C(=O)-NH-C$_6$H$_4$-4-OH *N-acetyl-p-aminophenol*
APDC	1-pyrrolidinecarbodithioic acid, ammonium salt [NH$_4$] [NC$_4$H$_8$-1-CS$_2$] *ammonium pyrrolidinedithiocarbamate*
4-Apdtc	N-(1,5-dimethyl-3-oxo-2-phenyl-1,2-dihydro-1H-pyrazol-4-yl) dithiocarbamic acid 4-[HS-C(=S)NH]-1,5-(CH$_3$)$_2$-2-C$_6$H$_5$-1,2-N$_2$C$_3$(=O)-3 *4-aminophenazone dithiocarbamic acid*
APEP	3-amino-1-phenyl-5-ethyl phenanthridinium [3-NH$_2$-1-C$_6$H$_5$-5-C$_2$H$_5$-(5-NC$_{13}$H$_7$)]$^+$
APG	(4-azidophenyl) ethanedione hydrate 4-N$_3$-C$_6$H$_4$-C(=O)-CHO · n H$_2$O *p-azidophenylglyoxal hydrate*
APM	trisammonium 12-molybdophosphate [NH$_4$]$_3$ [P(Mo$_3$O$_{10}$)$_4$] *ammonium phosphomolybdate*
APM	N-L-α-aspartyl-L-phenylalanine methyl ester HOOC-CH$_2$-CH(NH$_2$)-C(=O)NH-CH(CH$_2$-C$_6$H$_5$)COO-CH$_3$ *aspartame*
Apm	2-amino heptanedioic acid HOOC-CH(NH$_2$)-CH$_2$CH$_2$-CH$_2$CH$_2$-COOH *α-aminopimelic acid*
APMSF	[4-(aminoiminomethyl)phenyl] methanesulfonyl fluoride 4-[NH$_2$-C(=NH)]-C$_6$H$_4$-CH$_2$-SO$_2$-F *(4-amidinophenyl)methanesulfonyl fluoride*
APN	[(4-acetylphenoxy)carbonyl] nitrene 4-[CH$_3$-C(=O)]-C$_6$H$_4$-O-C(=O)-N
apn	1,5-dimethyl-2-phenyl 1,2-dihydro-3H-pyrazol-3-one 1,5-(CH$_3$)$_2$-2-C$_6$H$_5$-1,2-N$_2$C$_3$H(=O)-3 *antipyrine*
APO	tris(1-aziridinyl) phosphine oxide (NC$_2$H$_4$-1-)$_3$P=O
APPS	3'-adenylic acid 5'-(dihydrogenphosphate)-5'-monoanhydride with sulfuric acid (NH$_2$)N$_4$C$_5$H$_2$-OC$_4$H$_4$(OH)[OP(O)(OH)$_2$]-CH$_2$-OP(O)(OH)-O-SO$_3$H *adenosine-3'-phosphate-5'-phosphosulfate*

APS	adenosine-5'-(dihydrogenphosphatosulfate) $C_{10}H_{12}N_5O_3$-5'-O-P(=O)(OH)-O-S(=O)$_2$-OH *adenosine-5'-phosphatosulfate*
APS	4-[(4-aminophenyl)sulfonyl] benzenamine 4-[NH_2-4-C_6H_4-S(=O)$_2$]-C_6H_4-NH_2 *bis(4-aminophenyl)sulfone*
APSH	4-methyl benzenesulfonic acid 2-(2-pyridinyl)ethylidene hydrazide, ion(1-) [NC_5H_4-2-C(CH_3)=N-N-S(=O)$_2$-C_6H_4-4-CH_3]$^-$ *2-acetylpyridine-p-toluenesulfonyl hydrazonate*
APSH-H	4-methyl benzenesulfonic acid 2-(2-pyridinyl)ethylidene hydrazide NC_5H_4-2-C(CH_3)=N-NH-S(=O)$_2$-C_6H_4-4-CH_3 *2-acetylpyridine-p-toluenesulfonyl hydrazone*
APT	carbamimidothioic acid 3-aminopropyl ester, bis(hydrogenbromide) NH_2-$CH_2$$CH_2$$CH_2$-S-C($NH_2$)=NH · 2 HBr *3-aminopropyl-isothiuronium*
APT	3-(trimethoxysilyl) propanamine NH_2-$CH_2$$CH_2$$CH_2$-Si(O-$CH_3$)$_3$ *(3-aminopropyl)trimethoxysilane*
ApU	adenylyl(3'-5'-uridine)
APV	5-phosphono DL-norvaline HOOC-CH(NH_2)-$CH_2$$CH_2$$CH_2$-P(=O)(OH)$_2$ *2-amino-5-phosphono-valeric acid*
2APy	2-pyridinamine NC_5H_4-2-NH_2 *2-amino pyridine*
3APy	3-pyridinamine NC_5H_4-3-NH_2 *3-amino pyridine*
4APy	4-pyridinamine NC_5H_4-4-NH_2 *4-amino pyridine*
Arg	2-amino-5-carbamimidoylamino pentanoic acid NH_2-C(=NH)NH-$CH_2$$CH_2$$CH_2$-CH($NH_2$)-COOH *arginine*
arphos	2-(diphenylarsino)ethyl-diphenylphosphine (C_6H_5)$_2$As-$CH_2$$CH_2$-P($C_6H_5$)$_2$ *1-diphenylarsino-2-diphenylphosphino ethane*
12AS	12-(9-anthrylcarboxy)stearic acid $C_{14}H_9$-9-COO-CH(C_6H_{13})-(CH_2)$_{10}$-COOH *12-(9-anthroyloxy)stearic acid*

2AS	2-(9-anthrylcarboxy)stearic acid $C_{14}H_9$-9-COO-CH($C_{16}H_{33}$)COOH *2-(9-anthroyloxy)stearic acid*
9AS	9-(9-anthrylcarboxy)stearic acid $C_{14}H_9$-9-COO-CH(C_9H_{19})-$(CH_2)_7$-COOH *9-(9-anthroyloxy)stearic acid*
AS	hexanedioic acid HOOC-$(CH_2)_4$-COOH *Adipinsäure*
AS	amino acids NH_2-R-COOH *Aminosäure*
AS3	[2-[(diphenylarsino)methyl]-2-methyl-1,3-propanediyl]bis[diphenylarsine] CH_3-C[CH_2-As$(C_6H_5)_2]_3$ *1,1,1-tris(diphenylarsinomethyl) ethane*
5-ASA	5-amino-2-hydroxy benzoic acid 5-NH_2-2-HO-C_6H_3-COOH *5-amino salicylic acid*
ASA	2-acetyloxy benzoic acid CH_3-COO-2-C_6H_4-COOH *acetylsalicylic acid*
ASB-1	N-[2-{acetyl(sulfopropyl)amino}ethyl]-N,N-dimethyl 1-dodecanaminium hydroxide, inner salt [O_3S-$CH_2CH_2CH_2$-N{C(=O)-CH_3}-CH_2CH_2-N$(CH_3)_2$-$C_{12}H_{25}$] *ammonium sulfobetaine-1*
ASB-2	N-[2-{acetyl(sulfopropyl)amino}ethyl]-N,N-dimethyl 1-octadecanaminium hydroxide, inner salt [O_3S-$CH_2CH_2CH_2$-N{C(=O)-CH_3}-CH_2CH_2-N$(CH_3)_2$-$C_{18}H_{37}$] *ammonium sulfobetaine-2*
ASB-3	N-[3-{acetyl(sulfopropyl)amino}propyl]-N,N-dimethyl 1-dodecanaminium hydroxide, inner salt [O_3S-$(CH_2)_3$-N{C(=O)-CH_3}-$(CH_2)_3$-N$(CH_3)_2$-$C_{12}H_{25}$] *ammonium sulfobetaine-3*
ASB-4	N-[3-{acetyl(sulfopropyl)amino}propyl]-N,N-dimethyl 1-octadecanaminium hydroxide, inner salt [O_3S-$(CH_2)_3$-N{C(=O)-CH_3}-$(CH_2)_3$-N$(CH_3)_2$-$C_{18}H_{37}$] *ammonium sulfobetaine-4*
ASC	N-[4-(chlorosulfonyl)phenyl] acetamide CH_3-C(=O)-NH-C_6H_4-4-S(=O)$_2$-Cl *4-acetylamino benzenesulfonyl chloride*
ASE	alkylsulfonic acid ester R-S(=O)$_2$-O-R

ASED	N,N'-1,2-ethanediyl bis[(4-methoxy)benzenemethanimine] CH_3-O-4-C_6H_4-CH=N-CH_2CH_2-N=CH-C_6H_4-4'-O-CH_3 *bis(anisaldehyde)ethylenediamine*	
Asn	2,4-diamino-4-oxo butanoic acid HOOC-CH(NH_2)-CH_2-C(=O)NH_2 *asparagine*	
ASP	aluminum silicate Al_2SiO_5 *Aluminiumsilikat-Pigment*	
Asp	2-amino butanedioic acid HOOC-CH(NH_2)-CH_2-COOH *aspartic acid*	
Aspa	2-amino butanedioic acid HOOC-CH(NH_2)-CH_2-COOH *aspartic acid*	
Asp(NH2)	2,4-diamino-4-oxo butanoic acid HOOC-CH(NH_2)-CH_2-C(=O)NH_2 *asparagine*	
ASPPD	N,N'-1,4-phenylene bis[(4-methoxy)benzenemethanimine] 1,4-(CH_3-O-4-C_6H_4-CH=N$)_2C_6H_4$ *bis(anisaldehyde)-p-phenylenediamine*	
ASS	2-acetyloxy benzoic acid CH_3-COO-2-C_6H_4-COOH *Acetylsalicylsäure*	
Asx	2,4-diamino-4-oxo butanoic acid HOOC-CH(NH_2)-CH_2-C(=O)NH_2 *asparagine*	
Asx	2-amino butanedioic acid HOOC-CH(NH_2)-CH_2-COOH *aspartic acid*	
ATA	1H-1,2,4-triazol-3-amine 3-NH_2-1,2,4-$N_3C_2H_2$ *3-amino-1H-1,2,4-triazole*	
ATA	trifluoro acetic acid alkyl ester CF_3-COO-R *alkyl trifluoro acetic acid ester*	
ATA	2-amino benzenamide 2-NH_2-C_6H_4-C(=O)-NH_2 *anthranilamide*	
ATC	ethyl trichloro silane C_2H_5-$SiCl_3$	

ATEE	2-acetylamino-3-(4-hydroxyphenyl) propanoic acid ethylester HO-4-C_6H_4-CH_2-CH[NH-C(=O)-CH_3]-COO-C_2H_5 *N-acetyl-L-tyrosine ethylester*
5'-ATP	adenosine-5'-(tetrahydrogentriphosphate) $(NH_2)N_4C_5H_2$-$OC_4H_4(OH)_2$-CH_2-O-[P(=O)(OH)]$_2$-P(=O)(OH)$_2$ *adenosine-5'-triphosphate*
ATP	N-(2-naphthalenyl)-N-phenyl phosphoramidothioic acid O,O-dinonylester $C_{10}H_7$-2-N(C_6H_5)-P(=S)(O-C_9H_{19})$_2$ *O,O-dinonyl-N-phenylnaphthylamidothiophosphate*
ATP	adenosine-5'-(tetrahydrogentriphosphate) $(NH_2)N_4C_5H_2$-$OC_4H_4(OH)_2$-CH_2-O-[P(=O)(OH)]$_2$-P(=O)(OH)$_2$ *adenosine-5'-triphosphate*
ATP-γ-S	adenosine-5'-trihydrogendiphosphoric acid, monoanhydride with phosphorothioic acid $(NH_2)N_4C_5H_2$-$OC_4H_4(OH)_2$-CH_2-[OP(=O)(OH)]$_2$-O-P(=O)(OH)-SH *adenosine-5'-[γ-thio]triphosphate*
ATS	3-(triethoxysilyl) propanamine NH_2-$CH_2CH_2CH_2$-Si(O-C_2H_5)$_3$ *aminopropyl triethoxysilane*
ATSC	2-(1-methylethylidene) hydrazinecarbothiamide $(CH_3)_2$C=N-NH-C(=S)-NH_2 *acetone-thiosemicarbazone*
au	(aminoiminomethyl) urea H_2N-C(=NH)-NH-C(=O)-NH_2 *amidinourea*
AVG	2-amino-4-(2-aminoethoxy)-3-butenoic acid NH_2-CH_2CH_2-O-CH=CH-CH(NH_2)-COOH *L-α-(2-aminoethoxyvinyl)-glycine*
5Avl	5-amino pentanoic acid NH_2-CH_2CH_2-CH_2CH_2-COOH *5-aminovaleric acid*
Az	diphenyl diazene C_6H_5-N=N-C_6H_5 *azobenzene*
azacapten	8-methyl 6,10,19-trithia-1,3,13,16-tetraazabicyclo[6.6.6]eicosane N(-CH_2-NH-CH_2CH_2-S-CH_2-)$_3$C-CH_3 *methyl-trithiatetraazabicyclo[6.6.6]eicosane*
azaMEsar	8-methyl-1,3,6,10,13,16,19-heptaazabicyclo[6.6.6]eicosane CH_3-C(CH_2-NH-CH_2CH_2-NH-CH_2)$_3$N
azasartacn	1,4,7,9,11,14,19-heptaazatricyclo[7.7.4.2(4,14)]docosane 1,4,7,9,11,14,19-$N_7C_{15}H_{33}$

Azrd	aziridine	
	c-NC$_2$H$_5$	
AZT	3'-azido-3'-deoxy thymidine	
	1-[5-CH$_3$-2,4-(O=)$_2$-1,3-N$_2$C$_4$H$_2$-1]-OC$_4$H$_5$(N$_3$-3)-4-CH$_2$-OH	
Azt	azetidine	
	c-NC$_3$H$_7$	
B	benzene	
	C$_6$H$_6$	
B	2,4-diamino-4-oxo butanoic acid	
	HOOC-CH(NH$_2$)-CH$_2$-C(=O)NH$_2$	
	asparagine	
B	2-amino butanedioic acid	
	HOOC-CH(NH$_2$)-CH$_2$-COOH	
	aspartic acid	
B-13-C-4	2,3,6,7,9,10-hexahydro-5H-1,4,8,11-benzotetraoxacyclotridecin	
	[-O-(1,2-C$_6$H$_4$)-O-CH$_2$CH$_2$-O-CH$_2$CH$_2$CH$_2$-O-CH$_2$CH$_2$-]	
	benzo-13-crown-4	
B13CROWN4	2,3,6,7,9,10-hexahydro-5H-1,4,8,11-benzotetraoxacyclotridecin	
	[-O-(1,2-C$_6$H$_4$)-O-CH$_2$CH$_2$-O-CH$_2$CH$_2$CH$_2$-O-CH$_2$CH$_2$-]	
	benzo-13-crown-4	
B14BQ	2-bromo 2,5-cyclohexadiene-1,4-dione	
	2-Br-C$_6$H$_3$(=O)$_2$-1,4	
	monobromo-1,4-benzoquinone	
B15C5	2,3,5,6,8,9,11,12-octahydro-1,4,7,10,13-benzopentaoxacyclopentadecin	
	[-O-(1,2-C$_6$H$_4$)-O-(CH$_2$CH$_2$-O)$_3$-CH$_2$CH$_2$-]	
	benzo-15-crown-5	
B15CROWN5	2,3,5,6,8,9,11,12-octahydro-1,4,7,10,13-benzopentaoxacyclopentadecin	
	[-O-(1,2-C$_6$H$_4$)-O-(CH$_2$CH$_2$-O)$_3$-CH$_2$CH$_2$-]	
	benzo-15-crown-5	
B18C6	2,3,5,6,8,9,11,12,14,15-decahydro-1,4,7,10,13,16-benzohexaoxacyclooctadecin	
	[-O-(1,2-C$_6$H$_4$)-O-(CH$_2$CH$_2$-O)$_4$-CH$_2$CH$_2$-]	
	benzo-18-crown-6	
B18CROWN6	2,3,5,6,8,9,11,12,14,15-decahydro-1,4,7,10,13,16-benzohexaoxacyclooctadecin	
	[-O-(1,2-C$_6$H$_4$)-O-(CH$_2$CH$_2$-O)$_4$-CH$_2$CH$_2$-]	
	benzo-18-crown-6	
B2EDP	1,2-ethanediyldiphosphonic acid dibutyl ester, ion(2-)	
	[C$_4$H$_9$-O-P(=O)(-O)-CH$_2$CH$_2$-P(=O)(-O)-O-C$_4$H$_9$]$^{2-}$	
	di-n-butylethane-1,2-diphosphonate	

B-3-Cl-SEDI	2,2'-[1,2-ethanediylbis(nitrilomethylidyne)]bis[(3-chloro)phenol] HO-C_6H_3(Cl-3)-2-CH=N-CH_2CH_2-N=CH-2-C_6H_3(Cl-3)OH *bis-3-chlorsalicylaldehyd-ethylendiimine*
B-3-MetSEDI	2,2'-[1,2-ethanediylbis(nitrilomethylidyne)]bis[(6-methyl)phenol] HO-C_6H_3(CH_3-6)-2-CH=N-CH_2CH_2-N=CH-2-C_6H_3(CH_3-6)-OH *bis-3-methylsalicylaldehyd-ethylenediimine*
B-3-MoxSEDI	2,2'-[1,2-ethanediylbis(nitrilomethylidyne)]bis[(6-methoxy)phenol] HO-C_6H_3(O-CH_3-6)-2-CH=N-CH_2CH_2-N=CH-2-C_6H_3(O-CH_3-6)OH *bis-3-methoxysalicylaldehyd-ethylendiimine*
B-3-MoxSPHDI	2,2'-[1,2-phenylenebis(nitrilomethylidyne)]bis[(6-methyl)phenol] 1,2-[HO-C_6H_3(OCH_3-3)-2-CH=N]$_2$$C_6H_4$ *bis-3-methoxysalicylaldehyd-phenylendiimine*
B-3-NO2-SEDI	2,2'-[1,2-ethanediylbis(nitrilomethylidyne)]bis[(6-nitro)phenol] HO-C_6H_3(NO_2-6)-2-CH=N-CH_2CH_2-N=CH-2-C_6H_3(NO_2-6)-OH *bis-3-nitrosalicylaldehyd-ethylendiimine*
BA	benzoic acid C_6H_5-COOH
BAA	4-(aminocarbonyl)-4-(benzoylamino)butyl guanidine NH_2-C(=NH)-NH-$CH_2CH_2CH_2$-CH[NH-C(=O)-C_6H_5]-C(=O)-NH_2 *N-alpha-benzoyl-L-arginine amide*
BAA	N-butyl-N-phenyl acetamide C_6H_5-N(C_4H_9)-C(=O)-CH_3 *N-n-butylacetanilide*
BAAP	1,2-dihydro-1,5-dimethyl-2-phenyl-4-(phenylmethylenamino) 3H-pyrazol-3-one 1,5-(CH_3)$_2$-2-C_6H_5-4-(C_6H_5-CH=N)-1,2-N_2C_3(=O)-3 *4-N-(benzylidene)-aminoantipyrine*
BABA	N,N'-diphenyl 2,3-butanediimine C_6H_5-N=C(CH_3)-C(CH_3)=N-C_6H_5 *biacetyl-bis(anil)*
BABM	2-benzoylamino butanoic acid methyl ester C_6H_5-C(=O)-NH-CH(C_2H_5)-COO-CH_3
BABS	2-benzoylamino butanoic acid C_6H_5-C(=O)-NH-CH(C_2H_5)-COOH *α-N-Benzoylamino-Buttersäure*
BAC	2,2'-(1,3-cyclohexanediyl) diethanamine 1,3-(NH_2-CH_2CH_2)$_2$-C_6H_{10} *1,3-bis(2-aminoethyl) cyclohexane*
BAC	N,N'-(dithiodi-2,1-ethanediyl)bis(2-propenamide) [CH_2=CH-C(=O)-NH-CH_2CH_2-S-]$_2$ *N,N'-bis-acryloyl-cystamine*

BAC 2-benzoylamino trans-2-butenoic acid
C_6H_5-C(=O)-NH-C(=CH-CH_3)-COOH
α-N-Benzoylamino-Crotonsäure

BACH [...]-6-[{5-(hexahydro-2-oxo-1H-thieno[3,4-d]imidazol-4-yl)-1-oxopentyl}amino]-hexanoic acid hydrazide
2-(O=)-1,3,5-$N_2SC_5H_7$-4-$(CH_2)_4$-C(O)-NH-$(CH_2)_5$-C(O)-NH-NH_2
N-(+)-biotinyl-6-amino-caproic acid hydrazide

BACM 2-benzoylamino trans-2-butenoic acid methyl ester
C_6H_5-C(=O)-NH-C(=CH-CH_3)-COO-CH_3
α-N-Benzoylamino-Crotonsäuremethylester

BACO 1,4-diazabicyclo[2.2.2]octane
N(-CH_2CH_2-$)_3$N

BAEE N-α-benzoyl-L-arginine ethyl ester
NH_2-C(=NH)NH-$CH_2CH_2CH_2$-CH[NH-C(=O)C_6H_5]-COO-C_2H_5

BAL 2,3-dimercapto-1-propanol
HS-CH_2-CH(SH)-CH_2-OH

BAMBP 4-(n-/s-/t-butyl)-2-(1-phenylethyl) phenol
2-[C_6H_5-CH(CH_3)]-4-(n-/s-/t-C_4H_9)-C_6H_3-OH
4-butyl-2-(α-methylbenzyl)phenol

BAME N-α-benzoyl-L-arginine methyl ester
NH_2-C(=NH)NH-$CH_2CH_2CH_2$-CH[NH-C(=O)C_6H_5]-COO-CH_3

BAMPITC (4-isothiocyanato-phenyl)methyl carbamic acid 1,1-dimethylethyl ester
4-[t-C_4H_9-O-C(=O)-NH-CH_2]-C_6H_4-N=C=S
4-(tert.-butoxycarbonyl-aminomethyl)-phenylisothiocyanate

BAN 2-bromo-1-(2'-naphthyl) ethanone
2-[Br-CH_2-C(=O)]-$C_{10}H_7$
α-bromo-2'-acetonaphthone

BANA 5-[(aminoiminomethyl)amino]-2-(benzoylamino)-N-(2-naphthalenyl) pentanamide
NH_2-C(=NH)NH-$CH_2CH_2CH_2$-CH[NH-C(=O)-C_6H_5]-C(=O)-NH-2-$C_{10}H_7$
Nα-benzoyl-DL-arginine-2-naphthylamide

BANI 5-[(aminoiminomethyl)amino]-2-(benzoylamino)-N-(4-nitrophenyl) pentanamide
NH_2-C(=NH)NH-$CH_2CH_2CH_2$-CH[NH-C(=O)C_6H_5]C(=O)NH-C_6H_4-4-NO_2
Nα-benzoyl-DL-arginine-4-nitroanilide

BAO 4,4'-(1,3,4-oxadiazole-2,5-diyl) dibenzenamine
2,5-(NH_2-C_6H_4-4-$)_2$-1,3,4-ON_2C_2
2,5-bis(4-aminophenyl)-1,3,4-oxadiazole

6-BAP N-phenylmethyl 1H-purin-6-amine
6-(C_6H_5-CH_2-NH)-1,3,7,9-$N_4C_5H_3$
6-benzylamino purine

BAP   benzo[a]pyrene
                 $C_{20}H_{12}$

BAP   1,4-bis(1-oxo-2-propenyl) piperazine
                 $1,4\text{-}[CH_2\text{=}CH\text{-}C(\text{=}O)]_2\text{-}1,4\text{-}N_2C_4H_8$
                 1,4-bis(acryloyl)-piperazine

BAPABA   4-[[5-{(aminoiminomethyl)amino}-1-oxo-2-{(phenylcarbonyl)amino}pentyl]amino] benzoic acid
                 $NH_2\text{-}C(\text{=}NH)NH\text{-}CH_2CH_2CH_2\text{-}CH[NH\text{-}C(O)C_6H_5]\text{-}C(O)NH\text{-}4\text{-}C_6H_4\text{-}COOH$
                 Nα-benzoyl-DL-arginine-4-amino-benzoic acid

BAPNA   5-[(aminoiminomethyl)amino]-2-(benzoylamino)-N-(4-nitrophenyl) pentanamide
                 $NH_2\text{-}C(\text{=}NH)NH\text{-}CH_2CH_2CH_2\text{-}CH[NH\text{-}C(\text{=}O)C_6H_5]C(\text{=}O)NH\text{-}C_6H_4\text{-}4\text{-}NO_2$
                 Nα-benzoyl-DL-arginine-4-nitroanilide

BAPTA   N,N'-[1,2-ethanediylbis(oxy-2,1-phenylene)]bis[N-(carboxymethyl)glycine]
                 $(HOOC\text{-}CH_2)_2N\text{-}C_6H_4\text{-}2\text{-}O\text{-}CH_2CH_2\text{-}O\text{-}2\text{-}C_6H_4\text{-}N(CH_2\text{-}COOH)_2$
                 1,2-bis(2-aminophenoxy)-ethane-N,N,N',N'-tetraacetic acid

BB15C5   15-(1,1-dimethylethyl)-2,3,5,6,8,9,11,12-octahydro-1,4,7,10,13-benzopentaoxacyclopentadecin
                 $[\text{-}O\text{-}\{1,2\text{-}C_6H_3(C_4H_9\text{-}t)\text{-}4\}\text{-}O\text{-}(CH_2CH_2\text{-}O)_3\text{-}CH_2CH_2\text{-}]$
                 t-butylbenzo-15-crown-5

BB15CROWN5   15-(1,1-dimethylethyl)-2,3,5,6,8,9,11,12-octahydro-1,4,7,10,13-benzopentaoxacyclopentadecin
                 $[\text{-}O\text{-}\{1,2\text{-}C_6H_3(C_4H_9\text{-}t)\text{-}4\}\text{-}O\text{-}(CH_2CH_2\text{-}O)_3\text{-}CH_2CH_2\text{-}]$
                 t-butylbenzo-15-crown-5

BBAO   N-(1,1-dimethylethyl) benzenemethanimine N-oxide
                 $C_6H_5\text{-}CH\text{=}N(O)\text{-}C_4H_9\text{-}t$
                 N-benzylidene-tert.-butyl-amine-N-oxide

BBCr   bis(biphenylchromium)
                 $[(C_6H_5\text{-}C_6H_5)_2Cr]^+$

BBD   2,5-bis[(1,1'-biphenyl)-4-yl] 1,3,4-oxadiazole
                 $2,5\text{-}(C_6H_5\text{-}C_6H_4\text{-}4)\text{-}1,3,4\text{-}ON_2C_2$

BBD   7-nitro-N-(phenylmethyl) 4-benzofurazanamine
                 $7\text{-}NO_2\text{-}2,1,3\text{-}ON_2C_6H_2\text{-}4\text{-}NH\text{-}CH_2\text{-}C_6H_5$
                 7-nitro-4-benzylamino-2,1,3-benzoxadiazole

BBF   benzo[b]fluoranthene
                 $C_{20}H_{12}$

9-BBN   9-borabicyclo[3.3.1]nonane
                 $[3.3.1]\text{-}9\text{-}BC_8H_{15}$

BBN   9-borabicyclo[3.3.1]nonane
                 $[3.3.1]\text{-}9\text{-}BC_8H_{15}$

BBO	2,5-bis(4-biphenylyl) 1,3-oxazole 2,5-$(C_6H_5$-4-$C_6H_4)_2$-1,3-ONC_3H
BBOD	2,5-bis[(1,1'-biphenyl)-4-yl] 1,3,4-oxadiazole 2,5-$(C_6H_5$-C_6H_4-4-$)_2$-1,3,4-ON_2C_2
BBOT	2,2'-(2,5-thiophenediyl)bis[5-(1,1-dimethylethyl)benzoxazole] 2,5-[5-(t-C_4H_9)-1,3-ONC_7H_3-2-$]_2$-C_4H_2S *2,5-bis(5-tert.-butyl-2-benzoxazolyl)-thiophene*
BBP	1,2-benzenedicarboxylic acid butyl phenylmethyl ester C_6H_5-CH_2-O-C(=O)-C_6H_4-2-COO-C_4H_9 *benzylbutylphthalate*
B-Brom-9-BBN	9-bromo 9-borabicyclo[3.3.1]nonane 9-Br-[3.3.1]-9-BC_8H_{14}
BCA	[2,2'-biquinoline]-4,4'-dicarboxylic acid (4-HOOC-1-NC_9H_5-2-$)_2$ *2,2'-bicinchoninic acid*
BCA	N-cyclopropyl benzenemethanamine C_6H_5-CH_2-NH-c-C_3H_5 *N-benzyl cyclopropyl amine*
BCB	5-butyl-1-cyclohexyl hexahydropyrimidine-2,4,6-trione 1-c-C_6H_{11}-5-C_4H_9-1,3-$N_2C_4H_2$(=O$)_3$-2,4,6 *5-butyl-1-cyclohexyl barbituric acid*
BCB	2,2'-dimethyl-3,3',5,5'-tetrabromophenolsulfonephthalein Br_2(HO)(CH_3)C_6H-C(C_6H_4-SO_3H)=C_6H(=O)(CH_3)Br_2 *bromocresol blue = bromocresol green*
BCDC	(8α,9R)-9-hydroxy-1-phenylmethyl cinchonaniumchloride [NC_9H_6-CH(OH)-[2.2.2]-1-NC_7H_{11}(CH=CH_2)-CH_2-C_6H_5] Cl *N-benzyl-cinchonidinium chloride*
BCECF	ar-5/6-carboxy-3',6'-dihydroxy-3-oxo-spiro[isobenzofuran-1(3H),9'-(9H)xanthene]-2',7'-dipropanoic acid 3',6'-(HO$)_2$-3-(O=)-2,10'-$O_2C_{20}H_7$(COOH)-(C_2H_4-COOH$)_2$-2',7' *2',7'-bis(carboxyethyl)-4/5-carboxy-fluorescein (2 isomeres)*
BCEF	N,N-bis-(2-cyanoethyl) formamide (NC-$CH_2CH_2)_2$N-CHO
BCEN	N,N'-1,2-ethanediylbis(3-aminopropanamide) NH_2-C(=O)-CH_2CH_2-NH-CH_2CH_2-NH-CH_2CH_2-C(=O)-NH_2 *N,N'-bis(ß-carbamoylethyl)ethylenediamine*
BCG	2,2'-dimethyl-3,3',5,5'-tetrabromophenolsulfonephthalein Br_2(HO)(CH_3)C_6H-C(C_6H_4-SO_3H)=C_6H(=O)(CH_3)Br_2 *bromocresol green = bromocresol blue*

BCHD	bicyclo[2.2.1]hepta-2,5-diene	

BCHD bicyclo[2.2.1]hepta-2,5-diene
[2.2.1]-C_7H_8

BCHTN N,N'-2-hydroxy-1,3-propanediylbis(3-aminopropanamide)
NH_2-C(=O)-CH_2CH_2-NH-CH_2-CH(OH)-CH_2-NH-CH_2CH_2-C(=O)-NH_2
N,N'-bis(ß-carbamoylethyl)-2-hydroxytrimethylenediamine

BCME 1,1'-oxybis(chloromethane)
Cl-CH_2-O-CH_2-Cl
bis-chloromethyl ether

BCMEN N,N'-1-methyl-1,2-ethanediylbis(3-aminopropanamide)
NH_2-C(=O)-CH_2CH_2-NH-CH(CH_3)-CH_2-NH-CH_2CH_2-C(=O)-NH_2
N,N'-bis(ß-carbamoylethyl)-1,2-propylenediamine

BCNC (9S)-9-hydroxy-1-phenylmethyl cinchonanium chloride
[NC_9H_6-CH(OH)-[2.2.2]-1-NC_7H_{11}(CH=CH_2)-CH_2-C_6H_5] Cl
N-benzyl-cinchoninium chloride

BCNU N,N'-bis(2-chloroethyl) N-nitroso urea
Cl-CH_2CH_2-NH-C(=O)-N(N=O)-CH_2CH_2-Cl

BCP 5-[2-{2-(butoxy)ethoxy}ethoxymethyl] 1,3-benzodioxole
C_4H_9-O-CH_2CH_2-O-CH_2CH_2-O-CH_2-5-(1,3-$O_2C_7H_5$)
butyl carbitol piperonylate

BCPB 3,3'-dibromo-5,5'-dichlorophenolsulfonephthalein
Br(Cl)(HO)C_6H_2-C(C_6H_4-SO_3H)=C_6H_2(=O)(Br)Cl
bromochlorophenol blue

BCPC N-(3-chlorophenyl) carbamic acid 2-methylpropyl ester
s-C_4H_9-O-C(=O)-NH-C_6H_4-3-Cl
sec.-butyl-N-(3-chlorophenyl)carbamate

BCPE 1,1-bis(4-chlorophenyl) ethanol
(4-Cl-C_6H_4)$_2$C(CH_3)-OH

BCTN N,N'-1,3-propanediylbis(3-aminopropanamide)
NH_2-C(=O)-CH_2CH_2-NH-$CH_2CH_2CH_2$-NH-CH_2CH_2-C(=O)-NH_2
N,N'-bis(ß-carbamoylethyl)trimethylenediamine

14Bda 1,4-butanediamine
NH_2-CH_2CH_2-CH_2CH_2-NH_2

BDA diacetic acid 2-butene-1,4-diyl ester
CH_3-COO-CH_2-CH=CH-CH_2-O-C(=O)-CH_3
butendiol-diacetate

bda 1,3-butanedione, ion(1-)
CH_3-C(-O)=CH-CHO
1,3-butanedionate

BDAB	2,5-bis(acetyloxy) benzoic acid phenylmethyl ester 2,5-$(CH_3\text{-}COO)_2\text{-}C_6H_3\text{-}COO\text{-}CH_2\text{-}C_6H_5$ *benzyl-2,5-diacetoxybenzoate*
BDC-OH	4-(dimethylamino)-α-[4-(dimethylamino)phenyl]benzenemethanol $[4\text{-}(CH_3)_2N\text{-}C_6H_4]_2CH\text{-}OH$ *4,4'-bis-(dimethylamino)diphenylcarbinol*
BDCS	1,1-dimethylethyl dimethyl chloro silane $t\text{-}C_4H_9\text{-}SiCl(CH_3)_2$ *(tert.-butyl)(dimethyl)chlorosilane*
BDDA	1,2-phenylene-2,2'-bis(oxyacetic acid), ion(2-) $[C_6H_4(O\text{-}CH_2\text{-}COO)_2]^{2-}$ *benzene-1,2-dioxy-diacetate*
BDEA	1,1-(dimethyl)ethylamino-2,2'-diethanol $t\text{-}C_4H_9\text{-}N(CH_2CH_2\text{-}OH)_2$ *tert.-butyl diethanolamine*
BDG	2-(2-butoxyethoxy) ethanol $C_4H_9\text{-}O\text{-}CH_2CH_2\text{-}O\text{-}CH_2CH_2\text{-}OH$ *butyl-diglycol*
BDM15C5	5,9-dimethyl-2,3,5,6,8,9,11,12-octahydro-1,4,7,10,13-benzopentaoxacyclopentadecin $[\text{-}O\text{-}(1,2\text{-}C_6H_4)\text{-}O\text{-}C_2H_4\text{-}O\text{-}CH(CH_3)CH_2\text{-}O\text{-}CH_2CH(CH_3)\text{-}O\text{-}C_2H_4\text{-}]$ *benzodimethyl-15-crown-5*
BDM15CROWN5	5,9-dimethyl-2,3,5,6,8,9,11,12-octahydro-1,4,7,10,13-benzopentaoxacyclopentadecin $[\text{-}O\text{-}(1,2\text{-}C_6H_4)\text{-}O\text{-}C_2H_4\text{-}O\text{-}CH(CH_3)CH_2\text{-}O\text{-}CH_2CH(CH_3)\text{-}O\text{-}C_2H_4\text{-}]$ *benzodimethyl-15-crown-5*
BDMA	N,N-dimethyl benzenemethanamine $C_6H_5\text{-}CH_2\text{-}N(CH_3)_2$ *benzyldimethylamine*
BDMAc	N-[(4-ethenylphenyl)methyl]-N-methyl acetamide $CH_3\text{-}C(=O)\text{-}N(CH_3)\text{-}CH_2\text{-}C_6H_4\text{-}4\text{-}CH=CH_2$
BDMF	N-[(4-ethenylphenyl)methyl]-N-methyl formamide $HC(=O)\text{-}N(CH_3)\text{-}CH_2\text{-}C_6H_4\text{-}4\text{-}CH=CH_2$
bdmpab	3,5-dimethyl-N-[3,5-dimethyl-1H-pyrazol-1-ylmethyl]-N-phenyl 1H-pryrazole-1-methanamine $[3,5\text{-}(CH_3)_2\text{-}1,2\text{-}N_2C_3H\text{-}1\text{-}CH_2]_2N\text{-}C_6H_5$ *N,N-bis(3,5-dimethylpyrazol-1-ylmethyl)aminobenzene*
BDMS	butoxy dimethyl silane $C_4H_9\text{-}O\text{-}SiH(CH_3)_2$ *butyl dimethylsilyl ether*

BDPCP	bis(diphenylphosphinous acid) trans-1,2-cyclopentylester 1,2-[$(C_6H_5)_2$P-O]$_2$-c-C_5H_8 *trans-1,2-bis(diphenylphosphinoxy)cyclopentane*
BDPOP	bis(diphenylphosphinous acid) 1,3-(dimethyl)propane-1,3-diyl ester $(C_6H_5)_2$P-O-CH(CH$_3$)-CH$_2$-CH(CH$_3$)-O-P$(C_6H_5)_2$ *2,4-bis(diphenylphosphinoxy)pentane*
BDPP	[1,3-dimethyl-1,3-propanediyl]bis(diphenylphosphine) $(C_6H_5)_2$P-CH(CH$_3$)-CH$_2$-CH(CH$_3$)-P$(C_6H_5)_2$ *2,4-bis(diphenylphosphino)pentane*
BDPP	phosphoric acid butyl diphenyl ester C_4H_9-O-P(=O)(O-C_6H_5)$_2$ *butyl diphenyl phosphate*
bdpp	phenylphosphinidenebis[2,1-ethanediyl(diphenyl)phosphine] $(C_6H_5)_2$P-CH$_2$CH$_2$-P(C_6H_5)-CH$_2$CH$_2$-P$(C_6H_5)_2$ *bis[2-(diphenylphosphino)ethyl]phenylphosphine*
BDT	benzenedithiol C_6H_4-(SH)$_2$
bdta	N,N'-[1,2-dimethyl-1,2-ethanediyl]bis[N-(carboxymethyl)glycine], ion(4-) [(OOC-CH$_2$)$_2$N-CH(CH$_3$)-CH(CH$_3$)-N(CH$_2$-COO)$_2$]$^{4-}$ *meso-2,3-butanediaminetetraacetate*
BDTC	sodium N,N-dibutyl-dithiocarbamate Na [$(C_4H_9)_2$N-CS$_2$] *(Na-)di-n-butyldithiocarbamate*
BE	2-butoxy ethanol HO-CH$_2$CH$_2$-O-C_4H_9
bed3a	N-(carboxymethyl)-N-[2-{(carboxymethyl)(phenylmethyl)amino}ethyl] glycine, ion(3-) [OOC-CH$_2$-N(CH$_2$-C_6H_5)-CH$_2$CH$_2$-N(CH$_2$-COO)$_2$]$^{3-}$ *N-benzylethylenediamine-N,N',N'-triacetate*
BEDT-TTF	2,2'-bis(5,6-dihydro-1,3-dithiolo[4,5-b][1,4]dithiin) 2-(1,3,4,7-S$_4$C$_5$H$_4$-2)-1,3,4,7-S$_4$C$_5$H$_4$ *bis(ethylenedithiolo)-tetrathiafulvalene*
BEHP	1,2-benzenedicarboxylic acid bis(2-ethylhexyl) ester C_6H_4[COO-CH$_2$-CH(C_2H_5)-C_4H_9]$_2$-1,2 *bis(2-ethylhexyl) phthalate*
BEMP	2-diethylamino-2-[(1,1-dimethylethyl)imino]-1,2,2,2,3,4,5,6-octahydro-1,3-dimethyl 1,3,2-diazaphosphorine 2-$(C_2H_5)_2$N-2-(t-C_4H_9-N=)-1,3-(CH$_3$)$_2$-1,3,2-N$_2$PC$_3$H$_6$ *t-butylimino-diethylamino-dimethyl-perhydrodiazaphosphorine*
BENACEN	3,8-dimethyl-1,10-diphenyl 4,7-diazadecane-1,10-dione C_6H_5-C(=O)-CH$_2$-C(CH$_3$)=N-CH$_2$CH$_2$-N=C(CH$_3$)-CH$_2$-C(=O)-C_6H_5

BES	2-[bis(2-hydroxyethyl)amino] ethanesulfonic acid $(HO\text{-}CH_2CH_2)_2N\text{-}CH_2CH_2\text{-}SO_3H$
BEST	2-(trimethylsilyl) ethanethiol $(CH_3)_3Si\text{-}CH_2CH_2\text{-}SH$
B-Ester	hydroxy acetic acid butyl ester $HO\text{-}CH_2\text{-}COO\text{-}C_4H_9$ *butyl glycolate*
BF	buckminsterfullerene (a special carbon-cluster) C_{60}
BFCO	(2-methyl-1,3-butadiene)tricarbonyl iron $[\{CH_2=C(CH_3)\text{-}CH=CH_2\}Fe(CO)_3]$
BFHA	N-hydroxy-N-phenyl benzamide $C_6H_5\text{-}C(=O)\text{-}N(OH)\text{-}C_6H_5$ *benzoyl phenyl hydroxylamine*
BG	imidodicarbonimidic diamide $NH_2\text{-}C(=NH)\text{-}NH\text{-}C(=NH)NH_2$ *biguanide*
BG	2-butoxy ethanol $C_4H_9\text{-}O\text{-}CH_2CH_2\text{-}OH$ *butyl-glycol*
BGE	2-butoxymethyl oxirane $C_4H_9\text{-}O\text{-}CH_2\text{-}2\text{-}OC_2H_3$ *butyl glycidyl ether*
BGHIP	benzo[g,h,i]perylene $C_{22}H_{12}$
BHA	benzyl hydroxamic acid $C_6H_5\text{-}C(=O)NH\text{-}OH$
BHA	2-/3-(1,1-dimethylethyl)-4-methoxy phenole $2\text{-}/3\text{-}(t\text{-}C_4H_9)\text{-}4\text{-}(CH_3\text{-}O)\text{-}C_6H_3\text{-}OH$ *2-(or 3-)-tert.-butyl-4-hydroxy anisole*
BHB	2,6-bis(1,1-dimethylethyl) phenol $2,6\text{-}(t\text{-}C_4H_9)_2\text{-}C_6H_3\text{-}OH$ *di-tert.-butyl hydroxybenzene*
BHC	hexachloro benzene C_6Cl_6 *benzene hexachloride*
BHDA	N-heptadecyl benzenemethanamine $C_6H_5\text{-}CH_2\text{-}NH\text{-}C_{17}H_{35}$ *benzyl heptadecyl amine*

BHMF 1,1'-bis(hydroxymethyl) ferrocene
Fe[C_5H_4-1-(CH_2-OH)]$_2$

BHMF 2,5-furandimethanol
2,5-(HO-CH_2)$_2$-OC_4H_2
2,5-bis(hydroxymethyl) furan

BHMT N-(6-aminohexyl) 1,6-hexanediamine
NH_2-(CH_2)$_6$-NH-(CH_2)$_6$-NH_2
bis(hexamethylene)triamine

BHT 4-methyl-2,6-bis[(1,1-dimethyl)ethyl] phenol
4-CH_3-2,6-(t-C_4H_9)$_2$-C_6H_2-OH
di-tert.-butylated hydroxotoluene

BIBUQ 4,4'''-bis(2-butyloctyloxy) [1,1':4',1'':4'',1''']-quaterphenyl
[4-{C_6H_{13}-CH(C_4H_9)-CH_2-O-4-C_6H_4}-C_6H_4-]$_2$
4,4'''-bis(2-butyloctyloxy)-p-quaterphenyl

BICINE N,N-bis(2-hydroxyethyl) glycine
HOOC-CH_2-N(CH_2CH_2-OH)$_2$

Big imidodicarbonimidic diamide
NH_2-C(=NH)-NH-C(=NH)-NH_2
biguanide

BIIM 2,2'-biimidazole
(1,3-$N_2C_3H_3$-2-)$_2$

BIM benzimidazole
1,3-$N_2C_7H_5$

BIMDA benzimidazole
1,3-$N_2C_7H_5$

BINAP [1,1'-binaphthalene]-2,2'-diylbis(diphenylphosphine)
[(C_6H_5)$_2$P-2-$C_{10}H_6$-1-]$_2$

BIPAAP 1,5-dimethyl-4-[(1-methyl-3-oxo-3-phenyl)propylidenamino]-2-phenyl 1,2-dihydro-3H-pyrazol-3-one
1,5-(CH_3)$_2$-4-[C_6H_5-C(O)CH_2C(CH_3)=N]-2-C_6H_5-1,2-N_2C_3(=O)-3
4-N-(benzoylisopropylidene)-aminoantipyrine

BIPM 1-[4-(1H-benzimidazol-2-yl)phenyl] 1H-pyrrole-2,5-dione
1-[4-(1,3-$N_2C_7H_5$-2)-C_6H_4]-NC_4H_2(=O)$_2$-2,5
N-[4-(2-benzimidazolyl)-phenyl]-maleimide

bipy 2,2'-bipyridine
2-(2-NC_5H_4)-NC_5H_4

BIPYAM N-(2-pyridyl) 2-pyridinamine
HN(-2-NC_5H_4)$_2$
bis(2-pyridyl) amine

bipyo	2,2'-bipyridine N,N'-dioxide [1-(O=)NC$_5$H$_4$-2]-2-NC$_5$H$_4$(=O)-1
biq	2,2'-biquinoline [(1-NC$_9$H$_6$)-2-]$_2$
BIQUIN	2,2'-biquinoline [(1-NC$_9$H$_6$)-2-]$_2$
BIS	N,N'-methylenebis(2-propenamide) CH$_2$=CH-C(=O)-NH-CH$_2$-NH-C(=O)-CH=CH$_2$
BISDIEN	1,4,7,13,16,19-hexaaza-10,22-dioxacyclotetracosane [-O-CH$_2$-(CH$_2$-NH-CH$_2$)$_3$-CH$_2$-O-CH$_2$-(CH$_2$-NH-CH$_2$)$_3$-CH$_2$-]
Bis-MSB	1,4-bis[2-(2-methylphenyl)ethenyl] benzene 1,4-(CH$_3$-2-C$_6$H$_4$-CH=CH)$_2$-C$_6$H$_4$ *p-bis(o-methylstyrene)benzene*
bispictn	N,N'-bis(2-pyridiylmethyl) 1,3-propanediamine NC$_5$H$_4$-2-CH$_2$-NH-CH$_2$CH$_2$CH$_2$-NH-2-CH$_2$-C$_5$H$_4$N *bis(2-picolinyl)trimethylenediamine*
BISTREN	7,19,30-trioxa-1,4,10,13,16,22,27,33-octaazabicyclo[11.11.11]pentatriacontane N(-CH$_2$CH$_2$-NH-CH$_2$CH$_2$-O-CH$_2$CH$_2$-NH-CH$_2$CH$_2$-)$_3$N *trioxaoctaazabicyclopentatriacontane*
BIS-TRIS	2-[2,2'-bis(hydroxyethyl)amino]-2-hydroxymethyl 1,3-propanediol (HO-CH$_2$CH$_2$)$_2$N-C(CH$_2$-OH)$_3$ *2,2-bis(hydroxymethyl)-2,2',2''-nitrilotris(ethanol)*
BKF	benzo[k]fluoranthene C$_{20}$H$_{12}$
blbpen	N,N'-(6-methyl-2-pyridylmethyl)-N,N'-(2-pyridylmethyl)1,2-ethanediamine [6-CH$_3$-NC$_5$H$_3$-2-CH$_2$-N(CH$_2$-2-NC$_5$H$_4$)-CH$_2$-]$_2$ *N,N'-bis(2,6-lutidinyl)-N,N'-bis(2-picolinyl)ethylenediamine*
BLO	tetrahydrofuran-2-one OC$_4$H$_6$(=O)-2 *γ-butyrolactone*
BMA	2-methyl 2-propenoic acid 1,7,7-trimethyl-bicyclo[2.2.1]hept-2-yl ester CH$_2$=C(CH$_3$)-COO-2-[2.2.1]-C$_7$H$_8$-(CH$_3$)$_3$-1,7,7 *bornylmethacrylate*
BMC	4-(bromomethyl)-7-methoxy 2H-1-benzopyran-2-one 4-(Br-CH$_2$)-7-(CH$_3$-O)-1-OC$_9$H$_4$(=O)-2 *4-bromomethyl-7-methoxy-cumarin*
BMDC	bismuth tris[N,N-(dimethyl)dithiocarbamate] Bi [(CH$_3$)$_2$N-CS$_2$]$_3$ *bismuth dimethyl dithiocarbamate*

BMDMCS	(bromomethyl)chlorodimethyl silane $(CH_3)_2SiCl\text{-}CH_2\text{-}Br$ *bromomethyl-dimethylchlorosilane*
BMDMS	(bromomethyl)dimethylsilyl- $BrCH_2\text{-}Si(CH_3)_2\text{-}$
BMDS	1,3-benzenedisulfonic acid, ion(2-) $[C_6H_4\text{-}(SO_3)_2\text{-}1,3]^{2-}$ *benzene-m-disulfonate*
BMPPOH	4-benzoyl-5-methyl-2-phenyl 2,4-dihydro-3H-pyrazol-3-one $4\text{-}[C_6H_5\text{-}C(=O)]\text{-}5\text{-}CH_3\text{-}2\text{-}C_6H_5\text{-}1,2\text{-}N_2C_3H(=O)\text{-}3$ *4-benzoyl-3-methyl-1-phenyl 2-pyrazolin-5-one*
BN	benzonitrile $C_6H_5\text{-}CN$
bn	meso-2,3-butanediamine $NH_2\text{-}CH(CH_3)\text{-}CH(CH_3)\text{-}NH_2$
BNAH	1-phenylmethyl 1,4-dihydropyridine-3-carboxamide $1\text{-}(C_6H_5\text{-}CH_2)\text{-}3\text{-}[NH_2\text{-}C(=O)]\text{-}NC_5H_5$ *1-benzyl-1,4-dihydronicotinamide*
BNB	2-nitrobutylidenebis[4-(chloro)benzene] $(Cl\text{-}4\text{-}C_6H_4)_2CH\text{-}CH(NO_2)\text{-}C_2H_5$ *1,1-bis-(p-chlorophenyl)-2-nitrobutane*
BNB	2,4,6-tris(1,1-dimethylethyl)-1-nitroso benzene $2,4,6\text{-}(t\text{-}C_4H_9)_3\text{-}C_6H_2\text{-}NO$ *2,4,6-tri-tert.-butyl nitrosobenzene*
BNHS	[3aS-(3aα,4β,6aα)]-1-[{5-(hexahydro-2-oxo-1H-thieno[3,4-d]imidazol-4-yl)-1-oxopentyl}oxy]-2,5-pyrrolidinedione $2\text{-}(O=)\text{-}1,3,5\text{-}N_2SC_5H_7\text{-}4\text{-}CH_2CH_2\text{-}CH_2CH_2\text{-}COO\text{-}1\text{-}NC_4H_4(=O)_2\text{-}2,5$ *(+)-biotin-N-hydroxysuccinimidester*
BNOA	2-naphthalenyloxy acetic acid $C_{10}H_7\text{-}2\text{-}O\text{-}CH_2\text{-}COOH$ *ß-naphthoxy acetic acid*
BNP	[3aS-(3aα,4β,6aα)]-hexahydro-2-oxo 1H-thieno[3,4-d]imidazole-4-pentanoic acid 4-nitrophenyl ester $2\text{-}(O=)\text{-}1,3,5\text{-}N_2SC_5H_7\text{-}4\text{-}CH_2CH_2\text{-}CH_2CH_2\text{-}COO\text{-}C_6H_4\text{-}4\text{-}NO_2$ *(+)-biotin-4-nitrophenylester*
BNPS-Skatol	3-bromo-3-methyl-2-[(2-nitrophenyl)thio] 3H-indole $3\text{-}Br\text{-}3\text{-}CH_3\text{-}2\text{-}(NO_2\text{-}2\text{-}C_6H_4\text{-}S)\text{-}1\text{-}NC_8H_4$ *3-Brom-2-(2-nitrophenyl)thio-Skatol*
BNU	N-butyl N-nitroso urea $NH_2\text{-}C(=O)\text{-}N(N=O)\text{-}C_4H_9$

BO	2-benzoxazolone	
	1,3-ONC$_7$H$_5$(=O)-2	
BOA	butanedioic acid (2-ethylhexyl) phenylmethyl ester	
	C$_6$H$_5$-CH$_2$-OC(=O)-CH$_2$CH$_2$-CH$_2$CH$_2$-COO-CH$_2$-CH(C$_2$H$_5$)-C$_4$H$_9$	
	benzyl iso-octyl adipate	
BOA	N-(2-butoxyphenyl) acetamide	
	2-(C$_4$H$_9$-O)-C$_6$H$_4$-NH-C(=O)-CH$_3$	
	o-butoxy-acetanilide	
Boc	1,1-dimethylethoxycarbonyl-	
	t-C$_4$H$_9$-O-C(=O)-	
	t-butyloxycarbonyl-	
(BOC)2O	dicarbonic acid bis(1,1-dimethylethyl) ester	
	t-C$_4$H$_9$-O-C(=O)-O-C(=O)-O-C$_4$H$_9$-t	
	(butoxycarbonyl)2O	
(BOC)2NH	imidodicarbamic acid bis(1,1-dimethylethyl) ester	
	t-C$_4$H$_9$-OOC-NH-COO-C$_4$H$_9$-t	
	(butoxycarbonyl)2NH	
BOC-ON	α-[{((1,1-dimethylethoxy)carbonyl)oxy}imino]benzeneacetonitrile	
	t-C$_4$H$_9$-O-C(=O)-O-N=C(C$_6$H$_5$)-CN	
	butoxycarbonyloxy imino-2-phenyl acetonitrile	
BOC-ONP	carbonic acid (4-nitrophenyl)-1,1-dimethylethyl ester	
	t-C$_4$H$_9$-O-C(=O)-O-C$_6$H$_4$-4-NO$_2$	
	tert.-butoxycarbonyl-4-nitrophenol	
BOC-OSU	1-[{(1,1-dimethylethoxy)carbonyl}oxy] 2,5-pyrrolidinedione	
	t-C$_4$H$_9$-O-C(=O)-O-1-NC$_4$H$_4$(=O)$_2$-2,5	
	N-tert.-butyloxycarbonyl-succinimide	
BOC-S	carbonothioic acid O-(1,1-dimethylethyl)-S-(4,6-dimethyl-2-pyrimidinyl)-ester	
	4,6-(CH$_3$)$_2$-1,3-N$_2$C$_4$H-2-S-COO-C$_4$H$_9$-t	
BOP	(T-4)-(1H-benzotriazol-1-olato-O)tris(N-methyl-methanaminato) phosphorus(1+) hexafluorophosphate(1-)	
	[1,2,3-N$_3$C$_6$H$_4$-1-O-P{N(CH$_3$)$_2$}$_3$] [PF$_6$]	
	(1-benzotriazolyl)oxy tris(dimethylamino) phosphonium [PF6]	
BOPOB	2,2'-(1,4-phenylene)bis[5-{(1,1'-biphenyl)-4-yl}oxazole]	
	1,4-[5-(C$_6$H$_5$-C$_6$H$_4$-4-)-1,3-ONC$_3$H-2-]$_2$C$_6$H$_4$	
BOSE	1,2-ethanediylbis[(octyl)sulfoxide]	
	C$_8$H$_{17}$-S(=O)-CH$_2$CH$_2$-S(=O)-C$_8$H$_{17}$	
	1,2-bis(n-octylsulfinyl)ethane	
BOSM	methylenebis[(octyl)sulfoxide]	
	[C$_8$H$_{17}$-S(=O)]$_2$CH$_2$	
	bis(n-octylsulfinyl)methane	

BOT	benzoxazole-2-thione 1,3-ONC$_7$H$_5$(=S)-2
BP	dibenzoyl peroxide C$_6$H$_5$C(=O)-OO-C(=O)-C$_6$H$_5$ *benzoylperoxide*
BPA	1,2-ethanediyl-4,4'-dipyridine NC$_5$H$_4$-4-CH$_2$CH$_2$-4-C$_5$H$_4$N *1,2-bis(4-pyridyl)ethane*
BPA	4,4'-(1-methylethylidene) diphenol (CH$_3$)$_2$C(-4-C$_6$H$_4$-OH)$_2$ *bis-phenol A*
B-PABA	[3aS-(...)]-4-[{5-(hexahydro-2-oxo-1H-thieno[3,4-d]imidazol-4-yl)-1-oxopentyl}amino] benzoic acid 2-(O=)-1,3,5-N$_2$SC$_5$H$_7$-4-CH$_2$CH$_2$-CH$_2$CH$_2$-C(=O)-NH-4-C$_6$H$_4$-COOH *N-(+)-biotinyl-p-amino benzoic acid*
bpae	N-ethyl-N-(1H-pyrazol-1-ylmethyl) 1H-pyrazole-1-methanamine C$_2$H$_5$-N[CH$_2$-1-(1,2-N$_2$C$_3$H$_3$)]$_2$ *N,N-bis(pyrazol-1-ylmethyl)aminoethane*
BPB	3,3',5,5'-tetrabromophenolsulfonephthalein Br$_2$(HO)C$_6$H$_2$-C(C$_6$H$_4$-SO$_3$H)=C$_6$H$_2$(=O)Br$_2$ *bromphenol blue*
bpbzim	1-benzyl-2-phenyl-benzimidazole 1-(C$_6$H$_5$-CH$_2$)-2-(C$_6$H$_5$)-1,3-N$_2$C$_7$H$_4$
BPC	N-butyl pyridinium chloride [1-C$_4$H$_9$-NC$_5$H$_5$] Cl
BPDO	2,2'-bipyridine N,N'-dioxide [1-(O)NC$_5$H$_4$-2]-2-NC$_5$H$_4$(O)-1
bpdto	1,2-ethanediylbis[thio-2,1-ethandiyl-2-pyridine] NC$_5$H$_4$-2-CH$_2$CH$_2$-S-CH$_2$CH$_2$-S-CH$_2$CH$_2$-2-C$_5$H$_4$N *1,8-di-2-pyridyl-3,6-dithiaoctane*
bpdz	3,3'-bipyridazine 3-(1,2-N$_2$C$_4$H$_3$-3)-1,2-N$_2$C$_4$H$_3$
BPE	trans-1,2-ethenediyl-4,4'-dipyridine NC$_5$H$_4$-4-CH=CH-4-C$_5$H$_4$N *trans-1,2-bis(4-pyridyl)ethylene*
bpen	N,N'-bis(2-pyridylmethyl) 1,2-ethanediamine NC$_5$H$_4$-2-CH$_2$-NH-CH$_2$CH$_2$-NH-2-CH$_2$-NC$_5$H$_4$ *N,N'-bis(2-picolinyl)-ethylenediamine*

BPH	2,2'-methylenebis[{4-methyl-6-(1,1-dimethylethyl)}phenol] $CH_2[-2-C_6H_2(OH-1)(CH_3-4)-6-C_4H_9-t]_2$ *2,2'-methylene-bis(4-methyl-6-tert.-butyl)phenol*
BPHA	N-hydroxy-N-phenyl benzamide $C_6H_5-C(=O)-N(OH)-C_6H_5$ *N-benzoyl phenylhydroxylamine*
BPL	oxetan-2-one $OC_3H_4(=O)-2$ *ß-propiolactone*
bpm	4,4'-bipyrimidine $4-[1,3-N_2C_4H_3-4]-1,3-N_2C_4H_3$
bpmen	N,N'-dimethyl-N,N'-bis(2-pyridylmethyl)1,2-ethanediamine $NC_5H_4-2-CH_2-N(CH_3)-CH_2CH_2-N(CH_3)-2-CH_2-NC_5H_4$ *N,N'-bis(2-picolinyl)-N,N'-dimethyl ethylendiamine*
bpmp	2,6-bis[bis(2-pyridylmethyl)aminomethyl]-4-methyl phenol $4-CH_3-2,6-[(NC_5H_4-2-CH_2)_2N-CH_2]_2-C_6H_2-OH$
bpmu	bis(1-piperidinyl) methanone $(NC_5H_{10}-1)_2C=O$ *N,N'-bis(pentamethylene)urea*
BPO	5-phenyl-2-[(1,1'-biphenyl)-4-yl] oxazole $5-C_6H_5-2-(C_6H_5-C_6H_4-4-)-1,3-ONC_3H$ *2-(1,4'-biphenylyl)-5-phenyl oxazole*
BPOC	1-[(1,1'-biphenyl)-4-yl]-1-methylethoxycarbonyl- $(C_6H_5-C_6H_4-4)-C(CH_3)_2-OC(=O)-$ *2-(1,4'-biphenylyl)propyl-2-oxycarbonyl-*
bpp	2,3-bis(2-pyridyl) pyrazine $1,4-N_2C_4H_2-(2-C_5H_4N)_2-2,3$
BPPFA	1-[1-(dimethylamino)ethyl]-1',2-bis(diphenylphosphino)ferrocene $[(C_6H_5)_2P-C_5H_4]Fe[(C_6H_5)_2P-2-C_5H_3-CH(CH_3)N(CH_3)_2]$ *bis(diphenylphosphino)ferrocenylethyl dimethylamine*
BPPM	4-(diphenylphosphino)-2-[(diphenylphosphino)methyl]pyrrolidine-1-carboxylic acid 1,1-dimethylethyl ester $4-(C_6H_5)_2P-2-[(C_6H_5)_2P-CH_2]-NC_4H_6-(COO-C_4H_9-t)-1$
bppz	2,5-bis(2-pyridyl) pyrazine $1,4-N_2C_4H_2-(2-C_5H_4N)_2-2,5$
bpq	2,3-bis(2-pyridyl) quinoxaline $1,4-N_2C_8H_4-(2-NC_5H_4)_2-2,3$
BPR	3',3"-dibromophenolsulfonephthalein $3'-Br-4'-HO-C_6H_3-C(-2-C_6H_4-SO_3H)=C_6H_3-Br-3"-(=O)-4"$ *bromophenol red*

bptn	N,N'-bis(2-pyridylmethyl) 1,3-propanediamine NC_5H_4-2-CH_2-NH-$CH_2CH_2CH_2$-NH-2-CH_2-NC_5H_4 *N,N'-bis(2-picolinyl)-trimethylenediamine*
BPTS	benzenesulfonic acid 2-[(phenylamino)thioxomethyl]hydrazide, ion(1-) $[C_6H_5$-S(=O)$_2$-NH-N=C(-S)-NH-$C_6H_5]^-$ *1N-benzenesulfonyl-4N-phenylthiosemicarbazidate*
BPTS-H	benzenesulfonic acid 2-[(phenylamino)thioxomethyl]hydrazide C_6H_5-S(=O)$_2$-NH-NH-C(=S)-NH-C_6H_5 *1N-benzenesulfonyl-4N-phenylthiosemicarbazid*
bptz	3,6-bis(2-pyridyl) 1,2,4,5-tetrazine 3,6-$(NC_5H_4$-2$)_2$-1,2,4,5-N_4C_2
BPY	2,2'-bipyridine $(NC_5H_4$-2-$)_2$
BPY	4,4'-bipyridine $(NC_5H_4$-4-$)_2$
bpym	2,2'-bipyrimidine 2-[1,3-$N_2C_4H_3$-2-]-1,3-$N_2C_4H_3$
bpyz	2,2'-bipyrazine 2-[(1,4-$N_2C_4H_3$)-2-]-1,4-$N_2C_4H_3$
bpz	2,2'-bipyrazine 2-[(1,4-$N_2C_4H_3$)-2-]-1,4-$N_2C_4H_3$
BPZ4	tetrakis(1-pyrazolyl) borate $[(1,2$-$N_2C_3H_3$-1-$)_4B]^-$
12BQ	3,5-cyclohexadiene-1,2-dione $C_6H_4(=O)_2$-1,2 *1,2-benzoquinone*
BQ	2,6-bis(1,1-dimethylethyl) 2,5-cyclohexadiene-1,4-dione 2,6-$(t$-$C_4H_9)_2$-$C_6H_2(=O)_2$-1,4 *2,6-di-tert.-butyl-quinone*
bquin	2,2'-biquinoline $[(1$-$NC_9H_6)$-2-$]_2$
BRA	2,4-dihydroxy benzoic acid 2,4-$(HO)_2$-C_6H_3-COOH *ß-resorcylic acid*
BrAc	2-bromo acetic acid Br-CH_2-COOH
Br-acac	3-bromo 2,4-pentanedione, ion(1-) $[CH_3$-C(-O)=CBr-C(=O)-$CH_3]^-$ *bromo-acetylacetonate*

BrBu 2-bromo butanoic acid
C_2H_5-CHBr-COOH
α-bromo butanoic acid

Br-DMEQ 3-bromomethyl-6,7-dimethoxy-1-methyl 2(1H)-quinoxalinone
3-CH_2Br-6,7-$(CH_3$-$O)_2$-1-CH_3-1,4-$N_2C_8H_2$(=O)-2

BRDU 5-bromo-2'-deoxy uridine
2,4-$(O=)_2$-1,3-$N_2C_4H_2$(Br-5)-[1-OC_4H_5(OH-3)-4-CH_2-OH]-1

BRL tetrabromo 2,5-cyclohexadiene-1,4-dione
$C_6Br_4(=O)_2$-1,4
bromanil

5-Br-PSAA 3-[{3-amino-4-((5-bromo-2-pyridinyl)azo)phenyl}propylamino]-1-propanesulfonic acid
3-NH_2-4-(5-Br-NC_5H_3-2-N=N)-C_6H_3-N(C_3H_7)-$CH_2CH_2CH_2$-SO_3H
(5-bromo-2-pyridylazo)-(N-propyl-3-sulfopropylamino)aniline

2BrPy 2-bromo pyridine
2-Br-NC_5H_4

BS benzenesulfonic acid, ion(1-)
$[C_6H_5$-$SO_3]^-$
benzenesulfonate

BSA N-[(4-ethenylphenyl)methyl]-N-methyl methanesulfonamide
CH_3-S(=O)$_2$-N(CH_3)-CH_2-C_6H_4-4-CH=CH_2

BSA N,O-bis(trimethylsilyl) acetamide
$(CH_3)_3$Si-O-C(CH_3)=N-Si$(CH_3)_3$

BSC trimethylsilyl carbamic acid trimethylsilyl ester
$(CH_3)_3$Si-NH-COO-Si$(CH_3)_3$
N,O-bis(trimethylsilyl)-carbamate

BSEDI 2,2'-[1,2-ethanediylbis(nitrilomethylidyne)]bisphenol
HO-C_6H_4-2-CH=N-CH_2CH_2-N=CH-2'-C_6H_4-OH
bis-salicylaldehyd-ethylendiimine

BSF N,N-bis(trimethylsilyl) formamide
HC(=O)N[Si$(CH_3)_3]_2$

BSH benzenesulfonyl hydrazide
C_6H_5-S(=O)$_2$-NH-NH_2

BsiA benzenesulfinic acid
C_6H_5-S(=O)-OH

BSO 1-ethenyl-4-[(methylsulfinyl)methyl] benzene
1-(CH_2=CH)-4-[CH_3-S(=O)-CH_2]-C_6H_4
methyl-p-vinylbenzyl sulfoxide

BSO2	1-ethenyl-4-[(methylsulfonyl)methyl] benzene 1-(CH$_2$=CH)-4-[CH$_3$-S(=O)$_2$-CH$_2$]-C$_6$H$_4$ *methyl-p-vinylbenzyl sulfone*
BSOCOES	sulfonylbis(2-ethoxycarbonic acid 2,5-dioxo-1-pyrrolidinyl ester) O$_2$S[CH$_2$CH$_2$-O-C(=O)O-1-NC$_4$H$_4$(=O)$_2$-2,5]$_2$ *bis[2-(succinimido-oxycarbonyloxy)ethyl]sulfone*
BSPhDI	2,2'-[1,2-phenylenebis(nitrilomethylidyne)]bisphenol 1,2-(HO-C$_6$H$_4$-2-CH=N-)$_2$C$_6$H$_4$ *bis-salicylaldehyd-phenylendiimine*
BSS	trimethyl silanol ester with sulfuric acid (2:1) (CH$_3$)$_3$Si-O-S(=O)$_2$-O-Si(CH$_3$)$_3$ *bis(trimethylsilyl)-sulfate*
BSTFA	N,O-bis(trimethylsilyl) trifluoroacetamide CF$_3$-C[O-Si(CH$_3$)$_3$]=N-Si(CH$_3$)$_3$
BSU	N,N'-bis(trimethylsilyl) urea (CH$_3$)$_3$Si-NH-C(=O)-NH-Si(CH$_3$)$_3$
BT	2,2'-bithiophene SC$_4$H$_3$-2-(2'-SC$_4$H$_3$)
BT	2,3-dihydro-3H-benzothiazol-2-one 1,3-SNC$_7$H$_5$(=O)-2 *2-benzothiazolone*
BT	3,3'-[3,3'-dimethoxy-(1,1'-biphenyl)-4,4'-diyl]bis[(2,5-diphenyl)-2H-tetrazolium]-dichloride [(C$_6$H$_5$)$_2$-N$_4$C-C$_6$H$_3$(O-CH$_3$)-C$_6$H$_3$(O-CH$_3$)-N$_4$C-(C$_6$H$_5$)$_2$] Cl$_2$ *blue tetrazolium*
BTA	1H-benzotriazole 1,2,3-N$_3$C$_6$H$_5$
BTA	4,8-etheno-3a,4,4a,7a,8,8a-hexahydro-1H,3H-benzo[1,2-c:4,5-c']difuran-1,3,5,7-tetrone 2,6-O$_2$C$_{12}$H$_8$-(=O)$_4$-1,3,5,7 *bicyclo[2.2.2]oct-7-en-2,3,5,6-tetracarbonic dianhydride*
BTB	2,1(3H)-benzoxathiol-3-ylidene-4,4'-bis[{2-bromo-3-methyl-6-(1-methylethyl)}phenol] S,S-dioxide 3,3-[1-HO-2-Br-3-CH$_3$-6-i-C$_3$H$_7$-C$_6$H-4-]$_2$-2,1-OSC$_7$H$_4$(=O)$_2$-1,1 *bromo thymol blue*
BTBC	carbonic acid bis[6-(trifluoromethyl)-1H-benzotriazol-1-yl] ester [6-CF$_3$-1,2,3-N$_3$C$_6$H$_3$-1-O-]$_2$C=O *1,1'-bis[6-(trifluoromethyl)-1H-benzotriazolyl]carbonate*

BTC	3,3'-[3,3'-dimethoxy-(1,1'-biphenyl)-4,4'-diyl]bis[(2,5-diphenyl)-2H-tetrazolium] dichloride [(C$_6$H$_5$)$_2$-N$_4$C-C$_6$H$_3$(O-CH$_3$)-C$_6$H$_3$(O-CH$_3$)-N$_4$C-(C$_6$H$_5$)$_2$] Cl$_2$ *blue tetrazolium*	
BTDA	5,5'-carbonylbis(1,3-isobenzofurandione) [1,3-(O=)$_2$-(2-OC$_8$H$_3$)-5-]$_2$C=O *3,3',4,4'-benzophenone tetracarboxylic dianhydride*	
BTEAC	N,N,N-triethyl benzenemethanaminium chloride [C$_6$H$_5$-CH$_2$-N(C$_2$H$_5$)$_3$] Cl *benzyl triethyl ammonium chloride*	
BTEE	N-benzoyl-L-tyrosine ethyl ester HO-4-C$_6$H$_4$-CH$_2$-CH[NH-C(=O)-C$_6$H$_5$]-COO-C$_2$H$_5$	
BTFA	1-phenyl-4,4,4-trifluoro 1,3-butanedione C$_6$H$_5$-C(=O)CH$_2$-C(=O)CF$_3$ *benzoyltrifluoroacetone*	
BTFA	N-trifluoroacetyl trifluoroacetamide CF$_3$-C(=O)-NH-C(=O)-CF$_3$ *bis-(trifluoroacetamide)*	
BTI	bis(trifluoroacetyloxy)-phenyl iodine (CF$_3$-COO)$_2$I-C$_6$H$_5$ *bis(trifluoroacetoxy)iodo benzene*	
Btm	phenylmethylthiomethyl- C$_6$H$_5$-CH$_2$-S-CH$_2$- *benzylthiomethyl*	
BTMA	N,N,N-trimethyl benzenemethanaminium [C$_6$H$_5$-CH$_2$-N(CH$_3$)$_3$] *benzyltrimethylammonium*	
BTMABr3	N,N,N-trimethyl benzenemethanaminium tribromide [C$_6$H$_5$-CH$_2$-N(CH$_3$)$_3$] [Br$_3$] *benzyltrimethylammonium-tribromide*	
BTMA-ICl2	N,N,N-trimethyl benzenemethanaminium dichloroiodate [C$_6$H$_5$-CH$_2$-N(CH$_3$)$_3$] [Cl-I-Cl] *benzyltrimethylammonium-dichloroiodide*	
BTMSA	1,2-ethynediylbis(trimethylsilane) (CH$_3$)$_3$Si-CC-Si(CH$_3$)$_3$ *bis(trimethylsilyl)acetylene*	
BTMSBD	1,3-butadiyne-1,4-diylbis(trimethylsilane) (CH$_3$)$_3$Si-CC-CC-Si(CH$_3$)$_3$ *1,4-bis(trimethylsilyl)-butadiine*	
BTMU	N'-[(4-ethenylphenyl)methyl]-N,N,N'-trimethyl urea CH$_3$-N(CH$_3$)-C(=O)-N(CH$_3$)-CH$_2$-C$_6$H$_4$-4-CH=CH$_2$	

BTPPC	phenylmethyl triphenyl phosphonium chloride [C_6H_5-CH_2-P(C_6H_5)$_3$] Cl *benzyl triphenyl phosphonium chloride*
BTS	2-oxo acetic acid CH_3-C(=O)-COOH *Brenztraubensäure*
BTX	benzene-toluene-xylene hydrocarbons
Bu	butanoic acid C_3H_7-COOH
Bu	butyl- C_4H_9-
BuA	2-propenoic acid butyl ester CH_2=CH-COO-C_4H_9 *butylacrylate*
1,4-(Bu)dab	N,N'-bis(1,1-dimethylethyl) 1,2-ethanediimine t-C_4H_9-N=CH-CH=N-C_4H_9-t *1,4-di-tert.-butyl-1,4-diazabutadiene*
BUTSC	2-(butylidene) hydrazinecarbothiamide C_3H_7-CH=N-NH-C(=S)-NH_2 *butyraldehyde thiosemicarbazone*
Butyl-PBD	2-[1,1'-biphenyl]-4-yl-5-[4-(1,1-dimethylethyl)phenyl] 1,3,4-oxadiazole 2-(C_6H_5-C_6H_4-4)-1,3,4-ON_2C_2-5-[C_6H_4(C_4H_9-t)-4] *2-(4-biphenylyl)-5-(4-tert.-butylphenyl)-1,3,4-oxadiazole*
BVE	butoxy ethene C_4H_9-O-CH=CH_2 *butyl vinyl ether*
ByoA	trans-2-butynoic acid CH_3-CC-COOH
BZ	[1,1'-biphenyl]-4,4'-diamine NH_2-4-C_6H_4-C_6H_4-4'-NH_2 *benzidine*
Bz	benzoyl- C_6H_5-C(=O)-
Bz	phenylmethyl- C_6H_5-CH_2- *benzyl-*
Bzac	1-phenyl 1,3-butanedione C_6H_5-C(=O)-CH_2-C(=O)-CH_3 *benzoylacetone*

bzac 1-phenyl 1,3-butanedione, ion(1-)
$[C_6H_5\text{-}C(\text{-}O)=CH\text{-}C(=O)\text{-}CH_3]^-$
benzoylacetonate

bzaspOO' N-benzoyl aspartic acid, ion(2-)
$[OOC\text{-}CH\{NH\text{-}C(=O)\text{-}C_6H_5\}\text{-}CH_2\text{-}COO]^{2-}$
N-benzoyl-aspartate

BZBA 1,3-diphenyl propane-1,3-dione, ion(1-)
$[C_6H_5\text{-}C(=O)\text{-}CH=C(\text{-}O)\text{-}C_6H_5]^-$

BZD [1,1'-biphenyl]-4,4'-diamine
$NH_2\text{-}4\text{-}C_6H_4\text{-}C_6H_4\text{-}4'\text{-}NH_2$
benzidine

Bzd benzamide
$C_6H_5\text{-}C(=O)\text{-}NH_2$

Bzde [1,1'-biphenyl]-4,4'-diamine
$NH_2\text{-}C_6H_4\text{-}4\text{-}(4'\text{-}C_6H_4\text{-}NH_2)$
benzidine

BzdI benzimidazole
$1,3\text{-}N_2C_7H_6$

BZIMID benzimidazole
$1,3\text{-}N_2C_7H_5$

Bzl benzoyl-
$C_6H_5\text{-}C(=O)\text{-}$

Bzl phenylmethyl-
$C_6H_5\text{-}CH_2\text{-}$
benzyl-

Bz-L-Arg-MCA [4-{(aminoiminomethyl)amino}-1-{((4-methyl-2-oxo-2H-1-benzopyran-7-yl)-amino)carbonyl}butyl] benzamide
$NH_2\text{-}C(=NH)NH\text{-}(CH_2)_3\text{-}CH[NH\text{-}C(=O)\text{-}C_6H_5]C(=O)NH\text{-}OC_9H_4(O)\text{-}CH_3$
N(α)-benzoyl-L-arginine-4-methylcoumaryl-7-amide

bzlaspOO' N-(phenylmethoxycarbonyl) aspartic acid, ion(2-)
$[OOC\text{-}CH(NH\text{-}COO\text{-}CH_2\text{-}C_6H_5)\text{-}CH_2\text{-}COO]^{2-}$
N-benzyloxycarbonyl-aspartate

Bzm benzimidamide
$C_6H_5\text{-}C(=NH)\text{-}NH_2$
benzamidine

Bzma N-methyl benzenemethanamine
$C_6H_5\text{-}CH_2\text{-}NH\text{-}CH_3$
benzylmethylamine

Bzs	benzenemethanethiol C_6H_5-CH_2-SH *benzylmercaptan*
bztfac	4,4,4-trifluoro-1-phenyl 1,3-butanedione, ion(1-) [C_6H_5-C(-O)=CH-C(=O)-CF_3]$^-$ *benzoyltrifluoroacetonate*
Bztrz	1H-benzotriazole 1,2,3-$N_3C_6H_5$
C	2-amino-3-mercapto propanoic acid HS-CH_2-CH(NH_2)-COOH *cysteine*
C	4-amino-1-ß-D-ribofuranosyl-2(1H)-pyrimidinone 4-NH_2-2-(O=)(1,3-$N_2C_4H_2$-1)-1'-OC_4H_4[(OH)$_2$-2',3']-4'-CH_2OH *cytidine*
C	4-amino 1H-pyrimidin-2-one 4-NH_2-2-(O=)-1,3-$N_2C_4H_3$ *cytosine*
C10TAB	N,N,N-trimethyl decanaminium bromide [$C_{10}H_{21}$-N(CH_3)$_3$] Br *n-decyl trimethyl ammonium bromide*
C14BQ	2-chloro 2,5-cyclohexadiene-1,4-dione 2-Cl-C_6H_3(=O)$_2$-1,4 *monochloro-1,4-benzoquinone*
C14TAB	N,N,N-trimethyl tetradecanaminium bromide [$C_{14}H_{29}$-N(CH_3)$_3$] Br *n-tetradecyl trimethyl ammonium bromide*
C15C5	2,5,8,11,14-pentaoxabicyclo[13.4.0]nonadecane [-(1,2-C_6H_{10})-O-(CH_2CH_2-O)$_4$-] *cyclohexano-15-crown-5*
C15CROWN5	2,5,8,11,14-pentaoxabicyclo[13.4.0]nonadecane [-(1,2-C_6H_{10})-O-(CH_2CH_2-O)$_4$-] *cyclohexano-15-crown-5*
C18C6	2,5,8,11,14,17-hexaoxabicyclo[16.4.0]docosane [-(1,2-C_6H_{10})-O-(CH_2CH_2-O)$_5$-] *cyclohexano-18-crown-6*
C18CROWN6	2,5,8,11,14,17-hexaoxabicyclo[16.4.0]docosane [-(1,2-C_6H_{10})-O-(CH_2CH_2-O)$_5$-] *cyclohexano-18-crown-6*
C3S	tricalcium silicate 3 CaO · SiO_2

C8TAB		N,N,N-trimethyl octanaminium bromide $[C_8H_{17}\text{-}N(CH_3)_3]$ Br *n-octyl trimethyl ammonium bromide*
CA		cellulose acetate
CAA		2-[{7-((2-arsonophenyl)azo)-1,8-dihydroxy-3,6-disulfo-2-naphthalenyl}azo] benzoic acid $(HO)_2As(=O)\text{-}C_6H_4\text{-}N=N\text{-}C_{10}H_2(OH)_2(SO_3H)_2\text{-}N=N\text{-}C_6H_4\text{-}COOH$ *carboxyarsenazo*
CAB		cellulose acetate butyrate
CACP		cis-diammine dichloro platinum $[Pt(NH_3)_2Cl_2]$
c-AMP		cyclic-3',5'-(hydrogen phosphate) adenosine $[(NH_2)N_4C_5H_2]\text{-}O_3PC_5H_6(=O)(OH)_2$ *cyclic-adenosine-3',5'-monophosphate*
CAN		diammonium hexanitratocerate $[NH_4]_2[Ce(NO_3)_6]$ *cerium(IV) ammonium nitrate*
CAP		cellulose acetate propionate
CAP-Li2		carbamic acid monoanhydride with phosphoric acid, dilithium salt $Li_2[NH_2\text{-}COO\text{-}P(=O)(\text{-}O)_2]$ *dilithium carbamoylphosphate*
CAPS		3-(cyclohexylamino) 1-propanesulfonic acid $c\text{-}C_6H_{11}\text{-}NH\text{-}CH_2CH_2CH_2\text{-}SO_3H$
CAT		2-chloro-N,N'-diethyl 1,3,5-triazine-4,6-diamine $2\text{-}Cl\text{-}4,6\text{-}(C_2H_5\text{-}NH)_2\text{-}1,3,5\text{-}N_3C_3$ *2-chloro-4,6-bis(ethylamino)-1,3,5-triazine*
CAT		1,2-benzenediol $1,2\text{-}(HO)_2\text{-}C_6H_4$ *catechol*
CB		bromo chloro methane $Br\text{-}CH_2\text{-}Cl$ *chloro bromo methane*
CbAc		2-aminocarbonyl acetic acid $NH_2\text{-}C(=O)\text{-}CH_2\text{-}COOH$ *carbamoyl acetic acid*
BC		2-methyl-2-(4-methyl-3-pentenyl)-7-pentyl-2H-1-benzopyran-5-ol $2\text{-}CH_3\text{-}7\text{-}C_5H_{11}\text{-}2\text{-}[(CH_3)_2C=CH\text{-}CH_2CH_2]\text{-}1\text{-}OC_9H_5\text{-}5\text{-}OH$ *cannabichromen*

CBD	2-[6-(1-methylethenyl)-3-methyl-cyclohex-2-enyl]-5-pentyl 1,3-benzenediol 2-[6-CH_2=C(CH_3)-3-CH_3-c-C_6H_7]-5-C_5H_{11}-C_6H_2-$(OH)_2$-1,3 *cannabidiol*
cbdca	cyclobutane-1,1-dicarboxylic acid, ion(2-) [1,1-$(OOC)_2$-c-C_4H_6]$^{2-}$ *cyclobutane-1,1-dicarboxylate*
CBDS	2,4-dihydroxy-3-[6-(1-methylethenyl)-3-methyl-cyclohex-2-enyl]-6-pentyl benzoic acid 2,4-$(HO)_2$-3-[CH_2=C(CH_3)-6-C_6H_7(CH_3-3)]-6-C_5H_{11}-C_6H_2-COOH *Cannabidiolcarbonsäure*
CBFCO	cyclobutadiene-iron-tricarbonyl [$(C_4H_4)Fe(CO)_3$]
CBG	2-(3,7-dimethyl-2,6-octadienyl)-5-pentyl 1,3-benzendiol 1,3-$(HO)_2$-C_6H_2(C_5H_{11}-5)-2-CH_2-CH=C(CH_3)-CH_2CH_2-CH=C(CH_3)$_2$ *Cannabigerol*
CBGS	1,3-dihydroxy-2-(3,7-dimethyl-2,6-octadienyl)-5-pentylbenzoic acid $(HO)_2$-C_6H(C_5H_{11})(COOH)-CH_2-CH=C(CH_3)-CH_2CH_2-CH=C(CH_3)$_2$ *Cannabigerolsäure*
CBM	aminocarbonyl- NH_2-C(=O)- *carbamoyl-*
Cbma	2-amino acetamide NH_2-C(=O)-CH_2-NH_2 *carbamylmethyl amine*
CBN	6,6,9-trimethyl-3-pentyl-6H-dibenzo[b,d]pyran-1-ol 6,6,9-$(CH_3)_3$-3-C_5H_{11}-5-$OC_{13}H_5$-1-OH *cannabinol*
CBNS	1-hydroxy-6,6,9-trimethyl-3-pentyl-6H-dibenzo[b,d]pyran-2-carbonic acid 1-HO-6,6,9-$(CH_3)_3$-3-C_5H_{11}-5-$OC_{13}H_4$-2-COOH *Cannabinolcarbonsäure*
Cbo	phenylmethoxycarbonyl- C_6H_5-CH_2-O-C(=O)- *carbobenzoxy-*
CBS	N-cyclohexyl 2-benzothiazolesulfenamide 1,3-SNC_7H_4-2-S-NH-c-C_6H_{10}
CBTP	4-carboxybutyl triphenyl phosphonium [HOOC-$(CH_2)_4$-P$(C_6H_5)_3$]$^+$
CBZ	phenylmethoxycarbonyl- C_6H_5-CH_2-O-C(=O)- *carbobenzoxy-*

Cbz	phenylmethoxycarbonyl- $C_6H_5-CH_2-O-C(=O)-$ *carbobenzoxy-*
CCC	2-chloro-N,N,N-trimethyl ethanaminium chlorid $[Cl-CH_2CH_2-N(CH_3)_3]$ Cl *chlorocholine chloride*
CCCP	[(3-chlorophenyl)hydrazono] propanedinitrile $(NC)_2C=N-NH-C_6H_4-3-Cl$ *carbonyl cyanide-3-chlorophenylhydrazone*
CCE	9H-pyrido[3,4-b]indole-3-carboxylic acid ethyl ester $2,9-N_2C_{11}H_7-(COO-C_2H_5)-3$ *ß-carboline-3-carboxylate*
CCH	cyclohexylidene cyclohexane $c-C_6H_{10}=C_6H_{10}-c$
CCMC	carbido carbonyl metal cluster
cCnA	(Z)-3-phenyl 2-propenoic acid $C_6H_5-CH=CH-COOH$ *cis-cinnamic acid*
CCNU	N-(2-chloroethyl)-N'-cyclohexyl-N-nitroso urea $Cl-CH_2CH_2-N(N=O)-C(=O)-NH-c-C_6H_{11}$
CD	cyclodextrine $(C_6H_{10}O_5)_n$ (n = 6,7,8)
CDAA	2-chloro-N,N-di-2-propenyl acetamide $Cl-CH_2-C(=O)-N(CH_2-CH=CH_2)_2$ *chlorodiallylacetamide*
CDC	copper diethyldithiocarbamate $Cu [(C_2H_5)_2N-CS_2]$
CDD	1,5,9-cyclododecatriene $[-CH=CH-CH_2CH_2-CH=CH-CH_2CH_2-CH=CH-CH_2CH_2-]$
CDD	chloro dibenzo[b,e][1,4]dioxin $Cl_x-5,10-O_2C_{12}H_{8-x}$ *chlorinated dibenzo-p-dioxin*
CDEC	N,N-diethyl dithiocarbamic acid 2-chloropropen-2-yl ester $CH_2=CCl-CH_2-S-C(=S)-N(C_2H_5)_2$ *2-chloroallyl-N,N-diethyl dithiocarbamate*
CDF	chloro dibenzofuran $(5-OC_{12}H_7)-Cl$
CDHP	cis-2,6-dimethyl-3,6-dihydro-2H-pyran $2,6-(CH_3)_2-OC_5H_6$

CDI	N,N'-carbonyl diimidazole [1,3-$N_2C_3H_3$-1-$]_2$C(=O)
CDM	N'-(4-chloro-2-methylphenyl)-N,N-dimethylmethanimidamide $(CH_3)_2$N-CH=N-C_6H_3(Cl-4)CH_3-2 *chlordimeform*
CDNT	2-chloro-5-trifluoromethyl-1,3-dinitro benzene 2-Cl-1,3-$(NO_2)_2$-5-CF_3-C_6H_2 *4-chloro-3,5-dinitro-trifluorotoluene*
5'-CDP	cytidine-5'-(trihydrogendiphosphate) (O=)(NH_2)$N_2C_4H_2$-OC_4H_4(OH)$_2$-CH_2-O-P(=O)(OH)-O-P(=O)(OH)$_2$ *cytidine-5'-diphosphate*
CDP	cytidine-5'-(trihydrogendiphosphate) (O=)(NH_2)$N_2C_4H_2$-OC_4H_4(OH)$_2$-CH_2-O-P(=O)(OH)-O-P(=O)(OH)$_2$ *cytidine-5'-diphosphate*
CDT	cyclododecatriene c-$C_{12}H_{18}$
CDT	1,1'-carbonylbis(1H-1,2,4-triazole) (1,2,4-$N_3C_2H_2$-1)$_2$C=O *1,1'-carbonyl-di(1,2,4-triazole)*
CDTA	N,N'-(1,2-cyclohexanediyl)bis[(N-carboxymethyl)glycine] 1,2-[(HOOC-CH_2)$_2$N]$_2$-c-C_6H_{10} *1,2-cyclohexanediamine N,N,N',N'-tetraacetic acid*
cdta	N,N'-(1,2-cyclohexanediyl)bis[N-(carboxymethyl)glycine], ion(4-) [1,2-{(OOC-CH_2)$_2$N}$_2$-c-C_6H_{10}]$^{4-}$ *1,2-cyclohexanediamine N,N,N',N'-tetraacetate*
CDVO	cis-2,4-dimethyl-trans-3-ethenyl oxetane 3-(CH_2=CH)-2,4-$(CH_3)_2$-OC_3H_3 *cis-2,4-dimethyl-trans-3-vinyl oxetane*
CE	N-methyl-N,2,4,6-tetranitro benzenamine 2,4,6-$(NO_2)_3$-C_6H_2-N(CH_3)-NO_2
CE	6H-dibenzo[b,f]oxireno[d]azepine-6-carboxamide 6-[NH_2-C(=O)]-1,6-ON$C_{14}H_8$ *carbamazepine-10,11-epoxide*
2-CEA	N-(2-chloroethyl)-N-ethyl-2-methyl benzenemethanamine Cl-CH_2CH_2-N(C_2H_5)-CH_2-C_6H_4-2-CH_3
CeAN	diammonium hexanitratocerate [NH_4]$_2$ [Ce(NO_3)$_6$] *cerium(IV) ammonium nitrate*

CEEA	3-ethylamino propanonitrile C_2H_5-NH-CH_2CH_2-CN *N-(2-cyanoethyl)-N-ethylamine*
CEEMT	N-ethyl-3-(3-methylphenylamino) propanenitrile CH_3-3-C_6H_4-N(C_2H_5)-CH_2CH_2-CN *N-(2-cyanoethyl)-N-ethyl-m-toluidine*
CEMA	3-[methyl(phenyl)amino] propanenitrile C_6H_5-N(CH_3)-CH_2CH_2-CN *N-(2-cyanoethyl)-N-methylaniline*
CeMM	alloy of cer (e.g.: Ce-La-Nd-Pr-RE / 50-25-18-5-2) *Cer-Mischmetall*
CEPEA	N-phenyl-N-(2-hydroxyethyl) propanenitrile C_6H_5-N(CH_2CH_2-OH)-CH_2CH_2-CN *N-(2-cyanoethyl)-N-phenyl ethanolamine*
CET	2-chloro-4,6-bis(ethylamino) 1,3,5-triazine 2-Cl-4,6-(C_2H_5-NH)$_2$-1,3,5-N_3C_3
CF	3',6'-dihydroxy-3-oxo spiro[isobenzofuran-1(3H),9'-[9H]xanthene]-5-/6-carboxylic acid 2-[6-HO-3-(O=)-(10-O$C_{13}H_6$)-9]-C_6H_3-(COOH)$_2$-1,4/-1,3 *5-/6-carboxyfluorescein*
CFC	carbon fibre reinforced carbon
CFCO	trans-1,3-pentadiene-iron-tricarbonyl [(CH_2=CH-CH=CH-CH_3)Fe(CO)$_3$]
CFE	chlorotrifluoroethylene Cl-CF=CF_2
3',5'-cGMP	cyclic-3',5'-(hydrogen phosphate) guanosine [(NH_2)$N_4C_5H_2$(=O)]-O_3PC_5H_6(=O)(OH)$_2$ *cyclic-guanosine-3',5'-monophosphate*
CHA	decylhydroxamic acid C_9H_{19}-C(=O)-NH-OH *caprinohydroxamic acid*
Cha	cyclohexanamine c-C_6H_{11}-NH_2
CHBADCB	N,N'-(4,5-dichloro-1,2-phenylene) bis[(3,5-dichloro-2-hydroxy)benzamide] 1,2-[3,5-Cl_2-2-HO-C_6H_2-C(=O)-NH]$_2$-C_6H_2-Cl_2-4,5 *1,2-bis(3,5-dichloro-2-hydroxybenzamido)-4,5-dichlorobenzene*
CHBA-Et	N,N'-(1,2-ethanediyl)bis[(3,5-dichloro-2-hydroxy)benzamide] 3,5-Cl_2-C_6H_2(OH-2)-C(O)NH-CH_2CH_2-NHC(O)C_6H_2(OH-2)-Cl_2-3,5 *1,2-bis(3,5-dichloro-2-hydroxybenzamido)ethane*

CHC	cyclohexanecarboxylic acid $c\text{-}C_6H_{11}\text{-}COOH$
12CHDA	1,2-cyclohexanediamine $c\text{-}C_6H_{10}(NH_2)_2\text{-}1,2$
CHDN	azobis(cyclohexanecarbonitrile) $NC\text{-}C_6H_{10}\text{-}N=N\text{-}C_6H_{10}\text{-}CN$ *dicyanoazo cyclohexane*
CHDPM	methylenebis[(dicyclohexyl)phosphine oxide] $(c\text{-}C_6H_{11})_2P(=O)\text{-}CH_2\text{-}P(=O)(c\text{-}C_6H_{11})_2$ *bis(dicyclohexylphosphinyl)methane*
CHDTA	N,N'-(1,2-cyclohexanediyl)bis[(N-carboxymethyl)glycine] $1,2\text{-}[(HOOC\text{-}CH_2)_2N]_2\text{-}c\text{-}C_6H_{10}$ *1,2-cyclohexanediamine-N,N,N',N'-tetraacetic acid*
CHE	cyclohexylcarboxylic acid methyl ester $c\text{-}C_6H_{11}\text{-}COO\text{-}CH_3$ *cyclohexylcarboxylic acid methyl ester*
CHES	2-(cyclohexylamino) ethanesulfonic acid $c\text{-}C_6H_{11}\text{-}NH\text{-}CH_2CH_2\text{-}SO_3H$
chf	trichloro methane $CHCl_3$ *chloroform*
CHIRAPHOS	1,2-dimethyl-1,2-ethanediylbis[(diphenyl)phosphine] $(C_6H_5)_2P\text{-}CH(CH_3)\text{-}CH(CH_3)\text{-}P(C_6H_5)_2$
CHL	tetrachloro 2,5-cyclohexadiene-1,4-dione $C_6Cl_4(=O)_2\text{-}1,4$ *chloranil*
Chl	1,1,1-trichloro acetaldehyde $CCl_3\text{-}CHO$ *chloral*
3-chloro-CCP	[(3-chlorophenyl)hydrazono] propanedinitrile $(NC)_2C=N\text{-}NH\text{-}C_6H_4\text{-}3\text{-}Cl$ *3-chloro-carbonylcyanidephenylhydrazone*
CHP	N-cyclohexyl 2-pyrrolidinone $c\text{-}C_6H_{11}\text{-}1\text{-}NC_4H_6(=O)\text{-}2$
CHP	1-methyl-1-phenylethyl hydroperoxide $C_6H_5\text{-}C(CH_3)_2\text{-}O\text{-}OH$ *cumene hydroperoxide*
CHP	N-methyl-N-(1-methylethyl) cyclohexanamine $c\text{-}C_6H_{11}\text{-}N(CH_3)\text{-}C_3H_7\text{-}i$ *cyclohexyl-isopropyl-methylamine*

CHp	2-cyclohepten-1-one	
	$C_7H_{10}(=O)-1$	
CHQ	5,7-dichloro 8-quinolinol	
	$5,7-Cl_2-8-HO-(1-NC_9H_4)$	
	5,7-dichloro-8-hydroxy quinoline	
CHS	cyclohexanesulfonic acid, ion(1-)	
	$[c-C_6H_{11}-SO_3]^-$	
	cyclohexane sulfonate	
CHT	cycloheptatriene	
	$c-C_7H_8$	
CHTSC	2-(cyclohexylidene) hydrazinecarbothiamide	
	$c-C_6H_{10}=N-NH-C(=S)-NH_2$	
	cyclohexanone thiosemicarbazone	
CHx	2-cyclohexenone	
	$c-C_6H_8(=O)-1$	
1,3-CHXN	cis-1,3-cyclohexanediamine	
	$1,3-(NH_2)_2-C_6H_{10}$	
chxn	1,2-cyclohexanediamine	
	$1,2-NH_2-c-C_6H_{10}$	
Chxo	cyclohexanone	
	$c-C_6H_{10}(=O)$	
cIMP	inosine, cyclic-3',5'-(hydrogenphosphate)	
	$(O=)N_4C_5H_3-O_3PC_5H_6(=O)(OH)_2$	
	cyclic-inosine-3',5'-monophosphate	
Cin	8-cinnolinol	
	$8-HO-1,2-N_2C_8H_5$	
ClPC	N-(3-chlorophenyl) carbamic acid 1-methylethyl ester	
	$Cl-3-C_6H_4-NH-COO-C_3H_7-i$	
	N-(3-chlorophenyl)isopropylcarbamate	
Cit	2-hydroxy 1,2,3-propanetrioic acid	
	$HOOC-CH_2-C(OH)(COOH)-CH_2-COOH$	
	citric acid	
CKW	chlorinated hydrocarbons	
	Chlorkohlenwasserstoffe	
Cl4CAT	3,4,5,6-tetrachloro 1,2-benzenediol	
	$3,4,5,6-Cl_4-C_6-(OH)_2$	
	tetrachloro-catechol	

ClAc	2-chloro acetic acid Cl-CH$_2$-COOH *chloro acetic acid*
Cl-acac	3-chloro 2,4-pentanedione, ion(1-) [CH$_3$-C(-O)=CCl-C(=O)-CH$_3$]$^-$ *chloro-acetylacetonate*
5-Cl-PADAP	2-(5-chloro-2-pyridylazo)-5-diethylamino phenol 2-(Cl-5-NC$_5$H$_3$-2-N=N)-5-(C$_2$H$_5$)$_2$N-C$_6$H$_3$-OH
5-ClPHEN	5-chloro 1,10-phenanthroline 5-Cl-1,10-N$_2$C$_{12}$H$_7$
CM	carboxymethyl- HOOC-CH$_2$-
CMA	N-(3-chloro-4-methylphenyl)-2-methyl pentanamide C$_3$H$_7$-CH(CH$_3$)-C(=O)-NH-C$_6$H$_3$(CH$_3$-4)Cl-3
CMC	carboxymethyl cellulose
CMC	4-[2-{(cylohexylcarbonimidoyl)amino}ethyl]-4-methyl-morpholinium salt with 4-methyl benzenesulfonic acid [4-(c-C$_6$H$_{11}$-N=C=N-C$_2$H$_4$)-4-CH$_3$-1,4-ONC$_4$H$_8$][4-CH$_3$-C$_6$H$_4$-SO$_3$] *cyclohexyl-2-(4-methyl-morpholino)ethylcarbodiimide-tosylate*
CM-D	dextran carboxymethyl ether
MDMCS	chloromethyl dimethyl chlorosilane Cl-CH$_2$-SiCl(CH$_3$)$_2$
CME-CDI	4-[2-{(cylohexylcarbonimidoyl)amino}ethyl]-4-methyl-morpholinium salt with 4-methyl benzenesulfonic acid [4-(c-C$_6$H$_{11}$-N=C=N-C$_2$H$_4$)-4-CH$_3$-1,4-ONC$_4$H$_8$][4-CH$_3$-C$_6$H$_4$-SO$_3$] *cyclohexyl-2-(4-methyl-morpholino)ethylcarbodiimide-tosylate*
CMHEC	carboxymethyl-hydroxyethyl cellulose
CMME	chloromethoxy methane Cl-CH$_2$-O-CH$_3$ *chloromethyl methylether*
CMNT	1-chloro-2-nitro-4-trifluoromethyl benzene 2-NO$_2$-4-CF$_3$-C$_6$H$_3$-Cl *4-chloro-3-nitrobenzotrifluoride*
2'-CMP	cytidine-2'-(dihydrogenmonophosphate) (O=)(NH$_2$)N$_2$C$_4$H$_2$-OC$_4$H$_4$(OH)(CH$_2$-OH)-O-P(=O)(OH)$_2$ *cytidine-2'-monophosphate*
3'-CMP	cytidine-3'-(dihydrogenmonophosphate) (O=)(NH$_2$)N$_2$C$_4$H$_2$-OC$_4$H$_4$(OH)(CH$_2$-OH)-O-P(=O)(OH)$_2$ *cytidine-3'-monophosphate*

5'-CMP	cytidine-5'-(dihydrogenmonophosphate) (O=)(NH$_2$)N$_2$C$_4$H$_2$-OC$_4$H$_4$(OH)$_2$-CH$_2$-O-P(=O)(OH)$_2$ *cytidine-5'-monophosphate*
CMP	cytidine-5'-(dihydrogenmonophosphate) (O=)(NH$_2$)N$_2$C$_4$H$_2$-OC$_4$H$_4$(OH)$_2$-CH$_2$-O-P(=O)(OH)$_2$ *cytidine-5'-monophosphate*
CMPP	2-(4-chloro-2-methylphenoxy) propanoic acid 4-Cl-2-CH$_3$-C$_6$H$_3$-O-CH(CH$_3$)-COOH
CMTMDS	1,3-bis(chloromethyl)-1,1,3,3-tetramethyl disilazane Cl-CH$_2$-Si(CH$_3$)$_2$-NH-Si(CH$_3$)$_2$-CH$_2$-Cl
CMU	3-(4-chlorophenyl)-1,1-dimethyl urea 4-Cl-C$_6$H$_4$-NH-C(=O)-N(CH$_3$)$_2$
CN	cellulose nitrate
CN	chloro naphthalene Cl-C$_{10}$H$_7$
Cna	cyanamide NH$_2$-CN
CNAc	2-cyano acetic acid NC-CH$_2$-COOH
3-CNACAC	2-acetyl-3-oxo butanenitrile CH$_3$-C(=O)-CH(CN)-C(=O)-CH$_3$ *3-cyanopentane-2,4-dione*
CN-acac	3-cyano 2,4-pentanedione, ion(1-) [CH$_3$-C(-O)=C(CN)-C(=O)-CH$_3$]$^-$ *cyano-acetylacetonate*
CNAct	2-cyano acetamide NC-CH$_2$-C(=O)-NH$_2$
CNAd	cyanic acid HO-CN
CNea	3-amino propanenitrile NC-CH$_2$CH$_2$-NH$_2$ *cyanoethylamine*
C(n)K	potassium alkanecarboxylates K [R-C(=O)-O]
CNMa	2-amino acetonitrile NC-CH$_2$-NH$_2$ *cyanomethylamine*

3CNPy	3-pyridinecarbonitrile NC_5H_4-3-CN *3-cyano pyridine*
C(n)PyBr	alkylpyridinium bromides $[1\text{-}R\text{-}NC_5H_5]$ Br
CNT	methyl benzonitrile CH_3-C_6H_4-CN *cyanotoluene*
COBH	N-benzoyl 1,4-benzoquinone hydrazonoxime C_6H_5-C(=O)-NH-N=C_6H_4=NOH *Chinonoxim-benzoylhydrazon*
COD	1,5-cyclooctadiene c-C_8H_{12}
cot	cyclooctatetraene c-C_8H_8
COTR	cyclooctatriene c-C_8H_{10}
Coy	5-hydroxy-2-(hydroxymethyl) 4(4H)-pyranone 5-HO-2-(HO-CH_2)-OC_5H_2(=O)-4
CP	6-chloropurine 6-Cl-1,3,7,9-$N_4C_5H_3$
CP	cellulose phosphate
CP	cellulose propanoate
CP	chlorophenols HO-$C_6H_{5-x}Cl_x$
CP	cyclopentadiene c-C_5H_6
4-CPA	4-chlorophenoxy acetic acid Cl-4-C_6H_4-O-CH_2-COOH
CPA	4-chlorophenoxy acetic acid Cl-4-C_6H_4-O-CH_2-COOH
CPA	condensed phosphoric acids
CPAS	S-4-chlorophenyl-2,4,5-trichlorophenylazosulfide Cl-4-C_6H_4-S-N=N-C_6H_2-Cl_3-2,4,5
CPBA	3-chloro peroxybenzoic acid Cl-3-C_6H_4-C(=O)-OO-H

CPBS	benzenesulfonic acid 4-chlorophenyl ester 4-Cl-C_6H_4-O-S(=O)$_2$-C_6H_5 *4-chlorophenyl-benzenesulfonate*
CPC	cyclopropanecarboxylic acid c-C_3H_5-COOH
CPDA	3,3a,3b,4,6,6a,7,7a-octahydro-1H-cyclopenta[1,2-c:3,4-c']difuran-1,3,4,6-tetraone 2,5-$O_2C_9H_6$(=O)$_4$-1,3,4,6 *cyclopentane tetracarboxylic acid dianhydride*
CPDC	cis-diammine dichloro platinum [Pt(NH_3)$_2Cl_2$]
CPE	chlorinated polyethylene
CPe	2-cyclopentenone c-C_5H_6(=O)-1
CpH	cyclopentadiene c-C_5H_6
CPIB	2-(4-chlorophenoxy)-2-methyl propanoic acidethyl ester 4-Cl-C_6H_4-O-C(CH_3)$_2$-COO-C_2H_5 *ethyl 4-chlorophenoxy isobutyrate*
CPIB	2-(4-chlorophenoxy)-2-methyl propanoic acid 4-Cl-C_6H_4-O-C(CH_3)$_2$-COOH *p-chlorophenoxy-isobutyric acid*
26CPIP	2,6-dichloro-4-(4-hydroxyphenylimino)2,5-cyclohexadien-1-one 2,6-Cl_2-4-[HO-4-C_6H_4-N=]-C_6H_2(=O) *2,6-dichlorophenol-indophenol*
CPM	tricesium 12-molybdophosphate Cs_3[P(Mo_3O_{10})$_4$] *cesium phosphomolybdate*
CPO	cyclic phosphine oxide
CPR	3',3"-dichlorophenolsulfonphthalein 3'-Cl-4'-HO-C_6H_3-C(-2-C_6H_4-SO_3H)=C_6H_3-Cl-3"-(=O)-4" *chlorophenol red*
CPS	poly[calcium bis{1-(sulfonatophenyl)-1,2-ethanediyl}] [Ca]$_n$ [-CH(C_6H_4-SO_3)-CH_2-]$_{2n}$ *calcium poly(styrene sulfonate)*
CPT	(4-phenyl-2-thioxo-1(2H)-pyrimidinyl) carbamic acidethyl ester, ion(1-) [4-C_6H_5-2-(S=)-1,3-$N_2C_4H_2$-1-N-COO-C_2H_5]$^-$ *1-carbamic acid ethylester-4-phenyl-2(1H)-pyrimidinethionate*

CPTA	trans-1,2-cyclopentanediamine 1,2-$(NH_2)_2$-C_5H_8 *cyclopentane-trans-1,2-diamine*
CPTEO	3-chloropropyl triethoxy silane Cl-$CH_2CH_2CH_2$-Si-$(O-C_2H_5)_3$
CPT-H	(4-phenyl-2-thioxo-1(2H)-pyrimidinyl) carbamic acid ethyl ester 4-C_6H_5-2-(S=)-1,3-$N_2C_4H_2$-1-NH-COO-C_2H_5 *1-carbamic acid ethylester-4-phenyl-2(1H)-pyrimidinethione*
CPTMO	3-chloropropyl trimethoxy silane Cl-$CH_2CH_2CH_2$-Si-$(O-CH_3)_3$
CPVC	chlorinated poly(vinyl chloride) [-CHCl-$CH_{1-x}Cl_x^-$]$_n$
2CPy	2-chloro pyridine 2-Cl-NC_5H_4
3CPy	3-chloro pyridine 3-Cl-NC_5H_4
CPZ	2-chloro-10-(3-dimethylaminopropyl) 10H-phenothiazine 2-Cl-10-[$(CH_3)_2$N-$CH_2CH_2CH_2$]-5,10-$SNC_{12}H_7$ *chlorpromazine*
CS	D-4-amino 3-isoxazolidinone 4-NH_2-1,2-ONC_3H_4(=O)-3 *D-cycloserine*
CSA	chondroitin sulfonic acid
CSA	7,7-dimethyl-2-oxo-1-bicyclo[2.2.1]heptyl methanesulfonic acid 7,7-$(CH_3)_2$-2-(O=)-[2.2.1]-C_7H_7-1-CH_2-SO_3H *camphorsulfonic acid*
C-Säure	3-amino 1,5-naphthalenedisulfonic acid 3-NH_2-$C_{10}H_5$-$(SO_3H)_2$-1,5 *3-Amino-1,5-naphthalindisulfonsäure*
C-Säure	7-hydroxy 1,5-naphthalenedisulfonic acid 7-HO-$C_{10}H_5$-$(SO_3H)_2$-1,5 *7-Hydroxy-1,5-naphthalindisulfonsäure*
CSI	sulfurylchloride isocyanate Cl-S$(=O)_2$-N=C=O *chlorosulfonylisocyanate*
CTA	cellulose triacetate
CTA	N,N,N-trimethyl 1-hexadecanaminium [$C_{16}H_{33}$-N$(CH_3)_3$]$^+$ *cetyl trimethyl ammonium*

CTAB	N,N,N-trimethyl 1-hexadecanaminium bromide $[C_{16}H_{33}\text{-}N(CH_3)_3]$ Br *cetyl trimethyl ammonium bromide*
CTAC	N,N,N-trimethyl 1-hexadecanaminium chloride $[C_{16}H_{33}\text{-}N(CH_3)_3]$ Cl *cetyl trimethyl ammonium chloride*
CTACN	N,N,N-trimethyl 1-hexadecanaminium cyanide $[C_{16}H_{33}\text{-}N(CH_3)_3]$ [CN] *cetyl trimethyl ammonium cyanide*
CTAOH	N,N,N-trimethyl 1-hexadecanaminium hydroxide $[C_{16}H_{33}\text{-}N(CH_3)_3]$ [OH] *cetyl trimethyl ammonium hydroxide*
CTAX	N,N,N-trimethyl 1-hexadecanaminium halide $[C_{16}H_{33}\text{-}N(CH_3)_3]$ [X] *cetyl trimethyl ammonium halide*
CTC	tetrachloro methane CCl_4 *carbon tetrachloride*
CTC	7-chloro-pentahydroxy-6-methyl-4-dimethylamino-dioxo-1,4,4a,5,5a,6,11,12a-octahydronaphthacene-2-carboxamide $Cl\text{-}3,6,10,12,12a\text{-}(HO)_5\text{-}CH_3\text{-}1,11\text{-}(O)_2\text{-}[(CH_3)_2N]C_{18}H_7\text{-}CONH_2$ *chlortetracycline*
Ctch	1,2-benzenediol $1,2\text{-}(HO)_2\text{-}C_6H_4$ *catechol*
CTFCB	1-chloro-1,2,2-trifluoro cyclobutane $1\text{-}Cl\text{-}1,2,2\text{-}F_3\text{-}c\text{-}C_4H_4$
CTFE	chlorotrifluoroethylene $Cl\text{-}CF=CF_2$
5'-CTP	cytidine-5'-(tetrahydrogentriphosphate) $(O=)(NH_2)N_2C_4H_2\text{-}OC_4H_4(OH)_2\text{-}CH_2\text{-}[OP(=O)(OH)]_2\text{-}O\text{-}P(=O)(OH)_2$ *cytidine-5'-triphosphate*
CTP	N-cyclohexyl-3-thioxo-2,3-dihydro 1(1H)-isoindolone $2\text{-}c\text{-}C_6H_{11}\text{-}2\text{-}NC_8H_4(=O)\text{-}1\text{-}(=S)\text{-}3$ *N-cyclohexyl-thiophthalimide*
CTP	cytidine-5'-(tetrahydrogentriphosphate) $(O=)(NH_2)N_2C_4H_2\text{-}OC_4H_4(OH)_2\text{-}CH_2\text{-}[OP(=O)(OH)]_2\text{-}O\text{-}P(=O)(OH)_2$ *cytidine-5'-triphosphate*
CTPS	2,4,6-trimethyl-pyridinium 4-methyl-benzenesulfonate $[2,4,6\text{-}(CH_3)_3\text{-}NC_5H_3]$ $[4\text{-}CH_3\text{-}C_6H_4\text{-}SO_3]$ *sym.-collidinium-(toluol-p-sulfonate)*

CTT	chlorotris(1-methylethanolato) titanium Cl-Ti(O-C$_3$H$_7$-i)$_3$
Cu-P	21H,23H-porphine cuprate(II) Cu(N$_4$C$_{20}$H$_{12}$) *copper-porphyrine*
CXY	cyclohexylidene- c-C$_6$H$_{10}$=
CY	cyclohexyl- c-C$_6$H$_{11}$-
CYAP	phosphorothioic acid O-(4-cyanophenyl)-O,O-dimethylester (CH$_3$-O)$_2$P(=S)-O-C$_6$H$_4$-4-CN *O,O-dimethyl-O-(p-cyanophenyl) phosphorothioate*
CYCH	cyclohexyl- c-C$_6$H$_{11}$-
cyclam	1,4,8,11-tetraazacyclotetradecane [-NH-CH$_2$CH$_2$-NH-CH$_2$CH$_2$CH$_2$-NH-CH$_2$CH$_2$-NH-CH$_2$CH$_2$CH$_2$-]
CYCLEN	1,4,7,10-tetraazacyclododecane [-(NH-CH$_2$CH$_2$)$_4$-]
cyclops	1,1-difluoro-4,5,11,12-tetramethyl-1-borata-3,6,10,13-tetraaza- 2,14-dioxocyclotetradeca-3,5,10,12-tetraene [-BF$_2$-O-N=C(CH$_3$)C(CH$_3$)=N-(CH$_2$)$_3$-N=C(CH$_3$)C(CH$_3$)=N-O-]$^-$
Cycphos	1-cyclohexyl-1,2-ethanediylbis[(diphenyl)phosphine] (C$_6$H$_5$)$_2$P-CH(C$_6$H$_{11}$-c)-CH$_2$-P(C$_6$H$_5$)$_2$ *1,2-bis(diphenylphosphino)-1-cyclohexyl-ethane*
Cyd	4-amino-1-ß-D-ribofuranosyl-2(1H)-pyrimidinone 4-NH$_2$-2-(O=)(1,3-N$_2$C$_4$H$_2$-1)-1'-OC$_4$H$_4$[(OH)$_2$-2',3']-4'-CH$_2$OH *cytidine*
CyDTA	N,N'-(1,2-cyclohexanediyl)bis[(N-carboxymethyl)glycine] 1,2-[(HOOC-CH$_2$)$_2$N]$_2$-c-C$_6$H$_{10}$ *cyclohexenediaminetetraacetic acid*
CYP	phosphoric acid 4-cyanophenyl ethyl phenyl ester NC-4-C$_6$H$_4$-O-P(=O)(O-C$_2$H$_5$)-O-C$_6$H$_5$ *p-cyanophenyl ethyl phenylphosphoric acid*
Cys	2-amino-3-mercapto propanoic acid HS-CH$_2$-CH(NH$_2$)-COOH *cysteine*
Cys	3,3'-dithiobis[(2-amino)propanoic acid] HOOC-CH(NH$_2$)-CH$_2$-SS-CH$_2$-CH(NH$_2$)-COOH *cystine*

CYSH   2-amino-3-mercapto propanoic acid
                $HS-CH_2-CH(NH_2)-COOH$
                cysteine

CYT   4-amino 1H-pyrimidine-2-one
                $2-(O=)-4-NH_2-1,3-N_2C_4H_3$
                cytosine

2,4-D   2,4-dichlorophenoxy acetic acid
                $2,4-Cl_2-C_6H_3-O-CH_2-COOH$

D   decyl-
                $C_{10}H_{21}-$

D   2-amino butanedioic acid
                $HOOC-CH(NH_2)-CH_2-COOH$
                aspartic acid

D2EGFK   phosphoric acid bis(2-ethylhexyl) ester
                $HO-P(=O)[O-CH_2-CH(C_2H_5)-C_4H_9]_2$

D2EHA   2-ethyl-N-(2-ethylhexyl) 1-hexanamine
                $HN[CH_2-CH(C_2H_5)-C_4H_9]_2$
                di(2-ethylhexyl)amine

D2EHHP   phosphoric acid bis(2-ethylhexyl) ester
                $HO-P(=O)[O-CH_2-CH(C_2H_5)-C_4H_9]_2$
                di-(2-ethylhexyl)hydrogen phosphate

D2EHP   phosphoric acid bis(2-ethylhexyl) ester, ion(1-)
                $[O-P(=O)\{O-CH_2-CH(C_2H_5)-C_4H_9\}_2]^-$
                di(2-ethylhexyl)phosphate

D2EHPA   phosphoric acid bis(2-ethylhexyl) ester
                $HO-P(=O)[O-CH_2-CH(C_2H_5)-C_4H_9]_2$
                di(2-ethylhexyl)phosphoric acid

D2EHPP   phenylphosphonic acid bis(2-ethylhexyl) ester
                $C_6H_5-P(=O)[O-CH_2-CH(C_2H_5)-C_4H_9]_2$
                di(2-ethylhexyl) phenylphosphonate

D2EHPPA   phenylphosphonic acid bis(2-ethylhexyl) ester
                $C_6H_5-P(=O)[O-CH_2-CH(C_2H_5)-C_4H_9]_2$
                di(2-ethylhexyl) phenylphosphonic acid

DA   N-acetyl acetamide
                $CH_3-C(=O)-NH-C(=O)-CH_3$
                diacetamide

dA   9-ß-D-2'-deoxyribofuranosyl-9H-purin-6-amine
                $6-NH_2-(1,3,7,9-N_4C_5H_2-9)-1'-OC_4H_5(OH-3')-4'-CH_2-OH$
                2'-deoxyribosyl-adenine

DAA	N-(1,1-dimethyl-3-oxobutyl) 2-propenamide $CH_2=CH-C(=O)-NH-C(CH_3)_2-CH_2-C(=O)-CH_3$ *diacetone acrylamide*
DAA	4-hydroxy-4-methyl 2-pentanone $(CH_3)_2C(OH)-CH_2-C(=O)-CH_3$ *diacetone alcohol*
DAAB	N,N-dimethyl-4-(phenylazo) benzenamine $(CH_3)_2N-C_6H_4-(N=N-C_6H_5)-4$ *4-dimethylamino-azobenzene*
DAAP	alkylphosphonic acid dialkyl ester $R-P(=O)(O-R)_2$ *dialkylalkylphosphonate*
DAAP	pentylphosphonic acid dipentyl ester $C_5H_{11}-P(=O)(O-C_5H_{11})_2$ *diamylamylphosphonate*
DAB	[1,1'-biphenyl]-3,3',4,4'-tetramine $3,4-(NH_2)_2-C_6H_3-C_6H_3-(NH_2)_2-3',4'$ *3,3'-diaminobenzidine*
DAB	N,N-dimethyl-4-(phenylazo) benzenamine $(CH_3)_2N-C_6H_4-(N=N-C_6H_5)-4$ *4-N,N-dimethylaminoazobenzene*
DABC	5-chloro 1,3-benzenediamine $5-Cl-C_6H_3-(NH_2)_2-1,3$ *3,5-diaminobenzenechloride*
DABCO	1,4-diazabicyclo[2.2.2]octane $N(-CH_2CH_2-)_3N$
DABIA	N-[4-{(4-(dimethylamino)phenyl)azo}phenyl]-2-iodoacetamide $4-[(CH_3)_2N-4-C_6H_4-N=N]-C_6H_4-NH-C(=O)-CH_2-I$ *N-(4-dimethylamino-azobenzene-4')-iodoacetamide*
DABITC	4-[(4-isothiocyanatophenyl)azo]-N,N-dimethylbenzenamine $(CH_3)_2N-C_6H_4-(N=N-C_6H_4-4-NCS)-4$ *4-(N,N-dimethylamino)-azobenzene-4'-isothiocyanate*
DABP	1-methylpropylphosphonic acid bis(1-methylbutyl) ester $C_2H_5-CH(CH_3)-P(=O)[O-CH(CH_3)-C_3H_7]_2$ *di-2-amyl-2-butylphosphonate*
DABS	[4-{(4-dimethylaminophenyl)azo}benzene]sulfonyl- $4-[(CH_3)_2N-4-C_6H_4-N=N]-C_6H_4-SO_2-$
DABS-Cl	4-[(4-dimethylaminophenyl)azo] benzenesulfonyl chloride $4-[(CH_3)_2N-4-C_6H_4-N=N]-C_6H_4-SO_2-Cl$

DABTC	[(dimethylaminophenyl)azo]phenylthioxomethyl- $(CH_3)_2N\text{-}C_6H_4\text{-}N=N\text{-}C_6H_4\text{-}C(=S)\text{-}$ *N,N-dimethylamino-azobenzene-thiocarbonyl-*
DABTT	4,4'-(2,5,8,11-tetraaza-1,11-dodecadiene-1,12-diyl)bis[N,N-(dimethyl)-benzenamine] $[\text{-}CH_2\text{-}NH\text{-}CH_2CH_2\text{-}N=CH\text{-}4\text{-}C_6H_4\text{-}N(CH_3)_2]_2$ *bis(p-dimethylaminobenzaldehyde)triethylenetetramine*
DAC	acetic acid α,α-dicyanoethyl ester $CH_3\text{-}COO\text{-}C(CN)_2\text{-}CH_3$
DAC	1,2-cyclohexanediamine $1,2\text{-}(NH_2)_2\text{-}c\text{-}C_6H_{10}$ *1,2-diaminocyclohexane*
DAcAc	2,4,6-heptanetrione $CH_3\text{-}C(=O)\text{-}CH_2\text{-}C(=O)\text{-}CH_2\text{-}C(=O)\text{-}CH_3$ *diacetylacetone*
dach	1,2-cyclohexanediamine $1,2\text{-}(NH_2)_2\text{-}c\text{-}C_6H_{10}$ *1,2-diaminocyclohexane*
dach	hexahydro 1H-1,4-diazepine $[\text{-}NH\text{-}CH_2CH_2\text{-}NH\text{-}CH_2CH_2CH_2\text{-}]$ *1,4-diazacycloheptane*
DACM-3	1-[7-(dimethylamino)-4-methyl-2-oxo-1(2H)-benzopyran-3-yl] 1H-pyrrole-2,5-dione $1\text{-}[7\text{-}(CH_3)_2N\text{-}4\text{-}CH_3\text{-}2\text{-}(O=)\text{-}1\text{-}OC_9H_3\text{-}3]\text{-}NC_4H_2(=O)_2\text{-}2,5$ *N-(7-dimethylamino-4-methyl-3-cumarinyl)-maleimide*
daco	octahydro 1,5-diazocine $[\text{-}NH\text{-}CH_2CH_2CH_2\text{-}NH\text{-}CH_2CH_2CH_2\text{-}]$ *1,5-diazacyclooctane*
DADA	N-(1-methylethyl) 2-propanaminium dichloroacetate $[(i\text{-}C_3H_7)_2NH_2][CHCl_2\text{-}COO]$ *diisopropyl ammonium dichloro acetate*
DADD	N,N'-(1,2-ethanediyl)bis(1,3-propanediamine) $NH_2\text{-}CH_2CH_2CH_2\text{-}NH\text{-}CH_2CH_2\text{-}NH\text{-}CH_2CH_2CH_2\text{-}NH_2$ *1,10-diamino-4,7-diazadecane*
DADN	N,N'-bis(2-aminoethyl) 1,3-propanediamine $NH_2\text{-}CH_2CH_2\text{-}NH\text{-}CH_2CH_2CH_2\text{-}NH\text{-}CH_2CH_2\text{-}NH_2$ *1,9-diamino-3,7-diazanonane*
dADO	9-β-D-2'-deoxyribofuranosyl-9H-purin-6-amine $6\text{-}NH_2\text{-}(1,3,7,9\text{-}N_4C_5H_2\text{-}9)\text{-}1'\text{-}OC_4H_5(OH\text{-}3')\text{-}4'\text{-}CH_2\text{-}OH$ *2'-deoxyadenosine*

dADP	2'-deoxyadenosine-5'-(trihydrogendiphosphate) $(NH_2)N_4C_5H_2\text{-}OC_4H_5(OH)\text{-}CH_2\text{-}O\text{-}P(=O)(OH)\text{-}O\text{-}P(=O)(OH)_2$ *2'-deoxyadenosine-diphosphate*
DADPM	4,4'-methylenedibenzenamine $CH_2(4\text{-}C_6H_4\text{-}NH_2)_2$ *4,4'-diamino-diphenylmethane*
DADPS	4,4'-sulfonyldibenzenamine $(O=)_2S(4\text{-}C_6H_4\text{-}NH_2)_2$ *4,4'-diaminodiphenyl sulfone*
DAEC	diethyl-aminoethyl cellulose
DAEPII	3,7,13,17-tetraethyl-2,8,12,18-tetramethyl-5,15-diazaporphine, ion(2-) $[(C_2H_5)_4\text{-}(CH_3)_4\text{-}5,15,21,22,23,24\text{-}N_6C_{18}H_2]^{2-}$ *diazaetioporphyrin*
DAEPIV	2,8,13,17-tetraethyl-3,7,12,18-tetramethyl-5,15-diazaporphine, ion(2-) $[(C_2H_5)_4\text{-}(CH_3)_4\text{-}5,15,21,22,23,24\text{-}N_6C_{18}H_2]^{2-}$ *diazaetioporphyrin*
DAF	4,5-diazafluorene $4,5\text{-}N_2C_{11}H_8$
DAG	$Dy_3Al_5O_{12}$-garnet $Dy_3Al_5O_{12}$
DAGF	N,N,N',N'-tetraethyl phosphorodiamidic acid heptyl ester $C_7H_{15}\text{-}O\text{-}P(=O)[N(C_2H_5)_2]_2$
dahd	3,4-diacetyl 2,5-hexanedione $[CH_3\text{-}C(=O)]_2CH\text{-}CH[C(=O)\text{-}CH_3]_2$ *3,4-diacetyl-2,4-hexadiene-2,5-diol*
DAHP	N,N,N',N'-tetraethyl phosphorodiamidic acid heptyl ester $C_7H_{15}\text{-}O\text{-}P(=O)[N(C_2H_5)_2]_2$
DAHPA	N,N,N',N'-tetraethyl phosphorodiamidic acid heptyl ester $C_7H_{15}\text{-}O\text{-}P(=O)[N(C_2H_5)_2]_2$
D-Ala(P)	S-(1-aminoethyl) phosphonic acid $CH_3\text{-}CH(NH_2)\text{-}P(=O)(OH)_2$ *D(+)-1-aminoethyl phosphonic acid*
DAM	2-methyl 1,2-propanediamine $NH_2\text{-}CH_2\text{-}C(CH_3)_2\text{-}NH_2$ *1,2-diamino-2-methyl-propane*
DAM	methylenebis[(diphenyl)arsine] $(C_6H_5)_2As\text{-}CH_2\text{-}As(C_6H_5)_2$ *bis(diphenylarsino)methane*

DAMA N-alkyl-N-methyl 1-alkanamine
CH_3-NR_2
dialkylmethylamine

DAMA-10 N-decyl-N-methyl 1-decanamine
$(C_{10}H_{21})_2$N-CH_3

DAMF methylphosphonic acid bis(3-methylbutyl) ester
CH_3-P(=O)(O-C_5H_{11}-i)$_2$

DAMFK methylphosphonic acid bis(3-methylbutyl) ester
CH_3-P(=O)(O-C_5H_{11}-i)$_2$

DAMN 2,3-diamino butenedinitrile
NC-C(NH_2)=C(NH_2)-CN
diaminomaleonitrile

DAMP methylphosphonic acid bis(3-methylbutyl) ester
CH_3-P(=O)(O-C_5H_{11}-i)$_2$
diisoamylmethylphosphonate

dAMP 2'-deoxyadenosine-5'-(dihydrogenmonophosphate)
$(NH_2)N_4C_5H_2$-OC_4H_5(OH)-CH_2-O-P(=O)(OH)$_2$
2'-deoxyadenosine-monophosphate

DAMPA methylphosphonic acid bis(3-methylbutyl) ester
CH_3-P(=O)(O-C_5H_{11}-i)$_2$
diisoamylmethylphosphonate

DAMTP 2-methylthio 4,6-pyrimidinediamine
4,6-$(NH_2)_2$-1,3-N_2C_4H(S-CH_3)-2
4,6-diamino-2-methylthio-pyrimidine

DAN 2,3-naphthalenediamine
2,3-$(NH_2)_2$-$C_{10}H_6$
2,3-diamino naphthalene

DANS 5-(dimethylamino)naphthalen-1-ylsulfonyl-
$(CH_3)_2$N-5-$C_{10}H_6$-1-S(=O)$_2$-

DANS-BBA 3-(5-dimethylamino-1-naphthalenylsulfonylamino)benzeneboronic acid
3-[$(CH_3)_2$N-5-$C_{10}H_6$-1-S(=O)$_2$-NH]-C_6H_4-B(OH)$_2$
N-dansyl-3-aminobenzeneboronic acid

DAOF N,N,N',N'-tetraethyl phosphorodiamidic acid octyl ester
C_8H_{17}-O-P(=O)[N(C_2H_5)$_2$]$_2$

DAOMeTSC 2-(2-methoxyimino-1-methylpropylidene) hydrazinecarbothiamide
CH_3-O-N=C(CH_3)-C(CH_3)=N-NH-C(=S)-NH_2
diacetyl-O-methyl monoxime thiosemicarbazone

DAOTSC 2-(2-hydroxyimino-1-methylpropylidene) hydrazinecarbothiamide
HO-N=C(CH_3)-C(CH_3)=N-NH-C(=S)-NH_2
diacetyl monoxime thiosemicarbazone

13DAP	1,3-propanediamine $NH_2\text{-}CH_2CH_2CH_2\text{-}NH_2$ *1,3-diaminopropane*
DAP	1,4-dihydrazino phthalazine $1,4\text{-}(NH_2\text{-}NH)_2\text{-}2,3\text{-}N_2C_8H_4$
DAP	2,6-pyridinediyl-1,1'-bis(ethanone) $2,6\text{-}[CH_3\text{-}C(=O)]_2\text{-}NC_5H_3$ *2,6-diacetyl-pyridine*
DAP	phosphoric acid dialkyl ester, ion(1-) $[O\text{-}P(=O)(O\text{-}R)_2]^-$ *dialkylphosphate*
DAP	1,2-benzenedicarboxylic acid bis(2-propenyl) ester $1,2\text{-}[CH_2=CH\text{-}CH_2\text{-}O\text{-}C(=O)]_2\text{-}C_6H_4$ *diallyl phthalate*
DAP	diammonium hydrogenphosphate $[NH_4]_2\,[HO\text{-}PO_3]$ *diammonium phosphate*
ß-DAP	3-(dimethylamino)-1-phenyl 1-propanone $C_6H_5\text{-}C(=O)\text{-}CH_2CH_2\text{-}N(CH_3)_2$ *ß-dimethylamino-propiophenone*
DAPA	phosphoric acid dipentyl ester $HO\text{-}P(=O)(O\text{-}C_5H_{11})_2$ *di-n-amylphosphoric acid*
dapd	2,6-diacetylpyridine-dioxime, ion(2-) $[2,6\text{-}\{CH_3\text{-}C(=N\text{-}O)\}_2\text{-}NC_5H_3]^{2-}$ *2,6-diacetylpyridine-dioximate*
DAPI	2-[4-(aminoiminomethyl)phenyl]-1H-indole-6-carboximidamide $2\text{-}[NH_2\text{-}C(=NH)\text{-}4\text{-}C_6H_4]\text{-}1\text{-}NC_8H_5\text{-}6\text{-}C(=NH)NH_2$ *4',6-diamidino-2-phenylindole*
DAPSC	2,2'-[2,6-pyridinediyl-1,1'-bis(ethylidene)]bis(hydrazinecarboxamide) $NC_5H_3\text{-}[C(CH_3)=N\text{-}NH\text{-}C(=O)\text{-}NH_2]_2\text{-}2,6$ *2,6-diacetylpyridine-bis(semicarbazone)*
DAPT	5-phenyl-2,4-thiazolediamine $2,4\text{-}(NH_2)_2\text{-}5\text{-}C_6H_5\text{-}1,3\text{-}SNC_3$ *2,4-diamino-5-phenyl thiazole*
DAS	1,2-phenylenebis(dimethylarsine) $1,2\text{-}[(CH_3)_2As]_2\text{-}C_6H_4$
DAS	9,10-dimethoxy 2-anthracenesulfonic acid $9,10\text{-}(CH_3\text{-}O)_2\text{-}C_{14}H_7\text{-}2\text{-}SO_3H$

DAS	2,2'-(1,2-ethenediyl)bis[(5-amino)benzenesulfonic acid] $HO_3S-C_6H_3(NH_2-5)-2-CH=CH-2-C_6H_3(NH_2-5)-SO_3H$ *4,4'-diaminostilbene-2,2'-disulfonic acid*
DAST	(diethylamino)sulfurtrifluoride $(C_2H_5)_2N-SF_3$
Data	N,N'-1,2-cyclohexanediylbis[N-(carboxymethyl)glycine] $c-C_6H_{10}[N(CH_2-COOH)_2]_2-1,2$ *1,2-diaminocyclohexanetetraacetic acid*
DATC	N,N-bis(1-methylethyl) thiocarbamic acid S-2,3-dichloro-2-propen-1-yl ester $Cl-CH=CCl-CH_2-S-C(=O)-N(C_3H_7-i)_2$ *S-2,3-dichloroallyl N,N-diisopropyl thiocarbamate*
DATD	N,N'-bis(2-propenyl) 2,3-dihydroxy butanediamide $CH_2=CH-CH_2-NH-C(=O)-CH(OH)-CH(OH)-C(=O)-NH-CH_2-CH=CH_2$ *N,N'-diallyl tartaric acid diamide*
DATP	4,6-diamino 1,2-dihydro-2-pyrimidinethione $4,6-(NH_2)_2-1,3-N_2C_4H_2(=S)-2$ *4,6-diamino-1,2-dihydro-2-thiopyrimidine*
DATP	N,N'-bis(ethoxyphenyl)-4-methoxy phenylphosphonothioicamide $CH_3-O-4-C_6H_4-P(=S)(NH-C_6H_4-O-C_2H_5)_2$ *p-methoxyphenyl-N,N'-bis(ethoxyphenyl)diamidothiophosphate*
dATP	2'-deoxyadenosine-5'-(tetrahydrogentriphosphate) $(NH_2)N_4C_5H_2-OC_4H_5(OH)-CH_2-[O-P(=O)(OH)]_2-O-P(=O)(OH)_2$ *2'-deoxyadenosine-triphosphate*
2,4-DB	4-(2,4-dichlorophenoxy) butanoic acid $2,4-Cl_2-C_6H_3-O-CH_2CH_2CH_2-COOH$
4-(2,4-DB)	4-(2,4-dichlorophenoxy) butanoic acid $2,4-Cl_2-C_6H_3-O-CH_2CH_2CH_2-COOH$
DB	4-(2,4-dichlorophenoxy) butanoic acid $2,4-Cl_2-C_6H_3-O-CH_2CH_2CH_2-COOH$
DB	N-[(1-oxo)butyl] butanamide $C_3H_7-C(=O)-NH-C(=O)-C_3H_7$ *di-n-butyramide*
DB14C4	7,8,16,17-tetrahydro-6H,15H-dibenzo[b,i][1,4,8,11]tetraoxacyclotetradecin $[-O-(1,2-C_6H_4)-O-CH_2CH_2CH_2-O-(1,2-C_6H_4)-O-CH_2CH_2CH_2-]$ *dibenzo-14-crown-4*
DB15C5	6,7,9,10,17,18-hexahydro-dibenzo[b,h][1,4,7,10,13]pentaoxacyclopentadecin $[-O-(1,2-C_6H_4)-O-CH_2CH_2-O-(1,2-C_6H_4)-O-CH_2CH_2-O-CH_2CH_2-]$ *dibenzo-15-crown-5*

DB18C5	6,7,9,10,12,13,15,16-octahydro-22H-dibenzo[n,q][1,4,7,10,13]pentaoxacyclooctadecin [-O-(1,2-C_6H_4)-CH_2-(1,2-C_6H_4)-(O-CH_2CH_2)$_4$-] *dibenzo-18-crown-5*
DB18C6	6,7,9,10,17,18,20,21-octahydro-dibenzo[b,k][1,4,7,10,13,16]hexaoxacyclooctadecin [-O-(1,2-C_6H_4)-(O-CH_2CH_2)$_2$-O-(1,2-C_6H_4)-(O-CH_2CH_2)$_2$-] *dibenzo-18-crown-6*
DB21C7	6,7,9,10,12,13,20,21,23,24-decahydro-dibenzo[b,k][1,4,7,10,13,16,19]heptaoxacycloheneicosin [-O-(1,2-C_6H_4)-(O-CH_2CH_2)$_3$-O-(1,2-C_6H_4)-(O-CH_2CH_2)$_2$-] *dibenzo-21-crown-7*
DB24C8	6,7,9,10,12,13,20,21,23,24,26,27-dodecahydro-dibenzo[b,n][1,4,7,10,13,16,19,22]octaoxacyclotetracosin [-O-(1,2-C_6H_4)-(O-CH_2CH_2)$_3$-O-(1,2-C_6H_4)-(O-CH_2CH_2)$_3$-] *dibenzo-24-crown-8*
DB27C9	5,6,8,9,11,12,17,18,20,21,23,24,26,27-tetradecahydrodibenzo[b,n][1,4,7,10,13,16,19,22,25]nonaoxacycloheptacosin [-O-(1,2-C_6H_4)-(O-CH_2CH_2)$_3$-O-(1,2-C_6H_4)-(O-CH_2CH_2)$_4$-] *dibenzo-27-crown-9*
DB30C10	5,6,8,9,11,12,14,15,20,21,23,24,26,27,29,30-hexadecahydrodibenzo[b,q][1,4,7,10,13,16,19,22,25,28]decaoxacyclotriacontin [-O-(1,2-C_6H_4)-(O-CH_2CH_2)$_4$-O-(1,2-C_6H_4)-(O-CH_2CH_2)$_4$-] *dibenzo-30-crown-10*
DBA	9,10-dibromo anthracene 9,10-Br_2-$C_{14}H_8$
DBA	dibenz[a,h]anthracene $C_{22}H_{14}$
DBA	2,2-bis(4-chlorophenyl)-2-hydroxy acetic acid (Cl-4-C_6H_4)$_2$C(OH)-COOH *4,4'-dichloro benzilic acid*
DBA	1,5-diphenyl 1,4-pentadiene-3-one C_6H_5-CH=CH-C(=O)-CH=CH-C_6H_5 *dibenzylideneacetone*
DBAPA	2-propenylphosphonic acid dibutyl ester CH_2=CH-CH_2-P(=O)(O-C_4H_9)$_2$ *dibutyl allylphosphonic acid*
DBB	dibromo benzene Br_2-C_6H_4
DBBP	dibromo biphenyl (Br-C_6H_4-)$_2$

DBBP	butylphosphonic acid dibutyl ester $C_4H_9\text{-}P(=O)(O\text{-}C_4H_9)_2$ *dibutylbutylphosphonate*	
DBC	1,2-dibromo-3-chloro propane $BrCH_2\text{-}CHBr\text{-}CH_2Cl$	
DBCAT	3,5-bis(1,1-dimethylethyl) 1,2-benzenediol $3,5\text{-}(t\text{-}C_4H_9)_2\text{-}C_6H_2\text{-}(OH)_2\text{-}1,2$ *3,5-di-tert.-butyl-catechol*	
DBCP	1,2-dibromo-3-chloropropane $BrCH_2\text{-}CHBr\text{-}CH_2Cl$	
DBD	1,6-dibromo-1,6-dideoxy galactitol $CH_2Br\text{-}CH(OH)\text{-}CH(OH)\text{-}CH(OH)\text{-}CH(OH)\text{-}CH_2Br$ *dibromo dulcite*	
DBDB18C6	2,14-bis(1,1-dimethylethyl)-6,7,9,10,17,18,20,21-octahydrodibenzo[b,k][1,4,7,10,13,16]hexaoxacyclooctadecin $[\{\text{-}O\text{-}1,2\text{-}C_6H_3(C_4H_9\text{-}t\text{-}5)\text{-}O\text{-}CH_2CH_2\text{-}O\text{-}CH_2CH_2\text{-}\}_2]$ *di-t-butyl-dibenzo-18-crown-6*	
DBDECMP	2-(diethylamino)-2-oxo ethylphosphonic acid dibutylester $(C_2H_5)_2N\text{-}C(=O)\text{-}CH_2\text{-}P(=O)(O\text{-}C_4H_9)_2$ *dibutyl-N,N'-diethylcarbamylmethylenephosphonate*	
DBDECP	(diethylamino)carbonylphosphonic acid dibutyl ester $(C_2H_5)_2N\text{-}C(=O)\text{-}P(=O)(O\text{-}C_4H_9)_2$ *dibutyl-N,N-diethylcarbamylphosphonate*	
DBDM15C5	7,9-dimethyl-6,7,9,10,17,18-hexahydro-dibenzo[b,h][1,4,7,10,13]pentaoxacyclopentadecin $[\text{-}O\text{-}C_6H_4\text{-}O\text{-}CH_2CH_2\text{-}O\text{-}C_6H_4\text{-}O\text{-}CH_2CH(CH_3)\text{-}O\text{-}CH(CH_3)CH_2\text{-}]$ *dibenzodimethyl-15-crown-5*	
DBDM18C6	7,9-dimethyl-6,7,9,10,17,18,20,21-octahydro-dibenzo[b,k][1,4,7,10,13,16]hexaoxacyclooctadecin $[\text{-}O\text{-}C_6H_4\text{-}(O\text{-}CH_2CH_2)_2\text{-}O\text{-}C_6H_4\text{-}O\text{-}CH_2CH(CH_3)\text{-}O\text{-}CH(CH_3)CH_2\text{-}]$ *dibenzodimethyl-18-crown-6*	
DBDPO	bis(pentabromophenyl) ether $Br_5C_6\text{-}O\text{-}C_6Br_5$ *decabromodiphenyloxide*	
DBE	1,2-dibromo ethane $Br\text{-}CH_2\text{-}CH_2\text{-}Br$	
DBE	dibutyl ether $(C_4H_9)_2O$	
DBED	N,N'-bis(phenylmethyl) 1,2-ethanediamine $C_6H_5\text{-}CH_2\text{-}NH\text{-}CH_2CH_2\text{-}NH\text{-}CH_2\text{-}C_6H_5$ *dibenzyl ethylene diamine*	

dbedda	N,N'-(1,2-ethanediyl)bis[N-(phenylmethyl)glycine]ion (2-) [OOC-CH_2-N(CH_2-C_6H_5)-CH_2CH_2-N(CH_2-C_6H_5)-CH_2-COO]$^{2-}$ *N,N'-dibenzylethylenediamine-N,N'-diacetate*
DBEP	phosphoric acid bis[2-(butoxy)ethyl] ester, ion(1-) [O-P(=O)(O-CH_2CH_2-O-C_4H_9)$_2$]$^-$ *di(butoxyethyl)phosphate*
DBEPA	2-(dibutoxyphosphinyl) butanedioic acid diethyl ester C_2H_5-O-C(=O)-CH_2-CH(COO-C_2H_5)-P(=O)(O-C_4H_9)$_2$ *2-(dibutylphosphonato)-diethylsuccinate*
DBF	dibenzofuran 5-$OC_{12}H_8$
DBF	phosphoric acid dibutyl ester HO-P(=O)(O-C_4H_9)$_2$
DBH	bis(4-chlorophenyl) methanone (Cl-4-C_6H_4)$_2$C=O
DBHPA	hexylphosphonic acid dibutyl ester C_6H_{13}-P(=O)(O-C_4H_9)$_2$ *dibutylhexylphosphonate*
DBHT	dibutyl methyl phenol (C_4H_9)$_2$-C_6H_2(CH_3)-OH *dibutyl hydroxy toluene*
DBM	1,3-diphenyl 1,3-propanedione C_6H_5-C(=O)-CH_2-C(=O)-C_6H_5 *dibenzoylmethane*
DBM	1,6-dibromo 2,3,4,5-hexanetetrole Br-CH_2-[CH(OH)]$_4$-CH_2-Br *dibromomannitol*
dbm	1,3-diphenyl 1,3-propanedione, ion(1-) [C_6H_5-C(-O)=CH-C(=O)-C_6H_5]$^-$
DBMAPA	1-propynylphosphonic acid dibutyl ester CH_3-CC-P(=O)(O-C_4H_9)$_2$ *dibutyl 1-propynylphosphonate*
DBMIB	dibromo methyl (1-methylethyl) 1,4-benzenedione Br_2-C_6(CH_3)(C_3H_7-i)(=O)$_2$-1,4 *dibromo methyl isopropyl benzoquinone*
DBN	2,6-dichloro benzonitrile 2,6-Cl_2-C_6H_3-CN
DBN	2,3,4,6,7,8-hexahydropyrrolo[1,2-a]pyrimidine 1,5-$N_2C_7H_{12}$ *1,5-diazabicyclo[4µ3.0]non-5-ene*

DBO	1,4-diazabicyclo[2.2.2]octane N(-CH$_2$CH$_2$-)$_3$N
DBOBPA	3-oxobutylphosphonic acid dibutyl ester CH$_3$-C(=O)-CH$_2$CH$_2$-P(=O)(O-C$_4$H$_9$)$_2$ *dibutyl 3-oxobutyl-1-phosphonate*
DBOF	octylphosphonic acid dibutyl ester C$_8$H$_{17}$-P(=O)(O-C$_4$H$_9$)$_2$
DBOP	octylphosphonic acid dibutyl ester C$_8$H$_{17}$-P(=O)(O-C$_4$H$_9$)$_2$ *dibutyloctylphosphonate*
DBP	(2-chlorophenyl)(4-chlorophenyl) methanone Cl-2-C$_6$H$_4$-C(=O)-C$_6$H$_4$-4-Cl *2,4'-dichloro benzophenone*
DBP	4-methyl-2,6-bis(1,1-dimethylethyl) phenol 4-CH$_3$-2,6-(t-C$_4$H$_9$)$_2$-C$_6$H$_2$-OH *2,6-di-tert.-butyl-4-methylphenol*
DBP	bis(4-chlorophenyl) methanone (4-Cl-C$_6$H$_4$)$_2$C=O *4,4'-dichloro benzophenone*
DBP	5-phenyl 5H-benzo[b]phosphindole 5-C$_6$H$_5$-5-PC$_{12}$H$_8$ *5-phenyl-5H-dibenzo-phosphole*
DBP	1,2-benzenedicarboxylic acid dibutyl ester 1,2-[C$_4$H$_9$-O-C(=O)]$_2$-C$_6$H$_4$ *dibutyl phthalate*
DBP	phosphoric acid dibutyl ester HO-P(=O)(O-C$_4$H$_9$)$_2$ *di-n-butylphosphate*
DBPA	1,10-decanediylbis(phosphonic acid) (HO)$_2$P(=O)-(CH$_2$)$_{10}$-P(=O)(OH)$_2$
DBPA	phosphoric acid dibutyl ester HO-P(=O)(O-C$_4$H$_9$)$_2$ *di-n-butyl phosphoric acid*
DBPC	4-methyl-2,6-bis(1,1-dimethylethyl) phenol 4-CH$_3$-2,6-(t-C$_4$H$_9$)$_2$-C$_6$H$_2$-OH *2,6-di-tert.-butyl-p-cresol*
DBPhP	phenylphosphonic acid dibutyl ester C$_6$H$_5$-P(=O)(O-C$_4$H$_9$)$_2$ *dibutylphenylphosphonate*

DBPP	phosphoric acid dibutyl phenyl ester $C_6H_5-O-P(=O)(O-C_4H_9)_2$ *dibutylphenylphosphate*
DBPPA	propylphosphonic acid dibutyl ester $C_3H_7-P(=O)(O-C_4H_9)_2$ *dibutyl propylphosphonic acid*
DBPrP	propylphosphonic acid dibutyl ester $C_3H_7-P(=O)(O-C_4H_9)_2$ *dibutylpropylphosphonate*
DBS	1,2-bis[(5-bromo-2-hydroxy)phenyl] ethanedione 5-Br-2-HO-C_6H_3-C(=O)-C(=O)-C_6H_3(OH-2)-Br-5 *dibromosalicil*
DBS	decanedioic acid dibutyl ester C_4H_9-O-C(=O)-$(CH_2)_8$-COO-C_4H_9 *dibutyl sebacate*
DBS	benzensulfonic acid dodecyl ester $C_6H_5-S(=O)_2-O-C_{12}H_{25}$ *dodecylbenzenesulfonate*
dbsc	N,N-dibutyl carbamoselenoic acid, ion(1-) $[(C_4H_9)_2N-C(=O)-Se]^-$ *N,N-dibutylmonoselenocarbamate*
DBSO	di-n-butylsulfoxide $(C_4H_9)_2S=O$
DBSO	bis(phenylmethyl) sulfoxide $(C_6H_5-CH_2)_2S=O$ *dibenzylsulfoxide*
DBT	dibenzothiophene 5-$SC_{12}H_8$
DBTCP	3,4,5,6-tetrachloro 1,2-benzenedicarboxylic acid dibutyl ester 3,4,5,6-Cl_4-C_6-(COO-$C_4H_9)_2$-1,2 *dibutyl tetrachloro phthalate*
DBTM18C6	7,9,18,20-tetramethyl-6,7,9,10,17,18,20,21-octahydro dibenzo[b,k][1,4,7,10,13,16]-hexaoxacyclooctadecin [-{O-CH(CH_3)-CH_2-O-(1,2-C_6H_4)-O-CH_2-CH(CH_3)}$_2$-] *dibenzotetramethyl-18-crown-6*
DBTO	ethanedioic acid bis(1H-benzotriazol-1-yl) ester 1,2,3-$N_3C_6H_4$-1-O-C(=O)-C(=O)-O-1'-(1,2,3-$N_3C_6H_4$) *di-(1-benzotriazolyl)-oxalate*
DBU	2,3,4,6,7,8,9,10-octahydropyrimido[1,2-a]azepine 1,5-$N_2C_9H_{16}$ *1,8-diazabicyclo[5.4.0]undec-7-ene*

Dbu	2,4-diamino butanoic acid HOOC-CH(NH$_2$)-CH$_2$CH$_2$-NH$_2$ *α,γ-diaminobutyric acid*
DBZM	1,3-diphenyl 1,3-propanedione C$_6$H$_5$-C(=O)-CH$_2$-C(=O)-C$_6$H$_5$ *dibenzoylmethane*
DC14C4	octadecahydro-6H,15H-dibenzo[b,i][1,4,8,11]-tetraoxacyclotetradecin [-O-(1,2-C$_6$H$_{10}$)-O-CH$_2$CH$_2$CH$_2$-O-(1,2-C$_6$H$_{10}$)-O-CH$_2$CH$_2$CH$_2$-] *dicyclohexano-14-crown-4*
DC18C6	eicosahydro-dibenzo[b,k][1,4,7,10,13,16]hexaoxacyclooctadecin [-O-(1,2-C$_6$H$_{10}$)-(O-CH$_2$CH$_2$)$_2$-O-(1,2-C$_6$H$_{10}$)-(O-CH$_2$CH$_2$)$_2$-] *dicyclohexano-18-crown-6*
DC21C7	docosahydrodibenzo[b,k][1,4,7,10,13,16,19]heptaoxacycloheneicosin [-O-(1,2-C$_6$H$_{10}$)-(O-CH$_2$CH$_2$)$_3$-O-(1,2-C$_6$H$_{10}$)-(O-CH$_2$CH$_2$)$_2$-] *dicyclohexano-21-crown-7*
DC24C8	tetracosahydrodibenz[b,n][1,4,7,10,13,16,19,22]octaoxacyclotetracosin [-O-(1,2-C$_6$H$_{10}$)-(O-CH$_2$CH$_2$)$_3$-O-(1,2-C$_6$H$_{10}$)-(O-CH$_2$CH$_2$)$_3$-] *dicyclohexano-24-crown-8*
DC30C10	octacosahydrodibenzo[b,q][1,4,7,10,13,16,19,22,25,28]decaoxacyclotriacontin [-O-(1,2-C$_6$H$_{10}$)-(O-CH$_2$CH$_2$)$_4$-O-(1,2-C$_6$H$_{10}$)-(O-CH$_2$CH$_2$)$_4$-] *dicyclohexano-30-crown-10*
DCA	dichloro acetic acid CHCl$_2$-COOH
DCA	1,2-dichloro ethane Cl-CH$_2$CH$_2$-Cl *1,2-Dichloräthan*
DCA	bis(4-chlorophenyl) acetic acid (Cl-4-C$_6$H$_4$)$_2$CH-COOH *4,4'-dichlorodiphenyl acetic acid*
DCA	9,10-anthracenedinitrile 9,10-(NC)$_2$-C$_{14}$H$_8$ *9,10-dicyanoanthracene*
DCAD	2,4-dichloro benzaldehyde 2,4-Cl$_2$-C$_6$H$_3$-CHO
DCAF	2',4'-bis[di(carboxymethyl)aminomethyl] fluorescein C$_{30}$H$_{26}$N$_2$O$_{13}$
DCB	dichloro benzene C$_6$H$_4$-Cl$_2$

DCB N,N'-(1,3-propanediyl)bis(9H-carbazole)
(9-$NC_{12}H_8$)-9-$CH_2CH_2CH_2$-9-(9-$NC_{12}H_8$)
1,3-di(N-carbazolyl)propane

DCB dichloro [1,1'-biphenyl]-4,4'-diamine
[4-NH_2-C_6H_3(Cl)-1-]$_2$
dichloro benzidine

DCB benzenedicarbonitrile
C_6H_4-$(CN)_2$
dicyano benzene

dcb cis-2-butene-1,4-diamine
NH_2-CH_2-CH=CH-CH_2-NH_2
1,4-diamino-cis-2-butene

DCBA 2,4-dichloro benzoic acid
2,4-Cl_2-C_6H_3-COOH

DCBC 1,3-dichloro-4-chloromethyl benzene
1,3-Cl_2-4-$ClCH_2$-C_6H_3
2,4-dichlorobenzyl chloride

DCBP bis(4-chlorophenyl) methanone
(4-Cl-C_6H_4)$_2$C=O
4,4'-dichloro dibenzophenone

dcbta N,N'-(2-butene-1,4-diyl)bis[N-(carboxymethyl)glycine], ion (4-)
[(OOC-CH_2)$_2$N-CH_2-CH=CH-CH_2-N(CH_2-COO)$_2$]$^{4-}$
1,4-diamino-cis-2-butene-N,N,N',N'-tetraacetate

DCC N,N'-dicyclohexyl methanediimine
c-C_6H_{11}-N=C=N-C_6H_{11}-c
dicyclohexyl carbodiimide

DCCD N,N'-dicyclohexyl methanediimine
c-C_6H_{11}-N=C=N-C_6H_{11}-c
dicyclohexyl carbodiimide

DCDD dichloro dibenzo[b,e][1,4]dioxin
Cl_2-5,10-$O_2C_{12}H_6$
dichloro-p-dibenzodioxin

DCDF dichloro dibenzofuran
Cl_2-5-$OC_{12}H_6$

dCDP 2'-deoxycytidine-5'-(trihydrogendiphosphate)
(O=)(NH_2)$N_2C_4H_2$-OC_4H_5(OH)-CH_2-O-P(=O)(OH)-O-P(=O)(OH)$_2$
2'-deoxycytidine-diphosphate

DCE 1,1-dichloroethene
CCl_2=CH_2

DCE	1,2-dichloroethane Cl-CH$_2$CH$_2$-Cl
DCE	1,2-dichloroethene CHCl=CHCl
DCEE	bis(2-chloroethyl) ether Cl-CH$_2$CH$_2$-O-CH$_2$CH$_2$-Cl *dichloroethyl ether*
D-CFZ	3-chloro-2-hydroxy-N,N,N-trimethyl 1-propanaminium chloride [Cl-CH$_2$-CH(OH)-CH$_2$-N(CH$_3$)$_3$] Cl
DCHA	N-cyclohexyl cyclohexanamine (c-C$_6$H$_{11}$)$_2$NH *dicyclohexyl amine*
DCHBH	dicyclohexyl borane (c-C$_6$H$_{11}$)$_2$BH
DCHP	1,2-benzenedicarboxylic acid dicyclohexyl ester 1,2-[c-C$_6$H$_{11}$-O-C(=O)]$_2$-C$_6$H$_4$ *dicyclohexylphthalate*
DCHTA	N,N'-(1,2-cyclohexanediyl)bis[N-(carboxymethyl)glycine] 1,2-[(HOOC-CH$_2$)$_2$N]$_2$-c-C$_6$H$_{10}$ *1,2-diaminocyclohexane-N,N,N',N'-tetraacetic acid*
DCI	3,4-dichloro-α-[{(1-methylethyl)amino}methyl]benzenemethanol 3,4-Cl$_2$-C$_6$H$_3$-CH(OH)-CH$_2$-NH-C$_3$H$_7$-i *1-(3,4-dichlorophenyl)-2-isopropylamino ethanol*
DClAc	dichloro acetic acid CHCl$_2$-COOH
DCM	dichloromethane CH$_2$Cl$_2$
DCM	2-methyl-6-[2-(4'-dimethylaminophenyl)ethenyl]-4H-pyranyl- 4-methylenecarbodinitrile 2-CH$_3$-6-[(CH$_3$)$_2$N-4'-C$_6$H$_4$-CH=CH]-OC$_5$H$_2$-[=C(CN)$_2$]-4 *4-dicyanomethylene-2-methyl-6-p-dimethylaminostyryl-4H-pyran*
dcm	1,3-bis(1,2,2,3-tetramethylcyclopentyl) 1,3-propanedione, ion(1-) [1,2,2,3-(CH$_3$)$_4$C$_5$H$_5$-C(=O)CH=C(-O)C$_5$H$_5$(CH$_3$)$_4$-1,2,2,3]$^-$ *d,d-dicampholylmethanate*
DCMO	N-phenyl 2,3-dihydro-6-methyl-1,4-oxathiin-5-carboxamide 6-CH$_3$-(1,4-OSC$_4$H$_4$)-5-C(=O)-NH-C$_6$H$_5$ *2,3-dihydro-5-carboxanilido-6-methyl-1,4-oxathiin*
dCMP	2'-deoxycytidine-5'-(dihydrogenmonophosphate) (O=)(NH$_2$)N$_2$C$_4$H$_2$-OC$_4$H$_5$(OH)-CH$_2$-O-P(=O)(OH)$_2$ *2'-deoxycytidine-5'-monophosphate*

DCMX	2,4-dichloro-3,5-dimethylphenol 2,4-$(Cl)_2$-3,5-$(CH_3)_2$-C_6H-OH *dichloro-m-xylenol*
DCNA	2,4-dichloro-6-nitro benzenamine 2,4-Cl_2-6-NO_2-C_6H_2-NH_2 *2,4-dichloro-6-nitro aniline*
DCna	cyano cyanamide NC-NH-CN *dicyanamide*
DCNQI	N,N'-dicyano 2,5-cyclohexadiene-1,4-diimine 2,3,5,6-R_4-C_6(=N-CN)$_2$-1,4 *N,N'-dicyanoquinonediimines*
DCOC	2,4-dichloro benzoyl chloride 2,4-Cl_2-C_6H_3-C(=O)-Cl
DCP	3,5-dichloro pyridine 3,5-Cl_2-NC_5H_3
DCP	1,2-benzenedicarboxylic acid dioctyl ester 1,2-[C_8H_{17}-O-C(=O)]$_2$-C_6H_4 *dicaprylphthalate*
DCPA	2,3,5,6-tetrachloro 1,4-benzenedicarboxylic acid dimethyl ester 2,3,5,6-Cl_4-C_6-(COO-CH_3)$_2$-1,4 *dimethyl-tetrachloro-terephthalate*
DCPC	1,1-bis(4-chlorophenyl) ethanol CH_3-C(OH)(C_6H_4-Cl-4)$_2$ *4,4'-dichloro diphenyl methyl carbinol*
DCPI	dicyclopentadienyl iron [(C_5H_5)Fe(C_5H_5)]
DCPIC	2,6-dichloro-4-(4-hydroxy-3-methylphenylimino) 2,5-cyclohexadien-1-one 2,6-Cl_2-4-(3-CH_3-4-HO-C_6H_3-N=)-C_6H_2(=O) *2,6-dichlorophenol-indo-o-cresol*
DCPM	1,1'-[methylenebis(oxy)]bis[4-chlorobenzene] Cl-C_6H_4-4-O-CH_2-O-4'-C_6H_4-Cl *di-(p-chlorophenoxy)-methane*
DCPZ	2,5-pyrazine-dicarboxylic acid 1,4-$N_2C_4H_2$-(COOH)$_2$-2,5 *2,5-dicarboxy-pyrazine*
Dcsa	1-docosanamine $C_{22}H_{45}$-NH_2

DCT	N,N-diethyl dithiocarbamic acid, ion(1-) $[(C_2H_5)_2N\text{-}CS_2]^-$ *N,N-diethyl dithiocarbamate*
DCT	dichloro methyl benzene $Cl_2\text{-}C_6H_3\text{-}CH_3$ *dichloro toluene*
DCTA	N,N'-(1,2-cyclohexanediyl)bis[(N-carboxymethyl)glycine] $1,2\text{-}[(HOOC\text{-}CH_2)_2N]_2\text{-}c\text{-}C_6H_{10}$ *1,2-diamino cyclohexane tetraacetic acid*
DCTE	N,N'-(1,2-cyclohexanediyl)bis[(N-carboxymethyl)glycine] $1,2\text{-}[(HOOC\text{-}CH_2)_2N]_2\text{-}c\text{-}C_6H_{10}$ *1,2-Diaminocyclohexan-N,N,N',N'-tetraessigsäure*
dCTP	2'-deoxycytidine-5'-(tetrahydrogentriphosphate) $(O=)(NH_2)N_2C_4H_2\text{-}OC_4H_5(OH)\text{-}CH_2\text{-}[O\text{-}P(=O)(OH)]_2\text{-}O\text{-}P(=O)(OH)_2$ *2'-deoxycytidine-triphosphate*
DCU	N,N'-bis(2,2,2-trichloro-1-hydroxyethyl) urea $CCl_3\text{-}CH(OH)\text{-}NH\text{-}C(=O)\text{-}NH\text{-}CH(OH)\text{-}CCl_3$ *1,3-di-(2,2,2-trichloro-1-hydroxyethyl) urea*
DCU	N,N-dichloro carbamic acid ethyl ester $NCl_2\text{-}COO\text{-}C_2H_5$ *N,N-dichloro urethane*
DCUP	bis(1-methyl-1-phenylethyl) peroxide $C_6H_5\text{-}C(CH_3)_2\text{-}O\text{-}O\text{-}C(CH_3)_2\text{-}C_6H_5$ *dicumylperoxide*
dcypp	1,3-propanediylbis[(dicyclohexyl)phosphine] $(c\text{-}C_6H_{11})_2P\text{-}CH_2CH_2CH_2\text{-}P(C_6H_{11}\text{-}c)_2$ *1,3-bis(dicyclohexylphosphine)propane*
DCyTE	N,N'-1,2-cyclohexanediylbis[N-(carboxymethyl)glycine] $C_6H_{10}\text{-}[N(CH_2\text{-}COOH)_2]_2\text{-}1,2$ *trans-1,2-diaminocyclohexane-N,N,N',N'-tetracetic acid*
DD	N,N'-[oxybis(2,1-ethanediyl)]bis[(N-carboxymethyl)glycine] $(HOOC\text{-}CH_2)_2N\text{-}CH_2CH_2\text{-}O\text{-}CH_2CH_2\text{-}N(CH_2\text{-}COOH)_2$ *ß,ß'-diaminodiethylether-N,N'-tetraacetic acid*
DDA	bis(4-chlorophenyl) acetic acid $(Cl\text{-}4\text{-}C_6H_4)_2CH\text{-}COOH$ *4,4'-dichlorodiphenyl acetic acid*
DDA	N-decyl decanamine $(C_{10}H_{21})_2NH$ *didecyl amine*

DDA	hexanedioic acid didecyl ester $C_{10}H_{21}$-O-C(=O)-CH_2CH_2-CH_2CH_2-COO-$C_{10}H_{21}$ *didecyladipate*
Dda	1-dodecanamine $C_{12}H_{25}$-NH_2
ddA	2',3'-dideoxyadenosine [6-(NH_2)-1,3,7,9-$N_4C_5H_2$-9]-1-OC_4H_6-4-CH_2-OH
DDAB	N-dodecanyl-N,N-dimethyl 1-dodecanaminium bromide [$(C_{12}H_{25})_2N(CH_3)_2$] Br *didodecyl dimethyl ammonium bromide*
DDAO	N,N-dimethyl 1-dodecanamine N-oxide $(CH_3)_2N(O)$-$C_{12}H_{25}$ *N,N-dimethyldodecylamine-N-oxide*
DDAS	bis(N-decyl-1-decanaminium) sulfate [$(C_{10}H_{21})_2NH_2]_2$[SO_4] *didecylaminesulfate*
ddATP	2',3'-dideoxyadenosine-5'-(tetrahydrogentriphosphate) $(NH_2)N_4C_5H_2$-OC_4H_6-CH_2-[O-P(=O)(OH)]$_2$-O-P(=O)(OH)$_2$ *2',3'-dideoxyadenosine-5'-triphosphate*
DDAVP	1-(3-mercaptopropanoic acid)-8-D-arginine vasopressin $C_{46}H_{64}N_{14}O_{12}S_2$ *1-desaminocysteine-8-D-arginine vasopressin*
DDB	dodecyl benzene $C_{12}H_{25}$-C_6H_5
DDB	N,N,N',N'-tetramethyl-2,3-dimethoxy 1,4-butanediamine $(CH_3)_2N$-CH_2-CH(O-CH_3)-CH(O-CH_3)-CH_2-$N(CH_3)_2$ *2,3-dimethoxy-1,4-bis(dimethylamino)-butane*
DDBSA	dodecyl benzenesulfonic acid $C_{12}H_{25}$-C_6H_4-SO_3H
DDC	N,N-diethyl dithiocarbamic acid, ion(1-) [$(C_2H_5)_2N$-CS_2]$^-$ *N,N-diethyl dithiocarbamate*
DDCI	3,4-dichloro-ß-hydroxy-N,N-dimethyl-N-(1-methylethyl) benzenethanaminium iodide [3,4-Cl_2-C_6H_3-CH(OH)-CH_2-$N(CH_3)_2$-C_3H_7-i] I *dimethyl-(dichlorophenyl-hydroxy)ethyl-isopropylammonium iodide*
DDCP	(diethylamino)carbonylphosphonic acid dibutyl ester $(C_2H_5)_2N$-C(=O)-P(=O)(O-$C_4H_9)_2$ *dibutyl-N,N-diethylcarbamoylphosphonate*

ddCTP 2',3'-dideoxycytidine-5'-(tetrahydrogentriphosphate)
$(O=)(NH_2)N_2C_4H_2-OC_4H_6-CH_2-[O-P(=O)(OH)]_2-O-P(=O)(OH)_2$
2',3'-dideoxycytidine-5'-triphosphate

ddCyd 4-amino-1-ß-D-2',3'-dideoxyribofuranosyl2(1H)-pyrimidinone
$4-NH_2-2-(O=)(1,3-N_2C_4H_2-1)-1'-OC_4H_6-4'-CH_2-OH$
2',3'-dideoxycytidine

DDD 6,6'-dithiobis(2-naphthalenol)
$HO-2-C_{10}H_6-6-SS-6'-C_{10}H_6-2'-OH$
6,6'-dihydroxy-2,2'-dinaphthylsulfide

DDD 2,2-dichloroethylidenebis[(4-chloro)benzene]
$CHCl_2-CH(C_6H_4-4-Cl)_2$
dichlorodiphenyl dichloro ethane

ddda N,N'-(1,3-propanediyl)bis[N-(2-aminoethyl)glycine]ion (2-)
$[OOC-CH_2-N(CH_2CH_2-NH_2)-(CH_2)_3-N(CH_2CH_2-NH_2)-CH_2-COO]^{2-}$
1,9-diamino-3,7-diazanonane-3,7-diacetate

DDDAB N-dodecanyl-N,N-dimethyl 1-dodecanaminium bromide
$[(C_{12}H_{25})_2N(CH_3)_2]$ Br
didodecyl dimethyl ammonium bromide

DDE 1,1-dichloro-2-(2-chlorophenyl)-2-(4-chlorophenyl)ethene
$Cl_2C=C(C_6H_4-2-Cl)-C_6H_4-4-Cl$
2,4'-dichlorodiphenyl dichloroethene

DDE [(2,2-dichloro)ethene-1,1-diyl]bis[(4-chloro)benzene]
$Cl_2C=C(C_6H_4-4-Cl)_2$
4,4'-dichlorodiphenyl dichloroethene

DDE ethylidenebis[(4-chloro)benzene]
$CH_3-CH(C_6H_4-4-Cl)_2$
dichloro diphenyl ethane

DDETA N,N'-[1,2-ethanediylbis(oxy-2,1-ethanediyl)]bis[(N-carboxymethyl)glycine]
$(HOOC-CH_2)_2N-CH_2CH_2-O-CH_2CH_2-O-CH_2CH_2-N(CH_2-COOH)_2$
ethylenglycol-bis(2-aminoethyl)ether-N,N,N',N'-tetraacetate

ddGTP 2',3'-dideoxyguanosine-5'-(tetrahydrogentriphosphate)
$(O=)(NH_2)N_4C_5H_2-OC_4H_6-CH_2-[O-P(=O)(OH)]_2-O-P(=O)(OH)_2$
2',3'-dideoxyguanosine-5'-triphosphate

DDH 1,3-dibromo-5,5-dimethyl imidazolidine-2,4-dione
$1,3-Br_2-5,5-(CH_3)_2-2,4-(O=)_2-(1,3-N_2C_3)$
1,3-dibromo-5,5-dimethylhydantoin

ddIno 1,9-dihydro-9-ß-D-2',3'-dideoxyribofuranosyl6H-purin-6-one
$6-(O=)-(1,3,7,9-N_4C_5H_3-9)-1'-OC_4H_6-4'-CH_2-OH$
2',3'-dideoxyinosine

ddITP	2',3'-dideoxyinosine-5'-(tetrahydrogentriphosphate) $(O=)N_4C_5H_3\text{-}OC_4H_6\text{-}CH_2\text{-}[O\text{-}P(=O)(OH)]_2\text{-}O\text{-}P(=O)(OH)_2$ *2',3'-dideoxyinosine-5'-triphosphate*
DDM	diphenyldiazomethane $(C_6H_5)_2C=N_2$
DDM	1-chloro-2-[(4-chlorophenyl)methyl] benzene $Cl\text{-}2\text{-}C_6H_4\text{-}CH_2\text{-}C_6H_4\text{-}4\text{-}Cl$ *2,4'-dichlorodiphenyl methane*
DDM	4,4'-methylenebis(chlorobenzene) $(Cl\text{-}4\text{-}C_6H_4)_2CH_2$ *4,4'-dichlorodiphenyl methane*
DDM	2-chloro-N-(2-chloroethyl)-N-methyl ethanamine $(Cl\text{-}CH_2CH_2)_2N\text{-}CH_3$ *ß,ß'-dichloro-diethyl-methylamine*
DDMS	1,1'-(2-chloroethylidene)bis[(4-chloro)benzene] $Cl\text{-}CH_2\text{-}CH(C_6H_4\text{-}4\text{-}Cl)_2$
DDMU	1,1'-(chloroethenylidene)bis[(4-chloro)benzene] $Cl\text{-}CH=C(C_6H_4\text{-}4\text{-}Cl)_2$
DDNP	6-diazo-2,4-dinitro 2,4-cyclohexadien-1-one $6\text{-}(N_2=)\text{-}2,4\text{-}(NO_2)_2\text{-}C_6H_2(=O)\text{-}1$ *2-diazo-4,6-dinitrophenol*
DDNU	1,1'-ethenylidene-bis[(4-chloro)benzene] $CH_2=C(C_6H_4\text{-}4\text{-}Cl)_2$
D-DOPA	3-hydroxy D-tyrosine $3,4\text{-}(HO)_2\text{-}C_6H_3\text{-}CH_2\text{-}CH(NH_2)\text{-}COOH$ *3-(3,4-dihydroxyphenyl) D-alanine*
DDP	cis/trans-diammine dichloro platinum $(NH_3)_2PtCl_2$
DDP	phosphoric acid didecyl ester, ion(1-) $[O\text{-}P(=O)(O\text{-}C_{10}H_{21})_2]^-$ *didecylphosphate*
DDP	1,2-benzenedicarboxylic acid didecyl ester $1,2\text{-}[C_{10}H_{21}\text{-}O\text{-}C(=O)]_2\text{-}C_6H_4$ *didecylphthalate*
DDPA	phosphoric acid mono(dodecyl) ester $(HO)_2P(=O)\text{-}O\text{-}C_{12}H_{25}$ *dodecyl phosphoric acid*
DDQ	4,5-dichloro-3,6-dioxo 1,2-benzenedinitrile $4,5\text{-}Cl_2\text{-}3,6\text{-}(O=)_2\text{-}C_6\text{-}(CN)_2\text{-}1,2$ *2,3-dichloro-5,6-dicyano-1,4-benzoquinone*

DDS   4,4'-sulfonyldibenzenamine
            $(O=)_2S(4-C_6H_4-NH_2)_2$
            4,4'-diaminodiphenyl sulfone

DDS   sulfonyl-diphenol
            $(HO-C_6H_4)_2S(=O)_2$
            dihydroxydiphenyl sulfone

DDSA   3-(2-dodecenyl) tetrahydrofuran-2,5-dione
            $3-(C_8H_{17}-CH_2-CH=CH-CH_2)-OC_4H_3(=O)_2-2,5$
            2-dodecenyl succinic anhydride

DDT   1,1'-(2,2,2-trichloroethylidene)bis[(4-chloro)benzene]
            $CCl_3-CH(C_6H_4-4-Cl)_2$
            4,4'-dichlorodiphenyl-1,1,1-trichloroethane

DDTC   N,N-diethyl dithiocarbamic acid
            $(C_2H_5)_2N-C(=S)SH$

DDTC   N,N-diethyl dithiocarbamic acid, ion(1-)
            $[(C_2H_5)_2N-CS_2]^-$
            N,N-diethyl dithiocarbamate

ddTTP   3'-deoxythymidine-5'-(tetrahydrogentriphosphate)
            $(CH_3)(O=)_2-N_2C_4H_2-OC_4H_6-CH_2-[O-P(=O)(OH)]_2-O-P(=O)(OH)_2$
            3'-deoxythymidine-5'-triphosphate

DDVP   phosphoric acid 2,2-dichloroethenyl dimethyl ester
            $CCl_2=CH-O-P(=O)(O-CH_3)_2$
            dimethyl-(2,2-dichlorovinyl)phosphate

DDZ   1,1-dimethyl-1-(3,5-dimethoxyphenyl)methoxycarbonyl-
            $3,5-(CH_3-O)_2-C_6H_3-C(CH_3)_2-O-C(=O)-$
            α,α-dimethyl-3,5-dimethoxybenzyloxycarbonyl-

DE   N,N'-[1,2-ethanediylbis(oxy-2,1-ethanediyl)]bis[(N-carboxymethyl)glycine]
            $(HOOC-CH_2)_2N-CH_2CH_2-O-CH_2CH_2-O-CH_2CH_2-N(CH_2-COOH)_2$
            ethylenglykol-bis(2-aminoethyl)ether-N,N,N',N'-tetraacetate

DEA   N,N-diethyl benzenamine
            $(C_2H_5)_2N-C_6H_5$
            N,N-diethylaniline

DEA   2,2'-aminodiethanol
            $(HO-CH_2CH_2)_2NH$
            diethanolamine

Dea   N-ethyl ethanamine
            $(C_2H_5)_2NH$
            diethylamine

DEAA   N,N-diethyl 3-oxo butanamide
            $CH_3-C(=O)-CH_2-C(=O)-N(C_2H_5)_2$
            N,N-diethylacetoacetamide

DEAA	2-ethyl butanoic acid $(C_2H_5)_2CH\text{-}COOH$ *diethylacetic acid*	
DEABN	4-diethylamino benzonitrile $(C_2H_5)_2N\text{-}4\text{-}C_6H_4\text{-}CN$	
DEAC	diethylaluminumchloride $(C_2H_5)_2Al\text{-}Cl$	
DEAD	diazenedicarboxylic acid diethyl ester $C_2H_5\text{-}OOC\text{-}N=N\text{-}COO\text{-}C_2H_5$ *diethyl-azodicarboxylate*	
DEAE	2-(diethylamino)ethyl- $(C_2H_5)_2N\text{-}CH_2CH_2\text{-}$	
DEAH	diethylaluminum hydride $(C_2H_5)_2Al\text{-}H$	
DEAI	diethylaluminum iodide $(C_2H_5)_2Al\text{-}I$	
DEAM	(diethylamino)methyl- $(C_2H_5)_2N\text{-}CH_2\text{-}$	
DEASA	3-diethylamino benzenesulfonic acid $(C_2H_5)_2N\text{-}3\text{-}C_6H_4\text{-}SO_3H$ *N,N-diethylaniline-3-sulfonic acid*	
DEB	diethyl benzene $(C_2H_5)_2\text{-}C_6H_4$	
DEDPPE	2-(diethylphosphino)ethyl diphenylphosphine $(C_2H_5)_2P\text{-}CH_2CH_2\text{-}P(C_6H_5)_2$ *1-(diethylphosphino)-2-(diphenylphosphino) ethane*	
DEE	diethylether $(C_2H_5)_2O$	
DEE	2,4-dimethyl pentanedioic acid diethyl ester $C_2H_5\text{-}OC(=O)\text{-}CH(CH_3)\text{-}CH_2\text{-}CH(CH_3)\text{-}COO\text{-}C_2H_5$ *2,4-dimethyl glutaric acid diethyl ester*	
Dee	diethylether $(C_2H_5)_2O$	
deedda	N,N'-(1,2-ethanediyl)bis[N-(ethyl)glycine], ion(2-) $[OOC\text{-}CH_2\text{-}N(C_2H_5)\text{-}CH_2CH_2\text{-}N(C_2H_5)\text{-}CH_2\text{-}COO]^{2-}$ *N,N'-diethylethylenediamine-N,N'-diacetate*	
deedda	N,N'-(1,2-ethanediyl)bis[N-(ethyl)glycine] $HOOC\text{-}CH_2\text{-}N(C_2H_5)\text{-}CH_2CH_2\text{-}N(C_2H_5)\text{-}CH_2\text{-}COOH$ *N,N'-diethyl-ethylenediamine-N,N'-diacetic acid*	

deen	N,N'-diethyl 1,2-ethanediamine $C_2H_5\text{-NH-}CH_2CH_2\text{-NH-}C_2H_5$ *N,N'-diethylethylenediamine*	
DEEP	ethylphosphonic acid diethyl ester $C_2H_5\text{-P}(=O)(O\text{-}C_2H_5)_2$ *diethylethylphosphonate*	
DEEP	2-ethylhexylphosphonic acid bis(2-ethylhexyl) ester $C_4H_9\text{-CH}(C_2H_5)_2\text{-}CH_2\text{-P}(=O)[O\text{-}CH_2\text{-CH}(C_2H_5)\text{-}C_4H_9]_2$ *di-2-ethylhexyl-2-ethylhexylphosphonate*	
DEF	diethyl formamide $O=CH\text{-}N(C_2H_5)_2$	
DEF	1,1'-diacetyl ferrocene $[CH_3\text{-C}(=O)\text{-}1\text{-}C_5H_4]_2Fe$ *1,1'-diethanoyl ferrocene*	
DEG	2,2'-oxydiethanol $HO\text{-}CH_2CH_2\text{-}O\text{-}CH_2CH_2\text{-}OH$ *diethylene glycol*	
DEHA	N,N-diethyl hexanamine $(C_2H_5)_2N\text{-}C_6H_{13}$	
DEHP	1,2-benzenedicarboxylic acid bis(2-ethylhexyl) ester $1,2\text{-}[C_4H_9\text{-CH}(C_2H_5)\text{-}CH_2\text{-}O\text{-C}(=O)]_2\text{-}C_6H_4$ *di(2-ethylhexyl)phthalate*	
DEHP	phosphoric acid bis(2-ethylhexyl) ester, ion(1-) $[O\text{-P}(=O)\{O\text{-}CH_2\text{-CH}(C_2H_5)\text{-}C_4H_9\}_2]^-$ *di(ethylhexyl)phosphate*	
DEHPA	phosphoric acid bis(2-ethylhexyl) ester $HO\text{-P}(=O)[O\text{-}CH_2\text{-CH}(C_2H_5)\text{-}C_4H_9]_2$ *di(2-ethylhexyl)phosphoric acid*	
DEN	N-ethyl-N-nitroso ethanamine $(C_2H_5)_2N\text{-}N=O$ *N,N-diethyl nitrosamine*	
DENA	N-ethyl-N-nitroso ethanamine $(C_2H_5)_2N\text{-}N=O$ *N,N-diethyl nitrosamine*	
DEOA	2,2'-aminodiethanol $(HO\text{-}CH_2CH_2)_2NH$ *diethanolamine*	
2,4-DEP	phosphorous acid tris[2-(2,4-dichlorophenoxy)ethyl] ester $(2,4\text{-}Cl_2\text{-}C_6H_3\text{-}O\text{-}CH_2CH_2\text{-}O)_3P$ *o,o,o-tris-(2,4-dichlorophenoxy-ethyl)-phosphite*	

DEP   1,2-benzenedicarboxylic acid diethyl ester
                1,2-[C_2H_5-O-C(=O)]$_2C_6H_4$
                diethyl phthalate

DEP   phosphoric acid diethyl ester, ion(1-)
                [O-P(=O)(O-C_2H_5)$_2$]$^-$
                diethylphosphate

DEP   1,3-bis(ethoxy) propane
                C_2H_5-O-$CH_2CH_2CH_2$-O-C_2H_5
                diethyl-propanediol

DEP   dicarbonic acid diethyl ester
                C_2H_5-O-C(=O)-O-C(=O)-O-C_2H_5
                diethyl-pyrocarbonate

depe   1,2-ethanediylbis[(diethyl)phosphine]
                (C_2H_5)$_2$P-CH_2CH_2-P(C_2H_5)$_2$
                1,2-bis(diethylphosphino)ethane

2,4-DES   sodium 2-(2,4-dichlorophenoxy)ethyl sulfate
                Na [2,4-Cl_2-C_6H_3-O-CH_2CH_2-O-SO_3]

DES   3-hexene-3,4-diyl-4,4'-diphenol
                HO-C_6H_4-4'-C(C_2H_5)=C(C_2H_5)-4-C_6H_4-OH
                diethylstilbestrol

desc   N,N-diethyl carbamoselenoic acid, ion(1-)
                [(C_2H_5)$_2$N-C(=O)-Se]$^-$
                N,N-diethylmonoselenocarbamate

DESO   diethyl sulfoxide
                (C_2H_5)$_2$S=O

DESS   sodium 1,2-bis(2-ethylhexyloxycarbonyl)ethanesulfonate
                Na [C_4H_9CH(C_2H_5)CH_2-OC(O)-CH_2CH(SO_3)-COO-CH_2CH(C_2H_5)C_4H_9]
                di-(2-ethylhexyl)sulfosuccinate sodium

D-Ester   2,4-dichlorophenoxy acetic acid ester
                2,4-Cl_2-C_6H_3-O-CH_2-COO-R

DET   3-[2-(diethylamino)ethyl] 1H-indole
                3-[(C_2H_5)$_2$N-CH_2CH_2]-1-NC_8H_6
                N,N-diethyl-tryptamine

DET   2,3-dihydroxy butanedioic acid diethyl ester
                C_2H_5-O-C(=O)-CH(OH)-CH(OH)-COO-C_2H_5
                diethyltartrate

DETA   2,2'-[1,2-ethanediylbis(oxy)] bis(ethanamine)
                NH_2-CH_2CH_2-O-CH_2CH_2-O-CH_2CH_2-NH_2
                3,6-dioxaoctane-1,8-diamine

DETA	N,N-diethyl-3-methyl benzamide $(C_2H_5)_2N-C(=O)-C_6H_4-3-CH_3$ *N,N-diethyl-3-toluamide*
DETA	N,N'-[oxybis(2,1-ethanediyl)]bis[(N-carboxymethyl)glycine] $(HOOC-CH_2)_2N-CH_2CH_2-O-CH_2CH_2-N(CH_2-COOH)_2$ *diaminoethylethertetraacetic acid*
Deta	N-(2-aminoethyl) 1,2-ethanediamine $NH_2-CH_2CH_2-NH-CH_2CH_2-NH_2$ *diethylenetriamine*
DETPE	N,N'-bis[bis{2-(carboxymethylamino)}ethyl] glycine $(HOOC-CH_2)_2N-CH_2CH_2-N(CH_2-COOH)-CH_2CH_2-N(CH_2-COOH)_2$ *Diethylentriamin-Pentaessigsäure*
DFCO	2,3-dimethyl-1,3-butadiene-iron-tricarbonyl $[\{CH_2=C(CH_3)-C(CH_3)=CH_2\}Fe(CO)_3]$
DFDD	1,1'-(2,2-dichloroethylidene)bis[(4-fluoro)benzene] $CHCl_2-CH(C_6H_4-4-F)_2$
DFDT	1,1'-(2,2,2-trichloroethylidene)bis[(4-fluoro)benzene] $CCl_3-CH(C_6H_4-4-F)_2$
DFE	1,2-ethanediylbis[(diphenyl)phosphine] $(C_6H_5)_2P-CH_2CH_2-P(C_6H_5)_2$
DFOM	30-amino-3,14,25-trihydroxy 3,9,14,20,25-pentaazatriacontane-2,10,13,21,24-pentaone $CH_3-[CO-N(OH)-(CH_2)_5-NH-CO-CH_2CH_2]_2-CO-N(OH)-(CH_2)_5-NH_2$ *deferoxamine*
DFP	fluorophosphoric acid bis(1-methylethyl) ester $F-P(=O)(O-C_3H_7-i)_2$ *diisopropyl fluorophosphate*
Dgd	imidodicarbonimidic diamide $NH_2-C(=NH)-NH-C(=NH)NH_2$ *diguanide*
dGDP	2'-deoxyguanosine-5'-(trihydrogendiphosphate) $(O=)(NH_2)N_4C_5H_2-OC_4H_5(OH)-CH_2-O-P(=O)(OH)-O-P(=O)(OH)_2$ *2'-deoxyguanosine-5'-diphosphate*
Dge	N,N-dihydroxy glycine $(HO)_2N-CH_2-COOH$
DGFK	diheptylphosphinic acid $(C_7H_{15})_2P(=O)-OH$
DGG	$Dy_3Ga_5O_{12}$-garnet $Dy_3Ga_5O_{12}$

dGMP 2'-deoxyguanosine-5'-(dihydrogenmonophosphate)
(O=)(NH$_2$)N$_4$C$_5$H$_2$-OC$_4$H$_5$(OH)-CH$_2$-O-P(=O)(OH)$_2$
2'-deoxyguanosine-5'-monophosphate

DGSO dihexyl sulfoxide
(C$_6$H$_{13}$)$_2$S=O

dGTP 2'-deoxyguanosine-5'-(tetrahydrogentriphosphate)
(O=)(NH$_2$)N$_4$C$_5$H$_2$-OC$_4$H$_5$(OH)-CH$_2$-[O-P(=O)(OH)]$_2$-O-P(=O)(OH)$_2$
2'-deoxyguanosine-5'-triphosphate

DGU carbaminic acid 2-(2-hydroxyethoxy)ethyl ester
NH$_2$-COO-CH$_2$CH$_2$-O-CH$_2$CH$_2$-OH
diethylene-glycol-urethan

DHA 9,10-dihydroanthracene
C$_{14}$H$_{12}$

DHA ß-L-threo-2,3-hexodiulo-3,6-furanosonic acid, γ-lactone
HO-CH$_2$-CH(OH)-OC$_4$H(=O)$_3$-3,4,5
dehydro-L(+)-ascorbic acid

DHA (3ß)-3-hydroxy-androst-5-en-17-one
3-HO-10,13-(CH$_3$)$_2$-C$_{17}$H$_{21}$(=O)-17
dehydro-epiandrosterone

DHA 1,3-dihydroxy 2-propanone
HO-CH$_2$-C(=O)-CH$_2$-OH
dihydroxy acetone

DHAP phosphoric acid 3-hydroxy-2-oxo-propyl ester
HO-CH$_2$-C(=O)-CH$_2$-O-P(=O)(OH)$_2$
dihydroxyacetone-phosphate

DHAQ 1,4-dihydroxy-5,8-bis[[2-{(2-hydroxyethyl)amino}ethyl]amino] 9,10-anthracenedione
1,4-(HO)$_2$-5,8-(HO-CH$_2$CH$_2$-NH-CH$_2$CH$_2$-NH)$_2$-C$_{14}$H$_4$(=O)$_2$-9,10
dihydroxy-bis(hydroxyethylaminoethylamino) anthraquinone

DHBA aminomethyl benzenediol
(HO)$_2$-C$_6$H$_3$-CH$_2$-NH$_2$
dihydroxy benzylamine

DHBSA 3,4-dihydroxy benzenesulfonic acid
3,4-(HO)$_2$-C$_6$H$_3$-SO$_3$H

DHDAB N-hexadecyl-N,N-dimethyl 1-hexadecanaminium bromide
[(C$_{16}$H$_{33}$)$_2$N(CH$_3$)$_2$] Br
dihexadecyl dimethyl ammonium bromide

DHDBCMP 2-(dibutylamino)-2-oxoethylphosphonic acid dihexylester
(C$_4$H$_9$)$_2$N-C(=O)-CH$_2$-P(=O)(O-C$_6$H$_{13}$)$_2$
dihexyl-N,N'-dibutylcarbamylmethylenephosphonate

DHDECP	(diethylamino)carbonylphosphonic acid dihexyl ester $(C_2H_5)_2N-C(=O)-P(=O)(O-C_6H_{13})_2$ *dihexyl-N,N'-diethylcarbamylphosphonate*
DHDMB	2,3-dihydroxy-2,3-dimethyl butanoic acid $CH_3-C(OH)(CH_3)-C(OH)(CH_3)-COOH$
DHEAMP	2-pyridylmethylamino-2,2'-bis(ethanol) $NC_5H_4-2-CH_2-N(CH_2CH_2-OH)_2$ *[di(2-hydroxyethyl)amino]methyl-2-pyridine*
DHEBA	N,N'-(1,2-dihydroxy-1,2-ethanediyl) bis(2-propenamide) $CH_2=CH-C(=O)-NH-CH(OH)-CH(OH)-NH-C(=O)-CH=CH_2$ *N,N'-(1,2-dihydroxy ethylene)-bis-acrylamide*
dHMCP	2'-deoxy-5-hydroxymethyl-cytidine-5'-(dihydrogenmonophosphate) $(HO-CH_2)(O=)(NH_2)N_2C_4H-OC_4H_5(OH)-CH_2-O-P(=O)(OH)_2$ *2'-deoxy-5-hydroxymethyl-cytidine-monophosphate*
DHN	5,12-dihydro naphthacene $C_{18}H_{14}$
DHNSA	6,7-dihydroxy 2-naphthalenesulfonic acid $6,7-(HO)_2-C_{10}H_5-2-SO_3H$
DHP	1,2-benzenedicarboxylic acid diheptyl ester $1,2-[C_7H_{15}-O-C(=O)]_2-C_6H_4$ *diheptyl phthalate*
DHP	phosphoric acid bis(hexadecyl) ester $HO-P(=O)(O-C_{16}H_{33})_2$ *dihexadecylphosphate*
DHP	1,2-benzenedicarboxylic acid dihexyl ester $1,2-[C_6H_{13}-O-C(=O)]_2-C_6H_4$ *dihexylphthalate*
DHPZ	3,6-pyridazinediol $3,6-(HO)_2-1,2-N_2C_4H_2$ *3,6-dihydroxy-pyridazine*
DHS	decanedioic acid dihexyl ester $C_6H_{13}-OC(=O)-(CH_2)_8-COO-C_6H_{13}$ *dihexyl sebacate*
5,7-DHT	3-(2-aminoethyl) 1H-indole-5,7-diol $5,7-(HO)_2-1-NC_8H_3-3-CH_2CH_2-NH_2$ *5,7-dihydroxy tryptamine*
DHT	3-(2-aminoethyl) 1H-indole-5,6-diol $5,6-(HO)_2-1-NC_8H_3-3-CH_2CH_2-NH_2$ *5,6-dihydroxy tryptamine*

DHTP	2-mercapto 1,4-benzenediol 2-HS-1,4-$(HO)_2$-C_6H_3 *2,5-dihydroxy-thiophenol*
DIAD	azidicarboxylic acid bis(1-methylethyl) ester i-C_3H_7-OC(=O)-N=N-COO-C_3H_7-i *diisopropyl diazodicarboxylate*
DIAN	1-methylethanylidene-4,4'-bisphenol (HO-C_6H_4-4-$)_2$C$(CH_3)_2$ *4,4-dihydroxy-diphenyl-dimethyl-methane*
DIAP	phosphoric acid bis(3-methylbutyl) ester, ion(1-) [O-P(=O)(O-C_5H_{11}-i$)_2$]⁻ *diisoamylphosphate*
DIAPA	phosphoric acid bis(3-methylbutyl) ester HO-P(=O)(O-C_5H_{11}-i$)_2$ *diisoamylphosphoric acid*
DIARS	1,2-phenylenebis(dimethylarsine) 1,2-[$(CH_3)_2$As$]_2$-C_6H_4
Diazepam	7-chloro-1,3-dihydro-1-methyl-5-phenyl2H-1,4-benzodiazepin-2-one 7-Cl-1-CH_3-5-C_6H_5-1,4-$N_2C_9H_5$(=O)-2
DIB	1,3-diphenyl isobenzofuran 2-OC_8H_4-($C_6H_5)_2$-1,3
DIB	2,4,4-trimethyl 1-pentene t-C_4H_9-CH_2-C(CH_3)=CH_2 *diisobutylene*
DIBA	hexanedioic acid bis(2-methylpropyl) ester i-C_4H_9-OC(=O)-CH_2CH_2-CH_2CH_2-COO-C_4H_9-i *diisobutyl adipate*
DIBAC	bis(2-methylpropyl) aluminum chloride (i-$C_4H_9)_2$-AlCl *diisobutyl aluminium chloride*
DIBAH	bis(2-methylpropyl) aluminum hydride (i-$C_4H_9)_2$-AlH *diisobutyl aluminium hydride*
DIBAL-H	bis(2-methylpropyl) aluminum hydride (i-$C_4H_9)_2$-AlH *diisobutyl aluminium hydride*
DIBK	2,6-dimethyl 4-heptanone i-C_4H_9-C(=O)-C_4H_9-i *diisobutylketone*

DIBM	bis(2-methylpropyl)methyl- $(i-C_4H_9)_2CH-$ *diisobutylmethyl-*
DIBP	1,2-benzenedicarboxylic acid bis(2-methylpropyl) ester $1,2-(i-C_4H_9)_2-C_6H_4$ *diisobutyl phthalate*
DiBP	phosphoric acid bis(2-methylpropyl) ester, ion(1-) $[O-P(=O)(O-C_4H_9-i)_2]^-$ *di-isobutylphosphate*
DIC	5-(3,3-dimethyl-1-triazenyl) 1H-imidazole-4-carboxamide $5-[(CH_3)_2N-N=N]-1,3-N_2C_3H_2-4-C(=O)NH_2$
DICHAN	N-cyclohexyl-cyclohexanaminium nitrite $[(c-C_6H_{11})_2NH_2][O-N=O]$ *dicyclohexyl ammonium nitrite*
DIDA	hexanedioic acid bis(8-methylnonyl) ester $i-C_{10}H_{21}-OC(=O)-CH_2CH_2-CH_2CH_2-COO-C_{10}H_{21}-i$ *diisodecyl adipate*
DIDAA	N-carboxymethyl-N-dodecyl glycine $C_{12}H_{25}-N(CH_2-COOH)_2$ *dodecyliminodiacetic acid*
DIDP	1,2-benzenedicarboxylic acid bis(8-methylnonyl) ester $1,2-[i-C_{10}H_{21}-OC(=O)]_2-C_6H_4$ *diisodecyl phthalate*
DIDS	2,2'-(1,2-ethenediyl)bis[5-isothiocyanato-benzenesulfonic acid] $S=C=N-5-C_6H_3(SO_3H)-2-CH=CH-2-C_6H_3(SO_3H)-5-N=C=S$ *4,4'-diisocyanato stilbene-2,2'-disulfonic acid*
DIDT	5,6-dihydro-3H-imidazo[2,1-c]-1,2,4-dithiazole-3-thione $1,2,4,7-S_2N_2C_4H_4(=S)-3$
dien	N-(2-aminoethyl) ethanediamine $NH_2-CH_2CH_2-NH-CH_2CH_2-NH_2$ *diethylenetriamine*
DIET	N,N-diethyl 1,4-benzenediamine $(C_2H_5)_2N-C_6H_4-4-NH_2$ *N,N-diethyl-p-phenylenediamine*
Diglyme	bis(2-methoxyethyl) ether $CH_3-O-CH_2CH_2-O-CH_2CH_2-O-CH_3$ *diethyleneglycol dimethylether*
Digol	2,2'-oxydiethanol $HO-CH_2CH_2-O-CH_2CH_2-OH$ *diethylene glycol*

DIK	1,3-diketone R-C(=O)-CH$_2$-C(=O)-R
DIM	N-[3-{(2-imino-1-methylpropylidene)amino}propyl]-N-propyl 1,2-ethanediamine HN=C(CH$_3$)-C(CH$_3$)=N-CH$_2$CH$_2$CH$_2$-NH-CH$_2$CH$_2$-NH-C$_3$H$_7$ *2,3-dimethyl-1,4,8,11-tetraazatetradecane-1,3-diene*
Dimethyl-POPOP	2,2'-(1,4-phenylene)bis(4-methyl-5-phenyl-oxazole) 1,4-[4-(CH$_3$)-5-(C$_6$H$_5$)-1,3-ONC$_3$-2-]$_2$-C$_6$H$_4$ *dimethyl-phenyl-oxazolyl-phenyl-oxazolyl-phenyl*
DIMETN	N,N'-dimethyl 1,3-propanediamine CH$_3$-NH-CH$_2$CH$_2$CH$_2$-NH-CH$_3$ *N,N'-dimethyl trimethylenediamine*
DINA	hexanedioic acid bis(7-methyloctyl) ester i-C$_9$H$_{19}$-O-C(=O)-CH$_2$CH$_2$-CH$_2$CH$_2$-COO-C$_9$H$_{19}$-i *diisononyl adipate*
diNOsar	1,8-dinitro 3,6,10,13,16,19-hexaazabicyclo[6.6.6]eicosane NO$_2$-C(-CH$_2$-NH-CH$_2$CH$_2$-NH-CH$_2$-)$_3$C-NO$_2$ *1,8-dinitro-sarcophagine*
DINP	1,2-benzenedicarboxylic acid bis(7-methyloctyl) ester 1,2-[i-C$_9$H$_{19}$-O-C(=O)]$_2$-C$_6$H$_4$ *diisononyl phthalate*
DIOA	hexanedioic acid bis(6-methylheptyl) ester i-C$_8$H$_{17}$-O-C(=O)-CH$_2$CH$_2$-CH$_2$CH$_2$-COO-C$_8$H$_{17}$-i *diiso-octyl adipate*
DIOL	2-amino-2-methyl 1,3-propanediol HO-CH$_2$-C(NH$_2$)(CH$_3$)-CH$_2$-OH
DIOM	butenedioic acid bis(6-methylheptyl) ester i-C$_8$H$_{17}$-O-C(=O)-CH=CH-COO-C$_8$H$_{17}$-i *diiso-octyl maleate*
DIOMP	methylphosphonic acid bis(6-methylheptyl) ester CH$_3$-P(=O)(O-C$_8$H$_{17}$-i)$_2$ *di-iso-octylmethylphosphonate*
DIOP	[(2,2-dimethyl-1,3-dioxolane-4,5-diyl)bis(methylene)]bis(diphenylphosphine) 2,2-(CH$_3$)$_2$-1,3-O$_2$C$_3$H$_2$-4,5-[CH$_2$-P(C$_6$H$_5$)$_2$]$_2$ *4,5-bis(diphenylphosphinomethyl)-2,2-dimethyl-1,3-dioxolane*
DIOP	1,2-benzenedicarboxylic acid bis(6-methylheptyl) ester 1,2-[i-C$_8$H$_{17}$-O-C(=O)]$_2$-C$_6$H$_4$ *diiso-octyl phthalate*
DIOS	decanedioic acid bis(6-methylheptyl) ester i-C$_8$H$_{17}$-O-C(=O)-(CH$_2$)$_8$-COO-C$_8$H$_{17}$-i *diiso-octyl sebacate*

DIOX   1,4-dioxane
               $1,4-O_2C_4H_8$

DIP   bis(1-methylethyl)-
               $(i-C_3H_7)_2-$
               diisopropyl-

DIPA   4-[{4-(acetyloxy)phenyl}imino]-2,6-dichloro2,5-cyclohexadien-1-one
               $2,6-Cl_2-4-[4-(CH_3-COO)C_6H_4-1-N=]-C_6H_2(=O)$
               2,6-dichloro indophenyl acetate

DIPA   1-methyl-N-(1-methylethyl) ethanamine
               $(i-C_3H_7)_2NH$
               diisopropylamine

DIPA   1,1'-aminobis(2-propanol)
               $HO-CH(CH_3)-CH_2-NH-CH_2-CH(CH_3)-OH$
               di-isopropanolamine

DIPA-DCA   N-(1-methylethyl) 2-propanaminium dichloroacetate
               $[(i-C_3H_7)_2NH_2] [CHCl_2-COO]$
               diisopropyl ammonium dichloro acetate

DIPAMP   1,2-ethanediylbis[(2-methoxyphenyl)phenylphosphine]
               $2-(CH_3-O)-C_6H_4-P(C_6H_5)-CH_2CH_2-P(C_6H_5)-C_6H_4-(O-CH_3)-2$

DIPB   bis(1-methylethyl) benzene
               $(i-C_3H_7)_2-C_6H_4$
               di-isopropylbenzene

DIPCD   N,N'-bis(1-methylethyl) methanediimine
               $i-C_3H_7-N=C=N-C_3H_7-i$
               di-isopropyl-carbodiimide

DIPHB   1-methyl-1-[(1-methylethyl)phenyl] ethyl hydroperoxide
               $i-C_3H_7-C_6H_4-C(CH_3)_2-OOH$
               diisopropylbenzene hydroperoxide

Diphos   1,2-ethanediylbis[(diphenyl)phosphine]
               $(C_6H_5)_2P-CH_2CH_2-P(C_6H_5)_2$
               1,2-bis(diphenylphosphino) ethane

dipic   pyridine-2,6-dicarboxylic acid
               $2,6-(HOOC)_2-NC_5H_3$
               dipicolinic acid

DIPMP   methylphosphonic acid bis(3-methylbutyl) ester
               $CH_3-P(=O)[O-C_5H_{11}-i]_2$
               di-isopentylmethylphosphonate

dipope   1,2-ethanediylbis(phosphonous acid) tetrakis(1-methylethyl) ester
               $(i-C_3H_7-O)_2P-CH_2CH_2-P(O-C_3H_7-i)_2$
               1,2-bis(diisopropoxyphosphino)ethane

DIPP	2,6-bis(1-methylethyl) phenol 2,6-(i-C_3H_7)$_2$-C_6H_3-OH *2,6-diisopropylphenol*
DIPP	1,2-benzenedicarboxylic acid bis(3-methylbutyl) ester 1,2-[i-C_5H_{11}-O-C(=O)]$_2$-C_6H_4 *di-isopentyl-phthalate*
dippe	1,2-ethanediylbis[bis(1-methylethyl)phosphine] (i-C_3H_7)$_2$P-CH_2CH_2-P(C_3H_7-i)$_2$ *1,2-bis(diisopropylphosphino)ethane*
dippp	1,3-propanediylbis[bis(1-methylethyl)phosphine] (i-C_3H_7)$_2$P-$CH_2CH_2CH_2$-P(C_3H_7-i)$_2$ *1,3-bis(diisopropylphosphino)propane*
DIPS	2-hydroxy-3,5-bis(1-methylethyl) benzoic acid 2-HO-3,5-(i-C_3H_7)$_2$-C_6H_2-COOH *3,5-di-isopropyl-salicylic acid*
DIPSO	3-[bis(2-hydroxyethyl)amino]-2-hydroxy 1-propanesulfonic acid (HO-CH_2CH_2)$_2$N-CH_2-CH(OH)-CH_2-SO_3H *N,N-di(hydroxyethyl)-3-amino-2-hydroxy-propanesulfonic acid*
DIPT	2,6-bis(1-methylethyl) benzenethiol 2,6-(i-C_3H_7)$_2$-C_6H_3-SH *2,6-diisopropyl-thiophenol*
DIPT	2,3-dihydroxy butanedioic acid bis(1-methylethyl)ester i-C_3H_7-OC(=O)-CH(OH)-CH(OH)-COO-C_3H_7-i *diisopropyl tartrate*
DIT	α-amino-4-hydroxy-3,5-diiodo benzenepropanoic acid 4-HO-3,5-I_2-C_6H_2-CH_2-CH(NH_2)-COOH *diiodo tyrosine*
DITC	1,4-diisothiocyanato benzene 1,4-(S=C=N)$_2$-C_6H_4
DITP	1,2-benzenedicarboxylic acid bis(11-methyldodecyl)ester 1,2-[i-$C_{13}H_{27}$-O-C(=O)]$_2$-C_6H_4 *diisotridecyl phthalate*
DJT	3,5-diiodo L-tyrosin 4-HO-3,5-I_2-C_6H_2-CH_2-CH(NH_2)-COOH *Dijodtyrosin*
DLA	N-dodecyl 1-dodecanamine ($C_{12}H_{25}$)$_2$NH *dilaurylamine*
DL-BAPA	5-[(aminoiminomethyl)amino]-2-(benzoylamino)-N-(4-nitrophenyl) pentanamide NH_2-C(=NH)NH-$CH_2CH_2CH_2$-CH[NH-C(=O)C_6H_5]C(=O)NH-C_6H_4-4-NO_2 *Nα-benzoyl-DL-arginine-p-nitroanilide*

DL-DOPA	3-hydroxy DL-tyrosine 3,4-$(HO)_2$-C_6H_3-CH_2-$CH(NH_2)$-COOH *3-(3,4-dihydroxyphenyl) DL-alanine*	
DLTDP	3,3'-thiobis(propanoic acid) bis(dodecyl) ester $C_{12}H_{25}$-OC(=O)-CH_2CH_2-S-CH_2CH_2-COO-$C_{12}H_{25}$ *dilaurylthiodipropionate*	
DM	10-chloro-5,10-dihydro phenarsazine 10-Cl-5,10-$NAsC_{12}H_9$ *adamsite*	
DM14NQ	dimethyl-1,4-dihydro naphthalene-1,4-dione $(CH_3)_2$-$C_{10}H_4$$(=O)_2$-1,4 *dimethyl-1,4-naphthoquinone*	
26Dma	2,6-dimethyl benzenamine 2,6-$(CH_3)_2$-C_6H_3-NH_2 *2,6-dimethylaniline*	
DMA	9,10-dimethyl anthracene 9,10-$(CH_3)_2$-$C_{14}H_8$	
DMA	N,N-dimethylacetamide $(CH_3)_2$N-C(=O)-CH_3	
DMA	1,3-dimethyl tricyclo[3.3.1.1^{3,7}]decane 1,3-$(CH_3)_2$-[3.3.1.1^{3,7}]-$C_{10}H_{14}$ *1,3-dimethyl adamantane*	
DMA	α,3,4-trihydroxy benzeneacetic acid 3,4-$(HO)_2$-C_6H_3-CH(OH)-COOH *3,4-dihydroxy mandelic acid*	
DMA	N,N-dimethyl benzenamine C_6H_5-$N(CH_3)_2$ *N,N-dimethyl aniline*	
Dma	N-methyl methanamine $(CH_3)_2$NH *dimethylamine*	
DMAA	N,N-dimethyl-3-oxo butanamide $(CH_3)_2$N-C(=O)-CH_2-C(=O)-CH_3 *N,N-dimethylacetoacetamide*	
DMAA	N,N-dimethyl 2-propen-1-amine $(CH_3)_2$N-CH_2-CH=CH_2 *dimethyl allyl amine*	
dmaap	1,5-dimethyl-4-dimethylamino-2-phenyl 1,2-dihydro-3H-pyrazol-3-one 1,5-$(CH_3)_2$-4-$(CH_3)_2$N-2-C_6H_5-1,2-N_2C_3(=O)-3 *4-dimethylamino-antipyrine*	

DMAB	4-dimethylamino benzenecarboxaldehyde	
	$(CH_3)_2N$-4-C_6H_4-CHO	
DMABN	4-(dimethylamino) benzonitrile	
	$(CH_3)_2N$-4-C_6H_4-CN	
DMAC	N,N-dimethyl acetamide	
	$(CH_3)_2N$-C(=O)-CH_3	
DMAc	N,N-dimethyl acetamide	
	$(CH_3)_2N$-C(=O)-CH_3	
DMAc	2-methyl propanoic acid	
	i-C_3H_7-COOH	
	dimethyl acetic acid	
DMAD	butynedioic acid dimethyl ester	
	CH_3-OC(=O)-CC-COO-CH_3	
	dimethyl acetylenedicarboxylate	
DMA-DEA	N,N-dimethylacetamide-diethylacetal	
	$(CH_3)_2N$-C(CH_3)(O-C_2H_5)$_2$	
DMAE	2-(dimethylamino) ethanol	
	$(CH_3)_2N$-CH_2CH_2-OH	
DMAEMA	2-methyl propenoic acid 2-(dimethylamino)ethyl ester	
	CH_2=C(CH_3)-COO-CH_2CH_2-N(CH_3)$_2$	
	2-dimethylaminoethyl methacrylate	
DMAP	4-dimethylamino phenol	
	$(CH_3)_2N$-4-C_6H_4-OH	
DMAP	N,N-dimethyl 1,3-propanediamine	
	$(CH_3)_2N$-$CH_2CH_2CH_2$-NH_2	
	3-dimethylamino propylamine	
DMAP	N,N-dimethyl 4-pyridinamine	
	$(CH_3)_2N$-4-C_5H_4N	
	4-dimethylamino pyridine	
DMAPN	3-dimethylamino propanenitrile	
	$(CH_3)_2N$-CH_2CH_2-CN	
DMB	2,3-dihydroxy-N,N-dimethyl-benzamide	
	2,3-$(HO)_2$-C_6H_3-C(=O)-N(CH_3)$_2$	
DMB	(3,3-dimethylbutyl)dimethylsilyloxy-	
	$(CH_3)_3C$-CH_2CH_2-Si(CH_3)$_2$-O-	
DMBA	N,N-dimethyl benzenemethanamine	
	C_6H_5-CH_2-N(CH_3)$_2$	
	dimethyl benzylamine	

DMBM	2-(mercaptomethyl)-5-methyl 1,4-benzenediol 2-HS-CH$_2$-5-CH$_3$-C$_6$H$_2$-(OH)$_2$-1,4 *2,5-dihydroxy-4-methylbenzyl mercaptane*
DMBPPD	N-(1,3-dimethylbutyl)-N'-phenyl 1,4-benzenediamine 4-[(CH$_3$)$_2$CH-CH$_2$-CH(CH$_3$)-NH]-C$_6$H$_4$-NH-C$_6$H$_5$ *N-(1,3-dimethylbutyl)-N'-phenyl-p-phenylene diamine*
25DMBQ	2,5-dimethyl 2,5-cyclohexadiene-1,4-dione 2,5-(CH$_3$)$_2$-C$_6$H$_2$(=O)$_2$-1,4 *2,5-dimethyl-1,4-benzoquinone*
DMBU	2,3-dimethyl 1,3-butadiene CH$_2$=C(CH$_3$)-C(CH$_3$)=CH$_2$
DMC	1,1-bis(4-chlorophenyl) ethanol CH$_3$-C(OH)(C$_6$H$_4$-Cl-4)$_2$ *dichlorophenyl methyl carbinol*
DMCH	5,5-dimethyl 1,3-cyclohexanedione 5,5-(CH$_3$)$_2$-C$_6$H$_6$(=O)$_2$-1,3
dMCMP	2'-deoxy-5-methyl-cytidine-5'-dihydrogenmonophosphate (CH$_3$)(O=)(NH$_2$)N$_2$C$_4$H-OC$_4$H$_5$(OH)-CH$_2$-O-P(=O)(OH)$_2$ *2'-deoxy-5-methyl-cytidine-monophosphate*
DMCS	chlorodimethyl silane (CH$_3$)$_2$SiH-Cl *dimethyl chlorosilane*
DMCTMS	dimethyl carbamic acid trimethylsilyl ester (CH$_3$)$_2$N-COO-Si(CH$_3$)$_3$
DMDB18C6	2,14-dimethyl 6,7,9,10,17,18,20,21- octahydrodibenzo[b,k][1,4,7,10,13,16]hexaoxacyclooctadecin [-O-C$_6$H$_3$(CH$_3$)-(O-CH$_2$CH$_2$)$_2$-O-C$_6$H$_3$(CH$_3$)-(O-CH$_2$CH$_2$)$_2$-] *dimethyldibenzo-18-crown-6*
DMDB24C8	2,17-dimethyl 5,6,8,9,11,12,17,18,20,21,23,24- dodecahydrodibenz[b,n][1,4,7,10,13,16,19,22]octaoxacyclotetracosin [-O-C$_6$H$_3$(CH$_3$)-(O-CH$_2$CH$_2$)$_3$-O-C$_6$H$_3$(CH$_3$)-(O-CH$_2$CH$_2$)$_3$-] *dimethyldibenzo-24-crown-8*
DMDB30C10	2,20-dimethyl-6,7,9,10,12,13,15,16,23,24,26,27,29,30,32,33- hexadecahydrodibenzo[b,q][1,4,7,10,13,16,19,22,25,28]decaoxacyclotriacontin [-O-C$_6$H$_3$(CH$_3$)-(O-CH$_2$CH$_2$)$_4$-O-C$_6$H$_3$(CH$_3$)-(O-CH$_2$CH$_2$)$_4$-] *dimethyldibenzo-30-crown-10*
DMDF	2,5-dimethoxy-2,5-dihydro furan 2,5-(CH$_3$-O)$_2$-OC$_4$H$_4$
DMDT	1,1,1-trichloroethylidene-1,1'-bis[4-(methoxy)benzene] CCl$_3$-CH(C$_6$H$_4$-4-O-CH$_3$)$_2$ *dimethoxy-diphenyl-trichloroethane*

DME	1,2-dimethoxy ethane $CH_3\text{-}O\text{-}CH_2CH_2\text{-}O\text{-}CH_3$	
DME	1,1'-oxybismethane $CH_3\text{-}O\text{-}CH_3$ *dimethylether*	
dmedba	N,N'-1,2-ethanediylbis[N-(methyl)-2-aminobutanoic acid] $HOOC\text{-}CH(C_2H_5)\text{-}N(CH_3)\text{-}CH_2CH_2\text{-}N(CH_3)\text{-}CH(C_2H_5)\text{-}COOH$ *N,N'-dimethyl-ethylenediamine-N,N'-di(α-butyric acid)*	
dmedda	N,N'-(1,2-ethanediyl)bis[N-(methyl)glycine], ion(2-) $[OOC\text{-}CH_2\text{-}N(CH_3)\text{-}CH_2CH_2\text{-}N(CH_3)\text{-}CH_2\text{-}COO]^{2-}$ *N,N'-dimethylethylenediamine-N,N'-diacetate*	
dmedda	N,N'-(1,2-ethanediyl)bis[N-(methyl)glycine] $HOOC\text{-}CH_2\text{-}N(CH_3)\text{-}CH_2CH_2\text{-}N(CH_3)\text{-}CH_2\text{-}COOH$ *N,N'-dimethyl-ethylenediamine-N,N'-diacetic acid*	
dmedds	N,N'-(1,2-ethanediyl)bis[N-(methyl)aspartic acid], ion (4-) $[OOC\text{-}CH_2\text{-}CH(COO)\text{-}N(CH_3)CH_2CH_2\text{-}N(CH_3)\text{-}CH(COO)CH_2\text{-}COO]^{4-}$ *N,N'-dimethylethylenediamine-N,N'-disuccinate*	
dmee	bis(2-methoxyethyl) ether $CH_3\text{-}O\text{-}CH_2CH_2\text{-}O\text{-}CH_2CH_2\text{-}O\text{-}CH_3$ *di(2-methoxyethyl) ether*	
DMEN	N,N'-dimethyl 1,2-ethanediamine $CH_3\text{-}NH\text{-}CH_2CH_2\text{-}NH\text{-}CH_3$ *N,N'-dimethyl-ethylenediamine*	
DMET	2-(4,5-dimethyl-1,3-diselenol-2-ylidene)-5,6-dihydro-1,3-dithiolo[4,5-b][1,4]dithiin $2\text{-}[4,5\text{-}(CH_3)_2\text{-}(1,3\text{-}Se_2C_3)\text{-}2\text{-}]\text{=}(1,3,4,7\text{-}S_4C_5H_4)$ *dimethyl(ethylenedithio)diselenadithiafulvalene*	
DMEU	1,3-dimethyl-2-imidazolidinone $1,3\text{-}(CH_3)_2\text{-}1,3\text{-}N_2C_3H_4(\text{=}O)\text{-}2$ *N,N'-dimethyl-N,N'-ethylene-urea*	
DMF	N,N-dimethylformamide $(CH_3)_2N\text{-}CHO$	
DMFA	N,N-dimethylformamide $(CH_3)_2N\text{-}CHO$	
DMG	2,3-butanedione dioxime $CH_3\text{-}C(\text{=}N\text{-}OH)\text{-}C(\text{=}N\text{-}OH)\text{-}CH_3$ *dimethylglyoxime*	
DmHas	2,4-dimethyl 8-quinazolinol $2,4\text{-}(CH_3)_2\text{-}1,3\text{-}N_2C_8H_3\text{-}8\text{-}OH$	

DMHPPD	N,N'-bis(3-methylheptyl) 1,4-benzenediamine 1,4-[C_4H_9-CH(CH_3)-CH_2CH_2-NH]$_2$-C_6H_4 *N,N'-di(3-methylheptyl)-p-phenylene diamine*	
DMI	1,3-dimethyl-2-imidazolidinone 1,3-(CH_3)$_2$-1,3-$N_2C_3H_4$(=O)-2	
dmid	1,3-dithiole-2-one-4,5-dithiolate [2-(O=)-1,3-S_2C_3(-S)$_2$-4,5]$^{2-}$	
DMIPSCl	chlorodimethyl(1-methylethyl) silane (CH_3)$_2$SiCl-C_3H_7-i *dimethylisopropylsilylchloride*	
dmit	4,5-dimercapto 1,3-dithiole-2-thione, ion(2-) [2-(S=)-1,3-S_2C_3(-S)$_2$-4,5]$^{2-}$ *4,5-dimercapto-1,3-dithiole-2-thionate*	
DMK	2-propanone CH_3-C(=O)-CH_3 *dimethyl ketone*	
DMMal	propanedioic acid dimethylester CH_3-O-C(=O)-CH_2-COO-CH_3 *dimethylmalonate*	
DMN	N,N-dimethyl 1-naphthalenamine (CH_3)$_2$N-1-$C_{10}H_7$	
DMN	N-methyl-N-nitroso methanamine (CH_3)$_2$N-N=O *dimethylnitrosamine*	
DMNA	N-methyl-N-nitroso methanamine (CH_3)$_2$N-N=O *dimethylnitrosamine*	
2,7-DMNAPY	2,7-dimethyl-1,8.naphthyridine 2,7-(CH_3)$_2$-1,8-$N_2C_8H_4$	
DMNFHSCl	chloro-3,3,4,4,5,5,6,6,6-nonafluorohexyl-dimethylsilane C_4F_9-CH_2CH_2-Si(CH_3)$_2$-Cl *dimethyl-3,3,4,4,5,5,6,6,6-nonafluorohexyl-chlorosilane*	
DMNP	dimethyl (1-naphthalenyl) phosphine (CH_3)$_2$P-1-$C_{10}H_7$	
DMOA	N,N-dimethyl octanamine C_8H_{17}-N(CH_3)$_2$	
DMP	2,4,6-tris[(dimethylamino)methyl] phenol 2,4,6-[(CH_3)$_2$N-CH_2]$_3$-C_6H_2-OH	

DMP	1,2-benzenedicarboxylic acid dimethyl ester 1,2-[CH_3-O-C(=O)]$_2$-C_6H_4 *dimethyl phthalate*	
dmp	2-(dimethylaminomethyl)phenyl- (CH_3)$_2$N-CH_2-2-C_6H_4-	
dmp3a	N-(carboxymethyl)-N-[2-{(carboxymethyl)amino}-2-methylpropyl] glycine, ion(3-) [OOC-CH_2-NH-C(CH_3)$_2$-CH_2-N(CH_2-COO)$_2$]$^{3-}$ *1,2-diamino-2-methylpropanetriacetate*	
DMPA	N-ethyl-3,4-dimethoxy benzenamine 3,4-(CH_3-O)$_2$-C_6H_3-NH-C_2H_5 *3,4-dimethoxy-phenyl-ethylamine*	
DMPA	N-[1-(methyl)ethyl] phosphoramidothioic acid O-(2,4-dichlorophenyl)-O-methyl ester 2,4-Cl_2-C_6H_3-O-P(=S)(O-CH_3)-NH-C_3H_7-i *O-2,4-dichlorophenyl-O-methylthiophosphoric acid isopropylamide*	
DMPD	2,2-dimethyl 1,3-propanediol HO-CH_2-C(CH_3)$_2$-CH_2-OH	
DMPD2HCl	N,N-dimethyl-1,4-benzenediamine dihydrochloride (CH_3)$_2$N-C_6H_4-4-NH_2 · 2 HCl *N,N-dimethyl-1,4-phenylenediamine-dihydrochloride*	
DMPE	1,2-ethanediylbis[(dimethyl)phosphine] (CH_3)$_2$P-CH_2CH_2-P(CH_3)$_2$ *1,2-bis(dimethylphosphino)ethane*	
dmpe	1,2-ethanediylbis[(dimethyl)phosphine] (CH_3)$_2$P-CH_2CH_2-P(CH_3)$_2$ *1,2-bis(dimethylphosphino)ethane*	
dmphen	2,9-dimethyl-1,10-phenanthroline 2,9-(CH_3)$_2$-$N_2C_{12}H_6$	
dmpm	methylenebis[(dimethyl)phosphine] (CH_3)$_2$P-CH_2-P(CH_3)$_2$ *bis(dimethylphosphino)methane*	
DMPN	3-dimethylamino propanenitrile (CH_3)$_2$N-CH_2CH_2-CN	
DMPO	dimethyl phosphine oxide HP(=O)(CH_3)$_2$	
DMPO	2,2-dimethyl 2H-pyrrole N-oxide 2,2-(CH_3)$_2$-NC_4H_3(=O)-1	
DMPO	2,2-dimethyl-2,3-dihydro 2H-pyrrole N-oxide 2,2-(CH_3)$_2$-NC_4H_5(=O)-1 *5,5-dimethyl-δ(1)-pyrrolin-1-oxide*	

DMPO phosphoric acid dimethyl ester
HO-P(=O)(O-CH$_3$)$_2$
dimethylphosphate

DMPP 1,1-dimethyl-4-phenyl piperazinium iodide
[1,1-(CH$_3$)$_2$-4-C$_6$H$_5$-1,4-N$_2$C$_4$H$_8$] I

DMPPL 3,4-dimethyl-1-phenyl-phosphole
3,4-(CH$_3$)$_2$-1-C$_6$H$_5$-PC$_4$H$_2$

DMPSCl chlorodimethylphenyl silane
(CH$_3$)$_2$SiCl-C$_6$H$_5$
dimethyl phenyl silylchloride

DMPU 1,3-dimethyl hexahydro-2-pyrimidinone
1,3-(CH$_3$)$_2$-1,3-N$_2$C$_4$H$_6$(=O)-2
N,N'-dimethyl-N,N'-propylene urea

DMQ N,N-dimethyl quinolinamine
1-NC$_9$H$_6$-N(CH$_3$)$_2$
dimethylamino quinoline

DMS dimethyl sulfide
CH$_3$-S-CH$_3$

DMS meso-2,3-dimercapto butanedioic acid
HOOC-CH(SH)-CH(SH)-COOH
meso-2,3-dimercaptosuccinic acid

dmsc N,N-dimethyl carbamoselenoic acid, ion(1-)
[(CH$_3$)$_2$N-C(=O)-Se]$^-$
N,N-dimethylmonoselenocarbamate

DMSO dimethyl sulfoxide
CH$_3$-S(=O)-CH$_3$

DMSO2 dimethyl sulfone
(CH$_3$)$_2$SO$_2$

DMT 1,1'-(chlorophenylmethylene)bis(4-methoxybenzene)
(4-CH$_3$-O-C$_6$H$_4$)$_2$CCl-C$_6$H$_5$
4,4'-dimethoxytriphenylmethylchloride

DMT 3-[2-(dimethylamino)ethyl] 1H-indole
3-[(CH$_3$)$_2$N-CH$_2$CH$_2$]-1-NC$_8$H$_6$
N,N-dimethyl-tryptamine

DMT 1,4-benzenedicarboxylic acid dimethyl ester
1,4-[CH$_3$-O-C(=O)]$_2$-C$_6$H$_4$
dimethyl terephthalate

dmtc N,N-dimethyl dithiocarbamic acid, ion(1-)
[(CH$_3$)$_2$N-CS$_2$]$^-$
N,N-dimethyl dithiocarbamate

DMU N'-(3,4-dichlorophenyl)-N,N-dimethyl urea
$(CH_3)_2N-C(=O)-NH-C_6H_3-Cl_2-3,4$

DMU N,N'-bis(hydroxymethyl) urea
$HO-CH_2-NH-C(=O)-NH-CH_2-OH$
dimethylol urea

DMW demineralized water
H_2O

DN111 N-cyclohexyl cyclohexanaminium 2-cyclohexyl-4,6-dinitro phenolate
$[(c-C_6H_{11})_2NH_2]\ [c-C_6H_{11}-2-C_6H_2(-O)(NO_2)_2-4,6]$
dicyclohexylamine 4,6-dinitro-2-cyclohexylphenolate

DNA deoxyribonucleic acid

DNA hexanedioic acid dinonyl ester
$C_9H_{19}-O-C(=O)-CH_2CH_2-CH_2CH_2-COO-C_9H_{19}$
dinonyl adipate

DNB 3,5-dinitro benzoic acid
$3,5-(NO_2)_2-C_6H_3-COOH$

DNBC 3,5-dinitrobenzoyl chloride
$3,5-(O_2N)_2-C_6H_3-C(=O)-Cl$

DNBPP phenylphosphonic acid dibutyl ester
$C_6H_5-P(=O)(O-C_4H_9)_2$
di-n-butylphenylphosphonate

DNC 2-methyl-4,6-dinitro phenol
$2-CH_3-4,6-(NO_2)_2-C_6H_2-OH$
4,6-dinitro-o-cresol

DNCB chloro-dinitro benzene
$Cl-C_6H_3(NO_2)_2$
dinitro-chlorobenzene

DNFA 2,4-dinitro-5-fluoro benzenamine
$2,4-(NO_2)_2-5-F-C_6H_2-NH_2$
2,4-dinitro-5-fluoroaniline

DNOA N-octyl 1-octanamine
$(C_8H_{17})_2NH$
di-n-octylamine

DNOC 2-methyl-4,6-dinitro phenol
$2-CH_3-4,6-(NO_2)_2-C_6H_2-OH$
4,6-dinitro-o-cresol

DNODA hexanedioic acid decyl octyl ester
$C_8H_{17}-O-C(=O)-CH_2CH_2-CH_2CH_2-COO-C_{10}H_{21}$
di(n-octyl,n-decyl)-adipate

DNODP	1,2-benzenedicarboxylic acid decyl octyl ester	
	C_8H_{17}-O-C(=O)-C_6H_4-2-COO-$C_{10}H_{21}$	
	di(n-octyl,n-decyl)phthalate	
DNOK	2-methyl-4,6-dinitro phenol	
	2-CH_3-4,6-$(NO_2)_2$-C_6H_2-OH	
	4,6-Dinitro-o-Kresol	
DNP	2,4-dinitro phenol	
	2,4-$(NO_2)_2$-C_6H_3-OH	
DNP	2,4-dinitrophenyl-	
	2,4-$(NO_2)_2$-C_6H_3-	
DNP	1,2-propanediamine	
	NH_2-CH_2-CH(CH_3)-NH_2	
	1,2-diaminopropane	
DNP	phosphoric acid dinaphthalenyl ester, ion(1-)	
	[O-P(=O)(O-$C_{10}H_7$)$_2$]$^-$	
	dinaphthylphosphate	
DNP	phosphoric acid dinonyl ester, ion(1-)	
	[O-P(=O)(O-C_9H_{19})$_2$]$^-$	
	dinonylphosphate	
DNP	1,2-benzenedicarboxylic acid dinonyl ester	
	1,2-[C_9H_{19}-O-C(=O)]$_2$-C_6H_4	
	dinonylphthalate	
Dnp	2,4-dinitrophenyl-	
	2,4-$(NO_2)_2$-C_6H_3-	
DNPF	1-fluoro-2,4-dinitro benzene	
	1-F-2,4-$(NO_2)_2$-C_6H_3	
	2,4-dinitro phenylfluoride	
DNPMT	3,7-dinitroso-1,3,5,7-tetraazabicyclo[3.3.1]nonane	
	3,7-(O=N)$_2$-[3.3.1]-1,3,5,7-$N_4C_5H_{10}$	
	N,N'-dinitroso pentamethylene tetramine	
DNPO	ethanedioic acid bis(2,4-dinitrophenyl) ester	
	[-COO-C_6H_3-$(NO_2)_2$-2,4]$_2$	
	bis(2,4-dinitrophenyl)-oxalate	
DNS	5-dimethylamino 1-naphthalenesulfonic acid	
	$(CH_3)_2$N-5-$C_{10}H_6$-1-SO_3H	
DNS	5-(dimethylamino)-1-naphthalenesulfonyl-	
	$(CH_3)_2$N-5-$C_{10}H_6$-1-S(=O)$_2$-	
DNS	deoxyribonucleic acid	
	Desoxyribonucleinsäure	

DNSA	5-dimethylamino naphthalene-1-sulfonamide $(CH_3)_2N\text{-}5\text{-}C_{10}H_6\text{-}1\text{-}S(=O)_2\text{-}NH_2$
DNSAPITC	5-(dimethylamino)-N-(4-isothiocyanatophenyl) 1-naphthalenesulfonamide $(CH_3)_2N\text{-}5\text{-}C_{10}H_6\text{-}1\text{-}S(=O)_2\text{-}NH\text{-}C_6H_4\text{-}4\text{-}N=C=S$ *dimethylamino-naphthalenesulfonylamino-phenylisothiocyanate*
DNSCl	5-(dimethylamino)-1-naphthalenesulfonyl chloride $(CH_3)_2N\text{-}5\text{-}C_{10}H_6\text{-}1\text{-}S(=O)_2\text{-}Cl$
DNS-F	5-(dimethylamino)-1-naphthalenesulfonyl fluoride $(CH_3)_2N\text{-}5\text{-}C_{10}H_6\text{-}1\text{-}S(=O)_2\text{-}F$
DNT	1-methyl-2,4-dinitro benzene $1\text{-}CH_3\text{-}C_6H_3\text{-}(NO_2)_2\text{-}2,4$ *2,4-dinitrotoluene*
DNTB	phosphorothioic acid O,O-bis(ethyl)-O-(4-nitrophenyl)ester $(C_2H_5\text{-}O)_2P(=S)\text{-}O\text{-}C_6H_4\text{-}NO_2\text{-}4$ *diethyl-p-nitrophenyl-monothiophosphate*
DNTC	isothiocyanic acid [4-(dimethylamino)-1-naphthalenyl]ester $(CH_3)_2N\text{-}4\text{-}C_{10}H_6\text{-}1\text{-}N=C=S$ *4-dimethylamino-1-naphthyl-isothiocyanate*
DNT-Cl	2-chloro-5-trifluoromethyl-1,3-dinitro benzene $2\text{-}Cl\text{-}1,3\text{-}(NO_2)_2\text{-}5\text{-}CF_3\text{-}C_6H_2$ *4-chloro-3,5-dinitro-trifluorotoluene*
DOA	2-(3',7'-dimethyl-2',6'-octadienylamino) ethanol $(CH_3)_2C=CH\text{-}CH_2CH_2\text{-}C(CH_3)=CH\text{-}CH_2\text{-}NH\text{-}CH_2CH_2\text{-}OH$
DOA	hexanedioic acid dioctyl ester $C_8H_{17}\text{-}O\text{-}C(=O)\text{-}CH_2CH_2\text{-}CH_2CH_2\text{-}COO\text{-}C_8H_{17}$ *dioctyl adipate*
DOAZ	nonanedioic acid dioctyl ester $C_8H_{17}\text{-}O\text{-}C(=O)\text{-}(CH_2)_7\text{-}COO\text{-}C_8H_{17}$ *dioctyl azelate*
DOC	10,13-dimethyl-17-(2-hydroxy-1-oxo-ethyl)-2,3,6...17-tetradecahydro-1H-cyclopenta[a]phenanthrene $10,13\text{-}(CH_3)_2\text{-}17\text{-}[HO\text{-}CH_2\text{-}C(=O)]\text{-}C_{17}H_{21}(=O)\text{-}3$ *11-deoxycorticosterone*
DOCA	10,13-dimethyl-17-(1,4-dioxo-3-oxapentyl)-2,3,6...17-tetradecahydro-1H-cyclopenta[a]phenanthrene $10,13\text{-}(CH_3)_2\text{-}17\text{-}[CH_3\text{-}COO\text{-}CH_2\text{-}C(=O)]\text{-}C_{17}H_{21}(=O)\text{-}3$ *11-deoxycorticosterone acetate*
DODA	N-octadecyl 1-octadecanamine $(C_{18}H_{37})_2NH$ *dioctadecylamine*

DODECP (diethylamino)carbonylphosphonic acid dioctyl ester
$(C_2H_5)_2N-C(=O)-P(=O)(O-C_8H_{17})_2$
dioctyl-N,N'-diethylcarbamylphosphonate

DODPA 4-octyl-N-(4-octylphenyl) benzenamine
$(C_8H_{17}-4-C_6H_4)_2NH$
4,4'-dioctyl diphenyl amine

DOG octanoic acid (S)-1-(hydroxymethyl)-1,2-ethanediyl ester
$C_7H_{15}-COO-CH_2-CH(CH_2-OH)-O-C(=O)-C_7H_{15}$
1,2-dioctanoyl-glycerol

(DOH)2en 3,8-dimethyl-2,9-decanedione dioxime
$HO-N=C(CH_3)-C(CH_3)=N-CH_2CH_2-N=C(CH_3)-C(CH_3)=N-OH$
bis-(diacetylmonoxim-imino)-ethane-1,2

(DOH)2pn 3,9-dimethyl-2,10-undecanedione dioxime
$HO-N=C(CH_3)-C(CH_3)=N-CH_2CH_2CH_2-N=C(CH_3)-C(CH_3)=N-OH$
bis-(diacetylmonoxim-imino)-propane-1,3

DOIP 1,3-benzenedicarboxylic acid bis(2-ethylhexyl) ester
$1,3-[C_4H_9-CH(C_2H_5)-CH_2-O-C(=O)]_2-C_6H_4$
di-iso-octyl isophthalate

DOK 2-methyl-4,6-dinitro phenol
$2-CH_3-4,6-(NO_2)_2-C_6H_2-OH$
4,6-Dinitro-o-Kresol

DOM 2,5-dimethoxy-4,α-dimethyl benzenethanamine
$4-CH_3-2,5-(CH_3-O)_2-C_6H_2-CH_2-CH(CH_3)-NH_2$
2,5-dimethoxy-4-methylamphetamine

DOMF methylphosphonic acid bis(6-methylheptyl) ester
$CH_3-P(=O)(O-C_8H_{17}-i)_2$

DOMP methylphosphonic acid bis(6-methylheptyl) ester
$CH_3-P(=O)(O-C_8H_{17}-i)_2$
di-iso-octylmethylphosphonate

DON 6-diazo-5-oxo L-norleucine
$NN=CH-C(=O)-CH_2CH_2-CH(NH_2)-COOH$

DONS sodium 1,2-bis(octyloxycarbonyl)ethanesulfonate
$Na\,[C_8H_{17}-O-C(=O)-CH_2-CH(SO_3)-COO-C_8H_{17}]$
dioctyl sodium sulfosuccinate

DOP 1,2-benzenedicarboxylic acid bis(2-ethylhexyl) ester
$1,2-[C_4H_9-CH(C_2H_5)-CH_2-O-C(=O)]_2-C_6H_4$
diiso-octyl phthalate

DOP 1,2-benzenedicarboxylic acid dioctyl ester
$1,2-[C_8H_{17}-O-C(=O)]_2-C_6H_4$
dioctyl phthalate

DOP	phosphoric acid dioctyl ester HO-P(=O)(O-C_8H_{17})$_2$ *dioctylphosphate*
DOPA	3-hydroxy DL-tyrosine 3,4-(HO)$_2$-C_6H_3-CH_2-CH(NH$_2$)-COOH *3-(3,4-dihydroxyphenyl) alanine*
DOPA	phosphoric acid dioctyl phenyl ester C_6H_5-O-P(=O)(O-C_8H_{17})$_2$ *dioctyl phenyl phosphoric acid*
DOPA	phosphoric acid dioctyl ester HO-P(=O)(O-C_8H_{17})$_2$ *di-n-octylphosphoric acid*
Dopa	3-hydroxy DL-tyrosine 3,4-(HO)$_2$-C_6H_3-CH_2-CH(NH$_2$)-COOH *3-(3,4-dihydroxyphenyl) alanine*
DOPP	phenylphosphonic acid dioctyl ester C_6H_5-P(=O)(O-C_8H_{17})$_2$ *dioctyl-phenylphosphonate*
DOQ	4-(2-aminoethyl) 1,2-benzenedione NH_2-CH_2CH_2-4-C_6H_3(=O)$_2$-1,2 *dopamine quinone*
DOS	decanedioic acid dioctyl ester C_8H_{17}-O-C(=O)-(CH$_2$)$_8$-COO-C_8H_{17} *dioctyl sebacate*
DOTG	N,N'-bis(2-methylphenyl) guanidine CH_3-2-C_6H_4-NH-C(=NH)-NH-C_6H_4-2'-CH_3 *1,3-di-o-tolyl guanidine*
DOTP	1,4-benzenedicarboxylic acid bis(2-ethylhexyl) ester 1,4-[C_4H_9-CH(C_2H_5)-CH_2-O-C(=O)]$_2$-C_6H_4 *diiso-octylterephthalate*
DOZ	nonanedioic acid dioctyl ester C_8H_{17}-O-C(=O)-(CH$_2$)$_7$-COO-C_8H_{17} *dioctylazelate*
DOZ	nonanedioic acid bis(2-ethylhexyl) ester C_4H_9-CH(C_2H_5)-CH_2-O-C(=O)-(CH$_2$)$_7$-COO-CH_2-CH(C_2H_5)-C_4H_9 *di-iso-octyl-azelate*
2,4-DP	2-(2,4-dichlorophenoxy) propanoic acid 2,4-Cl$_2$-C_6H_3-O-CH(CH$_3$)-COOH
dp	2-amino-3-(3,4-dihydroxyphenyl) propanoic acid 3,4-(HO)$_2$-C_6H_3-CH_2-CH(NH$_2$)-COOH *3,4-dihydroxy-phenylalanine*

DPA	9,10-diphenyl anthracene 9,10-$(C_6H_5)_2$-$C_{14}H_8$
DPA	4,4-bis(4-hydroxyphenyl) pentanoic acid $(HO\text{-}4\text{-}C_6H_4)_2C(CH_3)\text{-}CH_2CH_2\text{-}COOH$ *diphenolic acid*
DPA	diphenyl ethyne $C_6H_5\text{-}CC\text{-}C_6H_5$ *diphenyl acetylene*
DPA	N-phenyl benzenamine $(C_6H_5)_2NH$ *diphenylamine*
DPA	2,4,6-trinitro-N-[(2,4,6-trinitro)phenyl] benzenamine $[2,4,6\text{-}(NO_2)_3\text{-}C_6H_2]_2NH$ *dipicrylamine*
dpa	N-(2-pyridylmethyl) 2-pyridinemethanamine $NC_5H_4\text{-}2\text{-}CH_2\text{-}NH\text{-}CH_2\text{-}2\text{-}NC_5H_4$ *di(2-picolinyl)amine*
dpaf	7,10-bis(2-pyridyl) 8,9-diazafluoranthene $7,10\text{-}(NC_5H_4\text{-}2)_2\text{-}8,9\text{-}N_2C_{14}H_6$
DPB	1,4-butanediylbis[(diphenyl)phosphine] $(C_6H_5)_2P\text{-}CH_2CH_2\text{-}CH_2CH_2\text{-}P(C_6H_5)_2$ *1,4-bis(diphenylphosphino)butane*
DPB	1,1'-(1,3-butadiene-1,4-diyl)bisbenzene $C_6H_5\text{-}CH=CH\text{-}CH=CH\text{-}C_6H_5$ *1,4-diphenyl-1,3-butadiene*
DPBP	phosphoric acid butyl diphenyl ester $C_4H_9\text{-}O\text{-}P(=O)(O\text{-}C_6H_5)_2$ *diphenylbutylphosphate*
DPcA	2,4,6-trinitro-N-[(2,4,6-trinitro)phenyl] benzenamine $[2,4,6\text{-}(NO_2)_3\text{-}C_6H_2]_2NH$ *dipicrylamine*
DPCF	phosphoric acid methylphenyl diphenyl ester $(C_6H_5\text{-}O)_2P(=O)\text{-}O\text{-}C_6H_4\text{-}CH_3$
DPClBHH	4-chloro benzoic acid 2-[bis(2-pyridyl)methylene]hydrazide $4\text{-}Cl\text{-}C_6H_4\text{-}C(=O)\text{-}NH\text{-}N=C(2\text{-}NC_5H_4)_2$ *di-(2-pyridyl)-p-chlorobenzoylketohydrazone*
dpcp	trans-1,2-cyclopentanediylbis[(diphenyl)phosphine] $1,2\text{-}[(C_6H_5)_2P]_2\text{-}c\text{-}C_5H_8$ *trans-1,2-bis(diphenylphosphino)cyclopentane*

DPD N,N-diethyl 1,4-benzenediamine
$(C_2H_5)_2N-C_6H_4-4-NH_2$
N,N-diethyl-4-phenylene diamine

DPDM diphenyldiazomethane
$(C_6H_5)_2C=N_2$

DPE 1,2-ethanediylbis[(diphenyl)phosphine]
$(C_6H_5)_2P-CH_2CH_2-P(C_6H_5)_2$
1,2-bis(diphenylphosphino)ethane

DPEA 2-[2',4'-dichloro-6'-phenyl-phenoxy] ethanamine
$6-C_6H_5-C_6H_2(Cl_2-2,4)-O-CH_2CH_2-NH_2$

DPEN N,N'-diphenyl 1,2-ethanediamine
$C_6H_5-NH-CH_2CH_2-NH-C_6H_5$

DPF phosphorofluoridic acid bis(1-methylethyl) ester
$F-P(=O)(O-C_3H_7-i)_2$
diisopropyl-fluorophosphate

DPG 1,1'-oxybis(2-propanol)
$CH_3-CH(OH)-CH_2-O-CH_2-CH(OH)-CH_3$
dipropylene glycol

DPH 1,1'-(1,3,5-hexatriene-1,6-diyl)bisbenzene
$C_6H_5-CH=CH-CH=CH-CH=CH-C_6H_5$
1,6-diphenyl-1,3,5-hexatriene

DPhAm N-phenyl benzenamine
$(C_6H_5)_2NH$
diphenylamine

DPhBP butylphosphonic acid diphenyl ester
$C_4H_9-P(=O)(O-C_6H_5)_2$
diphenylbutylphosphonate

DPK phosphoric acid methylphenyl diphenyl ester
$(C_6H_5-O)_2P(=O)-O-C_6H_4-CH_3$
Diphenylkresylphosphat

DPK α-phenyl benzenemethanimine
$(C_6H_5)_2C=NH$
diphenyl ketimine

dpk bis(2-pyridyl) methanone
$NC_5H_4-2-C(=O)-2-NC_5H_4$
di-2-pyridyl-ketone

DPM methylenebis[(diphenyl)phosphine]
$(C_6H_5)_2P-CH_2-P(C_6H_5)_2$
bis(diphenylphosphino)methane

DPM 2,2,6,6-tetramethyl 3,5-heptanedione
t-C_4H_9-C(=O)-CH_2-C(=O)-C_4H_9-t
dipivaloylmethane

Dpm 2,6-diamino heptanedioic acid
HOOC-CH(NH_2)-$CH_2CH_2CH_2$-CH(NH_2)-COOH
α,α'-diaminopimelic acid

dpm 2,2,6,6-tetramethyl 3,5-heptanedione, ion(1-)
[t-C_4H_9-C(-O)=CH-C(=O)-C_4H_9-t]$^-$
dipivaloylmethanoate

DPMP phenylphosphinidenebis[methyl(diphenylphosphine)]
C_6H_5-P[CH_2-P(C_6H_5)$_2$]$_2$
bis(diphenylphosphinomethyl) phenyl phosphine

DPMP methylphosphonic acid dipentyl ester
CH_3-P(=O)(O-C_5H_{11})$_2$
dipentylmethylphosphonate

DPMSCl chloromethyldiphenyl silane
(C_6H_5)$_2$SiCl-CH_3
diphenylmethylsilylchloride

DPN adenosine 5'-(trihydrogendiphosphate)-5'-5'-ester with 3-(aminocarbonyl)-1-ribofuranosylpyridinium hydroxide
[$C_{10}H_{12}N_5O_4$-{P(O)(OH)-O}$_2$-CH_2-OC_4H_4(OH)$_2$-NC_5H_4-C(O)NH_2]OH
diphosphopyridine nucleotide

DPNH adenosine 5'-(trihydrogendiphosphate)-5'-5'-ester with 3-(aminocarbonyl)-1-ribofuranosyl-1,4-dihydropyridine
$C_{10}H_{12}N_5O_4$-[P(=O)(OH)-O]$_2$-CH_2-OC_4H_4(OH)$_2$-NC_5H_5-C(=O)NH_2
diphosphopyridiniumdinucleotide (reduced)

DPOF phosphoric acid 2-ethylhexyl diphenyl ester
(C_6H_5-O)$_2$P(=O)-O-CH_2-CH(C_2H_5)-C_4H_9

DPP 4,7-diphenyl 1,10-phenanthroline
4,7-(C_6H_5)$_2$-1,10-$N_2C_{12}H_6$

DPP diphenylphosphinyl-
(C_6H_5)$_2$P-

DPP 1,3-propanediylbis[(diphenyl)phosphine]
(C_6H_5)$_2$P-$CH_2CH_2CH_2$-P(C_6H_5)$_2$
1,3-bis(diphenylphosphino)propane

DPP 1-methylethanylidene-4,4'-bisphenol
(HO-C_6H_4-4-)$_2$C(CH_3)$_2$
diphenylolpropane

DPP phosphoric acid diphenyl ester, ion(1-)
[O-P(=O)(O-C_6H_5)$_2$]$^-$
diphenylphosphate

dpp	2,3-bis(2-pyridyl) pyrazine	

2,3-$(NC_5H_4$-$2)_2$-1,4-$N_2C_4H_2$

DPPA 2-methoxyphenyl diphenyl phosphine
CH_3-O-2-C_6H_4-P$(C_6H_5)_2$
2-(diphenylphosphino)anisole

DPPA phosphoroazidic acid diphenyl ester
N=N=N-P(=O)(O-$C_6H_5)_2$
diphenyl phosphoryl azide

dppa 1,2-ethynediylbis[(diphenyl)phosphine]
$(C_6H_5)_2$P-CC-P$(C_6H_5)_2$
1,2-bis(diphenylphosphino)acetylene

DPPB 1,2-phenylenebis[(diphenyl)phosphine]
1,2-[$(C_6H_5)_2$P]$_2$-C_6H_4
1,2-bis(diphenylphosphino)benzene

dppb 1,4-butanediylbis[(diphenyl)phosphine]
$(C_6H_5)_2$P-CH_2CH_2-CH_2CH_2-P$(C_6H_5)_2$
1,4-bis(diphenylphosphino)butane

DPPBA 2-(diphenylphosphino) benzaldehyde
$(C_6H_5)_2$P-2-C_6H_4-CHO

dppe 1,2-ethanediylbis[(diphenyl)phosphine]
$(C_6H_5)_2$P-CH_2CH_2-P$(C_6H_5)_2$
1,2-bis(diphenylphosphino)ethane

dppe 1,2-ethenediylbis[(diphenyl)phosphine]
$(C_6H_5)_2$P-CH=CH-P$(C_6H_5)_2$
1,2-bis(diphenylphosphino)ethene

DPPEE 1,2-ethenediylbis[(diphenyl)phosphine]
$(C_6H_5)_2$P-CH=CH-P$(C_6H_5)_2$
1,2-bis(diphenylphosphino)ethene

dppen 1,2-ethenediylbis[(diphenyl)phosphine]
$(C_6H_5)_2$P-CH=CH-P$(C_6H_5)_2$
1,2-bis(diphenylphosphino)ethene

DPPENE 1,2-ethenediylbis[(diphenyl)phosphine]
$(C_6H_5)_2$P-CH=CH-P$(C_6H_5)_2$
1,2-bis(diphenylphosphino)ethylene

DPPEO [2-(diphenylphosphino)ethyl]diphenyl phosphine oxide
$(C_6H_5)_2$P(=O)-CH_2CH_2-P$(C_6H_5)_2$
1,2-bis(diphenylphosphino)ethane monoxide

DPPF 1,1'-bis(diphenylphosphino)ferrocene
[$(C_6H_5)_2$P-1-C_5H_4]Fe[C_5H_4-1-P$(C_6H_5)_2$]

DPPH	1,1-diphenyl-2-picrylhydrazyl (radical) $(C_6H_5)_2N\text{-}N\text{-}C_6H_2(NO_2)_3\text{-}2,4,6$	
DPPHE	3-hexene-1,6-diylbis[(diphenyl)phosphine] $(C_6H_5)_2P\text{-}CH_2CH_2\text{-}CH=CH\text{-}CH_2CH_2\text{-}P(C_6H_5)_2$ *1,6-bis(diphenylphosphino)hex-3-ene*	
dppm	methylenebis[(diphenyl)phosphine] $(C_6H_5)_2P\text{-}CH_2\text{-}P(C_6H_5)_2$ *bis(diphenylphosphino)methane*	
dppn	3,6-bis(2-pyridyl) pyridazine $3,6\text{-}(2\text{-}NC_5H_4)_2\text{-}1,2\text{-}N_2C_4H_2$ *3,6-di(2'-pyridyl)pyridazine*	
dppp	1,3-propanediylbis[(diphenyl)phosphine] $(C_6H_5)_2P\text{-}CH_2CH_2CH_2\text{-}P(C_6H_5)_2$ *1,3-bis(diphenylphosphino)propane*	
DPPQ	8-(diphenylphosphino) quinoline $(1\text{-}NC_9H_6)\text{-}8\text{-}P(C_6H_5)_2$	
DPQ	4-[3,5-bis(t-butyl)-4-oxo-2,5-cyclohexadien-1-ylidene]-2,6-bis(t-butyl)-2,5-cyclohexadien-1-one $[2,6\text{-}(t\text{-}C_4H_9)_2\text{-}1\text{-}(O=)C_6H_2\text{-}4\text{-}]_2$ *2,2',6,6'-tetra-tert.-butyl-diphenoquinone*	
Dpr	2,3-diamino propanoic acid $HOOC\text{-}CH(NH_2)\text{-}CH_2\text{-}NH_2$ *α,β-diaminopropionic acid*	
DPS	4,4''-(1,2-ethenediyl)bis(1,1'-biphenyl) $C_6H_5\text{-}C_6H_4\text{-}4\text{-}CH=CH\text{-}4\text{-}C_6H_4\text{-}C_6H_5$ *trans-4,4'-diphenylstilbene*	
dpse	piperidine-1-carboselenoic acid, ion(1-) $[NC_5H_{10}\text{-}1\text{-}C(=O)\text{-}Se]^-$ *piperidinemonoselenocarbamate*	
dpt	N-(3-aminopropyl) 1,3-propanediamine $NH_2\text{-}CH_2CH_2CH_2\text{-}NH\text{-}CH_2CH_2CH_2\text{-}NH_2$ *dipropylenetriamine*	
DPTA	N,N'-(2-hydroxy-1,3-propanediyl)bis[N-(carboxymethyl)glycine] $(HOOC\text{-}CH_2)_2N\text{-}CH_2\text{-}CH(OH)\text{-}CH_2\text{-}N(CH_2\text{-}COOH)_2$ *1,3-diamino-2-propanol-N,N,N',N'-tetraacetic acid*	
DPTA	2,3-bis(2,2-dimethyl-1-oxopropoxy) butanedioic acid $t\text{-}C_4H_9\text{-}COO\text{-}CH(COOH)\text{-}CH(COOH)\text{-}O\text{-}C(=O)\text{-}C_4H_9\text{-}t$ *di-O,O'-pivaloyl-L-tartaric acid*	
DPTG	N,N'-dipyrrolidinyl-1,2-dithiobis(methanethioamide) $NC_4H_8\text{-}NH\text{-}C(=S)\text{-}S\text{-}S\text{-}C(=S)\text{-}NH\text{-}C_4H_8N$ *dipyrrolidinyl-thiuram-disulfide*	

DPTMDS   1,1,3,3-tetramethyl-1,3-diphenyl disilazane
               $(CH_3)_2Si(C_6H_5)\text{-}NH\text{-}Si(CH_3)_2\text{-}C_6H_5$
               1,3-diphenyl-1,1,3,3-tetramethyldisilazane

dptu   sym-diphenylthiourea
               $S=C(NH\text{-}C_6H_5)_2$

DRB   5,6-dichloro-1-ß-D-ribofuranosyl 1H-benzimdazole
               $5,6\text{-}Cl_2\text{-}1,3\text{-}N_2C_7H_3\text{-}1\text{-}OC_4H_4[(OH)_2\text{-}2,3]\text{-}4\text{-}CH_2\text{-}OH$

DR-Et   2,4-bis(ethylthio) 1,3,2,4-dithiadiphosphetane-2,4-disulfide
               $2,4\text{-}(C_2H_5\text{-}S)_2\text{-}1,3,2,4\text{-}S_2P_2(=S)_2\text{-}2,4$
               Davy-reagent ethyl

DR-Me   2,4-bis(methylthio) 1,3,2,4-dithiadiphosphetane-2,4-disulfide
               $2,4\text{-}(CH_3\text{-}S)_2\text{-}1,3,2,4\text{-}S_2P_2(=S)_2\text{-}2,4$
               Davy-reagent methyl

DR-T   2,4-bis[(4-methylphenyl)thio]1,3,2,4-dithiadiphosphetane-2,4-disulfide
               $2,4\text{-}(CH_3\text{-}4\text{-}C_6H_4\text{-}S)_2\text{-}1,3,2,4\text{-}S_2P_2(=S)_2\text{-}2,4$
               Davy-reagent p-tolyl

D-Säure   4-hydroxy 1,6-naphthalenedisulfonic acid
               $4\text{-}HO\text{-}C_{10}H_5\text{-}(SO_3H)_2\text{-}1,6$
               4-Hydroxy-1,6-naphthalindisulfonsäure

DSBPP   phenylphosphonic acid bis(1-methylpropyl) ester
               $C_6H_5\text{-}P(=O)[O\text{-}CH(CH_3)\text{-}C_2H_5]_2$
               di-sec-butylphenylphosphonate

DSC   1,1'-[carbonylbis(oxy)]bis(2,5-pyrrolidinedione)
               $2,5\text{-}(O=)_2\text{-}NC_4H_4\text{-}1\text{-}O\text{-}C(=O)\text{-}O\text{-}1\text{-}NC_4H_4\text{-}(=O)_2\text{-}2,5$
               N,N'-disuccinimidyl carbonate

dsis   2-selenoxo 1,3-diselenole-4,5-diselenolate
               $[2\text{-}(Se=)\text{-}1,3\text{-}Se_2C_3(\text{-}Se)_2\text{-}4,5]^{2-}$

DSO   [2,3-dioxo-1,4-dioxabutane-1,4-diyl]bis(2,5-pyrrolidinedione)
               $[\text{-}COO\text{-}1\text{-}NC_4H_4(=O)_2\text{-}2,5]_2$
               di(N-succinimidyl)-oxalate

DSP   disodium phosphate
               $Na_2[HPO_4]$

DSP   phenylphosphonodithious acid bis(2-methylphenyl)ester
               $C_6H_5\text{-}P(S\text{-}C_6H_4\text{-}2\text{-}CH_3)_2$

DSP-4   2-bromo-N-(2-chloroethyl)-N-ethyl benzenemethanamine
               $Cl\text{-}CH_2CH_2\text{-}N(C_2H_5)\text{-}CH_2\text{-}C_6H_4\text{-}2\text{-}Br$

DSS   3-(trimethylsilyl) 1-propanesulfonic acid
               $(CH_3)_3Si\text{-}CH_2CH_2CH_2\text{-}SO_3H$
               2,2-dimethyl-2-silapentane-5-sulfonic acid

DT	9,10-secoergosta-5,7,22-trien-3-ol $(HO)(CH_3)C_6H_8=CH-CH=C_9H_{12}(CH_3)-CH(CH_3)CH=CH-CH(CH_3)C_3H_7-i$ *dihydrotachysterol*
dT	1-(2-deoxy-ß-D-erythro-pentofuranosyl)-5-methyl 2,4-(1H,3H)-pyrimidinedione $1-[5-CH_3-2,4-(O=)_2-1,3-N_2C_4H_2-1]-OC_4H_5-OH-3-(CH_2-OH)-4$ *2'-deoxy-ribosyl-thymine*
1,2-DTA	1,2-dithiane $1,2-S_2C_4H_8$
DTAF	5-(4,6-dichloro-1,3,5-triazin-2-ylamino)-2-(6-hydroxy-3-oxo-3H-xanthen-9-yl) benzoic acid $5-[4,6-Cl_2-N_3C_3-2-NH]-2-[3-(O=)-OC_{13}H_6(OH-6)-9-]C_6H_3-COOH$ *4-(4,6-dichlor-s-triazin-2-yl-amino)fluoresceine*
DTBC	3,5-bis(1,1-dimethylethyl) 1,2-benzenediol $3,5-(t-C_4H_9)_2-C_6H_2-(OH)_2-1,2$ *3,5-di(t-butyl)catechol*
DTBP	2,6-bis(1,1-dimethylethyl) phenol $2,6-(t-C_4H_9)_2-C_6H_3-OH$ *2,6-di-tert.-butylphenol*
DTBP	3,3'-dithiobis(propanimidic acid) dimethyl ester $CH_3-O-C(=NH)-CH_2CH_2-S-S-CH_2CH_2-C(=NH)-O-CH_3$ *dimethyl-dithiobis(propionimidate)*
DTBP	bis(1,1-dimethylethyl) peroxide $(CH_3)_3C-O-O-C(CH_3)_3$ *di-tert.-butyl peroxide*
dtbpp	1,3-propanediylbis[bis(1,1-dimethylethyl)phosphine] $(t-C_4H_9)_2P-CH_2CH_2CH_2-P(C_4H_9-t)_2$ *1,3-bis(di-t-butylphosphino)propane*
DTBSCl2	(dichloro)bis(1,1-dimethylethyl) silane $(t-C_4H_9)_2SiCl_2$ *di-tert.-butyldichlorosilane*
1,5-DTCO	1,5-dithiacyclooctane $[-S-CH_2CH_2CH_2-S-CH_2CH_2CH_2-]$
DTDD	N,N'-diheptyl-N,N',6,6-tetramethyl 4,8-dioxa-1,11-undecanediamine $(CH_3)_2C[CH_2-O-CH_2CH_2CH_2-N(CH_3)-C_7H_{15}]_2$ *diheptyl-tetramethyl-dioxaundecanediamine*
5'-dTDP	thymidine-5'-(trihydrogendiphosphate) $(CH_3)(O=)_2-N_2C_4H_2-OC_4H_5(OH)-CH_2-O-P(=O)(OH)-O-P(=O)(OH)_2$ *thymidinediphosphate*
DTDP	1,2-benzenedicarboxylic acid bis(tridecyl) ester $1,2-[C_{13}H_{27}-O-C(=O)]_2-C_6H_4$ *di-tridecylphthalate*

dTDP	thymidine-5'-(trihydrogendiphosphate) $(CH_3)(O=)_2\text{-}N_2C_4H_2\text{-}OC_4H_5(OH)\text{-}CH_2\text{-}O\text{-}P(=O)(OH)\text{-}O\text{-}P(=O)(OH)_2$ *thymidinediphosphate*
DTE	1,4-dimercapto 2,3-butanediol $HS\text{-}CH_2\text{-}CH(OH)\text{-}CH(OH)\text{-}CH_2\text{-}SH$ *Dithiothreit*
DTHD	1-(2-deoxy-ß-D-erythro-pentofuranosyl)-5-methyl 2,4-(1H,3H)-pyrimidinedione $1\text{-}[5\text{-}CH_3\text{-}2,4\text{-}(O=)_2\text{-}1,3\text{-}N_2C_4H_2\text{-}1]\text{-}OC_4H_5\text{-}OH\text{-}3\text{-}(CH_2\text{-}OH)\text{-}4$ *2'-deoxy-ribosyl-thymine*
dtma	N-[2-{(2-aminoethyl)amino}ethyl] glycine, ion(1-) $[NH_2\text{-}CH_2CH_2\text{-}NH\text{-}CH_2CH_2\text{-}NH\text{-}CH_2\text{-}COO]^-$ *diethylenetriamine-1-acetate*
5'-dTMP	thymidine-5'-(dihydrogenmonophosphate) $(CH_3)(O=)_2\text{-}N_2C_4H_2\text{-}OC_4H_5(OH)\text{-}CH_2\text{-}O\text{-}P(=O)(OH)_2$ *thymidine-5'-monophosphate*
dTMP	thymidine-5'-(dihydrogenmonophosphate) $(CH_3)(O=)_2\text{-}N_2C_4H_2\text{-}OC_4H_5(OH)\text{-}CH_2\text{-}O\text{-}P(=O)(OH)_2$ *thymidine-5'-monophosphate*
DTNB	3,3'-dithiobis(6-nitrobenzoic acid) $6\text{-}NO_2\text{-}C_6H_3(COOH)\text{-}3\text{-}SS\text{-}3\text{-}C_6H_3(COOH)\text{-}6\text{-}NO_2$
dtne	1,2-ethanediyl-1,1'-bis[2,3,4,5,6,7,8,9-octahydro 1H-1,4,7-triazonine] $[\text{-}C_2H_4\text{-}NH\text{-}C_2H_4\text{-}NH\text{-}C_2H_4\text{-}]N\text{-}C_2H_4\text{-}N[\text{-}C_2H_4\text{-}NH\text{-}C_2H_4\text{-}NH\text{-}C_2H_4\text{-}]$ *1,2-di(1,4,7-triaza-1-cyclononyl)ethane*
DTDA	N-tridecyl 1-tridecanamine $(C_{13}H_{27})_2NH$ *di-(tridecylamine)*
DTNP	2,2'-dithiobis(5-nitropyridine) $5\text{-}NO_2\text{-}NC_5H_3\text{-}2\text{-}SS\text{-}2\text{-}NC_5H_3\text{-}5\text{-}NO_2$
DTP	phosphoric acid bis(4-methylphenyl) ester, ion(1-) $[O\text{-}P(=O)(O\text{-}C_6H_4\text{-}4\text{-}CH_3)_2]^-$ *di-(p-tolyl)phosphate*
DTPA	N,N'-bis[bis{2-(carboxymethylamino)}ethyl] glycine $(HOOC\text{-}CH_2)_2N\text{-}CH_2CH_2\text{-}N(CH_2\text{-}COOH)\text{-}CH_2CH_2\text{-}N(CH_2\text{-}COOH)_2$ *diethylenetriaminepentaacetic acid*
DTPE	N,N'-bis[bis{2-(carboxymethylamino)}ethyl] glycine $(HOOC\text{-}CH_2)_2N\text{-}CH_2CH_2\text{-}N(CH_2\text{-}COOH)\text{-}CH_2CH_2\text{-}N(CH_2\text{-}COOH)_2$ *Diethylentriaminpentaessigsäure*
1,12-DTPR	phenanthro[1,10-cb:8,9-c'b']bisthiopyran $1,12\text{-}S_2C_{18}H_{10}$ *1,12-dithiaperylene*

1,7-DTPR	anthra[1,9-cb:5,10-c'b']bisthiopyran 1,7-$S_2C_{18}H_{10}$ *1,7-dithiaperylene*
3,10-DTPR	phenanthro[1,10-bc:8,9-b'c']bisthiopyran 3,10-$S_2C_{18}H_{10}$ *3,10-dithiaperylene*
3,9-DTPR	anthra[1,9-bc:5,10-b'c']bisthiopyran 3,9-$S_2C_{18}H_{10}$ *3,9-dithiaperylene*
3,10-DTPR(Ph)2	2,11-diphenyl phenanthro[1,10-bc:8,9-b'c']bisthiopyran 2,11-$(C_6H_5)_2$-3,10-$S_2C_{18}H_8$ *2,11-diphenyl 3,10-dithiaperylene*
1,6-DTPY	[1]benzothiopyrano[6,5,4-def][1]benzothiopyran 1,6-$S_2C_{14}H_8$ *1,6-dithiapyrene*
1,8-DTPY	[2]benzothiopyrano[6,5,4-def][1]benzothiopyran 1,8-$S_2C_{14}H_8$ *1,8-dithiapyrene*
DTSP	1,1'-[dithiobis{(1-oxo-3,1-propanediyl)oxy}]bis(2,5-pyrrolidinedione) [-S-CH_2CH_2-COO-1-NC_4H_4(=O)$_2$-2,5]$_2$ *3,3'-dithio-bis(succinimidylpropionate)*
DTT	threo-1,4-dimercapto-2,3-butanediol HS-CH_2-CH(OH)-CH(OH)-CH_2-SH *1,4-dithio-threitol*
5'-dTTP	thymidine-5'-(tetrahydrogentriphosphate) $(CH_3)(O=)_2$-$N_2C_4H_2$-OC_4H_5(OH)-CH_2-O-[P(O)(OH)O]$_2$-P(O)(OH)$_2$ *thymidine-5'-triphosphate*
dTTP	thymidine-5'-(tetrahydrogentriphosphate) $(CH_3)(O=)_2$-$N_2C_4H_2$-OC_4H_5(OH)-CH_2-O-[P(O)(OH)O]$_2$-P(O)(OH)$_2$ *thymidine-5'-triphosphate*
DUP	1,2-benzenedicarboxylic acid bis(undecyl) ester 1,2-$[C_{11}H_{23}$-O-C(=O)]$_2$-C_6H_4 *di-undecylphthalate*
dUTP	2'-deoxyuridine-5'-(tetrahydrogentriphosphate) $(O=)_2$-$N_2C_4H_3$-OC_4H_5(OH)-CH_2-O-[P(=O)(OH)-O]$_2$-P(=O)(OH)$_2$ *2'-deoxyuridine-5'-triphosphate*
DVB	diethenyl benzene $(CH_2=CH)_2C_6H_4$ *divinylbenzene*

DVTMDS 1,3-diethenyl-1,1,3,3-tetramethyl disilazane
$CH_2=CH-Si(CH_3)_2-NH-Si(CH_3)_2-CH=CH_2$
1,3-divinyl-1,1,3,3-tetramethyl disilazane

DXE 1,1'-ethylenebis(3,4-dimethylbenzene)
$CH_3-CH[C_6H_3-3,4-(CH_3)_2]_2$
dixylyl ethane

Dyp bipyridyl
$NC_5H_4-NC_5H_4$
dipyridyl

E ethene
$CH_2=CH_2$
ethylene

E 2-amino pentanedioic acid
$HOOC-CH_2CH_2-CH(NH_2)-COOH$
glutamic acid

E 4 P 2,3-dihydroxy-4-(phosphonooxy) butanal
$HCO-CH(OH)-CH(OH)-CH_2-O-P(=O)(OH)_2$
erythrose-4-phosphate

E605 phosphorothioic acid O,O-bis(ethyl)-O-(4-nitrophenyl) ester
$(C_2H_5-O)_2P(=S)-O-C_6H_4-NO_2-4$

Ea ethanamine
$C_2H_5-NH_2$

EACA 6-amino hexanoic acid
$NH_2-(CH_2)_5-COOH$
epsilon-amino-caproic acid

EAcAc 3-oxo butanoic acid ethyl ester
$CH_3-C(=O)-CH_2-COO-C_2H_5$
ethylacetoacetate

EACS 6-amino hexanoic acid
$NH_2-(CH_2)_5-COOH$
ε-Aminocapronsäure

EAP N-(2-hydroxyethyl) phosphoramidic acid
$O=P(OH)_2-NH-CH_2CH_2-OH$

25E14B 2,5-diethoxy 2,5-cyclohexadiene-1,4-dione
$2,5-(C_2H_5-O)_2-C_6H_2(=O)_2-1,4$
2,5-diethoxy-1,4-benzoquinone

EBAMEP 1,2-ethanediylbis[1-amino(1-methyl)ethylphosphonic acid]
$(HO)_2P(=O)-C(CH_3)_2-NH-CH_2CH_2-NH-C(CH_3)_2-P(=O)(OH)_2$

EBDP	cis-1,2-ethenediylbis[(diphenyl)phosphine] $(C_6H_5)_2P\text{-}CH=CH\text{-}P(C_6H_5)_2$ *cis-ethylene-1,2-bis(diphenylphosphine)*
EBDPM	methylenebis[bis(2-ethylbutyl)phosphine] dioxide $[(C_2H_5)_2CH\text{-}CH_2]_2P(=O)\text{-}CH_2\text{-}P(=O)[CH_2\text{-}CH(C_2H_5)_2]_2$
EBIDMP	1,2-ethanediylbis[aminobis(methylphosphonic acid)] $[(HO)_2P(=O)\text{-}CH_2]_2N\text{-}CH_2CH_2\text{-}N[CH_2\text{-}P(=O)(OH)_2]_2$ *ethylenebis[iminodi(methylphosphonic acid)]*
ebpa	N,N-bis(2-pyridylmethyl) pyridine-2-ethanamine $(NC_5H_4\text{-}2\text{-}CH_2)_2N\text{-}CH_2CH_2\text{-}2\text{-}NC_5H_4$ *2-(2-pyridyl)-N,N-bis(2-pyridylmethyl) ethanamine*
EBT	2-[4-(ethylsulfonyl)phenylmethylidene]hydrazinecarbothiamide $4\text{-}[C_2H_5\text{-}S(=O)_2]\text{-}C_6H_4\text{-}CH=N\text{-}NH\text{-}CS\text{-}NH_2$ *p-ethylsulfonyl-benzaldehyde-thiosemicarbazone*
EC	ethyl cellulose
Ecea	ß-alanine ethyl ester $NH_2\text{-}CH_2CH_2\text{-}COO\text{-}C_2H_5$ *ethoxycarbonylethylamine*
ECH	2-chloro ethanol $Cl\text{-}CH_2CH_2\text{-}OH$ *ethylene chlorohydrin*
ed3a	N-(carboxymethyl)-N-[2-{(carboxymethyl)amino}ethyl]glycine, ion(3-) $[OOC\text{-}CH_2\text{-}NH\text{-}CH_2CH_2\text{-}N(CH_2\text{-}COO)_2]^-$ *ethylenediaminetriacetate*
12Eda	1,2-ethanediamine $NH_2\text{-}CH_2CH_2\text{-}NH_2$
EDA	1,2-ethanediamine $NH_2\text{-}CH_2CH_2\text{-}NH_2$ *ethylene diamine*
EDA	1,2-ethanediaminium $[NH_3\text{-}CH_2CH_2\text{-}NH_3]^{2+}$ *ethylene diammonium*
EDANS	5-(2-aminoethylamino) 1-naphthalenesulfonic acid $NH_2\text{-}CH_2CH_2\text{-}NH\text{-}5\text{-}C_{10}H_6\text{-}1\text{-}SO_3H$ *5-ethyldiamine naphthalene-1-sulfonic acid*
EDB	1,2-dibromo ethane $Br\text{-}CH_2CH_2\text{-}Br$ *ethylene dibromide*

EDC N'-(ethylcarbonimidoyl)-N,N-dimethyl 1,3-propanediamine
C_2H_5-N=C=N-$CH_2CH_2CH_2$-N$(CH_3)_2$
1-ethyl-3-(3-dimethylaminopropyl)carbodiimide

EDCI N'-(ethylcarbonimidoyl)-N,N-dimethyl 1,3-propanediamine
C_2H_5-N=C=N-$CH_2CH_2CH_2$-N$(CH_3)_2$
1-ethyl-3-(3-dimethylaminopropyl)carbodiimide

EDDA N,N'-(1,2-ethanediyl) diglycine
HOOC-CH_2-NH-CH_2CH_2-NH-CH_2-COOH
N,N'-ethylenediaminediacetic acid

edda N,N'-(1,2-ethanediyl)bis(glycine), ion(2-)
[OOC-CH_2-NH-CH_2CH_2-NH-CH_2-COO]$^{2-}$
ethylenediaminediacetate

eddams 2-[2-{bis(carboxymethyl)amino}ethylamino] butanedioic acid, ion(4-)
[(OOC-$CH_2)_2$N-CH_2CH_2-NH-CH(COO)-CH_2-COO]$^{4-}$
ethylenediamine-N,N-diacetate-N'-monosuccinate

eddda N,N'-1,2-ethanediylbis[N-(carboxymethyl)-ß-alanine], ion(4-)
[OOC-CH_2CH_2-N(CH_2-COO)-CH_2CH_2-N(CH_2-COO)-CH_2CH_2-COO]$^{4-}$
ethylenediamine-N,N'-di-3-propionate-N,N'-diacetate

EDDIF 1,2-ethanediylbis[amino(1-methyl)ethylidyne]bis(phosphonic acid)
$(HO)_2$P(=O)-C$(CH_3)_2$-NH-CH_2CH_2-NH-C$(CH_3)_2$-P(=O)$(OH)_2$
ethylenediamine diisopropyl phosphonic acid

EDDIP 1,2-ethanediylbis[amino(1-methyl)ethylidyne]bis(phosphonic acid)
$(HO)_2$P(=O)-C$(CH_3)_2$-NH-CH_2CH_2-NH-C$(CH_3)_2$-P(=O)$(OH)_2$
ethylenediamine diisopropyl phosphonic acid

EDDP phosphorodithioic acid O-ethyl-S,S-diphenyl ester
C_2H_5-O-P(=O)(S-$C_6H_5)_2$
O-ethyl-S,S-diphenyl dithiophosphate

EDDPI 1,2-ethanediylbis(aminomethylphosphinic acid)
HO-PH(=O)-CH_2-NH-CH_2CH_2-NH-CH_2-PH(=O)-OH
ethylenediamine-N,N'-di(methylenephosphinic) acid

EDDPO 1,2-ethanediylbis(aminomethylphosphonic acid)
$(HO)_2$P(=O)-CH_2-NH-CH_2CH_2-NH-CH_2-P(=O)$(OH)_2$
ethylenediamine-N,N'- bis(methylenephosphonic acid)

edds N,N'-(1,2-ethanediyl)bis(aspartic acid), ion(4-)
[OOC-CH_2-CH(COO)-NH-CH_2CH_2-NH-CH(COO)-CH_2-COO]$^{4-}$
ethylenediamine-N,N'-disuccinate

EDG 2-(2-ethoxyethoxy) ethanol
C_2H_5-O-CH_2CH_2-O-CH_2CH_2-OH
ethyl-diglycol

edma		N-(2-aminoethyl) glycine, ion(1-) [NH$_2$-CH$_2$CH$_2$-NH-CH$_2$-COO]$^-$ *ethylenediaminemonoacetate*
EDNA		N,N'-dinitro 1,2-ethanediamine NO$_2$-NH-CH$_2$CH$_2$-NH-NO$_2$ *ethylene dinitramine*
EDPA		2-ethyl-3,3-diphenyl-2-propenamine (C$_6$H$_5$)$_2$C=C(C$_2$H$_5$)-CH$_2$-NH$_2$
edpa		N,N'-(1,2-ethanediyl)bis[N-(carboxymethyl)alanine], ion (4-) [OOC-CH(CH$_3$)-N(CH$_2$-COO)CH$_2$CH$_2$-N(CH$_2$-COO)CH(CH$_3$)-COO]$^{4-}$ *ethylenediamine-N,N'-diacetate-N,N'-di-α-propionate*
EDPO		1,2-ethanediylbis[(diphenyl)phosphine oxide] (C$_6$H$_5$)$_2$P(=O)-CH$_2$CH$_2$-P(=O)(C$_6$H$_5$)$_2$ *1,2-bis(diphenylphosphine)ethane dioxide*
EDPTA		1,2-ethanediyldiphosphinidene tetrakis(acetic acid) (HOOC-CH$_2$)$_2$P-CH$_2$CH$_2$-P(CH$_2$-COOH)$_2$ *ethylenediphosphine tetraacetic acid*
EDTA		N,N'-(1,2-ethanediyl)bis[N-(carboxymethyl)glycine], ion (4-) [(OOC-CH$_2$)$_2$N-CH$_2$CH$_2$-N(CH$_2$-COO)$_2$]$^{4-}$ *ethylenediaminetetraacetate*
EDTA		N,N'-(1,2-ethanediyl)bis[(N-carboxymethyl)glycine] (HOOC-CH$_2$)$_2$N-CH$_2$CH$_2$-N(CH$_2$-COOH)$_2$ *ethylenediaminetetraacetic acid*
Edta		N,N'-(1,2-ethanediyl)bis[(N-carboxymethyl)glycine] (HOOC-CH$_2$)$_2$N-CH$_2$CH$_2$-N(CH$_2$-COOH)$_2$ *ethylenediaminetetraacetic acid*
edta		N,N'-(1,2-ethanediyl)bis[N-(carboxymethyl)glycine], ion (4-) [(OOC-CH$_2$)$_2$N-CH$_2$CH$_2$-N(CH$_2$-COO)$_2$]$^{4-}$ *ethylenediaminetetraacetate*
EDTN		2,4-dichloro-6-(4-ethoxy-1-naphthalenyl)1,3,5-triazine 2,4-Cl$_2$-6-(C$_2$H$_5$-O-4-C$_{10}$H$_6$-1)-1,3,5-N$_3$C$_3$ *1-ethoxy-4-(2,4-dichloro-1,3,5-triazinyl)-naphthalene*
EDTP		1,2-ethanediylbis[aminobis(methylphosphonic acid)] [(HO)$_2$P(=O)-CH$_2$]$_2$N-CH$_2$CH$_2$-N[CH$_2$-P(=O)(OH)$_2$]$_2$ *ethylenediamine tetramethylphosphonic acid*
edtp		N,N'-(1,2-ethanediyl)bis[N-{2-(carboxy)ethyl}-ß-alanine], ion(4-) [(OOC-CH$_2$CH$_2$)$_2$N-CH$_2$CH$_2$-N(CH$_2$CH$_2$-COO)$_2$]$^{4-}$ *ethylenediaminetetrapropionate*
EDTPI		1,2-ethanediylbis[aminobis(methylphosphinic acid)] [HO-PH(=O)-CH$_2$]$_2$N-CH$_2$CH$_2$-N[CH$_2$-PH(=O)-OH]$_2$ *ethylenediamine-N,N,N',N'-tetra(methylenephosphinic acid)*

EDTRI	N-[2-{bis(carboxymethyl)amino}ethyl] glycine HOOC-CH$_2$-NH-CH$_2$CH$_2$-N(CH$_2$-COOH)$_2$ *ethylenediamine-N,N',N'-triacetic acid*	
EEDMP	N-[2-(ethylamino)ethyl] ß-alanine, ion(1-) [C$_2$H$_5$-NH-CH$_2$CH$_2$-NH-CH$_2$CH$_2$-COO]$^-$ *N-ethyl-ethylenediamine-N'-mono-3-propionate*	
EEDQ	2-ethoxy 1(2H)-quinolinecarboxylic acid ethyl ester 2-(C$_2$H$_5$-O)-1-NC$_9$H$_6$-(COO-C$_2$H$_5$)-1 *2-ethoxy-N-ethoxycarbonyl-1,2-dihydroquinoline*	
EEDTA	N,N'-[oxybis(2,1-ethanediyl)]bis[N-(carboxymethyl)glycine] (HOOC-CH$_2$)$_2$N-CH$_2$CH$_2$-O-CH$_2$CH$_2$-N(CH$_2$-COOH)$_2$ *ethyletherdiamine-N,N,N',N'-tetraacetic acid*	
eedta	N,N'-[oxybis(2,1-ethanediyl)]bis[N-(carboxymethyl)glycine], ion(4-) [(OOC-CH$_2$)$_2$N-CH$_2$CH$_2$-O-CH$_2$CH$_2$-N(CH$_2$-COO)$_2$]$^{4-}$ *ethyletherdiamine-N,N,N',N'-tetraacetate*	
een	N-ethyl 1,2-ethanediamine NH$_2$-CH$_2$CH$_2$-NH-C$_2$H$_5$ *N-ethylethylenediamine*	
EFCO	2-methyl-trans-1,3-pentadiene-iron-tricarbonyl [{CH$_2$=C(CH$_3$)CH=CH-CH$_3$}Fe(CO)$_3$]	
EG	1,2-ethanediol HO-CH$_2$CH$_2$-OH *ethyleneglycol*	
EG	N,N'-[1,2-ethanediylbis(oxy-2,1-ethanediyl)]bis[(N-carboxymethyl)glycine] (HOOC-CH$_2$)$_2$N-CH$_2$CH$_2$-O-CH$_2$CH$_2$-O-CH$_2$CH$_2$-N(CH$_2$-COOH)$_2$ *ethyleneglycol bis(2-aminoethylether)-tetraacetic acid*	
EGA	acetic acid 2-ethoxyethyl ester CH$_3$-COO-CH$_2$CH$_2$-O-C$_2$H$_5$ *Ethylglykolacetat*	
EGMME	2-methoxy ethanol CH$_3$-O-CH$_2$CH$_2$-OH *ethylene glycol monomethylether*	
EGTA	N,N'-[1,2-ethanediylbis(oxy-2,1-ethanediyl)]bis[(N-carboxymethyl)glycine] (HOOC-CH$_2$)$_2$N-CH$_2$CH$_2$-O-CH$_2$CH$_2$-O-CH$_2$CH$_2$-N(CH$_2$-COOH)$_2$ *ethyleneglycol bis(2-aminoethylether)-tetraacetic acid*	
EHDPM	methylenebis[bis(2-ethylhexyl)phosphine oxide] [C$_4$H$_9$-CH(C$_2$H$_5$)-CH$_2$]$_2$P(=O)-CH$_2$-P(=O)[CH$_2$-CH(C$_2$H$_5$)-C$_4$H$_9$]$_2$ *bis-(di-2-ethylhexylphosphinyl)methane*	
2EHHPP	phenylphosphonic acid mono(2-ethylhexyl) ester C$_6$H$_5$-P(=O)(OH)-O-CH$_2$-CH(C$_2$H$_5$)-C$_4$H$_9$ *2-ethylhexyl hydrogen phenylphosphonate*	

EHHPP	phenylphosphonic acid mono(2-ethylhexyl) ester $C_6H_5-P(=O)(OH)-O-CH_2-CH(C_2H_5)-C_4H_9$ *2-ethylhexyl hydrogen phenylphosphonate*
(EHO)2(Φ)PO	phenylphosphonic acid bis(2-ethylhexyl) ester $C_6H_5-P(=O)[O-CH_2-CH(C_2H_5)-C_4H_9]_2$ *bis(2-ethylhexyl)phenylphosphonate*
EHO(Φ)PO(OH)	phenylphosphonic acid mono(2-ethylhexyl) ester $C_6H_5-P(=O)(OH)-O-CH_2-CH(C_2H_5)-C_4H_9$ *2-ethylhexyl hydrogen phenylphosphonate*
EHP	phosphoric acid mono(2-ethylhexyl) ester, ion(2-) $[(O-)_2P(=O)-O-CH_2-CH(C_2H_5)-C_4H_9]^{2-}$ *(2-ethylhexyl)phosphate*
2-EH(Φ)PA	phosphoric acid mono(2-ethylhexyl) monophenyl ester $HO-P(=O)(O-C_6H_5)-O-CH_2-CH(C_2H_5)-C_4H_9$ *2-ethylhexylphenyl-phosphoric acid*
EHPA	phosphoric acid bis(2-ethylhexyl) ester $HO-P(=O)[O-CH_2-CH(C_2H_5)-C_4H_9]_2$ *di(2-ethylhexyl)phosphoric acid*
EHΦP	phosphoric acid mono(2-ethylhexyl) monophenyl ester, ion(1-) $[O-P(=O)(O-C_6H_5)-O-CH_2-CH(C_2H_5)-C_4H_9]^-$ *(2-ethylhexyl)phenylphosphate*
2EHPPA	phenylphosphonic acid mono(2-ethylhexyl) ester $C_6H_5-P(=O)(OH)-O-CH_2-CH(C_2H_5)-C_4H_9$ *2-ethylhexyl phenylphosphonic acid*
2-EHPPA	phenylphosphonic acid mono(2-ethylhexyl) ester $C_6H_5-P(=O)(OH)-O-CH_2-CH(C_2H_5)-C_4H_9$ *2-ethylhexyl phenylphosphonate*
elam	2-amino ethanol $NH_2-CH_2CH_2-OH$ *ethanolamine*
EMal	propanedioic acid monoethyl ester $HOOC-CH_2-COO-C_2H_5$ *ethyl malonate*
EMCS	1-[6-{(2,5-dioxo-1-pyrrolidinyl)oxy}-6-oxohexyl] 1H-pyrrole-2,5-dione $2,5-(=O)_2-NC_4H_4-1-O-C(=O)-(CH_2)_5-1-NC_4H_2(=O)_2-2,5$ *N-(ε-maleimidocaproyloxy)-succinimide*
EN	1,2-ethanediamine $NH_2-CH_2CH_2-NH_2$ *ethylene diamine*

En	1,2-ethanediamine $NH_2-CH_2CH_2-NH_2$ *ethylene diamine*
ENTA	N,N'-(1,2-ethanediyl)bis[(N-carboxymethyl)glycine] $(HOOC-CH_2)_2N-CH_2CH_2-N(CH_2-COOH)_2$ *ethylene diamine tetraacetic acid*
ENU	N-ethyl-N-nitroso urea $NH_2-C(=O)-N(C_2H_5)-N=O$
EO	oxirane OC_2H_4 *ethylene oxide*
Eoa	2-amino ethanol $NH_2-CH_2CH_2-OH$ *ethanolamine*
EPA	5,8,11,14,17-eicosapentaenoic acid $C_2H_5-(CH=CH-CH_2)_5-CH_2CH_2-COOH$
EPD	ethyl phosphorous dichloride $C_2H_5-PCl_2$
EPN	phenylphosphonothioic acid O-ethyl-O-(4-nitrophenyl) ester $C_2H_5-O-P(C_6H_5)(=S)-O-C_6H_4-4-NO_2$ *O-ethyl-O-p-nitrophenyl-phenylthionophosphate*
EPPS	3-[4-(2-hydroxyethyl)-1-piperazinyl] 1-propanesulfonic acid $HO-CH_2CH_2-4-(1,4-N_2C_4H_8)-1-CH_2CH_2CH_2-SO_3H$
EPTC	N,N-dipropyl thiocarbamic acid S-ethyl ester $(C_3H_7)_2N-C(=O)-S-C_2H_5$ *S-ethyl-N,N-dipropyl-thiocarbamate*
EPTD	ethylphosphonothioic dichloride $C_2H_5-P(=S)Cl_2$ *ethylphosphorous thiodichloride*
epy	N-ethylpyridinium, ion(1+) $[C_2H_5-1-NC_5H_5]^+$
Ers	3-hydroxy-4-[(2-hydroxy-1-naphthalenyl)azo]-1-naphthalenesulfonic acid, monosodium salt $Na\ [3-HO-4-(2-HO-C_{10}H_6-1-N=N)-C_{10}H_5-1-SO_3]$ *Eriochromblauschwarz R*
ES	1,3,2-dioxathiolane-2-oxide $1,3,2-O_2SC_2H_4(=O)-2$ *ethylene sulfite*

Esb	3-hydroxy-4-[(1-hydroxy-2-naphthalenyl)azo]-1-naphthalenesulfonic acid, monosodium salt Na [3-HO-4-(1-HO-$C_{10}H_6$-2-N=N)-$C_{10}H_5$-1-SO_3] *Eriochromblauschwarz B*
Est	3-hydroxy-4-[(1-hydroxy-2-naphthalenyl)azo]-7-nitro1-naphthalenesulfonic acid, monosodium salt Na [3-HO-4-(1-HO-$C_{10}H_6$-2-N=N)-7-NO_2-$C_{10}H_4$-1-SO_3] *Eriochromschwarz T*
ET	2,2'-bis(5,6-dihydro-1,3-dithiolo[4,5-b][1,4]dithiin) 2-(1,3,4,7-$S_4C_5H_4$-2)-1,3,4,7-$S_4C_5H_4$ *bis(ethylenedithiolo)-tetrathiafulvalene*
Et	ethyl- C_2H_5-
ET4DIEN	N,N-diethyl-N'-[2-(diethylamino)ethyl]-1,2-ethanediamine $(C_2H_5)_2$N-CH_2CH_2-NH-CH_2CH_2-N$(C_2H_5)_2$ *N,N,N',N'-tetraethyl-diethylene triamine*
ETDTPY	2,3,9,10-tetrahydro naphtho[1'',8'':4,5,6;5'',4'':4',5',6']bisthiopyrano-[2,3-b:2',3'-b']bis[1,4]dithiin 1,4,7,8,11,14-$S_6C_{18}H_{12}$ *bis(ethylenedithio)-1,6-dithiapyrene*
ETFE	poly(1,1,2,2-tetrafluoro-1,4-butanediyl) [-CF_2-CF_2-CH_2-CH_2-]$_n$ *ethylene-tetrafluorethylene-copolymere*
EtGly	N-ethyl glycine C_2H_5-NH-CH_2-COOH
EtOH	ethanol C_2H_5-OH
ETPB	4-ethyl 2,6,7-trioxa-1-phosphabicyclo[2.2.2]octane 4-C_2H_5-[2.2.2]-2,6,7,1-$O_3PC_4H_6$
etpb	4-ethyl 2,6,7-trioxa-1-phosphabicyclo[2.2.2]octane 4-C_2H_5-[2.2.2]-2,6,7,1-$O_3PC_4H_6$
ETRIPHOS	[2-((diethylphosphino)methyl)-2-methyl-1,3-propanediyl]bis[diethylphosphine] CH_3-C[CH_2-P$(C_2H_5)_2$]$_3$ *ethylidynetris[methyl(diethyl)phosphine]*
ETSA	trimethylsilylacetic acid ethyl ester $(CH_3)_3$Si-CH_2-COO-C_2H_5 *ethyl trimethyl silyl acetate*
4EtTSC	N-ethyl hydrazinecarbothiamide NH_2-NH-C(=S)-NH-C_2H_5 *4-ethyl thiosemicarbazide*

TYA	5,8,11,14-eicosatetraynoic acid C_5H_{11}-CC-CH_2-CC-CH_2-CC-CH_2-CC-$CH_2CH_2CH_2$-COOH
etz	1-ethyl 1H-tetrazole 1-C_2H_5-N_4CH
Eu-Resolve	tris(2,2,6,6-tetramethyl-3,5-heptanedionato-O,O'-)europium Eu[t-C_4H_9-C(-O)=CH-C(=O)-C_4H_9-t]$_3$
ExCAc	propanedioic acid monoethyl ester HOOC-CH_2-COO-C_2H_5 *ethoxycarbonylacetic acid*
F	phenylalanine C_6H_5-CH_2-CH(NH_2)-COOH
F-2,6-P	D-fructofuranose-2,6-bis(dihydrogenphosphate) $(HO)_2$P(=O)-O-CH_2-OC_4H_3(CH_2-OH)(OH)$_2$-O-P(=O)(OH)$_2$ *fructose-2,6-biphosphate*
F2C	furan-2-carboxylic acid OC_4H_3-2-COOH
F3C	furan-3-carboxylic acid OC_4H_3-3-COOH
FAc	fluoro acetic acid CH_2F-COOH
facam	3-trifluoroacetyl-1,7,7-trimethyl bicyclo[2.2.1]heptan-2-one 3-[CF_3-C(=O)]-1,7,7-$(CH_3)_3$-C_7H_6(=O)-2 *3-trifluoroacetyl-d-camphorate*
FAD	flavin-adenine-dinucleotide
FADH	flavin-adenine-dinucleotide (reduced)
1-FAL	1-fluoro propadiene CHF=C=CH_2 *1-fluoroallene*
FAM	1-(3-fluoranthenyl) 1H-pyrrole-2,5-dione 1-($C_{16}H_9$-3)-NC_4H_2(=O)$_2$-2,5 *N-(3-fluoroanthyl) maleimide*
FAMSO	(methylsulfinyl) (methylthio) methane CH_3-S(=O)-CH_2-S-CH_3
FCCP	[4-(trifluoromethoxy)phenyl]hydrazono propanedinitrile $(NC)_2$C=N-NH-C_6H_4-4-O-CF_3 *4-trifluoromethoxy-carbonylcyanidephenylhydrazone*
1-FCP	1-fluorocyclopropene 1-F-c-C_3H_3

3-FCP	3-fluorocyclopropene $3\text{-F-c-}C_3H_3$
FDMA	perfluoro-N-cyclohexyl-N,N-dimethyl methanamine $(CF_3)_2N\text{-}CF_2\text{-c-}C_6F_{11}$ *perfluoro-N,N-dimethyl cyclohexyl methylamine*
FDNB	1-fluoro-2,4-dinitro benzene $1\text{-F-}2,4\text{-}(NO_2)_2\text{-}C_6H_3$
FDP	D-fructofuranose-1,6-bis(dihydrogenphosphate) $(HO)_2P(=O)\text{-O-}CH_2\text{-}OC_4H_3(OH)_3\text{-}CH_2\text{-O-}P(=O)(OH)_2$ *D-fructose-1,6-diphosphate*
Ferbam	iron tris(N,N-dimethyldithiocarbamate) $Fe\,[(CH_3)_2N\text{-}C(=S)S]_3$
FFCO	1,3-cyclohexadiene-iron-tricarbonyl $[(C_6H_8)Fe(CO)_3]$
FFDNB	1,5-difluoro-2,4-dinitro benzene $1,5\text{-}F_2\text{-}2,4\text{-}(NO_2)_2\text{-}C_6H_2$
FF-sulfon	1,1'-sulfonylbis(4-fluoro-3-nitrobenzene) $4\text{-F-}3\text{-}NO_2\text{-}C_6H_3\text{-}S(=O)_2\text{-}C_6H_3(F\text{-}4)\text{-}NO_2\text{-}3$ *bis(4-fluoro-3-nitrophenyl)-sulfone*
1-FIQTSC	2-(1-isoquinolinylmethylidene) hydrazinecarbothiamide $2\text{-}NC_9H_6\text{-}[CH=N\text{-}NH\text{-}C(=S)\text{-}NH_2]\text{-}1$ *1-formylisoquinoline thiosemicarbazone*
FITC	3',6'-dihydroxy-5-/6-isothiocyanatospiro[isobenzofuran-1(3H),9'-[9H]xanthen]-3-one $3',6'\text{-}(HO)_2\text{-}5\text{-/}6\text{-}(S=C=N)\text{-}2,10'\text{-}O_2C_{20}H_9(=O)\text{-}3$ *fluorescein isothiocyanate*
FL	fluorene $C_{13}H_{10}$
FLEC	carbonochloridic acid 1-(9H-fluoren-9-yl)ethyl ester $CH_3\text{-}CH(9\text{-}C_{13}H_9)\text{-O-}C(=O)\text{-Cl}$ *1-(9-fluorenyl)-ethyl-chloroformiate*
FMN	riboflavin-5'-(dihydrogenphosphate) $(CH_3)_2(O=)_2C_{10}H_3N_4\text{-}CH_2\text{-}[CH(OH)]_3\text{-}CH_2\text{-O-}P(=O)(OH)_2$ *flavin mononucleotide*
FMOC	(9H-fluoren-9-ylmethoxy)carbonyl $C_{13}H_9\text{-}9\text{-}CH_2\text{-O-}C(=O)\text{-}$
FMOC-Cl	carbonochloridic acid 9H-fluoren-9-ylmethyl ester $9\text{-}(Cl\text{-}COO\text{-}CH_2)\text{-}C_{13}H_8$ *9-fluorenylmethoxycarbonyl chloride*

FMOC-ONSu	1-[{(9H-fluoren-9-ylmethoxy)carbonyl}oxy] 2,5-pyrrolidinedione 1-($C_{13}H_9$-9-CH_2-O-COO)-NC_4H_4(=O)$_2$-2,5 *(9H-fluoren-9-ylmethoxy)carbonyl-succinimide*
FNT	trans-1,2-dithiolo 2-butenedinitrile, ion(2-) [NC-C(-S)=C(-S)-CN]$^{2-}$ *fumaronitriledithiolate*
fod	6,6,7,7,8,8,8-heptafluoro-2,2-dimethyl 3,5-octanedione C_3F_7-C(=O)-CH_2-C(=O)-C_4H_9-t
1-FPP	1-fluoropropyne F-CC-CH_3
3-FPP	3-fluoropropyne HCC-CH_2F
2FPy	2-fluoropyridine 2-F-NC_5H_4
2-FPYTSC	2-(2-pyridylmethylidene) hydrazinecarbothiamide NC_5H_4-[CH=N-NH-C(=S)-NH_2]-2 *2-formylpyridine thiosemicarbazone*
4-FPYTSC	2-(4-pyridylmethylidene) hydrazinecarbothiamide NC_5H_4-[CH=N-NH-C(=S)-NH_2]-4 *4-formylpyridine-thiosemicarbazone*
Fru	D-fructose HO-CH_2-C(=O)-CH(OH)-CH(OH)-CH(OH)-CH_2-OH
F-Säure	7-amino 2-naphthalenesulfonic acid 7-NH_2-$C_{10}H_6$-SO_3H-2 *7-Amino-2-naphthalinsulfonsäure*
F-Säure	7-hydroxy 2-naphthalenesulfonic acid 7-HO-$C_{10}H_6$-SO_3H-2 *7-Hydroxy-2-naphthalinsulfonsäure*
FSH4	2-[4-(2-amino-4-hydroxy-5,6,7,8-tetrahydropteridin-6-ylmethylamino)phenyl-carbamoyl] pentanedioic acid NH_2-$N_4C_6H_5$(OH)-CH_2-NH-C_6H_4-C(=O)NH-CH(COOH)-CH_2CH_2-COOH *Tetrahydrofolsäure*
2-FTTSC	2-(2-thienylmethylidene) hydrazinecarbothiamide SC_4H_3-2-CH=N-NH-C(=S)-NH_2 *2-formylthiophene-thiosemicarbazone*
FUDR	2'-deoxy-5-fluoro uridine 2,4-(O=)$_2$-1,3-$N_2C_4H_2$(F-5)-[1-OC_4H_5(OH-3)-4-CH_2-OH]-1
FumA	trans-2-butenedioic acid HOOC-CH=CH-COOH *fumaric acid*

FUrd		5-fluoro uridine 2,4-(O=)$_2$-1,3-N$_2$C$_4$H$_2$(F-5)-[1-OC$_4$H$_4${(OH)$_2$-2,3}-4-CH$_2$-OH]-1
1-FVM		1-fluoropropene CHF=CH-CH$_3$ *1-fluorovinylmethylene*
3-FVM		3-fluoropropene CH$_2$=CH-CH$_2$F *3-fluorovinylmethylene*
G		D-glucose OCH-CH(OH)-CH(OH)-CH(OH)-CH(OH)-CH$_2$-OH
G		amino acetic acid NH$_2$-CH$_2$-COOH *glycine*
G		2-amino 6H-purin-6-one 2-NH$_2$-6-(O=)-1,3,7,9-N$_4$C$_5$H$_3$ *guanine*
G		2-amino-1,9-dihydro-9-ß-D-ribofuranosyl-6H-purin-6-one NH$_2$-N$_4$C$_5$H$_2$(=O)-OC$_4$H$_4$(OH)$_2$-CH$_2$-OH *guanosine*
G-1,6-P2		D-glucopyranose-1,6-bis(dihydrogenphosphate) 5-[(HO)$_2$P(=O)-O-CH$_2$]-OC$_5$H$_5$[(OH)$_3$-2,3,4]-1-OP(=O)(OH)$_2$ *glucose-1,6-diphosphate*
G-1-P		D-glucopyranose-1-dihydrogenphosphate 5-(HO-CH$_2$)-OC$_5$H$_5$[(OH)$_3$-2,3,4]-1-OP(=O)(OH)$_2$ *glucose-1-phosphate*
G-6-P		D-glucopyranose-6-dihydrogenphosphate 1,2,3,4-(HO)$_4$-OC$_5$H$_5$-5-CH$_2$-OP(=O)(OH)$_2$ *glucose-6-phosphate*
GA3		10-carboxy...decahydro-2,7-hydroxy-1-methyl-8-methylene 4a,1-(epoxymethano)- 7,9a-methanobenz[a]azulen-13-one 10-HOOC-2,7-(HO)$_2$-1-CH$_3$-8-(CH$_2$=)-12-OC$_{16}$H$_{14}$-(=O)-13 *gibberellic acid*
GABA		4-amino butanoic acid NH$_2$-CH$_2$CH$_2$CH$_2$-COOH *γ-aminobutyric acid*
GABOB		4-amino-3-hydroxy butanoic acid NH$_2$-CH$_2$-CH(OH)-CH$_2$-COOH *γ-amino-ß-hydroxy butyric acid*
Gal		D-galactose OCH-CH(OH)-CH(OH)-CH(OH)-CH(OH)-CH$_2$-OH

GBE	2-butoxy ethanol $C_4H_9\text{-}O\text{-}CH_2CH_2\text{-}OH$ *butyl glycolate*
GBH	1,2,3,4,5,6-hexachloro (1α,2α,3β,4α,5α,6β)-cyclohexane $1,2,3,4,5,6\text{-}Cl_6\text{-}c\text{-}C_6H_6$ *γ-hexachloro cyclohexane*
GBHA	2,2'-(1,2-ethanediylidenedinitrilo)bisphenol $HO\text{-}C_6H_4\text{-}2\text{-}N=CH\text{-}CH=N\text{-}2\text{-}C_6H_4\text{-}OH$ *glyoxal-bis(2-hydroxyanil)*
GC	1,2,3-propanetriol $HO\text{-}CH_2\text{-}CH(OH)\text{-}CH_2\text{-}OH$ *glycerol*
Gcd	2-pentene-1,5-dione $OCH\text{-}CH_2\text{-}CH=CH\text{-}CHO$ *glutaconic dialdehyde*
5'-GDP	guanosine-5'-(trihydrogendiphosphate) $(O=)(NH_2)N_4C_5H_2\text{-}OC_4H_4(OH)_2\text{-}CH_2\text{-}O\text{-}P(=O)(OH)\text{-}O\text{-}P(=O)(OH)_2$ *guanosine-5'-diphosphate*
GDP	guanosine-5'-(trihydrogendiphosphate) $(O=)(NH_2)N_4C_5H_2\text{-}OC_4H_4(OH)_2\text{-}CH_2\text{-}O\text{-}P(=O)(OH)\text{-}O\text{-}P(=O)(OH)_2$ *guanosine-5'-diphosphate*
GDP-β-S	5'-guanylic acid, monoanhydride with phosphorothioic acid $(O=)(NH_2)N_4C_5H_2\text{-}OC_4H_4(OH)_2\text{-}CH_2\text{-}O\text{-}P(=O)(OH)\text{-}O\text{-}P(=O)(OH)\text{-}SH$ *guanosine-5'-[β-thio]diphosphate*
GEMSA	[{2-((aminoiminomethyl)amino)ethyl}thio] butanedioic acid $NH_2\text{-}C(=NH)\text{-}NH\text{-}CH_2CH_2\text{-}S\text{-}CH(COOH)\text{-}CH_2\text{-}COOH$ *guanidinoethyl mercaptosuccinic acid*
GFCO	bicyclo[2.2.1]heptadiene-iron-tricarbonyl $[([2.2.1]\text{-}C_7H_8)Fe(CO)_3]$
Gl	amino acetic acid $NH_2\text{-}CH_2\text{-}COOH$ *glycine*
Glac	1,2,3-propanetriol $HO\text{-}CH_2\text{-}CH(OH)\text{-}CH_2\text{-}OH$ *glycyl alcohol*
Glc	D-glucose $OCH\text{-}CH(OH)\text{-}CH(OH)\text{-}CH(OH)\text{-}CH(OH)\text{-}CH_2\text{-}OH$
Glc-1,6-PP.4CHA	α-D-glucopyranose-1,6-bis(dihydrogenphosphate), compound with cyclohexanamine (1:4) $[c\text{-}C_6H_{11}\text{-}NH_3]_4\ [2,3,4\text{-}(HO)_3\text{-}OC_5H_5(O\text{-}PO_3\text{-}1)\text{-}5\text{-}CH_2\text{-}O\text{-}PO_3]$ *α-D-glucose-1,6-diphosphate tetracyclohexylammonium*

GlcA	D-gluconic acid	
	HO-CH$_2$-CH(OH)-CH(OH)-CH(OH)-CH(OH)-COOH	
GlcN	2-amino-2-deoxy-D-glucopyranose	
	5-(HO-CH$_2$)-OC$_5$H$_5$(NH$_2$-2)(OH)$_3$-1,3,4	
	D-glucosamine	
Glcn	7-dimethylamino-4-hydroxy-3-oxo 1(3H)-phenoxazinecarboxylic acid	
	7-(CH$_3$)$_2$N-4-HO-3-(O=)-5,10-ONC$_{12}$H$_4$-1-COOH	
	gallocyanine	
GlcNAc	2-acetylamino-2-deoxy-D-glucopyranose	
	5-(HO-CH$_2$)-OC$_5$H$_5$-2-[NH-C(=O)-CH$_3$]-1,3,4-(OH)$_3$	
	N-acetyl-D-glucosamine	
GlcUA	D-glucuronic acid	
	5-HOOC-OC$_5$H$_5$(OH)$_4$-1,2,3,4	
Gln	2,5-diamino-5-oxo pentanoic acid	
	NH$_2$-C(=O)-CH$_2$CH$_2$-CH(NH$_2$)-COOH	
	glutamine	
GlOH	1,2-ethanediol	
	HO-CH$_2$CH$_2$-OH	
	glycol	
Glt	2,6-piperidinedione	
	NC$_5$H$_7$(=O)$_2$-2,6	
	glutarimide	
Glta	pentanedioic acid	
	HOOC-CH$_2$CH$_2$CH$_2$-COOH	
	glutaric acid	
Glu	1,2,3,4,5-pentahydroxy hexanoic acid, ion(1-)	
	[HO-CH$_2$-CH(OH)-CH(OH)-CH(OH)-CH(OH)-COO]$^-$	
	gluconate	
Glu	2-amino pentanedioic acid	
	HOOC-CH$_2$CH$_2$-CH(NH$_2$)-COOH	
	glutamic acid	
glu	glutamic acid, ion(2-)	
	[OOC-CH$_2$CH$_2$-CH(NH$_2$)-COO]$^{2-}$	
	glutamate	
Glu(NH2)	2,5-diamino-5-oxo pentanoic acid	
	NH$_2$-C(=O)-CH$_2$CH$_2$-CH(NH$_2$)-COOH	
	glutamine	
Glx	2-amino pentanedioic acid	
	HOOC-CH$_2$CH$_2$-CH(NH$_2$)-COOH	
	glutamic acid	

Glx	2,5-diamino-5-oxo pentanoic acid $NH_2-C(=O)-CH_2CH_2-CH(NH_2)-COOH$ *glutamine*
Gly	glycine NH_2-CH_2-COOH
gly	glycine, ion(1-) $[NH_2-CH_2-COO]^-$ *glycinate*
GM	2-methoxy ethanol $CH_3-O-CH_2CH_2-OH$ *glycol-monomethylether*
GMBS	1-[4-{(2,5-dioxo-1-pyrrolidinyl)oxy}-4-oxobutyl] 1H-pyrrole-2,5-dione $2,5-(O=)_2-NC_4H_4-1-O-C(=O)-CH_2CH_2CH_2-1-NC_4H_2(=O)_2-2,5$ *N-(γ-maleimidobutyryloxy)-succinimide*
GME	2-methoxy ethanol $CH_3-O-CH_2CH_2-OH$ *glycol methyl ether*
GMO	9-octadecenoic acid 2,3-dihydroxypropyl ester $C_8H_{17}-CH=CH-(CH_2)_7-COO-CH_2-CH(OH)-CH_2-OH$ *glycerol monooleate*
2'-GMP	guanosine-2'-(dihydrogenmonophosphate) $(O=)(NH_2)N_4C_5H_2-OC_4H_4(OH)(CH_2-OH)-O-P(=O)(OH)_2$ *guanosine-2'-monophosphate*
3'-GMP	guanosine-3'-(dihydrogenmonophosphate) $(O=)(NH_2)N_4C_5H_2-OC_4H_4(OH)(CH_2-OH)-O-P(=O)(OH)_2$ *guanosine-3'-monophosphate*
5'-GMP	guanosine-5'-(dihydrogenmonophosphate) $(O=)(NH_2)N_4C_5H_2-OC_4H_4(OH)_2-CH_2-O-P(=O)(OH)_2$ *guanosine-5'-monophosphate*
GMP	guanosine-5'-(dihydrogenmonophosphate) $(O=)(NH_2)N_4C_5H_2-OC_4H_4(OH)_2-CH_2-O-P(=O)(OH)_2$ *guanosine-5'-monophosphate*
GMP-PCP	5'-guanylic acid, monoanhydride with methylenebis(phosphonic acid) $(O=)(NH_2)N_4C_5H_2-OC_4H_4(OH)_2-CH_2-[OP(O)(OH)]_2-CH_2-P(O)(OH)_2$ *guanosine-5'-[β,γ-methylene]triphosphate*
GMP-PNP	5'-guanylic acid, monoanhydride with imidodiphosphoric acid $(O=)(NH_2)N_4C_5H_2-OC_4H_4(OH)_2-CH_2-[OP(O)(OH)]_2-NH-P(O)(OH)_2$ *guanosine-5'-[β,γ-imido]triphosphate*
GMS	octadecanoic acid 2,3-dihydroxypropyl ester $C_{17}H_{35}-COO-CH_2-CH(OH)-CH_2-OH$ *glycerol monostearate*

Gpi	N,N'-bis(1-methylethyl) 1,2-ethanediimine i-C_3H_7-N=CH-CH=N-C_3H_7-i *glyoxal-bis(isopropylimine)*
G-Salz	7-hydroxy 1,3-naphthalenedisulfonic acid, ion(2-) [7-HO-$C_{10}H_5$-1,3-$(SO_3)_2$]$^{2-}$ *7-Hydroxy-1,3-naphthalindisulfonsäure-Salz*
G-Säure	7-hydroxy 1,3-naphthalenedisulfonic acid 7-HO-$C_{10}H_5$-$(SO_3H)_2$-1,3
GSH	N-(N-L-γ-glutamyl-L-cysteinyl) glycine HS-CH_2-CH[C(=O)-NH-CH_2-COOH]-NH-C(=O)-CH_2CH_2-CH(NH_2)-COOH *glutathione-SH*
GSSG	N-(N-L-γ-glutamyl-L-cysteinyl) glycine (2-2')-disulfide [HOOC-CH(NH_2)CH_2CH_2-C(=O)NH-CH{C(=O)NH-CH_2-COOH}CH_2-S-]$_2$ *glutathione-S-S-glutathione*
5'-GTP	guanosine-5'-(tetrahydrogentriphosphate) (O=)(NH_2)$N_4C_5H_2$-O$C_4H_4(OH)_2$-CH_2-O[P(=O)(OH)O]$_2$-P(=O)(OH)$_2$ *guanosine-5'-triphosphate*
GTP	guanosine-5'-(tetrahydrogentriphosphate) (O=)(NH_2)$N_4C_5H_2$-O$C_4H_4(OH)_2$-CH_2-O[P(=O)(OH)O]$_2$-P(=O)(OH)$_2$ *guanosine-5'-triphosphate*
GTP-γ-S	guanosine-5'-trihydrogendiphosphoric acid, monoanhydride with phosphorothioic acid (O=)(NH_2)$N_4C_5H_2$-O$C_4H_4(OH)_2$-CH_2-[OP(=O)(OH)]$_2$-OP(=O)(OH)SH *guanosine-5'-[γ-thio]triphosphate*
Gu	guanidine NH_2-C(=NH)-NH_2
Guo	2-amino-1,9-dihydro-9-ß-D-ribofuranosyl-6H-purin-6-one 2-NH_2-(1,3,7,9-$N_4C_5H_2$-9)-1'-OC_4H_4[(OH)$_2$-2',3']-4'-CH_2-OH *guanosine*
H	2-amino-3-(1H-imidazol-4-yl) propanoic acid 1,3-$N_2C_3H_3$-4-CH_2-CH(NH_2)-COOH *histidine*
H2B2EDP	1,2-ethanediyldiphosphonic acid dibutyl ester C_4H_9-O-P(=O)(OH)-CH_2CH_2-P(=O)(OH)-O-C_4H_9 *di-n-butylethane-1,2-diphosphonic acid*
H2BITS	benzoic acid 2-[{(2,3-dihydro-2-oxa-1H-indol-3-ylidene)hydrazino}thioxomethyl] hydrazide 3-[C_6H_5-C(=O)-NH-NH-C(=S)-NH-N=]-1-NC_8H_5(=O)-2 *4-benzamino-1-satin-3-thiosemicarbazone*

H2Cbdmpz	1,1'-methylenebis[(3,5-dimethyl)-1H-pyrazole] $[3,5\text{-}(CH_3)_2\text{-}1,2\text{-}N_2C_3H\text{-}1]_2CH_2$ *bis(3,5-dimethylpyrazolyl)methane*
H2Cbpz	1,1'-methylenebis(1H-pyrazole) $(1,2\text{-}N_2C_3H_3\text{-}1)_2CH_2$ *bis(1-pyrazolyl)methane*
H2dapd	2,6-diacetylpyridine-dioxime $2,6\text{-}[CH_3\text{-}C(=N\text{-}OH)]_2\text{-}NC_5H_3$
H2dbzdto	N,N'-bis[phenylmethyl] ethanedithioamide $C_6H_5\text{-}CH_2\text{-}NH\text{-}C(=S)\text{-}C(=S)\text{-}NH\text{-}CH_2\text{-}C_6H_5$ *N,N'-dibenzyl-dithio-oxamide*
H2dmdto	N,N'-dimethyl ethanedithioamide $CH_3\text{-}NH\text{-}C(=S)\text{-}C(=S)\text{-}NH\text{-}CH_3$ *N,N'-dimethyl-dithio-oxamide*
H2dpm	4-(2-aminoethyl) benzene-1,2-diol $1,2\text{-}(HO)_2\text{-}C_6H_3\text{-}[CH_2CH_2\text{-}NH_2]\text{-}4$ *dopamine*
H2EHP	phosphoric acid mono(2-ethylhexyl) ester $(HO)_2P(=O)\text{-}O\text{-}CH_2\text{-}CH(C_2H_5)\text{-}C_4H_9$ *mono(2-ethylhexyl) phosphoric acid*
H2[EHP]	(2-ethyl)hexylphosphonic acid $(HO)_2P(=O)\text{-}CH_2\text{-}CH(C_2H_5)\text{-}C_4H_9$
H2IDA	iminodiacetic acid $HN(CH_2\text{-}COOH)_2$
H2KTS	2,2'-[1-(1-methyl-2-oxabutyl)-1,2-ethanediylidene]bis(hydrazinecarbothiamide) $NH_2\text{-}C(=S)\text{-}NH\text{-}N=CH\text{-}C[CH(CH_3)\text{-}O\text{-}C_2H_5]=N\text{-}NH\text{-}C(=S)\text{-}NH_2$
H2MBP	phosphoric acid monobutyl ester $(HO)_2P(=O)\text{-}O\text{-}C_4H_9$ *Monobutylphosphorsäure*
H2MEHP	phosphoric acid mono(2-ethylhexyl) ester $(HO)_2P(=O)\text{-}O\text{-}CH_2\text{-}CH(C_2H_5)\text{-}C_4H_9$ *mono-2-ethylhexylphosphoric acid*
H2MOP	phosphoric acid monooctyl ester $(HO)_2P(=O)\text{-}O\text{-}C_8H_{17}$ *mono-n-octylphosphoric acid*
H2MOΦP	phosphoric acid mono[4-(1,1,3,3-tetramethylbutyl)phenyl] ester $(HO)_2P(=O)\text{-}O\text{-}C_6H_4\text{-}4\text{-}O\text{-}C(CH_3)_2\text{-}CH_2\text{-}C(CH_3)_3$ *mono[p-(iso-octyl)phenyl]phosphoric acid*

H2nad 4-[(2-amino-1-hydroxy)ethyl] benzene-1,2-diol
1,2-$(HO)_2$-C_6H_3-[CH(OH)-CH_2-NH_2]-4
noradrenaline

H2napbu 2,2'-[1,4-butanediylbis(nitrilomethylidyne)]bis(naphthalen-1-ol)
HO-1-$C_{10}H_6$-2-CH=N-$(CH_2)_4$-N=CH-2-$C_{10}H_6$-1-OH

H2napdec 2,2'-[1,10-decanediylbis(nitrilomethylidyne)]bis(naphthalen-1-ol)
HO-1-$C_{10}H_6$-2-CH=N-$(CH_2)_{10}$-N=CH-2-$C_{10}H_6$-1-OH

H2napen 2,2'-[1,2-ethanediylbis(nitrilomethylidyne)]bis(naphthalen-1-ol)
HO-1-$C_{10}H_6$-2-CH=N-CH_2CH_2-N=CH-2-$C_{10}H_6$-1-OH

H2nappn 2,2'-[1,3-propanediylbis(nitrilomethylidyne)]bis(naphthalen-1-ol)
HO-1-$C_{10}H_6$-2-CH=N-$CH_2CH_2CH_2$-N=CH-2-$C_{10}H_6$-1-OH

H2O2EDP 1,2-ethanediylbis[phosphonic acid monooctyl ester]
C_8H_{17}-O-P(=O)(OH)-CH_2CH_2-P(=O)(OH)-O-C_8H_{17}
dioctyl-P,P'-ethane-1,2-diphosphonic acid

H2(OP) n-octylphosphonic acid
C_8H_{17}-P(=O)$(OH)_2$

H2prot 4-[1-hydroxy-2-{(1-methylethyl)amino}ethyl]1,2-benzenediol
1,2-$(HO)_2$-C_6H_3-[CH(OH)-CH_2-NH-CH$(CH_3)_2$]-4
isoproterenol

H3(sal)3tach 2,2',2''-[1,3,5-cyclohexanetriyltris(nitrilomethylidyne)] trisphenol
c-C_6H_9-(N=CH-2-C_6H_4-OH$)_3$-1,3,5
1,3,5-tris(salicylaldimino)cyclohexane

H3TEA 2,2',2''-nitrilotris(ethanol)
N(CH_2CH_2-OH$)_3$
triethanolamine

H4CDTA N,N'-(1,2-cyclohexanediyl)bis[N-(carboxymethyl)glycine]
1,2-[(HOOC-$CH_2)_2$N$]_2$-c-C_6H_{10}
cyclohexanediaminetetraacetic acid

H4DCTA N,N'-(1,2-cyclohexanediyl)bis[N-(carboxymethyl)glycine]
1,2-[(HOOC-$CH_2)_2$N$]_2$-c-C_6H_{10}
1,2-diaminocyclohexane-N,N,N',N'-tetraacetic acid

H4EDTA N,N'-(1,2-ethanediyl)bis[(N-carboxymethyl)glycine]
(HOOC-$CH_2)_2$N-CH_2CH_2-N(CH_2-COOH$)_2$
ethylenediaminetetraacetic acid

H4EEDTA N,N'-[oxybis(2,1-ethanediyl)]bis[N-(carboxymethyl)glycine]
(HOOC-$CH_2)_2$N-CH_2CH_2-O-CH_2CH_2-N(CH_2-COOH$)_2$

H4EGTA N,N'-[1,2-ethanediylbis(oxy-2,1-ethanediyl)]bis[(N-carboxymethyl)glycine]
(HOOC-$CH_2)_2$N-CH_2CH_2-O-CH_2CH_2-O-CH_2CH_2-N(CH_2-COOH$)_2$
ethyleneglycol bis(2-aminoethylether)-tetraacetic acid

H4PDTA	N,N'-(1-methyl-1,2-ethanediyl)bis[N-(carboxymethyl)glycine] $(HOOC-CH_2)_2N-CH(CH_3)-CH_2-N(CH_2-COOH)_2$ *propylenediamine-N,N,N',N'-tetraacetic acid*
H5DTPA	N,N'-bis[bis{2-(carboxymethylamino)}ethyl] glycine $(HOOC-CH_2)_2N-CH_2CH_2-N(CH_2-COOH)-CH_2CH_2-N(CH_2-COOH)_2$ *N,N,N',N',N''-diethylenetriamine pentaacetic acid*
H5DTPE	N,N'-bis[bis{2-(carboxymethylamino)}ethyl] glycine $(HOOC-CH_2)_2N-CH_2CH_2-N(CH_2-COOH)-CH_2CH_2-N(CH_2-COOH)_2$ *Diethylentriaminpentaessigsäure*
H-7	1-(5-isoquinolinylsulfonyl)-2-methyl piperazine $1-[2-NC_9H_6-5-S(=O)_2]-2-CH_3-1,4-N_2C_4H_8$
HAA	2,4-pentanedione $CH_3-C(=O)-CH_2-C(=O)-CH_3$ *acetylacetone*
HABA	2-[(4-hydroxyphenyl)azo] benzoic acid $HOOC-C_6H_4-2-N=N-C_6H_4-4-OH$
Hacac	2,4-pentanedione $CH_3-C(=O)-CH_2-C(=O)-CH_3$ *acetylacetone*
H(Acac)	2,4-pentanedione $CH_3-C(=O)-CH_2-C(=O)-CH_3$ *acetylacetone*
Had	4-[1-hydroxy-2-(methylamino)ethyl] benzene-1,2-diol $1,2-(HO)_2-C_6H_3-[CH(OH)-CH_2-NH-CH_3]-4$ *adrenaline*
HAPAAP	4-(2-hydroxyphenylethylidenamino)-1,5-dimethyl-2-phenyl 1,2-dihydro-3H-pyrazol-3-one $4-[HO-2-C_6H_4-C(CH_3)=N]-1,5-(CH_3)_2-2-C_6H_5-1,2-N_2C_3(=O)-3$ *4-N-(2'-hydroxyacetophenylidene)-aminoantipyrine*
Hatb	2-(1H-benzimidazol-2-ylmethylthio) ethanamine $1,3-N_2C_7H_5-2-CH_2-S-CH_2CH_2-NH_2$ *2-[(2-aminoethyl)thiomethyl]benzimidazole*
Hati	2-(4-/5-imidazolylmethylthio) ethanamine $1,3-N_2C_3H_3-(CH_2-S-CH_2CH_2-NH_2)-4/-5$ *4-/5-[(2-aminoethyl)thiomethyl]imidazole*
Hatmi	2-[(5'-methyl)4-imidazolylmethylthio] ethanamine $1,3-N_2C_3H_2(CH_3-5)-(CH_2-S-CH_2CH_2-NH_2)-4$ *4-[(2-aminoethyl)thiomethyl]-5-methyl-imidazole*
HB	hexachlorobutadiene $CCl_2=CCl-CCl=CCl_2$

HBAAP	1,2-dihydro-4-(2-hydroxyphenylmethylenamino)-1,5-dimethyl-2-phenyl 3H-pyrazol-3-one 4-(HO-2-C_6H_4-CH=N)-1,5-$(CH_3)_2$-2-C_6H_5-1,2-N_2C_3(=O)-3 *4-N-(2'-hydroxybenzylidene)-aminoantipyrine*
HBBA	N-benzoyl benzamide C_6H_5-C(=O)NH-C(=O)-C_6H_5
HBD	hexabutyl distannoxane $(C_4H_9)_3$Sn-O-Sn$(C_4H_9)_3$
HBED	N,N'-(2-hydroxyphenylmethyl)-N,N'-(1,2-ethanediyl)diglycine HO-2-C_6H_4-CH_2-N(CH_2-COOH)-CH_2CH_2-N(CH_2-COOH)CH_2-C_6H_4-2-OH *N,N'-bis(2-hydroxybenzyl)ethylenediamine-N,N'-diacetic acid*
HBEDPO	1,2-ethanediylbis[(2-hydroxyphenylmethyl)aminomethylphosphonic acid] $[(HO)_2P(=O)-CH_2-N(CH_2-C_6H_4-2-OH)-CH_2-]_2$
HBme3pz	1,1',1''-borylidynetris[(3,4,5-trimethyl)-1H-pyrazole] $[3,4,5-(CH_3)_3-1,2-N_2C_3-1-]_3B$
HBmepz	1,1',1''-borylidynetris[(4-methyl)-1H-pyrazole] $[4-CH_3-1,2-N_2C_3H_2-1-]_3B$
HBPMP	2,6-bis[bis(2-pyridylmethyl)aminomethyl]-4-methyl phenol $2,6-[(NC_5H_4-2-CH_2)_2N-CH_2]_2-C_6H_2(CH_3-4)-OH$
HBPT	hexabutyl phosphoramide $O=P[N(C_4H_9)_2]_3$ *hexabutylphosphoric acid triamide*
HBpz	1,1',1''-borylidynetris(1H-pyrazole) $(1,2-N_2C_3H_3-1-)_3B$
HBTU	(1H-benzotriazol-1-yloxy)bis(dimethylamino) methylium hexafluorophosphate $[1,2,3-N_3C_6H_4-1-O-C\{-N(CH_3)_2\}=N(CH_3)_2]$ $[PF_6]$ *benzotriazol-1-yl-N-tetramethyl-uronium hexafluorophosphate*
Hbzac	1-phenyl 1,3-butanedione C_6H_5-C(=O)-CH_2-C(=O)-CH_3 *benzoylacetone*
Hbztfac	4,4,4-trifluoro-1-phenyl 1,3-butanedione C_5H_6-C(=O)-CH_2-C(=O)-CF_3 *benzoyltrifluoroacetone*
HCA	11β,17α,21-trihydroxy-4-pregnene-3,20-dione 21-ester with acetic acid 17-[CH_3COO-CH_2-C(O)]-10,13-$(CH_3)_2$-11,17-$(HO)_2C_{17}H_{19}$(=O)-3 *17α-hydroxycorticosterone-21-acetate*
Hcapt	N-aminocarbonyl 1H-pyrrole-2-carbothioamide NC_4H_4-2-C(=S)-NH-C(=O)NH_2 *N-carboamido-2-pyrrolethioamide*

HCB	hexachloro benzene C_6Cl_6
HCB	5-chloro-2-hydroxyphenyl phenyl methanone $5\text{-Cl-2-HO-}C_6H_3\text{-C(=O)-}C_6H_5$ *5-chloro-2-hydroxy-benzophenone*
HCBD	1,1,2,3,4,4-hexachloro 1,3-butadiene $CCl_2=CCl\text{-}CCl=CCl_2$
HCC	1,2,3,4,5,6-hexachloro (1α,2α,3β,4α,5α,6β)-cyclohexane $1,2,3,4,5,6\text{-}Cl_6\text{-}c\text{-}C_6H_6$ *γ-hexachlorocyclohexane*
Hcept	1H-pyrrol-2-ylthioxomethyl carbamic acid ethyl ester $NC_4H_4\text{-2-C(=S)-NH-COO-}C_2H_5$ *N-carboethoxy-2-pyrrolethioamide*
Hcett	2-thienylthioxomethyl carbamic acid ethyl ester $SC_4H_3\text{-2-C(=S)-NH-COO-}C_2H_5$ *N-carboethoxy-2-thiophenethioamide*
HCH	1,2,3,4,5,6-hexachloro (1α,2α,3β,4α,5α,6β)-cyclohexane $1,2,3,4,5,6\text{-}Cl_6\text{-}c\text{-}C_6H_6$ *1,2,3,4,5,6-hexachloro cyclohexane*
H.C.N.B.	benzenehexacarbonitrile $C_6(CN)_6$ *hexacyano benzene*
HCP	hexachloro cyclopentadiene $c\text{-}C_5Cl_6$
Hcppt	N-phenylaminocarbonyl 1H-pyrrole-2-carbothioamide $NC_4H_4\text{-2-C(=S)-NH-C(=O)NH-}C_6H_5$ *N-carbophenylamido-2-pyrrolethioamide*
Hcpt	1H-pyrrol-1-ylthioxomethyl carbamic acid ethyl ester $NC_4H_4\text{-1-C(=S)-NH-COO-}C_2H_5$ *N-carboethoxy-1-pyrrolethioamide*
HCSC	3-[(aminocarbonyl)-1-hydrazinyl-2-ylidenemethyl] 4H-1-benzopyran-4-one $3\text{-[}NH_2\text{-C(=O)-NH-N=CH]-1-O}C_9H_5(=O)\text{-4}$ *chromone-3-carboxaldehyde semicarbazone*
HCtpz	methylidyne-1,1',1''-tris(1H-pyrazole) $(1,2\text{-}N_2C_3H_3\text{-1})_3CH$ *tris(1-pyrazolyl)methane*
Hctt	4-methylphenylthioxomethyl carbamic acid ethyl ester $CH_3\text{-4-}C_6H_4\text{-C(=S)-NH-COO-}C_2H_5$ *N-carboethoxy-4-toluenethioamide*

HD2EHP	phosphoric acid bis(2-ethylhexyl) ester HO-P(=O)[O-CH$_2$-CH(C$_2$H$_5$)-C$_4$H$_9$]$_2$ *di(2-ethylhexyl)phosphoric acid*	
Hda	1-hexadecanamine C$_{16}$H$_{33}$-NH$_2$	
HDAP	phosphoric acid dialkyl ester HO-P(=O)(O-R)$_2$ *dialkylphosphoric acid*	
HDAP	phosphoric acid dipentyl ester HO-P(=O)(O-C$_5$H$_{11}$)$_2$ *di-n-amylphosphoric acid*	
HDBEP	phosphoric acid bis[2-(butoxy)ethyl] ester HO-P(=O)(O-CH$_2$CH$_2$-O-C$_4$H$_9$)$_2$ *di(butoxyethyl)phosphoric acid*	
Hdbm	1,3-diphenyl 1,3-propanedione C$_6$H$_5$-C(=O)-CH$_2$-C(=O)-C$_6$H$_5$ *dibenzoylmethane*	
HDBP	phosphoric acid dibutyl ester HO-P(=O)(O-C$_4$H$_9$)$_2$ *dibutyl phosphoric acid*	
HDBPA	phosphoric acid dibutyl ester HO-P(=O)(O-C$_4$H$_9$)$_2$ *dibutyl phosphoric acid*	
Hdcdto	N,N'-bis(cyclohexyl) ethanedithioamide c-C$_6$H$_{11}$-NH-C(=S)-C(=S)-NH-c-C$_6$H$_{11}$ *N,N'-dicyclohexyl-dithio-oxamide*	
H(dcm)	1,3-bis(1,2,2,3-tetramethylcyclopentyl) 1,3-propanedione 1,2,2,3-(CH$_3$)$_4$-C$_5$H$_5$-1-C(=O)CH$_2$-C(=O)-1-C$_5$H$_5$(CH$_3$)$_4$-1,2,2,3 *d,d-dicampholylmethane*	
HDDP	phosphoric acid didecyl ester HO-P(=O)(O-C$_{10}$H$_{21}$)$_2$ *didecylphosphoric acid*	
HD(DP)	decylphosphonic acid monodecyl ester C$_{10}$H$_{21}$-P(=O)(OH)-O-C$_{10}$H$_{21}$ *decyldecylphosphonic acid*	
HDEHP	phosphoric acid bis(2-ethylhexyl) ester HO-P(=O)[O-CH$_2$-CH(C$_2$H$_5$)-C$_4$H$_9$]$_2$ *di(ethylhexyl)phosphoric acid*	
HDEP	phosphoric acid diethyl ester HO-P(=O)(O-C$_2$H$_5$)$_2$ *diethylphosphoric acid*	

HDHoEP	phosphoric acid bis[(2-hexyloxy)ethyl] ester HO-P(=O)(O-CH$_2$CH$_2$-O-C$_6$H$_{13}$)$_2$ *di[2-(n-hexyloxy)ethyl] phosphoric acid*
HDHP	phosphoric acid dihexyl ester HO-P(=O)(O-C$_6$H$_{13}$)$_2$ *di-n-hexylphosphoric acid*
HDI	1,6-diisocyanato hexane OCN-(CH$_2$)$_6$-NCO *hexamethylene-1,6-diisocyanate*
HDIAP	phosphoric acid bis(3-methylbutyl) ester HO-P(=O)(O-C$_5$H$_{11}$-i)$_2$ *diisoamylphosphoric acid*
HDiBP	phosphoric acid bis(2-methylpropyl) ester HO-P(=O)(O-C$_4$H$_9$-i)$_2$ *di-isobutylphosphoric acid*
HDNP	phosphoric acid dinaphthalenyl ester HO-P(=O)(O-C$_{10}$H$_7$)$_2$ *dinaphthylphosphoric acid*
HDNP	phosphoric acid dinonyl ester HO-P(=O)(O-C$_9$H$_{19}$)$_2$ *dinonylphosphoric acid*
HDOAA	arsonic acid dioctyl ester O=AsH(O-C$_8$H$_{17}$)$_2$ *di-(n-octyl)arsonic acid*
HDOP	phosphoric acid dioctyl ester HO-P(=O)(O-C$_8$H$_{17}$)$_2$ *di-n-octylphosphoric acid*
HDPA	phosphoric acid mono(heptadecyl) ester (HO)$_2$P(=O)-O-C$_{17}$H$_{35}$ *heptadecylphosphoric acid*
HDPB	1,4-butanediylbis[(dihexyl)phosphine oxide] (C$_6$H$_{13}$)$_2$P(=O)-CH$_2$CH$_2$-CH$_2$CH$_2$-P(=O)(C$_6$H$_{13}$)$_2$ *bis-(di-n-hexylphosphinyl)butane*
HD-pCl-PP	phosphoric acid bis(4-chlorophenyl) ester HO-P(=O)(O-C$_6$H$_4$-4-Cl)$_2$ *di-(p-chlorophenyl)phosphoric acid*
Hdpdma	N,N'-diphenyl propanedithioic amide C$_6$H$_5$-NH-C(=S)-CH$_2$-C(=S)-NH-C$_6$H$_5$ *N,N'-diphenyl-dithiomalonamide*

HDPE	1,2-ethanediylbis[(dihexyl)phosphine oxide] $(C_6H_{13})_2P(=O)-CH_2CH_2-P(=O)(C_6H_{13})_2$ *bis-(di-n-hexylphosphinyl)ethane*
HDPM	methylenebis[(dihexyl)phosphine oxide] $(C_6H_{13})_2P(=O)-CH_2-P(=O)(C_6H_{13})_2$ *bis-(di-n-hexylphosphinyl)methane*
Hdpm	2,2,6,6-tetramethyl 3,5-heptanedione $t-C_4H_9-C(=O)-CH_2-C(=O)-C_4H_9-t$ *dipivaloylmethane*
HDPP	1,3-propanediylbis[(dihexyl)phosphine oxide] $(C_6H_{13})_2P(=O)-CH_2CH_2CH_2-P(=O)(C_6H_{13})_2$ *bis-(di-n-hexylphosphinyl)propane*
HDPP	phosphoric acid diphenyl ester $HO-P(=O)(O-C_6H_5)_2$ *diphenylphosphoric acid*
hdta	N,N'-(1,6-hexanediyl)bis[N-(carboxymethyl)glycine], ion (4-) $[(OOC-CH_2)_2N-(CH_2)_6-N(CH_2-COO)_2]^{4-}$ *hexamethylenediaminetetraacetate*
HDTP	phosphoric acid bis(4-methylphenyl) ester $HO-P(=O)(O-C_6H_4-4-CH_3)_2$ *di-(p-tolyl)phosphoric acid*
HEA	2-amino ethanol $NH_2-CH_2-CH_2-OH$ *ethanolamine*
HEBA	2-hydroxy-2-ethyl butanoic acid $(C_2H_5)_2C(OH)-COOH$
Hed	N-[2-{bis(carboxymethyl)amino}ethyl]-N-(2-hydroxyethyl) glycine $HO-CH_2CH_2-N(CH_2-COOH)-CH_2CH_2-N(CH_2-COOH)_2$ *N-hydroxyethylethylenediamine-N,N',N'-triacetic acid*
hed3a	N-(carboxymethyl)-N-[2-{(carboxymethyl)(2-hydroxyethyl)amino}ethyl] glycine, ion(3-) $[OOC-CH_2-N(CH_2CH_2-OH)-CH_2CH_2-N(CH_2-COO)_2]^{3-}$ *N-hydroxyethylethylenediamine-N,N',N'-triacetate*
HEDIEN	8-amino 3,6-diazaoctanol $HO-CH_2CH_2-NH-CH_2CH_2-NH-CH_2CH_2-NH_2$ *N-(2-hydroxyethyl)diethylenetriamine*
HEDP	1-hydroxy ethylidenediphosphonic acid $CH_3-C(OH)[P(=O)(OH)_2]_2$
HEDTA	N-[2-{bis(carboxymethyl)amino}ethyl]-N-(hydroxyethyl)glycine $HOOC-CH_2-N(CH_2CH_2-OH)-CH_2CH_2-N(CH_2-COOH)_2$ *N-hydroxyethyl ethylenediamine triacetate*

HEDTE	N-[2-{bis(carboxymethyl)amino}ethyl]-N-(hydroxyethyl)glycine HOOC-CH$_2$-N(CH$_2$CH$_2$-OH)-CH$_2$CH$_2$-N(CH$_2$-COOH)$_2$ *N'-(2-Hydroxyethyl)ethylendiamin-N,N,N'-triessigsäure*
HEH(ClMP)	chloromethylphosphonic acid mono(2-ethylhexyl) ester Cl-CH$_2$-P(=O)(OH)-O-CH$_2$-CH(C$_2$H$_5$)-C$_4$H$_9$ *2-ethylhexylhydrogenchloromethylphosphonic acid*
HEH(EHP)	2-ethylhexylphosphonic acid mono(2-ethylhexyl) ester C$_4$H$_9$-CH(C$_2$H$_5$)-CH$_2$-P(=O)(OH)-O-CH$_2$-CH(C$_2$H$_5$)-C$_4$H$_9$ *2-ethylhexylhydrogen(2-ethylhexylphosphonic acid)*
HEHΦP	phosphoric acid mono(2-ethylhexyl) monophenyl ester HO-P(=O)(O-C$_6$H$_5$)-O-CH$_2$-CH(C$_2$H$_5$)-C$_4$H$_9$ *2-ethylhexylphenyl-phosphoric acid*
Hem	2-mercapto ethanol HS-CH$_2$CH$_2$-OH *β-hydroxyethylmercaptan*
HEMPA	hexamethyl phosphoramide O=P[N(CH$_3$)$_2$]$_3$
HEOD	3,4,5,6,9,9-hexachloro-1a,2,2a,3,6,6a,7,7a-octahydro- 2,7:3,6-dimethanonaphth[2,3-b]oxirene 3,4,5,6,9,9-Cl$_6$-C$_{12}$H$_8$O *hexachloro-epoxy-octahydro-dimethanonaphthalene*
HEPES	2-[4-(2-hydroxyethyl)-1-piperazinyl] ethanesulfonic acid 4-(HO-CH$_2$CH$_2$)-1,4-N$_2$C$_4$H$_8$-1-CH$_2$CH$_2$-SO$_3$H
HEPPS	3-[4-(2-hydroxyethyl)-1-piperazinyl] propanesulfonic acid HO-CH$_2$CH$_2$-4-(1,4-N$_2$C$_4$H$_8$)-1-CH$_2$CH$_2$CH$_2$-SO$_3$H
HEPPSO	β-hydroxy-4-(2-hydroxyethyl) 1-piperazinepropanesulfonic acid 4-(HO-CH$_2$CH$_2$)-1,4-N$_2$C$_4$H$_8$-1-CH$_2$-CH(OH)-CH$_2$-SO$_3$H
HET	tetraphosphoric acid hexaethyl ester (C$_2$H$_5$-O)$_2$P(=O)-O-[P(=O)(O-C$_2$H$_5$)-O]$_2$-P(=O)(O-C$_2$H$_5$)$_2$ *hexaethyl tetraphosphate*
HEXA	1,3,5,7-tetraazatricyclo[3.3.1.1^{3,7}]decane [3.3.1.1^{3,7}]-1,3,5,7-N$_4$C$_6$H$_{12}$ *hexamethylene tetramine*
HexA	hexanoic acid C$_5$H$_{11}$-COOH
HFAA	heptafluoro butanoic acid anhydride C$_3$F$_7$-C(=O)-O-C(=O)-C$_3$F$_7$
hfac	1,1,1,5,5,5-hexafluoro 2,4-pentanedione, ion(1-) [CF$_3$-C(=O)-CH=C(-O)-CF$_3$]$^-$ *hexafluoroacetylacetonate*

HFB	hexafluorobut-2-yne CF_3-CC-CF_3
HFBA	heptafluoro butanoic acid C_3F_7-COOH
HFBA	perfluorobutanoic acid anhydride C_3F_7-C(=O)-O-C(=O)-C_3F_7 *heptafluorobutyric anhydride*
hfc	3-(2,2,3,3,4,4,4-heptafluoro-1-oxobutyl)-1,7,7-trimethyl bicyclo[2.2.1]heptan-2-one 3-[C_3F_7-C(=O)]-1,7,7-$(CH_3)_3$-C_7H_6(=O)-2 *3-(heptafluoropropyl-hydroxymethylene)-d-camphorate*
HFCO	ethyl-trans,trans-2,4-hexadienoate-iron-tricarbonyl [(CH_3-CH=CH-CH=CH-COO-C_2H_5)Fe$(CO)_3$]
HFIP	1,1,1,3,3,3-hexafluoro 2-propanol CF_3-CH(OH)-CF_3 *hexafluoroisopropanol*
hfod	1,1,1,2,2,3,3-heptafluoro-7,7-dimethyl 4,6-octanedione, ion(1-) [C_3F_7-C(=O)-CH=C(-O)-C_4H_9-t]$^-$ *1,1,1,2,2,3,3-heptafluoro-7,7-dimethyl 4,6-octanedionate*
HFPO	2,2,3-trifluoro-3-trifluoromethyl oxirane 3-CF_3-OC_2F_3 *hexafluoro-propylene-epoxide*
HFTBA	perfluoro-N,N-dibutyl 1-butanamine $(C_4F_9)_3$N *heptacosafluoro tri-N-butylamine*
HHCP	1-hydroperoxy-1'-hydroxy dicyclohexylperoxide 1-HOO-c-C_6H_{10}-1-O-O-1'-c-C_6H_{10}-OH-1'
HHDN	1,2,3,4,10,10-hexachloro-1,4,4a,5,8,8a-hexahydro- endo-exo-1,4:5,8-dimethanonaphthalene 1,2,3,4,10,10-Cl_6-$C_{12}H_8$ *hexachlorohexahydro-dimethanonaphthalene*
Hhfac	1,1,1,5,5,5-hexafluoro 2,4-pentanedione CF_3-C(=O)-CH_2-C(=O)-CF_3 *hexafluoroacetylacetone*
Hhfod	1,1,1,2,2,3,3-heptafluoro-7,7-dimethyl 4,6-octanedione C_3F_7-C(=O)-CH_2-C(=O)-C_4H_9-t
HHSNN	3-hydroxy-4-[(2-hydroxy-4-sulfo-1-naphthalenyl)azo] 2-naphthalenecarboxylic acid 3-HO-4-[2-HO-$C_{10}H_5$(SO_3H-4)-1-N=N]-$C_{10}H_5$-2-COOH
HIDA	N-carboxymethyl-N-(2-hydroxyethyl) glycine HO-CH_2CH_2-N(CH_2-COOH)$_2$ *N-(2-hydroxyethyl)iminodiacetic acid*

2-HIMDA	N-carboxymethyl-N-(2-hydroxyethyl) glycine HO-CH$_2$CH$_2$-N(CH$_2$-COOH)$_2$ *N-(2-hydroxyethyl)iminodiacetic acid*
HIMDA	N-carboxymethyl-N-(2-hydroxyethyl) glycine HO-CH$_2$CH$_2$-N(CH$_2$-COOH)$_2$ *N-(2-hydroxyethyl)iminodiacetic acid*
Himda	N-carboxymethyl-N-(2-hydroxyethyl) glycine HO-CH$_2$CH$_2$-N(CH$_2$-COOH)$_2$ *ß-hydroxyethyliminodiacetic acid*
His	2-amino-3-(1H-imidazol-4-yl) propanoic acid 1,3-N$_2$C$_3$H$_3$-4-CH$_2$-CH(NH$_2$)-COOH *histidine*
HM	1H-imidazol-4-ethanamine 1,3-N$_2$C$_3$H$_3$-4-CH$_2$CH$_2$-NH$_2$ *histamine*
H.M.C.B	4-chlorophenyl 2-hydroxy-4-methoxyphenyl methanone 4-(CH$_3$-O)-2-HO-C$_6$H$_3$-C(=O)-C$_6$H$_4$-4-Cl *2-hydroxy-4-methoxy-4'-chlorobenzophenone*
HMD	1,6-hexanediamine NH$_2$-(CH$_2$)$_6$-NH$_2$ *hexamethylenediamine*
HMDA	1,6-hexanediamine NH$_2$-(CH$_2$)$_6$-NH$_2$ *hexamethylenediamine*
HMDS	1,1,1-trimethyl-N-(trimethylsilyl) silanamine (CH$_3$)$_3$Si-NH-Si(CH$_3$)$_3$ *1,1,1,3,3,3-hexamethyldisilazane*
HMDSO	hexamethyl disiloxane (CH$_3$)$_3$Si-O-Si(CH$_3$)$_3$
HMeH(Φ)P	phenylphosphonic acid mono(1-methylheptyl) ester C$_6$H$_5$-P(=O)(OH)-O-CH(CH$_3$)-C$_6$H$_{13}$ *1-methylheptyl-phenylphosphonic acid*
HMF	5-hydroxymethyl furan-2-carboxaldehyde 5-(HO-CH$_2$)-OC$_4$H$_2$-2-CHO *5-hydroxymethyl-2-furfural*
HMG	3-hydroxy-3-methyl pentanedioic acid HOOC-CH$_2$-C(CH$_3$)(OH)-CH$_2$-COOH *3-hydroxy-3-methyl glutaric acid*
HMM	N,N,N',N',N'',N''-hexakis(methoxymethyl) 1,3,5-triazine-2,4,6-triamine 2,4,6-[(CH$_3$-O-CH$_2$)$_2$N]$_3$-1,3,5-N$_3$C$_3$ *hexakis-(methoxymethyl)-melamine*

HMN	2,2,4,4,6,8,8-heptamethyl nonane $(CH_3)_3C-CH_2-C(CH_3)_2-CH_2-CH(CH_3)-CH_2-C(CH_3)_3$
HMP	mixture of poly[metaphosphoric acids] $[(HPO_3)_6]_x$ *hexametaphosphate*
HMPA	hexamethyl phosphoramide $O=P[N(CH_3)_2]_3$
HMPT	hexamethyl phosphoramide $O=P[N(CH_3)_2]_3$ *hexamethyl phosphoric acid triamide*
HMT	1,3,5,7-tetraazatricyclo[3.3.1.1^{3,7}]decane $[3.3.1.1^{3,7}]$-1,3,5,7-$N_4C_6H_{12}$ *hexamethylene tetramine*
HMTA	1,3,5,7-tetraazatricyclo[3.3.1.1^{3,7}]decane $[3.3.1.1^{3,7}]$-1,3,5,7-$N_4C_6H_{12}$ *hexamethylene tetramine*
HMX	1,3,5,7-tetranitro octahydro-1,3,5,7-tetrazocine 1,3,5,7-$(NO_2)_4$-1,3,5,7-$N_4C_4H_8$ *homocyclonite*
HNAAP	4-[(2-hydroxy)-1-naphthalenylmethylenamino]-1,5-dimethyl-2-phenyl- 1,2-dihydro-3H-pyrazol-3-one 4-(HO-2-$C_{10}H_6$-1-CH=N)-1,5-$(CH_3)_2$-2-C_6H_5-1,2-$N_2C_3(=O)$-3 *4-N-(2-hydroxy-1'-naphthylidene)-aminoantipyrine*
HN-O(CIMP)	chloromethylphosphonic acid monooctyl ester $Cl-CH_2-P(=O)(OH)-O-C_8H_{17}$ *n-octylhydrogenchloromethylphosphonic acid*
HOAc	acetic acid CH_3-COOH
HOBT	1-hydroxy 1H-benzotriazole 1,2,3-$N_3C_6H_4$-1-OH
HO(Cl2MP)	dichloromethylphosphonic acid monooctyl ester $CHCl_2-P(=O)(OH)-O-C_8H_{17}$ *n-octylhydrogendichloromethylphosphonic acid*
HON	2-amino-5-hydroxy-4-oxo pentanoic acid $HO-CH_2-C(=O)-CH_2-CH(NH_2)-COOH$
HONB	3a,4,7,7a-tetrahydro-2-hydroxy 4,7-methano-1H-isoindole-1,3(2H)-dione 2-HO-2-$NC_9H_8(=O)_2$-1,3 *N-hydroxy-5-norbornene-2,3-dicarbonic acid imide*

HO(OP)	octylphosphonic acid monooctyl ester C_8H_{17}-P(=O)(OH)-O-C_8H_{17} *n-octylhydrogen-n-octylphosphonate*
HO(Φ)P	phenylphosphonic acid monooctyl ester C_6H_5-P(=O)(OH)-O-C_8H_{17} *n-octylhydrogenphenylphosphonate*
HOSA	hydroxylamine-O-sulfonic acid NH_2-O-S(=O)$_2$-OH
Hox	5-quinazolinol 1,3-$N_2C_8H_5$-5-OH *5-hydroxyquinazoline*
HPDTA	N,N'-[(2-hydroxy)-1,3-propanediyl]bis[(N-carboxymethyl)glycine] (HOOC-CH_2)$_2$N-CH_2-CH(OH)-CH_2-N(CH_2-COOH)$_2$ *2-hydroxy-1,3-propanediamine-tetraacetic acid*
HPMo	12-molybdophosphoric acid $H_3[P(Mo_3O_{10})_4]$
HPPH	5-(4-hydroxyphenyl)-5-phenyl 2,4-imidazolidinedione 5-(HO-4-C_6H_4)-5-C_6H_5-1,3-$N_2C_3H_2$-(=O)$_2$-2,4 *5-(4-hydroxyphenyl)-5-phenylhydantoin*
HPT	hexamethyl phosphoramide O=P[N(CH_3)$_2$]$_3$ *hexamethylphosphoric acid triamide*
HPTS	4-methyl benzenesulfonic acid CH_3-4-C_6H_4-SO_3H *p-toluenesulfonic acid*
HPW	12-tungstophosphoric acid $H_3[P(W_3O_{10})_4]$
H-Säure	4-amino-5-hydroxy 2,7-naphthalenedisulfonic acid 4-NH_2-5-HO-$C_{10}H_4$-(SO_3H)$_2$-2,7
HSiW	12-tungstosilicic acid $H_4[Si(W_3O_{10})_4]$
5-HT	3-(2-aminoethyl) 5(1H)-indolol 5-HO-(1-NC_8H_5)-3-CH_2CH_2-NH_2 *5-hydroxy tryptamine*
HT	3-(2-aminoethyl) 5(1H)-indolol 5-HO-(1-NC_8H_5)-3-CH_2CH_2-NH_2 *5-hydroxy tryptamine*
HTDTA	N,N'-(2-hydroxy-1,3-propanediyl)bis[N-(carboxymethyl)glycine] (HOOC-CH_2)$_2$N-CH_2-CH(OH)-CH_2-N(CH_2-COOH)$_2$ *1,3-diamino-2-propanol-N,N,N',N'-tetraacetic acid*

Htfac	1,1,1-trifluoro 2,4-pentanedione $CF_3-C(=O)-CH_2-C(=O)-CH_3$ *trifluoroacetylacetone*
HTFMS	trifluoro methanesulfonic acid CF_3-SO_3H
Htftbd	4,4,4-trifluoro-1-(2-thienyl) butane-1,3-dione $CF_3-C(=O)-CH_2-C(=O)-2-SC_4H_3$
HTMP	2,2,6,6-tetramethyl piperidine $2,2,6,6-(CH_3)_4-NC_5H_6$
5-HTP	5-hydroxy tryptophan $1-NC_8H_5(OH-5)-3-CH_2-CH(NH_2)-COOH$
HTP	2-amino-3-(5-hydroxy-3-indolyl) propanoic acid $5-HO-1-NC_8H_5-3-CH_2-CH(NH_2)-COOH$ *5-hydroxy tryptophan*
HVA	4-hydroxy-3-methoxy benzeneacetic acid $4-HO-3-(CH_3-O)-C_6H_3-COOH$ *homovanillic acid*
HXTA	N,N'-[2-hydroxy-5-methyl-1,3-phenylenebis(methylene)]bis- [N-(carboxymethyl)glycine] $(HOOC-CH_2)_2N-CH_2-C_6H_2(OH-2)(CH_3-5)-3-CH_2-N(CH_2-COOH)_2$
Hyl	2,6-diamino-5-hydroxy hexanoic acid $NH_2-CH_2-CH(OH)-CH_2CH_2-CH(NH_2)-COOH$ *δ-hydroxy-L-lysine*
3Hyp	3-hydroxy pyrrolidine-2-carboxylic acid $3-HO-NC_4H_7-2-COOH$ *3-hydroxyproline*
4Hyp	4-hydroxy pyrrolidine-2-carboxylic acid $4-HO-NC_4H_7-2-COOH$ *4-hydroxyproline*
Hyp	4-hydroxy pyrrolidine-2-carboxylic acid $4-HO-NC_4H_7-2-COOH$ *hydroxyproline*
I	1,9-dihydro-9-ß-D-ribofuranosyl-6H-purin-6-one $6-(O=)-(1,3,7,9-N_4C_5H_3-9)-1'-OC_4H_4[(OH)_2-2',3']-4'-CH_2-OH$ *inosine*
I	2-amino-3-methyl pentanoic acid $C_2H_5-CH(CH_3)-CH(NH_2)-COOH$ *isoleucin*
IAA	1H-indole-3-acetic acid $NC_8H_6-3-CH_2-COOH$

IAc	iodo acetic acid I-CH$_2$-COOH
1,5-I-AEDANS	5-[2-(iodoacetylamino)ethylamino] 1-naphthalenesulfonic acid 5-[I-CH$_2$-C(=O)-NH-CH$_2$CH$_2$-NH]-C$_{10}$H$_6$-1-SO$_3$H *N-iodoacetyl-5-ethyldiamine 1-naphthalenesulfonic acid*
IBA	1H-indole-3-butanoic acid NC$_8$H$_6$-3-CH$_2$CH$_2$CH$_2$-COOH
IBA	2-methyl propanol i-C$_4$H$_9$-OH *isobutanol*
IBD	2-methyl propanal i-C$_3$H$_7$-CHO *isobutyraldehyde*
IBDU	2-methylpropylidene urea i-C$_3$H$_7$-CH=N-C(=O)-NH$_2$ *isobutylidene urea*
i-biq	2,2'-isoquinoline 2-[1-NC$_9$H$_6$-2-]-1-NC$_9$H$_6$
IBMX	1-methyl-3-(2-methylpropyl) 3,7-dihydro-1H-purine-2,6-dione 1-CH$_3$-3-(i-C$_4$H$_9$)-1,3,7,9-N$_4$C$_5$H$_2$-(=O)$_2$-2,6 *3-isobutyl-1-methylxanthine*
iBu	2-methyl propanoic acid i-C$_3$H$_7$-COOH *isobutyric acid*
IBVE	1-ethenyloxy-2-methyl propane i-C$_4$H$_9$-O-CH=CH$_2$ *isobutylvinylether*
ida	N-(carboxymethyl) glycine, ion(2-) [HN(CH$_2$-COO)$_2$]$^{2-}$ *iminodiacetate*
I-Di-Säure	2-amino-5-hydroxy 1,7-naphthalenedisulfonic acid 2-NH$_2$-5-HO-C$_{10}$H$_4$-(SO$_3$H)$_2$-1,7 *2-Amino-5-hydroxy-1,7-naphthalindisulfonsäure*
5'-IDP	inosine-5'-(trihydrogendiphosphate) (O=)N$_4$C$_5$H$_3$-OC$_4$H$_4$(OH)$_2$-CH$_2$-O-P(=O)(OH)-O-P(=O)(OH)$_2$ *inosine-5'-diphosphate*
IDP	inosine-5'-(trihydrogendiphosphate) (O=)N$_4$C$_5$H$_3$-OC$_4$H$_4$(OH)$_2$-CH$_2$-O-P(=O)(OH)-O-P(=O)(OH)$_2$ *inosine-5'-diphosphate*

IDS	2-(1,3-dihydro-3-oxo-5-sulfo-2H-indol-2-ylidene)-2,3-dihydro-3-oxo 1H-indole-5-sulfonic acid, ion(2-) [{5-O_3S-3-(O=)-1-NC_8H_4=2-}$_2$]$^{2-}$ *indigodisulfonate*
IDSA	N-(1,2-dicarboxyethyl) aspartic acid HOOC-CH_2-CH(COOH)-NH-CH(COOH)-CH_2-COOH *iminodisuccinic acid*
i-dtma	N,N-bis(2-aminoethyl) glycine, ion(1-) [(NH_2-CH_2CH_2)$_2$N-CH_2-COO]$^-$
IDU	2'-deoxy-5-iodo uridine 2,4-(O=)$_2$-$N_2C_4H_2$(I-5)-[2-OC_4H_5(OH-4)-5-CH_2-OH]-1
IES	1H-indol-3-yl acetic acid 1-NC_8H_6-3-CH_2-COOH *3-Indolessigsäure*
IIDQ	2-(2-methylpropoxy) 1(2H)-quinolinecarboxylic acid 2-methylpropyl ester 2-(i-C_4H_9-O)-1-NC_9H_7-1-COO-C_4H_9-i *1-isobutyloxycarbonyl-2-isobutyloxy-1,2-dihydroquinoline*
IIH	pyridine-4-carboxylic acid 2-(1-methylethyl) hydrazide NC_5H_4-4-C(=O)-NH-NH-C_3H_7-i *N^1-isonicotinyl-N^2-isopropyl-hydrazine*
Ile	2-amino-3-methyl pentanoic acid C_2H_5-CH(CH_3)-CH(NH_2)-COOH *isoleucine*
Ileu	2-amino-3-methyl pentanoic acid C_2H_5-CH(CH_3)-CH(NH_2)-COOH *isoleucine*
ileu	isoleucine, ion(1-) [C_2H_5-CH(CH_3)-CH(NH_2)-COO]$^-$ *isoleucinate*
IItc	1H-indole-1-carbothioic acid, ion(1-) [1-NC_8H_6-1-C(=O)-S]$^-$ *indolemonothiocarbamate*
Im	1H-imidazole 1,3-$N_2C_3H_4$
Im2CO	1,1'-carbonylbis(1H-imidazole) (1,3-$N_2C_3H_3$-1)$_2$C=O
Imda	N-(carboxymethyl) glycine HN(CH_2-COOH)$_2$ *iminodiacetic acid*

Imdp	N-(2-carboxyethyl) ß-alanine	

$HN(CH_2CH_2\text{-}COOH)_2$
iminodipropionic acid

2-IMDPT N-(imidazol-2-ylmethyl)-N'-[3-(imidazol-2-ylmethylamino)propyl]-1,3-propanediamine
$(1,3\text{-}N_2C_3H_3)\text{-}2\text{-}CH_2\text{-}(NH\text{-}CH_2CH_2CH_2)_2\text{-}NH\text{-}CH_2\text{-}2\text{-}(1,3\text{-}N_2C_3H_3)$
1,11-bis(imidazol-2-yl)-2,6,10-triazaundecane

4-IMDPT N-(imidazol-4-ylmethyl)-N'-[3-(imidazol-4-ylmethylamino)propyl] 1,3-propanediamine
$(1,3\text{-}N_2C_3H_3)\text{-}4\text{-}CH_2\text{-}NH\text{-}(CH_2CH_2CH_2\text{-}NH)_2\text{-}CH_2\text{-}4\text{-}(1,3\text{-}N_2C_3H_3)$
1,11-bis(imidazol-4-yl)-2,6,10-triazaundecane

5'-IMP inosine-5'-(dihydrogenmonophosphate)
$(O=)N_4C_5H_3\text{-}OC_4H_4(OH)_2\text{-}CH_2\text{-}O\text{-}P(=O)(OH)_2$
inosine-5'-monophosphate

IMP inosine-5'-(dihydrogenmonophosphate)
$(O=)N_4C_5H_3\text{-}OC_4H_4(OH)_2\text{-}CH_2\text{-}O\text{-}P(=O)(OH)_2$
inosine-5'-monophosphate

Impa N-(carboxymethyl) ß-alanine
$HOOC\text{-}CH_2\text{-}NH\text{-}CH_2CH_2\text{-}COOH$
iminopropionicacetic acid

INH pyridine-4-carboxylic acid hydrazide
$NC_5H_4\text{-}4\text{-}C(=O)\text{-}NH\text{-}NH_2$
isonicotinic hydrazide

Ino 1,9-dihydro-9-ß-D-ribofuranosyl-6H-purin-6-one
$6\text{-}(O=)\text{-}(1,3,7,9\text{-}N_4C_5H_3\text{-}9)\text{-}1'\text{-}OC_4H_4[(OH)_2\text{-}2',3']\text{-}4'\text{-}CH_2\text{-}OH$
inosine

INPC N-phenyl carbamic acid 1-methylethyl ester
$C_6H_5\text{-}NH\text{-}COO\text{-}C_3H_7\text{-}i$
isopropyl-N-phenylcarbamate

INPEA ß-hydroxy-N-[(1-methyl)ethyl]-4-nitrobenzeneethanamine
$i\text{-}C_3H_7\text{-}NH\text{-}CH_2\text{-}CH(OH)\text{-}C_6H_4\text{-}4\text{-}NO_2$
2-isopropylamino-1-(4-nitrophenyl) ethanol

INS 6-[(4-methylphenyl)amino] 2-naphthalenesulfonic acid, ion (1-)
$[6\text{-}(CH_3\text{-}4\text{-}C_6H_4\text{-}NH)\text{-}C_{10}H_6\text{-}2\text{-}SO_3]^-$
6-[(4-methylphenyl)amino] 2-naphthalenesulfonate

INSH pyridine-4-carboxylic acid 2-[(2-hydroxyphenyl)methylene] hydrazide
$NC_5H_4\text{-}4\text{-}C(=O)\text{-}NH\text{-}N=CH\text{-}C_6H_4\text{-}2\text{-}OH$
o-hydroxybenzal-isonicotinoyl-hydrazine

INT 2-(4-iodophenyl)-3-(4-nitrophenyl)-5-phenyl 2H-tetrazolium chloride
$[2\text{-}(I\text{-}4\text{-}C_6H_4)\text{-}3\text{-}(NO_2\text{-}4\text{-}C_6H_4)\text{-}5\text{-}C_6H_5\text{-}1,2,3,4\text{-}N_4C]\,Cl$

iox	isoxazole 1,2-ONC$_3$H$_3$	
IP	3,5,5-trimethyl cyclohex-2-enone 3,5,5-(CH$_3$)$_3$-c-C$_6$H$_5$(=O)-1 *isophorone*	
Ip	1-methylethylidene- (CH$_3$)$_2$C= *isopropylidene-*	
IPA	1,3-benzenedicarboxylic acid 1,3-(HOOC)$_2$-C$_6$H$_4$ *isophthalic acid*	
iPa	1-methyl ethanamine i-C$_3$H$_7$-NH$_2$ *isopropylamine*	
IPAA	5-aminomethyl-3,3,5-trimethyl cyclohexanol 5-(NH$_2$-CH$_2$)-3,3,5-(CH$_3$)$_3$-c-C$_6$H$_7$-1-OH	
ipae	2-[bis(1-methylethyl)amino] ethanol HO-CH$_2$CH$_2$-N(C$_3$H$_7$-i)$_2$ *diisopropylaminoethanol*	
IPC	2-chloro propane (CH$_3$)$_2$CH-Cl *isopropylchloride*	
IPC	N-phenyl carbamic acid 1-methylethyl ester C$_6$H$_5$-NH-COO-C$_3$H$_7$-i *isopropyl-N-phenylcarbamate*	
Ipc2BCl	chlorobis(2,6,6-trimethylbicyclo[3.1.1]hept-3-yl)borane [2,6,6-(CH$_3$)$_3$-[3.1.1]-C$_7$H$_8$-3]$_2$BCl *diisopinocampheylboronchloride*	
IPD	5-aminomethyl-3,3,5-trimethyl cyclohexanamine 5-(NH$_2$-CH$_2$)-3,3,5-(CH$_3$)$_3$-c-C$_6$H$_7$-1-NH$_2$ *isophorone diamine*	
IPDI	5-isocyanato-1-isocyanatomethyl-1,3,3-trimethylcyclohexane 5-(O=C=N)-1-(O=C=N-CH$_2$)-1,3,3-(CH$_3$)$_3$-c-C$_6$H$_7$ *isophorone-diisocyanate*	
IPG	2-(1-methylethoxy) ethanol i-C$_3$H$_7$-O-CH$_2$CH$_2$-OH *isopropyl-glycol*	
iPhA	1,3-benzenedicarboxylic acid 1,3-(HOOC)$_2$-C$_6$H$_4$ *isophthalic acid*	

IPN	1,3,3-trimethyl-5-oxo cyclohexanecarbonitrile 1,3,3-$(CH_3)_3$-5-(O=)-c-C_6H_6-1-CN *isophorone-nitrile*
IPOTMS	trimethyl[(1-methylethenyl)oxy] silane $(CH_3)_3$Si-O-C(CH_3)=CH_2 *isopropenyloxy-trimethyl silane*
IPP	peroxydicarbonic acid bis(1-methylethyl) ester i-C_3H_7-O-C(=O)-O-O-C(=O)-O-C_3H_7-i *isopropyl-percarbonate*
IPPC	N-phenyl carbamic acid 1-methylethyl ester C_6H_5-NH-COO-C_3H_7-i *isopropyl-N-phenylcarbamate*
IPTD	4-amino-N-[5-(1-methylethyl)-1,3,4-thiadiazol-2-yl]benzenesulfonamide 5-(i-C_3H_7)-1,3,4-SN_2C_2-[NH-S(=O)$_2$-C_6H_4-4-NH_2]-2 *sulfa-5-isopropyl-1,3,4-thiadiazole*
IPTG	1-[(1-methylethyl)thio] ß-D-galactopyranoside 2,3,4-$(HO)_3$-OC_5H_5[(CH_2-OH)-5]-1-S-C_3H_7-i *isopropyl-ß-D-1-thiogalactopyranoside*
iptz	1-(1-methyl)ethyl 1H-tetrazole 1-(i-C_3H_7)-N_4CH *1-isopropyl tetrazole*
2IPy	2-iodo pyridine 2-I-NC_5H_4
I-Säure	7-amino-4-hydroxy 2-naphthalenesulfonic acid 7-NH_2-4-HO-$C_{10}H_5$-2-SO_3H
iso-APPA	phenylphosphonic acid mono(3-methylbutyl) ester C_6H_5-P(=O)(OH)-O-C_5H_{11}-i *iso-amyl phenylphosphonate*
α-Ist	2-hydroxy-(1-methylethyl) 2,4,6-cycloheptatrien-1-one (i-C_3H_7)-2-HO-C_7H_4(=O)-1 *α-isopropyltropolone*
ß-Ist	3-hydroxy-(1-methylethyl) 2,4,6-cycloheptatrien-1-one (i-C_3H_7)-3-HO-C_7H_4(=O)-1 *ß-isopropyltropolone*
ISTSC	2-(1,2-dihydro-2-oxo-3H-indol-3-ylidene) hydrazinecarbothiamide 1-NC_8H_5[(=O)-2][=N-NH-C(=S)-NH_2]-3 *isatin thiosemicarbazone*
5'-ITP	inosine-5'-(tetrahydrogentriphosphate) (O=)$N_4C_5H_3$-OC_4H_4(OH)$_2$-CH_2-O-[P(=O)(OH)-O]$_2$-P(=O)(OH)$_2$ *inosine-5'-triphosphate*

ITS	2-(1,3-dihydro-3-oxo-5-sulfo-2H-indol-2-ylidene)-2,3-dihydro-3-oxo 1H-indole-5,7-disulfonic acid, ion(3-) [2-{5-O_3S-3-(O=)-1-NC_8H_4=2}-1-NC_8H_3(=O)-3-$(SO_3)_2$-5,7]$^{3-}$ *indigotrisulfonate*
IZT	2,3-dihydro-1H-imidazole-2-thione 1,3-$N_2C_3H_4$(=S)-2 *imidazoline-2-thione*
1,5-J-AEDANS	5-[2-(iodoacetylamino)ethylamino] 1-naphthalenesulfonic acid 5-[I-CH_2-C(=O)-NH-CH_2CH_2-NH]-$C_{10}H_6$-1-SO_3H *N-Jodoacetyl-5-ethyldiamin-1-naphthalinsulfonsäure*
1,8-J-AEDANS	8-[2-(iodoacetylamino)ethylamino] 1-naphthalenesulfonic acid 8-[I-CH_2-C(=O)-NH-CH_2CH_2-NH]-$C_{10}H_6$-1-SO_3H *N-Jodoacetyl-8-ethyldiamin-1-naphthalinsulfonsäure*
J-Säure	7-amino-4-hydroxy 2-naphthalenesulfonic acid 7-NH_2-4-HO-$C_{10}H_5$-2-SO_3H
K	L-2,6-diamino hexanoic acid NH_2-$(CH_2)_4$-CH(NH_2)-COOH *L-lysine*
KDDP	potassium dideuterophosphate K [D_2PO_4] *Kaliumdideuterophosphat*
KDP	potassium dihydrogen phosphate K [H_2PO_4] *Kaliumdihydrogenphosphat*
α-KG	2-oxo pentanedioic acid HOOC-CH_2CH_2-C(=O)-COOH *α-ketoglutarate*
K-Säure	4-amino-5-hydroxy 1,7-naphthalenedisulfonic acid 4-NH_2-5-HO-$C_{10}H_4$-$(SO_3H)_2$-1,7 *4-Amino-5-hydroxy-1,7-naphthalindisulfonsäure*
KTpCPB	potassium tetrakis(4-chlorophenyl)borate K [B(C_6H_4-4-Cl$)_4$] *Kalium-tetrakis(p-chlorphenyl)borat*
L	2-amino-4-methyl pentanoic acid i-C_4H_9-CH(NH_2)-COOH *leucin*
LABS	linear alkylbenzene sulfonates [CH_3-$(CH_2)_n$-C_6H_4-SO_3]$^+$
Lac	2-hydroxy propanoic acid HO-CH(CH_3)-COOH *lactic acid*

L-Ala(P)   R-(1-aminoethyl) phosphonic acid
CH_3-$CH(NH_2)$-$P(=O)(OH)_2$
L(-)-1-aminoethyl phosphonic acid

L-Arg-MCA   2-amino-5-[(aminoiminomethyl)amino]-N-(4-methyl-2-oxo-2H-1-benzopyran-7-yl)-pentanamide
7-[NH_2-C(=NH)NH-$(CH_2)_3$-$CH(NH_2)$C(O)NH]-1-OC_9H_4(=O)-2-CH_3-4
L-arginine-4-methylcoumaryl-7-amide

LAS   linear alkylbenzene sulfonates
[CH_3-$(CH_2)_n$-C_6H_4-SO_3]$^+$

L-BAPA   5-[(aminoiminomethyl)amino]-2-(benzoylamino)-N-(4-nitrophenyl) (S)-pentanamide
NH_2-C(=NH)NH-$CH_2CH_2CH_2$-CH[NH-C(=O)C_6H_5]C(=O)NH-C_6H_4-4-NO_2
Nα-benzoyl-L-arginine-p-nitroanilide

lbpa   6-methyl-N,N-bis(2-pyridylmethyl) 2-pyridinemethanamine
6-CH_3-NC_5H_3-2-CH_2-N(CH_2-2-C_5H_4N)$_2$
2,6-lutidinyl-bis(2-picolinyl) amine

LCP   liquid crystal polymer

LDA   lithium diisopropylamide
LiN[CH(CH_3)$_2$]$_2$

L-Dab   L-2,4-diamino butanoic acid
NH_2-CH_2CH_2-$CH(NH_2)$-COOH

LDAO   N,N-dimethyl 1-dodecanamine N-oxide
(CH_3)$_2$N(O)-$C_{12}H_{25}$
lauryldimethylamine oxide

L-DOPA   3-hydroxy L-tyrosine
3,4-(HO)$_2$-C_6H_3-CH_2-$CH(NH_2)$-COOH
3-(3,4-dihydroxyphenyl) L-alanine

Leu   2-amino-4-methyl pentanoic acid
i-C_4H_9-$CH(NH_2)$-COOH
leucine

Leu-MCA   (S)-2-amino-4-methyl-N-(4-methyl-2-oxo-2H-1-benzopyran-7-yl) pentanamide
4-CH_3-2-(O=)-1-OC_9H_4-7-NH-C(=O)-$CH(NH_2)$-C_4H_9-i
L-leucine-4-methyl-7-cumarinylamide

LIAH   lithium tetrahydridoaluminate
Li[AlH$_4$]
lithium-aluminium-hydride

LIS   2-hydroxy-3,5-diiodo benzoic acid, monolithium salt
Li [3,5-I$_2$-2-HO-C_6H_2-COO]
lithium 3,5-diiodo-salicylate

LR	2,4-bis(4-methoxyphenyl)-1,3,2,4-dithiaphosphetane-2,4-disulfide 2,4-[4-(CH$_3$-O)-C$_6$H$_4$]$_2$-1,3,2,4-S$_2$P$_2$(=S)$_2$-2,4 *Lawesson reagent*	
L-Säure	5-hydroxy 1-naphthalenesulfonic acid 5-HO-C$_{10}$H$_6$-SO$_3$H-1 *5-Hydroxy-1-naphthalinsulfonsäure*	
LSD	N,N-diethyl-7-methyl 4,6,6a,7,8,9-hexahydro-indolo[4,3-fg]quinoline-9-carboxamide 9-[(C$_2$H$_5$)$_2$N-C(=O)]-7-CH$_3$-4,7-N$_2$C$_{14}$H$_{13}$ *lysergic diethylamide*	
l-sdda	N,N'-(1,2-diphenyl-1,2-ethanediyl)bis(glycine), ion (2-) [OOC-CH$_2$-NH-CH(C$_6$H$_5$)-CH(C$_6$H$_5$)-NH-CH$_2$-COO]$^{2-}$ *l-stilbenediamine-N,N'-diacetate*	
ltpen	N-[(6-methyl)-2-pyridylmethyl]-N,N',N'-tris(2-pyridylmethyl) 1,2-ethanediamine 6-CH$_3$-NC$_5$H$_3$-2-CH$_2$-N(CH$_2$-2-NC$_5$H$_4$)-CH$_2$CH$_2$-N(CH$_2$-2-NC$_5$H$_4$)$_2$ *2,6-lutidinyl-tris(2-picolinyl)ethylenediamine*	
Lys	L-2,6-diamino hexanoic acid NH$_2$-(CH$_2$)$_4$-CH(NH$_2$)-COOH *L-lysine*	
Lys(OH)	2,6-diamino-5-hydroxy hexanoic acid NH$_2$-CH$_2$-CH(OH)-CH$_2$CH$_2$-CH(NH$_2$)-COOH *δ-hydroxy-L-lysine*	
M	2-amino-4-methylthio butanoic acid CH$_3$-S-CH$_2$CH$_2$-CH(NH$_2$)-COOH *methionine*	
MA	2,5-dihydro 2,5-furandione OC$_4$H$_2$(=O)$_2$-2,5 *maleic anhydride*	
Ma	methanamine CH$_3$-NH$_2$	
mAaBA	3-(acetylamino) benzoic acid 3-[CH$_3$-C(=O)-NH]-C$_6$H$_4$-COOH *m-acetamidobenzoic acid*	
mAcBA	3-acetyl benzoic acid 3-[CH$_3$-C(=O)]-C$_6$H$_4$-COOH *m-acetylbenzoic acid*	
macr	N-methyl acridinium [10-CH$_3$-10-NC$_{13}$H$_9$]$^+$	
MAEPII	3,7,13,17-tetraethyl-2,8,12,18-tetramethyl-5-azaporphine, ion(2-) [(C$_2$H$_5$)$_4$-(CH$_3$)$_4$-5,21,22,23,24-N$_5$C$_{19}$H$_3$]$^{2-}$ *monoazaetioporphyrine*	

MAEPIV	2,8,13,17-tetraethyl-3,7,12,18-tetramethyl-5-azaporphine, ion(2-) $[(C_2H_5)_4\text{-}(CH_3)_4\text{-}5,21,22,23,24\text{-}N_5C_{19}H_3]^{2-}$ *monoazaetioporphyrine*	
Mal	1,3-propanedioic acid $HOOC\text{-}CH_2\text{-}COOH$ *malonic acid*	
mal	1,3-propanedioic acid, ion(2-) $[OOC\text{-}CH_2\text{-}COO]^{2-}$ *malonate*	
MAM-acetat	(methyl-ONN-azoxy)-methanol acetate (ester) $CH_3\text{-}COO\text{-}CH_2\text{-}N=N(O)\text{-}CH_3$ *Methylazoxymethanolacetat*	
Man	D-mannose $OCH\text{-}CH(OH)\text{-}CH(OH)\text{-}CH(OH)\text{-}CH(OH)\text{-}CH_2\text{-}OH$	
Maneb	manganese N,N'-1,2-ethanediylbis(dithiocarbamate) $Mn\,[S\text{-}C(=S)\text{-}NH\text{-}CH_2CH_2\text{-}NH\text{-}C(=S)\text{-}S]$ *manganese ethylene-bis(dithiocarbamate)*	
MAP	6α-methyl-17α-acetoxy-4-pregnene-3,20-dione $6,10,13\text{-}(CH_3)_3\text{-}17\text{-}[CH_3\text{-}C(=O)]\text{-}17\text{-}(CH_3\text{-}COO)\text{-}C_{17}H_{19}(=O)\text{-}3$	
maP	1-(3-hydroxyphenyl) ethanone $CH_3\text{-}C(=O)\text{-}C_6H_4\text{-}3\text{-}OH$ *m-acetylphenol*	
MAPA	N-methyl 1,3-propanediamine $CH_3\text{-}NH\text{-}CH_2CH_2CH_2\text{-}NH_2$ *3-(methylamino)-propylamine*	
MAPO	1,1',1''-phosphinylidynetris[2-methylaziridine] $[2\text{-}CH_3\text{-}NC_2H_3\text{-}1]_3P=O$ *tris[1-(2-methyl)azirinidyl] phosphine oxide*	
MAPS	1,1',1''-phosphinothioylidynetris[2-methylaziridine] $[2\text{-}CH_3\text{-}NC_2H_3\text{-}1]_3P=S$ *tris[1-(2-methyl)aziridinyl] phosphine sulfide*	
MAQ-Br	2-bromomethyl 9,10-anthracenedione $2\text{-}BrCH_2\text{-}C_{14}H_7(=O)_2\text{-}9,10$ *2-bromomethyl-anthraquinone*	
MASME	2-methyl 2-propenoic acid methyl ester $CH_2=C(CH_3)\text{-}COO\text{-}CH_3$ *methyl methacrylate*	
mat	N-methyl 2-thiazolamine $2\text{-}(CH_3\text{-}NH)\text{-}1,3\text{-}SNC_3H_2$ *2-(N-methylamino) thiazole*	

mAxBA	3-acetyloxy benzoic acid 3-(CH_3-COO)-C_6H_4-COOH *m-acetoxybenzoic acid*
MB	bromo methane CH_3-Br *methyl bromide*
MB15C5	15-methyl 2,3,5,6,8,9,11,12-octahydro-1,4,7,10,13-benzopentaoxacyclopentadecin [-O-{1,2-C_6H_3(CH_3-4)}-O-(CH_2CH_2-O)$_3$-CH_2CH_2-] *methylbenzo-15-crown-5*
MB18C6	18-methyl 2,3,5,6,8,9,11,12,14,15-decahydro-1,4,7,10,13,16-benzohexaoxacyclooctadecin [-O-{1,2-C_6H_3(CH_3-4)}-O-(CH_2CH_2-O)$_4$-CH_2CH_2-] *methylbenzo-18-crown-6*
MBA	2-chloro-N-(2-chloroethyl)-N-methyl ethanamine CH_3-N(CH_2CH_2-Cl)$_2$ *methyl-bis-(ß-chloroethyl)-amine*
mBa	3-bromo benzenamine 3-Br-C_6H_4-NH_2 *m-bromoaniline*
MBBA	4-butyl-N-[4-(methoxy)phenylmethylidene] benzenimine 4-(CH_3-O)-C_6H_4-CH=N-C_6H_4-4-C_4H_9 *N-(4-methoxy benzylidene)-4-butylaniline*
mBBA	3-bromo benzoic acid 3-Br-C_6H_4-COOH *m-bromo benzoic acid*
MBD	N-[(4-methoxyphenyl)methyl]-7-nitro 4-benzofurazanamine 4-(4-CH_3O-C_6H_4-CH_2-NH)-7-NO_2-2,1,3-$ON_2C_6H_2$ *4-(methoxybenzylamino)-7-nitro-2,1,3-benzoxadiazole*
MBE	2-methyl 3-butene-2-ol CH_2=CH-C(CH_3)$_2$-OH
MBF	2,3,3a,4,5,6,7,7a-octahydro-7,8,8-trimethyl-4,7-methanobenzofuran-2-yl 7,8,8-(CH_3)$_3$-1-OC_9H_{10}-2-
Mbf	2,3,3a,4,5,6,7,7a-octahydro-7,8,8-trimethyl-4,7-methanobenzofuran-2-yl 7,8,8-(CH_3)$_3$-1-OC_9H_{10}-2-
MBHA	4-[amino(4-methylphenyl)methyl]phenyl- 4-[CH_3-4-C_6H_4-CH(NH_2)]-C_6H_4- *4-methyl-benzhydrylamine*
MBI	2-methyl 3-butyne-2-ol H-CC-C(CH_3)$_2$-OH

MBP	phosphoric acid monobutyl ester $(HO)_2P(=O)\text{-}O\text{-}C_4H_9$ *monobutylphosphate*
MeH(Φ)P	phenylphosphonic acid mono(1-methylheptyl) ester, ion(1-) $[C_6H_5\text{-}P(=O)(\text{-}O)\text{-}O\text{-}CH(CH_3)\text{-}C_6H_{13}]^-$ *(1-methylheptyl)phenylphosphonate*
mBP	3-bromo phenol $3\text{-}Br\text{-}C_6H_4\text{-}OH$ *m-bromophenol*
MBPA	phosphoric acid monobutyl ester $(HO)_2P(=O)\text{-}O\text{-}C_4H_9$ *mono-n-butylphosphoric acid*
mbpa	α-methyl-N,N-bis(2-pyridylmethyl)2-pyridinemethanamine $NC_5H_4\text{-}2\text{-}CH(CH_3)\text{-}N(CH_2\text{-}2\text{-}NC_5H_4)_2$ *α-methyl-N,N-bis(2-picolinyl) 2-picolinamine*
mBPIP	3-bromo-4-(4-hydroxyphenylimino)2,5-cyclohexadien-1-one $3\text{-}Br\text{-}4\text{-}[HO\text{-}4\text{-}C_6H_4\text{-}N=]\text{-}C_6H_3(=O)$ *m-bromophenol-indophenol*
235MBQ	2,3,5-trimethyl 2,5-cyclohexadiene-1,4-dione $2,3,5\text{-}(CH_3)_3\text{-}C_6H(=O)_2\text{-}1,4$ *2,3,5-trimethyl-1,4-benzoquinone*
MBS	1-[3-{((2,5-dioxo-1-pyrrolidinyl)oxy)carbonyl}phenyl]1H-pyrrole-2,5-dione $1\text{-}[2,5\text{-}(O=)_2\text{-}NC_4H_4\text{-}1\text{-}O\text{-}C(=O)\text{-}3\text{-}C_6H_4]\text{-}NC_4H_2(=O)_2\text{-}2,5$ *3-maleimido-benzoic acid-N-hydroxysuccinimide ester*
MBT	benzothiazole-2-thiol $1,3\text{-}SNC_7H_4\text{-}2\text{-}SH$ *2-mercapto benzothiazole*
MBTFA	N-methylbis(trifluoroacetamide) $[CF_3\text{-}C(=O)]_2N\text{-}CH_3$
MBTH	3-methyl 2,3-dihydro-2-benzothiazolone hydrazone $3\text{-}CH_3\text{-}1,3\text{-}SNC_7H_4(=N\text{-}NH_2)\text{-}2$ *3-methyl-2-benzothiazolinone hydrazone*
MBTS	2,2'-dithiobis(benzothiazole) $(1,3\text{-}SNC_7H_4\text{-}2\text{-}S\text{-})_2$ *2-mercapto benzothiazole disulfide*
MC	methyl-cellulose
mC	3-methyl phenol $3\text{-}CH_3\text{-}C_6H_4\text{-}OH$ *m-cresol*

mCa	3-chloro benzenamine 3-Cl-C_6H_4-NH_2 *m-chloroaniline*	
mCBA	3-chloro benzoic acid 3-Cl-C_6H_4-COOH *m-chloro benzoic acid*	
m-Chlor-CCP	[(3-chlorophenyl)hydrazono] propanedinitrile 3-Cl-C_6H_4-NH-N=C$(CN)_2$	
Mcin	4-methyl 8-cinnolinol 4-CH_3-1,2-$N_2C_8H_4$-8-OH	
Mcma	glycine methyl ester NH_2-CH_2-COO-CH_3 *methoxycarbonylmethylamine*	
mCNa	3-amino benzonitrile 3-NH_2-C_6H_4-CN *m-cyanoaniline*	
mCNBA	3-cyano benzoic acid 3-NC-C_6H_4-COOH *m-cyano benzoic acid*	
mCNP	3-hydroxy benzonitrile 3-HO-C_6H_4-CN *m-cyano phenol*	
MCP	(4-chloro-2-methylphenoxy) acetic acid 4-Cl-2-CH_3-C_6H_3-O-CH_2-COOH *2-methyl-4-chloro-phenoxy acetic acid*	
MCP	calcium hydrogenphosphate Ca [HPO_4] *monocalcium phosphate*	
mCP	3-chloro phenol 3-Cl-C_6H_4-OH *m-chlorophenol*	
MCPA	(4-chloro-2-methylphenoxy) acetic acid 4-Cl-2-CH_3-C_6H_3-O-CH_2-COOH *2-methyl-4-chloro-phenoxy acetic acid*	
MCPB	4-(2-methyl-4-chlorophenoxy) butanoic acid 2-CH_3-4-Cl-C_6H_3-O-$CH_2CH_2CH_2$-COOH	
MCPBA	3-chloro peroxybenzoic acid Cl-3-C_6H_4-C(=O)-OO-H *m-chloro peroxybenzoic acid*	

m-CPBA	3-chloro peroxybenzoic acid Cl-3-C_6H_4-C(=O)-OO-H *m-chloro peroxybenzoic acid*
MCPP	2-(4-chloro-2-methylphenoxy) propanoic acid 4-Cl-2-CH_3-C_6H_3-O-CH(CH_3)-COOH
MDA	4-(1-amino-1-methyl)ethyl-1-methyl 1-cyclohexanamine 4-[NH_2-C(CH_3)$_2$]-1-CH_3-c-C_6H_9-1-NH_2 *1,8-p-menthane diamine*
MDB	1,3-benzodioxole-5,6-diamine 5,6-(NH_2)$_2$-1,3-$O_2C_7H_4$ *4,5-methylenedioxy-1,2-benzenediamine*
mddda	N,N'-(1-methyl-1,3-propanediyl)bis[N-(2-aminoethyl)glycine], ion(2-) [OOC-CH_2-N(C_2H_4-NH_2)C_2H_4-CH(CH_3)N(C_2H_4-NH_2)CH_2-COO]$^{2-}$ *4-methyl-1,9-diamino-3,7-diazanonane-3,7-diacetate*
MDEA	N-methyl amino-2,2'-diethanol CH_3-N(CH_2CH_2-OH)$_2$ *methyl-diethanolamine*
MDEB	N-dodecyl-ß-hydroxy-N,N,α-trimethylbenzenethanaminium bromide [C_6H_5-CH(OH)-CH(CH_3)-N(CH_3)$_2$-$C_{12}H_{25}$] Br *N-dodecyl-N-methylephedrinium bromide*
MDG	2-(2-methoxyethoxy) ethanol CH_3-O-CH_2CH_2-O-CH_2CH_2-OH *methyl-diglycol*
MDI	4,4'-methylenebis[(isocyanato)benzene] O=C=N-C_6H_4-4-CH_2-4'-C_6H_4-N=C=O *4,4'-methylenedi(phenylisocyanate)*
MDI	diisocyanato methane O=C=N-CH_2-N=C=O *methane-di-isocyanate*
MDLA	N-dodecyl-N-methyl 1-dodecanamine ($C_{12}H_{25}$)$_2$N-CH_3 *methyl-dilaurylamine*
MDN	cis-2-butenedinitrile NC-CH=CH-CN *malodinitrile*
MDOA	N-methyl-N-octyl 1-octanamine (C_8H_{17})$_2$N-CH_3 *methyl-dioctylamine*
MDP	methylenediphosphonic acid (HO)$_2$P(=O)-CH_2-P(=O)(OH)$_2$

MDPF	2-methoxy-2,4-diphenyl 3(2H)-furanone	
	2-(CH_3-O)-2,4-(C_6H_5)$_2$-OC_4H(=O)-3	
Me	methyl-	
	CH_3-	
Me2[15]aneN2O3	7,13-dimethyl 1,4,10-trioxa-7,13-diazacyclopentadecane	
	[-O-CH_2CH_2-{O-CH_2CH_2-N(CH_3)-CH_2CH_2}$_2$-]	
ME2EN	N,N-dimethyl 1,2-ethanediamine	
	(CH_3)$_2$N-CH_2CH_2-NH_2	
Me2-salen	2,2'-[1,2-ethanediylbis(nitriloethylidyne)]bis(phenol)	
	HO-C_6H_4-2-C(CH_3)=N-CH_2CH_2-N=C(CH_3)-2-C_6H_4-OH	
	N,N'-bis(α-methylsalicylidene)ethylenediamine	
Me3[12]aneN3	2,2,4-trimethyl 1,5,9-triazacyclododecane	
	[-NH-C(CH_3)$_2$-CH_2-CH(CH_3)-NH-$CH_2CH_2CH_2$-NH-$CH_2CH_2CH_2$-]	
Me3[9]aneN3	1,4,7-trimethyl-2,3,4,5,6,7,8,9-octahydro1H-1,4,7-triazonine	
	[-N(CH_3)-CH_2CH_2-N(CH_3)-CH_2CH_2-N(CH_3)-CH_2CH_2-]	
	1,4,7-trimethyl 1,4,7-triazacyclononane	
Me4[12]eneN3	2,4,4,9-tetramethyl 1,5,9-triazacyclododec-1-ene	
	[-N=C(CH_3)-CH_2-C(CH_3)$_2$-NH-$CH_2CH_2CH_2$-N(CH_3)-$CH_2CH_2CH_2$-]	
ME4DIEN	N'-[2-(dimethylamino)ethyl]-N,N-dimethyl 1,2-ethanediamine	
	(CH_3)$_2$N-CH_2CH_2-NH-CH_2CH_2-N(CH_3)$_2$	
	N,N,N',N'-tetramethyl-diethylene triamine	
ME6TREN	N,N-bis[2-(dimethylamino)ethyl]-N',N'-dimethyl 1,2-ethanediamine	
	N[CH_2CH_2-N(CH_3)$_2$]$_3$	
	2,2',2''-tris(N,N-dimethylamino)-triethylamine	
2Mea	2-amino ethanethiol	
	NH_2-CH_2CH_2-SH	
	2-mercaptoethylamine	
MEA	2-amino ethanol	
	NH_2-CH_2CH_2-OH	
	monoethanolamine	
MEA	2-amino ethanethiol	
	NH_2-CH_2CH_2-SH	
	ß-mercapto ethylamine	
MeBl	3,7-bis(dimethylamino)phenothiazin-5-ium chloride	
	[3,7-{(CH_3)$_2$N}$_2$-5,10-SN$C_{12}H_6$] Cl	
	methylene blue	
MECAM	N,N',N''-[1,3,5-benzenetriyltris(methylene)]tris(2,3-dihydroxy benzamide)	
	1,3,5-[2,3-(HO)$_2$-C_6H_3-C(=O)-NH-CH_2]$_3$-C_6H_3	
	1,3,5-tris[[(2,3-dihydroxybenzoyl)amino]methyl]benzene	

MeCN	acetonitrile CH_3-CN *methylcyanide*
1-MeCYT	4-amino-1-methyl 1H-pyrimidine-2-one $1\text{-}CH_3\text{-}4\text{-}NH_2\text{-}1,3\text{-}N_2C_4H_2(=O)\text{-}2$ *1-methylcytosine*
med3a	N-(carboxymethyl)-N-[2-{(carboxymethyl)(methyl)amino}ethyl] glycine, ion(3-) $[OOC\text{-}CH_2\text{-}N(CH_3)\text{-}CH_2CH_2\text{-}N(CH_2\text{-}COO)_2]^{3-}$ *N-methylethylenediamine-N,N',N'-triacetate*
medds	N-methyl-N,N'-(1,2-ethanediyl)bis(aspartic acid)ion (4-) $[OOC\text{-}CH_2\text{-}CH(COO)\text{-}N(CH_3)\text{-}CH_2CH_2\text{-}NH\text{-}CH(COO)\text{-}CH_2\text{-}COO]^{4-}$ *N-methylethylenediamine-N,N'-disuccinate*
MeDPA	N-methyl-N-(2-pyridylmethyl) 2-pyridinemethanamine $(NC_5H_4\text{-}2\text{-}CH_2)_2N\text{-}CH_3$ *N-methyl-bis(2-pyridylmethyl)amine*
MEEN	N-methyl 1,2-ethanediamine $CH_3\text{-}NH\text{-}CH_2CH_2\text{-}NH_2$
MEEN	N,N'-dimethyl 1,2-ethanediylbis(2-aminoethanethiol) $HS\text{-}CH_2CH_2\text{-}N(CH_3)\text{-}CH_2CH_2\text{-}N(CH_3)\text{-}CH_2CH_2\text{-}SH$
MEG	1,2-ethanediol $HO\text{-}CH_2CH_2\text{-}OH$ *monoethyleneglycol*
MEGA-10	1-deoxy-1-[methyl(1-oxodecyl)amino] D-glucitol $C_9H_{19}\text{-}C(=O)\text{-}N(CH_3)\text{-}CH_2\text{-}[CH(OH)]_4\text{-}CH_2\text{-}OH$ *N-decanoyl-N-methyl glucamide*
MEGA-8	1-deoxy-1-[methyl(1-oxooctyl)amino] D-glucitol $C_7H_{15}\text{-}C(=O)\text{-}N(CH_3)\text{-}CH_2\text{-}[CH(OH)]_4\text{-}CH_2\text{-}OH$ *N-octanoyl-N-methyl glucamide*
MEGA-9	1-deoxy-1-[methyl(1-oxononyl)amino] D-glucitol $C_8H_{17}\text{-}C(=O)\text{-}N(CH_3)\text{-}CH_2\text{-}[CH(OH)]_4\text{-}CH_2\text{-}OH$ *N-nonanoyl-N-methyl glucamide*
MeGly	N-methyl glycine $CH_3\text{-}NH\text{-}CH_2\text{-}COOH$
MEHDPO	methylenebis[bis(2-ethylhexyl)phosphine] dioxide $[C_4H_9\text{-}CH(C_2H_5)\text{-}CH_2]_2P(=O)\text{-}CH_2\text{-}P(=O)[CH_2\text{-}CH(C_2H_5)\text{-}C_4H_9]_2$
MEHP	phosphoric acid mono(2-ethylhexyl) ester, ion(2-) $[(O\text{-})_2P(=O)\text{-}O\text{-}CH_2\text{-}CH(C_2H_5)\text{-}C_4H_9]^{2-}$ *mono(2-ethylhexyl)phosphate*

MeH(Φ)P	phenylphosphonic acid mono(1-methylheptyl) ester, ion(1-) $[C_6H_5\text{-}P(=O)(\text{-}O)\text{-}O\text{-}CH(CH_3)\text{-}C_6H_{13}]^-$ *(1-methylheptyl)phenylphosphonate*	
7-MeHYP	6-hydroxy-7-methyl 1H-purine $6\text{-}HO\text{-}7\text{-}CH_3\text{-}1,3,7,9\text{-}N_4C_5H_2$ *7-methylhypoxanthine*	
MEI	4-(2-isocyanoethyl) morpholine $4\text{-}(CN\text{-}CH_2CH_2)\text{-}1,4\text{-}ONC_4H_8$ *2-morpholinoethylisocyanide*	
MEIC	3-ethyl-1-methyl imidazolium chloride $[3\text{-}C_2H_5\text{-}1\text{-}CH_3\text{-}1,3\text{-}N_2C_3H_3]\,Cl$ *1-methyl-3-ethyl imidazolium chloride*	
MeIle	2-methylamino-3-methyl pentanoic acid $C_2H_5\text{-}CH(CH_3)\text{-}CH(NH\text{-}CH_3)\text{-}COOH$ *N-methyl isoleucine*	
1-MeIMID	1-methyl 1,3-diazole $1\text{-}CH_3\text{-}1,3\text{-}N_2C_3H_3$ *1-methyl-imidazole*	
MeISTSC	2-(1,2-dihydro-1-methyl-2-oxo-3H-indol-3-ylidene)hydrazinecarbothiamide $1\text{-}NC_8H_4(CH_3\text{-}1)[(=O)\text{-}2][=N\text{-}NH\text{-}C(=S)\text{-}NH_2]\text{-}3$ *1-methyl isatin thiosemicarbazone*	
MEK	2-butanone $CH_3\text{-}C(=O)\text{-}C_2H_5$ *methyl ethyl ketone*	
MEKP	2-butanone, peroxide $HO\text{-}O\text{-}C(C_2H_5)(CH_3)\text{-}O\text{-}O\text{-}C(CH_3)(C_2H_5)\text{-}O\text{-}OH$ *methylethylketone peroxide*	
MelA	benzenehexacarboxylic acid $(HOOC)_6\text{-}C_6$ *mellitic acid*	
MEM-chlorid	1-(chloromethoxy)-2-methoxy ethane $CH_3\text{-}O\text{-}CH_2CH_2\text{-}O\text{-}CH_2\text{-}Cl$ *(2-Methoxyethoxy)methylchlorid*	
men	N-methyl 1,2-ethanediamine $CH_3\text{-}NH\text{-}CH_2CH_2\text{-}NH_2$ *N-methylethylenediamine*	
MENOsar	1-methyl-8-nitro-3,6,10,13,16,19-hexaazabicyclo[6.6.6]eicosane $CH_3\text{-}C(CH_2\text{-}NH\text{-}CH_2CH_2\text{-}NH\text{-}CH_2)_3C\text{-}NO_2$	
MeOH	methanol $CH_3\text{-}OH$	

MEP 5-ethyl-2-methyl pyridine
5-C_2H_5-2-CH_3-NC_5H_3
2-methyl-5-ethyl pyridine

MEP phosphorothioic acid O,O-dimethyl-O-(3-methyl-4-nitro-phenyl) ester
S=P(O-CH_3)$_2$-O-C_6H_3(CH_3-3)-NO_2-4
O,O-dimethyl-O-(3-methyl-4-nitrophenyl)phosphorothionate

MePhs phosphoric acid methyl ester
(HO)$_2$P(=O)-O-CH_3
methyl phosphate

2-MePIPDTC 2-methyl piperidine-1-carbodithioic acid, ion(1-)
[2-CH_3-NC_5H_9-1-CS_2]$^-$
2-methyl-piperidine-dithiocarbamate

3-MePIPDTC 3-methyl piperidine-1-carbodithioic acid, ion(1-)
[3-CH_3-NC_5H_9-1-CS_2]$^-$
3-methyl-piperidine-dithiocarbamate

4-MePIPDTC 4-methyl piperidine-1-carbodithioic acid, ion(1-)
[4-CH_3-NC_5H_9-1-CS_2]$^-$
4-methyl-piperidine-dithiocarbamate

MEPN N,N'-dimethyl-1,3-propanediylbis(2-aminoethanethiol)
HS-CH_2CH_2-N(CH_3)-$CH_2CH_2CH_2$-N(CH_3)-CH_2CH_2-SH
N,N'-dimethyl-N,N'-bis(2-mercaptoethyl)-1,3-propanediamine

MePVTSC 2-[2-(aminothioxomethyl)hydrazono] propanoic acid methyl ester
CH_3-OC(=O)-C(CH_3)=N-NH-C(=S)-NH_2
methyl pyruvate thiosemicarbazone

Me-py N-methyl pyridinium
[NC_5H_5-1-CH_3]$^+$

(mepy)2pytren N,N-bis[2-{((6-methyl-2-pyridyl)methylene)amino}ethyl]-N'-(2-pyridylmethylene) 1,2-ethanediamine
2-C_5H_4-CH=N-CH_2CH_2-N(CH_2CH_2-N=CH-2-NC_5H_3-6-CH_3)$_2$

(mepy)3tren N'-[(6-methyl-2-pyridyl)methylene]-N,N-bis[2-{((6-methyl-2-pyridyl)methylene)amino}ethyl] 1,2-ethanediamine
N(CH_2CH_2-N=CH-2-NC_5H_3-6-CH_3)$_3$

(mepy)(py)2tren N'-[(6-methyl-2-pyridyl)methylene]-N,N-bis[2-{(2-pyridylmethylene)amino}ethyl]-1,2-ethanediamine
6-CH_3-NC_5H_3-2-CH=N-CH_2CH_2-N(CH_2CH_2-N=CH-2-NC_5H_4)$_2$

MEQUIN 2-methyl 8-quinolinol
2-CH_3-1-NC_9H_5-OH-8
2-methyl-8-hydroxyquinoline

MES 2-(4-morpholinyl) ethanesulfonic acid
1,4-ONC_4H_8-4-CH_2CH_2-SO_3H

Mesa	2-mercapto ethanesulfonic acid $HS\text{-}CH_2CH_2\text{-}SO_3H$
Met	2-amino-4-methylthio butanoic acid $CH_3\text{-}S\text{-}CH_2CH_2\text{-}CH(NH_2)\text{-}COOH$ *methionine*
α-Met	2-hydroxy-methyl 2,4,6-cycloheptatrien-1-one $CH_3\text{-}2\text{-}HO\text{-}C_7H_4(=O)\text{-}1$ *α-methyltropolone*
ß-Met	3-hydroxy-methyl 2,4,6-cycloheptatrien-1-one $CH_3\text{-}3\text{-}HO\text{-}C_7H_4(=O)\text{-}1$ *ß-methyltropolone*
2-MeTHF	2-methyl tetrahydrofuran $2\text{-}CH_3\text{-}OC_4H_7$
Methyl-DAST	trifluoro(N-methylmethanaminato) sulfur $(CH_3)_2N\text{-}SF_3$ *(dimethylamino)sulfurtrifluoride*
Methyl-GAG	2,2'-(1-methyl-1,2-ethanediylidene)bis(hydrazinecarboximidamide) $NH_2\text{-}C(=NH)\text{-}NH\text{-}N=C(CH_3)\text{-}CH=N\text{-}NH\text{-}C(=NH)\text{-}NH_2$ *methylglyoxal-bis-(guanylhydrazone)*
Methyl-L-DOPA	3-hydroxy-α-methyl L-tyrosine $3,4\text{-}(HO)_2\text{-}C_6H_3\text{-}CH_2\text{-}C(CH_3)(NH_2)\text{-}COOH$ *3-(3,4-dihydroxyphenyl)-2-methyl L-alanine*
4-MeTZ	4-methyl thiazole $1,3\text{-}SNC_3H_2(CH_3)\text{-}4$
MeVal	2-methylamino-3-methyl butanoic acid $i\text{-}C_3H_7\text{-}CH(NH\text{-}CH_3)\text{-}COOH$ *N-methyl valine*
mExa	3-ethoxy benzenamine $3\text{-}(C_2H_5\text{-}O)\text{-}C_6H_4\text{-}NH_2$ *m-ethoxyaniline*
MF	formic acid methyl ester $HCOO\text{-}CH_3$ *methylformate*
MFA	trisammonium 12-molybdophosphate $[NH_4]_3\,[P(Mo_3O_{10})_4]$
mFa	3-fluoro benzenamine $3\text{-}F\text{-}C_6H_4\text{-}NH_2$ *m-fluoroaniline*

mFBA	3-fluoro benzoic acid 3-F-C_6H_4-COOH *m-fluoro benzoic acid*
MFK	12-molybdophosphoric acid $H_3[P(Mo_3O_{10})_4]$
mFmP	3-hydroxy benzaldehyde 3-HO-C_6H_4-CHO *m-formylphenol*
mFP	3-fluoro phenol 3-F-C_6H_4-OH *m-fluorophenol*
MG	2-methoxy ethanol CH_3-O-CH_2CH_2-OH *methylglycol*
MGN	2-methylene pentanedinitrile NC-CH_2CH_2-C(=CH_2)-CN *2-methylene glutaric dinitrile*
MH	1,2,3,6-tetrahydro-3,6-pyridazinedione 1,2-$N_2C_4H_4$(=O)$_2$-3,6 *maleic hydrazide*
MHBI	4-hydroxy benzenecarboximidic acid methyl ester 4-HO-C_6H_4-C(=NH)-O-CH_3 *methyl-4-hydroxy-benzimidate*
MHDPO	methylenebis[(dihexyl)phosphine oxide] $(C_6H_{13})_2$P(=O)-CH_2-P(=O)$(C_6H_{13})_2$ *methylene-bis(di-n-hexylphosphine oxide)*
MHPG	1-(4-hydroxy-3-methoxyphenyl) 1,2-ethanediol 4-HO-3-(CH_3-O)-C_6H_3-CH(OH)-CH_2-OH *3-methoxy-4-hydroxyphenylethyleneglycol*
m-HPPH	5-(3-hydroxyphenyl)-5-phenyl 2,4-imidazolidinedione 5-(HO-3-C_6H_4)-5-C_6H_5-1,3-$N_2C_3H_2$-(=O)$_2$-2,4 *5-(3-hydroxyphenyl)-5-phenylhydantoin*
mIa	3-iodo benzenamine 3-I-C_6H_4-NH_2 *m-iodoaniline*
mIBA	3-iodo benzoic acid 3-I-C_6H_4-COOH *m-iodobenzoic acid*
MIBK	4-methyl-2-pentanone i-C_4H_9-C(=O)-CH_3 *methylisobutylketone*

MIP	1,4-bis(1-methyl-2-imidazolyl)-phthalazine	
	1,4-[1,3-$N_2C_3H_2(CH_3$-1)-2-$]_2$-2,3-$N_2C_8H_4$	
mIP	3-iodo phenol	
	3-I-C_6H_4-OH	
	m-iodophenol	
MITC	isothiocyanato methane	
	CH_3-N=C=S	
	methylisothiocyanate	
MIX	1-methyl-3-(2-methylpropyl) 3,7-dihydro-1H-purine-2,6-dione	
	1-CH_3-3-(i-C_4H_9)-1,3,7,9-$N_4C_5H_2$-(=O)$_2$-2,6	
	3-isobutyl-1-methylxanthine	
MJT	3-iodo tyrosin	
	4-HO-3-I-C_6H_3-CH_2-CH(NH_2)-COOH	
	Monojodtyrosin	
MK	kalium-metaphosphate-polymer	
	[K(PO_3)]$_n$	
MlcA	cis-2-butenedioic acid	
	HOOC-CH=CH-COOH	
	maleic acid	
MIn	propanedinitrile	
	NC-CH_2-CN	
	malononitrile	
MM	methanethiol	
	CH_3-SH	
	methyl mercaptan	
MMA	2-methyl 2-propenoic acid methyl ester	
	CH_2=C(CH_3)-COO-CH_3	
	methyl methacrylate	
mMa	3-methyl benzenamine	
	3-CH_3-C_6H_4-NH_2	
	m-methylaniline	
mMBA	3-methyl benzoic acid	
	3-CH_3-C_6H_4-COOH	
	m-methyl benzoic acid	
MMC	methoxy(methylcarbonato-O)-magnesium	
	CH_3-O-Mg-O-C(=O)-O-CH_3	
	methoxymagnesium-methylcarbonate	
MMH	methyl hydrazine	
	CH_3-NH-NH_2	
	monomethylhydrazine	

mMP	3-methoxy phenol CH_3-O-3-C_6H_4-OH *m-methoxy phenol*	
MMPD	4-methoxy-1,3-benzenediamine 4-(CH_3-O)-1,3-$(NH_2)_2$-C_6H_3	
MMPO	phosphoric acid monomethyl ester $(HO)_2$P(=O)-O-CH_3 *monomethyl phosphate*	
MMPP	2-carboxy benzenecarboperoxoic acid, magnesium salt(2:1) Mg [OOC-2-C_6H_4-C(=O)-OO-H]$_2$ *magnesium-monoperoxyphthalate*	
MMS	RS-(3-amino-3-carboxy-propyl)dimethyl sulfonium chloride [$(CH_3)_2$S-CH_2CH_2-CH(NH_2)-COOH] Cl *DL-methylmethioninsulfonium chloride*	
mMSa	3-methylthio benzenamine CH_3-S-3-C_6H_4-NH_2 *m-methylthio-aniline*	
mMSfa	3-methylsulfonyl benzenamine NH_2-C_6H_4-3-$S(=O)_2$-CH_3 *m-methylsulfonylaniline*	
mMSP	3-methylthio phenol CH_3-S-3-C_6H_4-OH *m-methylthio-phenol*	
mMsP	3-(methylsulfonyl) phenol CH_3-$S(=O)_2$-3-C_6H_4-OH *m-methylsulfonyl-phenol*	
MMT	1-(chlorodiphenylmethyl)-4-methoxy benzene $(C_6H_5)_2$CCl-C_6H_4-4-O-CH_3 *4-methoxytriphenylmethylchloride*	
MMTS	methanesulfonothioic acid S-methyl ester CH_3-$S(=O)_2$-S-CH_3 *S-methyl-methanethiosulfate*	
MMTS	(methylsulfinyl) (methylthio) methane CH_3-S(=O)-CH_2-S-CH_3 *methyl-methylmercaptomethyl-sulfoxide*	
mMxA	3-methoxy benzenamine CH_3-O-3-C_6H_4-NH_2 *m-methoxyaniline*	
mMxBa	3-methoxy benzoic acid CH_3-O-3-C_6H_4-COOH *m-methoxy-benzoic acid*	

mMxCa 3-amino benzoic acid methyl ester
$3\text{-}NH_2\text{-}C_6H_4\text{-}COO\text{-}CH_3$
m-methoxycarbonylaniline

MNB 3-methyl-3-nitroso butan-2-one
$(CH_3)_2C(N=O)\text{-}C(=O)\text{-}CH_3$
2-methyl-2-nitroso butan-3-one

m-NBAAP 1,5-dimethyl-4-[(3-nitro)phenylmethylenamino]-2-phenyl 1,2-dihydro-3H-pyrazol-3-one
$1,5\text{-}(CH_3)_2\text{-}4\text{-}(NO_2\text{-}3\text{-}C_6H_4\text{-}CH=N)\text{-}2\text{-}C_6H_5\text{-}1,2\text{-}N_2C_3(=O)\text{-}3$
4-N-(3'-nitrobenzylidene)-aminoantipyrine

MNDDA N-decyl-N-methyl 1-decanamine
$CH_3\text{-}N(C_{10}H_{21})_2$
methyl-n-didecylamine

MNG mono sodium L-glutamate
$Na\,[OOC\text{-}CH_2CH_2\text{-}CH(NH_2)\text{-}COOH]$
Mononatrium-L-glutamat

MNNG N-methyl-N'-nitro-N-nitroso guanidine
$ON\text{-}N(CH_3)\text{-}C(NH_2)=N\text{-}NO_2$

mNOa 3-nitro benzenamine
$3\text{-}NO_2\text{-}C_6H_4\text{-}NH_2$
m-nitroaniline

mNOBA 3-nitro benzoic acid
$3\text{-}NO_2\text{-}C_6H_4\text{-}COOH$
m-nitrobenzoic acid

mNOP 3-nitro phenol
$3\text{-}NO_2\text{-}C_6H_4\text{-}OH$
m-nitrophenol

MNP 2-methyl-2-nitroso propane
$(CH_3)_3C\text{-}N=O$

mnt cis-1,2-dithiolo 2-butenedinitrile
$NC\text{-}C(SH)=C(SH)\text{-}CN$
maleodinitrile dithiol

mnt cis-2,3-dimercapto butanedinitrile, ion(2-)
$[S\text{-}C(CN)=C(CN)\text{-}S]^{2-}$
maleonitrile dithiolate

MNT-Cl 1-chloro-2-nitro-4-trifluoromethyl benzene
$2\text{-}NO_2\text{-}4\text{-}CF_3\text{-}C_6H_3\text{-}Cl$
4-chloro-3-nitrobenzotrifluoride

MOABP [phenyl(phenylamino)methyl]phosphonic acid monooctyl ester
$C_6H_5\text{-}CH(NH\text{-}C_6H_5)\text{-}P(=O)(OH)\text{-}O\text{-}C_8H_{17}$
monooctyl-α-anilinobenzylphosphonate

MOCABP	2-[[{hydroxy(octyloxy)phosphinyl}phenylmethyl]amino]benzoic acid HOOC-C_6H_4-2-NH-CH(C_6H_5)-P(=O)(OH)-O-C_8H_{17} *monooctyl-α-(2-carboxyanilino)benzylphosphonate*
mOHBA	3-hydroxy benzoic acid 3-HO-C_6H_4-COOH *m-hydroxy benzoic acid*
MOM	methoxymethyl- CH_3-O-CH_2-
8-MOP	9-methoxy 7H-furo[3,2-g][1]benzopyran-7-one 9-(CH_3-O)-1,8-$O_2C_{11}H_5$-(=O)-7 *8-methoxypsoralen*
MOP	phosphoric acid monooctyl ester, ion(2-) (O-)$_2$P(=O)-O-C_8H_{17} *mono-n-octylphosphate*
MOPAP	phosphoric acid mono[4-(1,1,3,3-tetramethylbutyl)phenyl] ester (HO)$_2$P(=O)-O-C_6H_4-4-O-C(CH_3)$_2$-CH_2-C(CH_3)$_3$
MOPEG	1-(4-hydroxy-3-methoxyphenyl) 1,2-ethanediol 4-HO-3-(CH_3-O)-C_6H_3-CH(OH)-CH_2-OH *3-methoxy-4-hydroxyphenylethyleneglycol*
MOΦP	phosphoric acid mono[4-(1,1,3,3-tetramethylbutyl)phenyl] ester, ion(2-) [(O-)$_2$P(=O)-O-C_6H_4-4-O-C(CH_3)$_2$-CH_2-C(CH_3)$_3$]$^{2-}$ *mono[p-(iso-octyl)phenyl]phosphate*
MOPS	3-(4-morpholinyl) 1-propanesulfonic acid 1,4-ONC_4H_8-4-$CH_2CH_2CH_2$-SO_3H
MOPSO	ß-hydroxy 4-morpholinepropanesulfonic acid 1,4-ONC_4H_8-4-CH_2-CH(OH)-CH_2-SO_3H *3-(4-morpholinyl)-2-hydroxy propanesulfonic acid*
Mormtc	4-morpholinecarbothioic acid, ion(1-) [1,4-ONC_4H_8-4-C(=O)-S]$^-$ *morpholinemonothiocarbamate*
Morpho-CDI	4-[2-{(cylohexylcarbonimidoyl)amino}ethyl]-4-methyl-morpholinium salt with 4-methyl benzenesulfonic acid [4-(c-C_6H_{11}-N=C=N-C_2H_4)-4-CH_3-1,4-ONC_4H_8][4-CH_3-C_6H_4-SO_3] *cyclohexyl-2-(4-methyl-morpholino)ethylcarbodiimide-tosylate*
6-MP	1H-purine-6-thiol 1,3,7,9-$N_4C_5H_3$-6-SH *6-mercaptopurine*
2MPa	2-mercapto propanoic acid HS-CH(CH_3)-COOH

MPA   12-molybdophosphoric acid
               $H_3[P(Mo_3O_{10})_4]$

MPADP   N,α-dimethyl-N-diphenylphosphinobenzenemethanamine
               $C_6H_5\text{-}CH(CH_3)\text{-}N(CH_3)\text{-}P(C_6H_5)_2$
               methyl(1-phenylethyl)amino-diphenylphosphine

mpaz   N-methyl phenazinium
               $[5\text{-}CH_3\text{-}5,10\text{-}N_2C_{12}H_8]^+$

MPC   5-methyl pyrazole-3-carboxylic acid
               $5\text{-}CH_3\text{-}1,2\text{-}N_2C_3H_2\text{-}3\text{-}COOH$

MPD   methylphosphonous dichloride
               $CH_3\text{-}PCl_2$

MPD   2-methyl 1,5-pentanediamine
               $NH_2\text{-}CH_2CH_2CH_2\text{-}CH(CH_3)\text{-}CH_2\text{-}NH_2$
               2-methyl-pentamethylene-diamine

1,3-mpdta   N,N'-[1-methyl-1,3-propanediyl]bis[N-(carboxymethyl)glycine], ion(4-)
               $[(OOC\text{-}CH_2)_2N\text{-}CH_2CH_2\text{-}CH(CH_3)\text{-}N(CH_2\text{-}COO)_2]^{4-}$
               1,3-methylpropylenediamine-N,N,N',N'-tetraacetate

MPEMA   2-ethyl-2-(4-methylphenyl) propanediamide
               $NH_2\text{-}C(=O)\text{-}C(C_2H_5)(C_6H_4\text{-}4\text{-}CH_3)\text{-}C(=O)\text{-}NH_2$
               2-(4-Methylphenyl)-2-ethyl-malonsäureamid

mPhA   [1,1'-biphenyl]-3-amine
               $C_6H_5\text{-}C_6H_4\text{-}3\text{-}NH_2$
               m-phenylaniline

mPhDA   1,3-benzenediamine
               $1,3\text{-}(NH_2)_2\text{-}C_6H_4$
               m-phenylenediamine

MphI   morpholine
               $1,4\text{-}ONC_4H_9$

mPhP   [1,1'-biphenyl]-3-ol
               $C_6H_5\text{-}C_6H_4\text{-}3\text{-}OH$
               m-phenylphenol

MPK   1-phenyl ethanone
               $CH_3\text{-}C(=O)\text{-}C_6H_5$
               methyl-phenyl-ketone

MPP   phosphorothioic acid O,O-dimethyl-O-[3-methyl-4-(methylthio)phenyl] ester
               $S=P(O\text{-}CH_3)_2\text{-}O\text{-}C_6H_3(CH_3\text{-}3)\text{-}4\text{-}S\text{-}CH_3$
               O,O-dimethyl-O-(4-methylthio-3-methylphenyl) thiophosphate

MPPH   5-(4-methylphenyl)-5-phenyl 2,4-imidazolidinedione
               $5\text{-}(4\text{-}CH_3\text{-}C_6H_4)\text{-}5\text{-}C_6H_5\text{-}1,3\text{-}N_2C_3H_2\text{-}(=O)_2\text{-}2,4$
               5-(p-methylphenyl)-5-phenylhydantoin

MPS	3-mercapto 1-propanesulfonic acid $HS\text{-}CH_2CH_2CH_2\text{-}SO_3H$
MPTA	α-methoxy-α-trifluoromethylbenzeneacetic acid $C_6H_5\text{-}C(CF_3)(O\text{-}CH_3)\text{-}COOH$ *α-methoxy-α-phenyl-trifluoropropanoic acid*
MPTD	methylphosphonothioic dichloride $S\text{=}PCl_2CH_3$
MPTP	1,2,3,6-tetrahydro-1-methyl-4-phenyl pyridine $1\text{-}CH_3\text{-}4\text{-}C_6H_5\text{-}NC_5H_7$
mPxBA	3-phenoxy benzoic acid $3\text{-}(C_6H_5\text{-}O)\text{-}C_6H_4\text{-}COOH$ *m-phenoxybenzoic acid*
2MPy	2-methyl pyridine $2\text{-}CH_3\text{-}NC_5H_4$
3MPy	3-methyl pyridine $3\text{-}CH_3\text{-}NC_5H_4$
4MPy	4-methyl pyridine $4\text{-}CH_3\text{-}NC_5H_4$
mpy	N-methyl pyridinium $[CH_3\text{-}1\text{-}NC_5H_5]^+$
MSA	N-methyl-N-(trimethylsilyl) acetamide $(CH_3)_3Si\text{-}N(CH_3)\text{-}C(\text{=}O)\text{-}CH_3$
MSA	2,5-dihydro 2,5-furandione $OC_4H_2(\text{=}O)_2\text{-}2,5$ *Maleinsäureanhydrid*
MSAc	methylthio acetic acid $CH_3\text{-}S\text{-}CH_2\text{-}COOH$
M-Säure	8-amino-4-hydroxy 2-naphthalenesulfonic acid $8\text{-}NH_2\text{-}4\text{-}HO\text{-}C_{10}H_5\text{-}2\text{-}SO_3H$
MsCl	methanesulfonyl chloride $CH_3\text{-}S(\text{=}O)_2\text{-}Cl$ *mesylchloride*
2,7-MSDTPY	2,7-bis(methylseleno) [1]benzothiopyrano[6,5,4-def][1]benzothiopyran $2,7\text{-}(CH_3\text{-}Se)_2\text{-}1,6\text{-}S_2C_{14}H_6$ *2,7-bis(methylseleno)-1,6-dithiapyrene*
MSG	mono sodium L-glutamate $Na\,[OOC\text{-}CH_2CH_2\text{-}CH(NH_2)\text{-}COOH]$

MSH 2,4,6-trimethyl benzenesulfonic acid hydrazide
2,4,6-$(CH_3)_3$-C_6H_2-S(=O)$_2$-NH-NH$_2$
2-mesitylenesulfonic acid hydrazide

MSHFBA 2,2,3,3,4,4,4-heptafluoro-N-methyl-N-(trimethylsilyl)butanamide
C_3F_7-C(=O)-N(CH_3)-Si(CH_3)$_3$
N-methyl-N-trimethylsilyl-heptafluorobutyramide

mSmBA 3-aminosulfonyl benzoic acid
3-[NH_2-S(=O)$_2$]-C_6H_4-COOH
m-sulfamyl benzoic acid

MSNT 3-nitro-1-[(2,4,6-trimethylphenyl)sulfonyl] 1H-1,2,4-triazole
3-NO_2-1-[2,4,6-$(CH_3)_3$-C_6H_2-SO_2]-1,2,4-N_3C_2H
1-(mesitylenesulfonyl)-3-nitro-1-H-1,2,4-triazole

MSO 4-methyl 3-penten-2-one
CH_3-C(=O)-CH=C(CH_3)$_2$
mesityloxide

MSOAc methylsulfonyl acetic acid
CH_3-S(=O)$_2$-CH_2-COOH

MsOR methanesulfonic acid ester
CH_3-S(=O)$_2$-O-R
mesylate

MST 1-[(2,4,6-trimethylphenyl)sulfonyl] 1H-1,2,4-triazole
1-[2,4,6-$(CH_3)_3$-C_6H_2-S(=O)$_2$]-1,2,4-$N_3C_2H_2$
1-(mesitylene-2-sulfonyl)-1H-1,2,4-triazole

MSTFA N-methyl-N-(trimethylsilyl) trifluoroacetamide
CF_3-C(=O)-N(CH_3)-Si(CH_3)$_3$

α-MT α-methyltyrosine
4-HO-C_6H_4-CH_2-C(CH_3)(NH_2)-COOH

MTBD 1,3,4,6,7,8-hexahydro-1-methyl 2H-pyrimido[1,2-a]pyrimidine
1-CH_3-1,5,9-$N_3C_7H_{12}$
7-methyl-1,5,7-triazabicyclo[4.4.0]dec-5-ene

MTBE 2-methoxy-2-methyl propane
t-C_4H_9-O-CH_3
tert.-butyl-methyl-ether

MTBSTFA N-[(1,1-dimethylethyl)dimethylsilyl]-2,2,2-trifluoro-N-methyl acetamide
t-C_4H_9-Si(CH_3)$_2$-N(CH_3)-C(=O)-CF_3
N-(tert.-butyltrimethylsilyl)-N-methyltrifluoro acetamide

MTC 2,3-diphenyl-5-methyl-2H-tetrazolium chloride
[2,3-$(C_6H_5)_2$-5-CH_3-1,2,3,4-N_4C] Cl

MTC	N-methyl thiocarbamic acid O-ethyl ester	

MTC N-methyl thiocarbamic acid O-ethyl ester
CH_3-NH-C(=S)-O-C_2H_5
N-methyl-O-ethylthiocarbamate

2,7-MTDTPY 2,7-bis(methylthio) [1]benzothiopyrano[6,5,4-def][1]benzothiopyran
2,7-$(CH_3$-S$)_2$-1,6-$S_2C_{14}H_6$
2,7-bis(methylthio)-1,6-dithiapyrene

3,8-MTDTPY 3,8-bis(methylthio) [1]benzothiopyrano[6,5,4-def][1]benzothiopyran
3,8-$(CH_3$-S$)_2$-1,6-$S_2C_{14}H_6$
3,8-bis(methylthio)-1,6-dithiapyrene

mTFMa 3-trifluoromethyl benzenamine
3-CF_3-C_6H_4-NH_2
m-trifluoromethylaniline

mtmsap 6-methyl-N-trimethylsilyl 2-pyridinamine
2-[$(CH_3)_3$Si-NH]-C_5H_3N-6-CH_3
6-methyl-2-trimethylsilylamino-pyridine

MtOH mannitol
HO-CH_2-CH(OH)-CH(OH)-CH(OH)-CH(OH)-CH_2-OH

MTP methyl triphenoxy phosphonium
[CH_3-P(O-$C_6H_5)_3$]$^+$

MTPA α-methoxy-α-(trifluoromethyl)benzeneacetic acid
C_6H_5-C(O-CH_3)(CF_3)-COOH
α-methoxy-α-(trifluoromethyl)-phenylacetic acid

MTPA-Cl α-methoxy-α-(trifluoromethyl)benzeneacetyl chloride
C_6H_5-C(O-CH_3)(CF_3)-C(=O)-Cl
methoxy-(trifluoromethyl)-phenylacetic acid chloride

MTPI methyl triphenoxy phosphonium iodide
[CH_3-P(O-$C_6H_5)_3$] I

MTT 3-(4,5-dimethyl-2-thiazolyl)-2,5-diphenyl 2H-tetrazolium bromide
[3-{4,5-$(CH_3)_2$-1,3-SNC_3-2}-2,5-$(C_6H_5)_2$-1,2,3,4-N_4C] Br
methylthiazolyldiphenyl-tetrazolium-bromide

MTU 6-methyl-2-thioxo 4-pyrimidinone
6-CH_3-2-(S=)-1,3-$N_2C_4H_3$(=O)-4
methyl-thiouracil

MTX N-[4-{((2,4-diamino-6-pteridinyl)methyl)methylamino}benzoyl] glutamic acid
$(NH_2)_2$-N_4C_6H-CH_2-N(CH_3)-C_6H_4-C(=O)NH-CH(COOH)-CH_2CH_2-COOH
methotrexate

mtz 1-methyl 1H-tetrazole
1-CH_3-N_4CH

4-MU	7-hydroxy-4-methyl 2H-1-benzopyran-2-one	
	7-HO-4-CH_3-1-OC_9H_4(=O)-2	
	4-methylumbelliferone	
MUCO	2,4-hexadienedioic acid diethyl ester	
	C_2H_5-O-C(=O)-CH=CH-CH=CH-COO-C_2H_5	
	diethylmuconate	
MVC	chloro ethene	
	Cl-CH=CH_2	
	Monomeres Vinylchlorid	
MVP	5-ethenyl-2-methyl pyridine	
	5-(CH_2=CH)-2-CH_3-NC_5H_3	
	2-methyl-5-vinyl-pyridine	
MxAc	methoxy acetic acid	
	CH_3-O-CH_2-COOH	
MXDA	3-aminomethyl benzenemethanamine	
	1,3-(NH_2-CH_2)$_2$-C_6H_4	
	meta-Xylylendiamin	
Mxea	methoxy ethanamine	
	CH_3-O-CH_2CH_2-NH_2	
2Mxp	2-methoxy pyridine	
	2-(CH_3-O)-NC_5H_4	
3Mxp	3-methoxy pyridine	
	3-(CH_3-O)-NC_5H_4	
4Mxp	4-methoxy pyridine	
	4-(CH_3-O)-NC_5H_4	
Mz	4-(methoxy)phenylazophenylmethyloxycarbonyl-	
	4-(CH_3-O)-C_6H_4-N=N-C_6H_4-CH_2-O-C(=O)-	
	p-methoxyphenylazobenzyloxycarbonyl-	
N	2,4-diamino-4-oxo butanoic acid	
	HOOC-CH(NH_2)-CH_2-C(=O)NH_2	
	asparagine	
N20C6	1,3,4,6,7,9,10,12,13,15,16,18-hexadecahydro-naphtho	
	[2,3-r][1,4,7,10,13,16]hexaoxacycloeicosin	
	[-O-CH_2-(2,3-$C_{10}H_6$)-CH_2-O-(CH_2CH_2-O)$_4$-CH_2CH_2-]	
	naphtho-20-crown-6	
NA	pyridine-3-carboxamide	
	3-[NH_2-C(=O)]-NC_5H_4	
	nicotinamide	

Na5DTPA	pentasodium aminobis(2-ethylamino)-N,N,N',N',N''-pentacetate $Na_5[(OOC-CH_2)_2N-CH_2CH_2-N(CH_2-COO)-CH_2CH_2-N(CH_2-COO)_2]$ *pentasodium diethylenetriaminepentaacetic acid*
NAA	1-naphthaleneacetic acid $C_{10}H_7-1-CH_2-COOH$
Nabam	sodium N,N-dimethyldithiocarbamate $Na\,[(CH_3)_2N-C(=S)S]$
NaBS	benzenesulfonic acid, sodium salt $Na\,[C_6H_5-SO_3]$ *sodium benzenesulfonate*
Nac	nitro acetic acid O_2N-CH_2-COOH
NAcGu	N-acetyl guanidine $CH_3-C(=O)-NH-C(=NH)-NH_2$
NaCHS	cyclohexanesulfonic acid, sodium salt $Na\,[c-C_6H_{11}-SO_3]$ *sodium cyclohexanesulfonate*
NAD	adenosine 5'-(trihydrogendiphosphate)-5'-5'-ester with 3-(aminocarbonyl)-1-ribofuranosylpyridinium hydroxide $[C_{10}H_{12}N_5O_4-\{P(O)(OH)-O\}_2-CH_2-OC_4H_4(OH)_2-NC_5H_4-C(O)NH_2]OH$ *nicotinamide adenine dinucleotide*
nad	4-[(2-amino-1-hydroxy)ethyl] benzene-1,2-diol $1,2-(HO)_2-C_6H_3-[CH(OH)-CH_2-NH_2]-4$ *noradrenaline*
NADH	adenosine 5'-(trihydrogendiphosphate)-5'-5'-ester with 3-(aminocarbonyl)-1-ribofuranosyl-1,4-dihydropyridine $C_{10}H_{12}N_5O_4-[P(=O)(OH)-O]_2-CH_2-OC_4H_4(OH)_2-NC_5H_5-C(=O)NH_2$ *nicotinamide adenine dinucleotide (reduced)*
NADH2	adenosine 5'-(trihydrogendiphosphate)-5'-5'-ester with 3-(aminocarbonyl)-1-ribofuranosyl-1,4-dihydropyridine $C_{10}H_{12}N_5O_4-[P(=O)(OH)-O]_2-CH_2-OC_4H_4(OH)_2-NC_5H_5-C(=O)NH_2$ *nicotinamide adenine dinucleotide (reduced)*
NADP	nicotinamide adenine dinucleotide phosphate $[C_{10}H_{13}N_5O_6P-O(PO_3H)_2-CH_2-OC_4H_4(OH)_2-NC_5H_4-C(O)NH_2]OH$
NAM	1-(9-acridinyl) 1H-pyrrole-2,5-dione $1-(10-NC_{13}H_8-9-)-NC_4H_2(=O)_2-2,5$ *N-(9-acridinyl)-maleimide*
NANA	5-acetylamino-2,4-dihydroxy-6-(1,2,3-trihydroxypropyl)-3,4,5,6-tetrahydro-2H-pyrane-2-carboxylic acid $[CH_3-C(=O)NH]-(HO)_2-[HO-CH_2-CH(OH)-CH(OH)]-OC_5H_5-COOH$ *N-acetyl neuraminic acid*

NAP		2-/3-amino-4-nitro phenol 2-/3-(NH_2)-4-(NO_2)-C_6H_3-OH *4-nitro amino phenol*
NAPA		N-(4-hydroxyphenyl) acetamide CH_3-C(=O)-NH-4-C_6H_4-OH *N-acetyl-p-aminophenol*
NAPAP		N-(4-hydroxyphenyl) acetamide CH_3-C(=O)-NH-4-C_6H_4-OH *N-acetyl-p-aminophenol*
NAPE		phosphoric acid mono[2-(acylamino)ethyl] mono[3-(alkanylcarboxy)-2-(alkenylcarboxy)propyl] ester R-COO-CH_2-CH[O-C(=O)-R]-CH_2-OP(=O)(OH)-O-CH_2CH_2-NH-C(=O)R *N-acyl phosphatidyl ethanolamine*
n-APPA		phenylphosphonic acid monopentyl ester C_6H_5-P(=O)(OH)-O-C_5H_{11} *n-amyl phenylphosphonate*
NBA		N-bromo acetamide CH_3-C(=O)-NH-Br
NBA		butanol C_4H_9-OH *n-butylalcohol*
nBA		2-propenoic acid butyl ester CH_2=CH-COO-C_4H_9 *n-butylacrylate*
NBD		butanal C_3H_7-CHO *n-butyraldehyde*
NBD-Chlorid		7-chloro-4-nitro benzofurazan 2,1,3-$ON_2C_6H_2$(Cl-7)-NO_2-4 *4-Nitro-2,1,3-benzoxadiazolchlorid*
NBD-Cl		7-chloro-4-nitro benzofurazan 2,1,3-$ON_2C_6H_2$(Cl-7)-NO_2-4 *7-chloro-4-nitro 2,1,3-benzoxadiazole*
NBD-F		7-fluoro-4-nitro benzofurazan 2,1,3-$ON_2C_6H_2$(F-7)-NO_2-4 *7-fluoro-4-nitro 2,1,3-benzoxadiazole*
NBDI		N,N'-bis(1-methylethyl) carbamimidic acid (4-nitrophenyl)methyl ester i-C_3H_7-N=C(NH-C_3H_7-i)-O-CH_2-C_6H_4-4-NO_2 *N,N'-diisopropyl-O-(4-nitrobenzene)-isourea*

NBDMO   3-bromo-4,4-dimethyl 2-oxazolidinone
3-Br-4,4-$(CH_3)_2$-1,3-ONC_3H_2(=O)-2
N-bromo-4,4-dimethyl-2-oxazolidinone

NBHA   N-heptadecyl benzenemethanamine
C_6H_5-CH_2-NH-$C_{17}H_{35}$
N-benzylheptadecylamine

NBMPR   6-[{(4-nitrophenyl)methyl}thio]-9-ß-D-ribofuranosyl 9H-purine
$(HO)_2$-(HO-CH_2)-OC_4H_4-$N_4C_5H_2$-S-CH_2-C_6H_4-NO_2
6-(4-nitrobenzylmercapto)-purin-9-ß-D-ribofuranoside

N-BPHA   N-hydroxy-N-phenyl benzenemethanamine
C_6H_5-CH_2-N(OH)-C_6H_5
N-benzyl-N-phenylhydroxylamine

NBS   1-bromo 2,5-pyrrolidinedione
1-Br-NC_4H_4(=$O)_2$-2,5
N-bromosuccinimide

NBT   3,3'-[3,3'-dimethoxy-(1,1'-biphenyl)-4,4'-diyl]bis[2-(3-nitrophenyl)-5-phenyl-2H-tetrazolium] dichloride
[{NO_2-C_6H_4-N_4C(C_6H_5)-C_6H_3(O-CH_3)-}$_2$] Cl_2
4-nitro-blue-tetrazolium

NBTGR   6-[{(4-nitrophenyl)methyl}thio]-9-ß-D-ribofuranosyl 9H-purin-2-amine
NO_2-C_6H_4-CH_2-S-N_4C_5H(NH_2)-$OC_4H_4$$(OH)_2$-$CH_2$-OH
S-(4-nitrobenzyl)-6-thioguanine-ribofuranoside

NC   nitro cellulose

NCS   1-chloro 2,5-pyrrolidinedione
1-Cl-NC_4H_4(=$O)_2$-2,5
N-chloro-succinimide

NCSA   sulfuryl chloride isocyanate
O=C=N-SO_2-Cl
N-carbonylsulfamoylchloride

ND   1,2,4,5-tetramethyl-3-nitroso benzene
1,2,4,5-$(CH_3)_4$-3-(O=N)-C_6H
Nitrosoduren

ND   N-nitroso 2,2'-aminodiethanol
(HO-$CH_2CH_2)_2$N-N=O
N-nitroso diethanol amine

Ndap   N,N-bis(carboxymethyl) ß-alanine
HOOC-CH_2CH_2-N(CH_2-COOH$)_2$
nitrilodiaceticpropionic acid

NDBA   N-butyl-N-nitroso 1-butanamine
$(C_4H_9)_2$N-N=O
N-nitroso dibutylamine

NDBP	phosphoric acid dibutyl ester $HO-P(=O)(O-C_4H_9)_2$ *di-n-butylphosphate*	
NDEA	N-ethyl-N-nitroso ethanamine $(C_2H_5)_2N-N=O$ *N-nitroso diethylamine*	
NDELA	N-nitroso 2,2'-aminodiethanol $(HO-CH_2CH_2)_2N-N=O$ *N-nitroso diethanol amine*	
NDGA	4,4'-(2,3-dimethyl-1,4-butanediyl)bis(1,2-benzenediol) $[1,2-(HO)_2-C_6H_3-4-CH_2-CH(CH_3)-]_2$ *nordihydroguaiaretic acid*	
NDOA	2-amino-5,9-dimethyl-N-nitroso 4,8-decadien-1-ol $(CH_3)_2C=CH-CH_2CH_2-C(CH_3)=CH-CH_2-CH(NH-N=O)-CH_2-OH$ *N-nitroso-2-(3',7'-dimethyl-2',6'-octadienyl)-2-aminoethanol*	
NDOP	phosphoric acid dioctyl ester $HO-P(=O)(O-C_8H_{17})_2$ *di-n-octylphosphate*	
NDot	N,N-diethyl benzenamine $2-CH_3-C_6H_4-N(C_2H_5)_2$ *N-diethyl-o-toluidine*	
NDP	1-(4-nitrobenzyl)-4-(4-diethylaminophenylazo)pyridinium $[4-\{(C_2H_5)_2N-4-C_6H_4-N=N\}-1-\{4-(NO_2)-C_6H_4-CH_2\}-NC_5H_4]^+$	
NDPA	N-nitroso-N-propyl 1-propanamine $(C_3H_7)_2N-N=O$ *N-nitroso dipropylamine*	
Ndpa	N-(2-carboxyethyl)-N-(carboxymethyl)-alanine $HOOC-CH_2-N(CH_2CH_2-COOH)_2$ *nitrilodipropionicacetic acid*	
NDPP	4-[{4-(diethylamino)phenyl}azo]-1-[(4-nitrophenyl)methyl] pyridinium bromide $[4-(C_2H_5)_2N-C_6H_4-N=N-4-NC_5H_4-1-CH_2-C_6H_4-4-NO_2]$ Br	
n-DPPA	phenylphosphonic acid monodecyl ester $C_6H_5-P(=O)(OH)-O-C_{10}H_{21}$ *n-decyl phenylphosphonate*	
Nea	N-ethyl benzenamine $C_6H_5-NH-C_2H_5$ *N-ethylaniline*	
Neal	N,N-diethyl benzenamine $C_6H_5-N(C_2H_5)_2$ *N-diethyl aniline*	

NEI	1-(1-isocyanatoethyl) naphthalene 1-[O=C=N-CH(CH$_3$)]-C$_{10}$H$_7$ *1-(1-naphthyl)-ethylisocyanate*
NEM	1-ethyl 1H-pyrrole-2,5-dione 1-C$_2$H$_5$-1-NC$_4$H$_2$(=O)$_2$-2,5 *N-ethyl maleimide*
NEPIS	2-ethyl-5-(3-sulfophenyl) isoxazolium hydroxide, innersalt 2-C$_2$H$_5$-1,2-ONC$_3$H$_2$-5-C$_6$H$_4$(SO$_3$-3) *N-ethyl-5-phenylisoxazolium-3'-sulfonate*
NFZ	2-[(5-nitro-2-furanyl)methylene] hydrazinecarboxamide 5-NO$_2$-OC$_4$H$_2$-2-CH=N-NH-C(=O)-NH$_2$ *5-nitro-2-furfurolsemicarbazone*
NGH2	N-hydroxy-2-hydroxyimino-N'-(4-nitrophenyl)ethanimidamide HO-N=CH-C(NH-OH)=N-C$_6$H$_4$-4-NO$_2$ *p-nitrophenylaminoglyoxime*
NGu	N-methyl guanidine CH$_3$-NH-C(=NH)-NH$_2$
NHPMo	trisammonium 12-molybdophosphate [NH$_4$]$_3$ [P(Mo$_3$O$_{10}$)$_4$] *ammonium 12-molybdatophosphate*
NHPW	trisammonium 12-tungstophosphate [NH$_4$]$_3$ [P(W$_3$O$_{10}$)$_4$] *ammonium 12-tungstatophosphate*
NHS-Biotin	[3aS-(...)]-1-[{5-(hexahydro-2-oxo-1H-thieno[3,4-d]imidazol-4-yl)-1-oxopentyl}oxy]-2,5-pyrrolidinedione 2-(O=)-1,3,5-N$_2$SC$_5$H$_7$-4-CH$_2$CH$_2$-CH$_2$CH$_2$-COO-1-NC$_4$H$_4$(=O)$_2$-2,5 *(+)-Biotin-N-hydroxysuccinimidester*
NHSiW	tetraammonium 12-tungstosilicate [NH$_4$]$_4$ [Si(W$_3$O$_{10}$)$_4$] *ammonium 12-tungstatosilicate*
NiPAl	N-(1-methylethyl) benzenamine C$_6$H$_5$-NH-C$_3$H$_7$-i *N-isopropylaniline*
Nir	1-(1'-ribosyl)-1,4-dihydropyridine-3-carboxamide 1-[HO-CH$_2$-4'-OC$_4$H$_4${(OH)$_2$-2,3}-1']-NC$_5$H$_5$-3-C(=O)-NH$_2$ *nicotinamide-ribose*
Nitroso-PSAP	3-[(3-hydroxy-4-nitrosophenyl)propylamino] 1-propanesulfonic acid 3-HO-4-NO-C$_6$H$_3$-N(C$_3$H$_7$)-CH$_2$CH$_2$CH$_2$-SO$_3$H *2-nitroso-5-(N-propyl-3-sulfopropylamino)-phenol*
NM	nitro methane NO$_2$-CH$_3$

NM	1,3,5-trimethyl-2-nitroso benzene 1,3,5-$(CH_3)_3$-2-(O=N)-C_6H_2 *nitrosomesitylene*
NMA	N-methyl acridinium [10-CH_3-10-$NC_{13}H_9$]$^+$
NMA	3a,4,7,7a-tetrahydro-4-methyl 4,7-methanoisobenzofuran-1,3-dione 4-CH_3-2-OC_9H_7(=O)$_2$-1,3 *nadic methyl anhydride*
Nmal	N,N-dimethyl benzenamine C_6H_5-$N(CH_3)_2$ *N-dimethylaniline*
NMDA	N-methyl D-aspartic acid HOOC-CH(NH-CH_3)-CH_2-COOH,
NMDPP	5-methyl-2-(1-methyl)ethylcyclohexyl diphenylphosphine 5-CH_3-2-(i-C_3H_7)-c-C_6H_9-1-$P(C_6H_5)_2$ *neomenthyldiphenylphosphine*
N-Me-trdtra	N-(carboxymethyl)-N-[3-{(carboxymethyl)(methyl)amino}propyl] glycine, ion(3-) [OOC-CH_2-$N(CH_3)$-$CH_2CH_2CH_2$-$N(CH_2$-COO)$_2$]$^{3-}$ *N-methyl-trimethylenediamine-N,N',N'-triacetate*
NMIZT	1-methyl 2,3-dihydro-1H-imidazole-2-thione 1-CH_3-1,3-$N_2C_3H_3$(=S)-2 *N-methylimidazoline-2-thione*
NMM	4-methyl morpholine 4-CH_3-1,4-ONC_4H_8 *N-methylmorpholine*
ß-NMN	3-(aminocarbonyl)-1-(5-O-phosphono-ß-D-ribofuranosyl) pyridinium hydroxide, inner salt 3-[H_2N-C(=O)]-NC_5H_4-1-OC_4H_4-2,3-(OH)$_2$-4-CH_2-O-P(=O)(OH)-O *ß-nicotinamide-mononucleotide*
NMOR	N-nitroso morpholine 1-(O=N)-1,4-ONC_4H_8
NMot	N,N,2-trimethyl benzenamine 2-CH_3-C_6H_4-$N(CH_3)_2$ *N-dimethyl-o-toluidine*
NMP	N-methyl phenazinium [5-CH_3-5,10-$N_2C_{12}H_8$]$^+$
NMP	1-methyl 2-pyrrolidone 1-CH_3-NC_4H_6(=O)-2 *N-methylpyrrolidone*

NMPip   N-methyl piperidine
              1-CH$_3$-NC$_5$H$_{10}$

NMPld   N-methyl pyrrolidine
              1-CH$_3$-NC$_4$H$_8$

NMtAl   N-methyl benzenamine
              C$_6$H$_5$-NH-CH$_3$
              N-methylaniline

NNGu   N,N-dimethyl guanidine
              (CH$_3$)$_2$N-C(=NH)-NH$_2$

NN'Gu   N,N'-dimethyl guanidine
              CH$_3$-NH-C(=NH)-NH-CH$_3$

NO2-acac 3-nitro 2,4-pentanedione, ion(1-)
              [CH$_3$-C(-O)=C(NO$_2$)-C(=O)-CH$_3$]$^-$
              nitro-acetylacetonate

NOA   1-octanamine
              C$_8$H$_{17}$-NH$_2$
              n-octylamine

NOAc   2-nitro acetic acid
              O$_2$N-CH$_2$-COOH

NOAS   bis(1-octanaminium) sulfate
              [C$_8$H$_{17}$-NH$_3$]$_2$ [SO$_4$]
              n-octylaminesulfate

nOcA   octanoic acid
              C$_7$H$_{15}$-COOH
              n-octanoic acid

NOET   nitro ethane
              CH$_3$-CH$_2$-NO$_2$

NOM   nitro methane
              CH$_3$-NO$_2$

n-OPPA   phenylphosphonic acid monooctyl ester
              C$_6$H$_5$-P(=O)(OH)-O-C$_8$H$_{17}$
              n-octyl phenylphosphonate

NORPHOS   trans-bicyclo[2.2.1]hept-5-en-2,3-diylbis(diphenylphosphine)
              2,3-[(C$_6$H$_5$)$_2$P]$_2$-[2.2.1]-C$_7$H$_8$

NOsartacn 9-nitro-1,4,7,11,14,19-hexaazatricyclo[7.7.4.2^{4,14}]docosane
              9-NO$_2$-1,4,7,11,14,19-N$_6$C$_{16}$H$_{33}$

1Np   1-naphthalenol
              C$_{10}$H$_7$-1-OH

2NP	2-nitro propane $(CH_3)_2CH-NO_2$	
2Np	2-naphthalenol $C_{10}H_7$-2-OH	
NP	2,2-bis[(nitrooxy)methyl] 1,3-propanediol dinitrate(ester) $C(CH_2-O-NO_2)_4$ *nitro-pentaerythritol*	
NPA	2-(1-naphthylaminocarbonyl) benzoic acid 2-$[C_{10}H_7$-1-NH-C(=O)]-C_6H_4-COOH *N-(1-naphthyl)-phthalaminic acid*	
nPa	1-propanamine C_3H_7-NH_2 *n-propylamine*	
1NpAm	1-naphthalenamine $C_{10}H_7$-1-NH_2	
2NpAm	2-naphthalenamine $C_{10}H_7$-2-NH_2	
NPBH	N-hydroxy-N-phenyl benzamide C_6H_5-C(=O)-N(OH)-C_6H_5 *N-phenyl-N-benzoyl hydroxylamine*	
NPDPP	phosphoric acid 4-nitrophenyl diphenyl ester 4-NO_2-C_6H_4-O-P(=O)(O-$C_6H_5)_2$ *p-nitrophenyl diphenyl phosphate*	
NPIP	N-nitroso piperidine 1-(O=N)-NC_5H_{10}	
α-NPO	2-(1-naphthalenyl)-5-phenyl oxazole 2-($C_{10}H_7$-1-)-5-C_6H_5-1,3-ONC_3H	
N-propsal	2-[(N-propyl)nitrilomethylidyne] phenol C_3H_7-N=CH-2-C_6H_4-OH *N-propyl-salicylidenamine*	
Nps	2-nitrophenylthio- 2-NO_2-C_6H_4-S- *o-nitrophenylsulfenyl-*	
NPS-Cl	2-nitro benzenesulfenyl chloride 2-NO_2-C_6H_4-S-Cl *2-nitrophenyl sulfenyl chloride*	
1NptA	1-naphthalenecarboxylic acid $C_{10}H_7$-1-COOH *1-naphthoic acid*	

2NptA	2-naphthalenecarboxylic acid $C_{10}H_7$-2-COOH *2-naphthoic acid*
NPYR	N-nitroso pyrrolidine 1-(O=N)-NC_4H_8
12NQ	1,2-dihydro 1,2-naphthalenedione $C_{10}H_6(=O)_2$-1,2 *1,2-naphthoquinone*
14NQ	1,4-dihydro 1,4-naphthalenedione $C_{10}H_6(=O)_2$-1,4 *1,4-naphthoquinone*
NTA	N,N-bis(carboxymethyl) glycine, ion(3-) $[N(CH_2\text{-}COO)_3]^{3-}$ *nitrilotriacetate*
NTA	N,N-bis(carboxymethyl) glycine $N(CH_2\text{-}COOH)_3$ *nitrilotriacetic acid*
Nta	N,N-bis(carboxymethyl) glycine $N(CH_2\text{-}COOH)_3$ *nitrilotriacetic acid*
nta	N,N-bis(carboxymethyl) glycine, ion(3-) $[N(CH_2\text{-}COO)_3]^{3-}$ *nitrilotriacetate*
NTB	2-methyl-2-nitroso propane O=N-$C(CH_3)_3$ *nitroso-tert.-butane*
Ntba	N-(1,1-dimethylethyl) benzenamine C_6H_5-NH-C_4H_9-t *N-tert.-butylaniline*
NTBT	N,N-bis(2-benzothiazolylmethyl) 2-benzothiazolemethanamine $[(1,3\text{-}SNC_7H_4)\text{-}2\text{-}CH_2]_3N$ *nitrilotris(methylene-2-benzothiazole)*
NTC	3,3'-[(1,1'-biphenyl)-4,4'-diyl]bis[(2,5-diphenyl)-2H-tetrazolium] dichloride $[(C_6H_5)_2\text{-}N_4C\text{-}C_6H_4\text{-}C_6H_4\text{-}N_4C\text{-}(C_6H_5)_2]\ Cl_2$ *neotetrazolium chloride*
NTCB	2-nitro-5-thiocyanato benzoic acid 2-NO_2-5-NCS-C_6H_3-COOH
NTE	N,N-bis(carboxymethyl) glycine $N(CH_2\text{-}COOH)_3$ *Nitrilotriessigsäure*

NTMP nitrilotris(methylphosphonic acid)
$N[CH_2-P(=O)(OH)_2]_3$

NTP nitrilotris(methylphosphonic acid)
$N[CH_2-P(=O)(OH)_2]_3$

Ntp N,N-bis(2-carboxyethyl) ß-alanine
$N(CH_2CH_2-COOH)_3$
nitrilotripropionic acid

NTPP pentasodium triphosphate
$Na_5[(O-)_2P(=O)-O-P(=O)(-O)-O-P(=O)(-O)_2]$
sodium-tripolyphosphate

Ntrm nitramide
O_2N-NH_2

NuRd 3-amino-2-methyl-7-dimethylamino phenazine hydrogenchloride
$[3-NH_2-2-CH_3-7-(CH_3)_2N-5,10-N_2C_{12}H_6]$ Cl
neutral red

Nva 2-amino pentanoic acid
$C_3H_7-CH(NH_2)-COOH$
norvaline

nVlA pentanoic acid
C_4H_9-COOH
n-valeric acid

NW-Säure 4-hydroxy 1-naphthalenesulfonic acid
$4-HO-C_{10}H_6-1-SO_3H$
Nevile-Winther-Säure

Oa 1-octanamine
$C_8H_{17}-NH_2$

oAaBA 2-acetylamino benzoic acid
$2-[CH_3-C(=O)-NH]-C_6H_4-COOH$
o-acetamidobenzoic acid

OAc acetoxy-
CH_3-COO-

OAc acetic acid, ion(1-)
$[CH_3-COO]^-$
acetate

oAcBA 2-acetyl benzoic acid
$2-[CH_3-C(=O)]-C_6H_4-COOH$
o-acetylbenzoic acid

oAxBA 2-acetyloxy benzoic acid
$2-(CH_3-COO)-C_6H_4-COOH$
o-acetoxybenzoic acid

OB	4,4'-oxybis(benzenesulfonic acid hydrazide) $[NH_2\text{-}NH\text{-}S(=O)_2\text{-}C_6H_4\text{-}4\text{-}]_2O$
oBa	2-bromo benzenamine $2\text{-}Br\text{-}C_6H_4\text{-}NH_2$ *o-bromoaniline*
oBBa	2-bromo benzoic acid $2\text{-}Br\text{-}C_6H_4\text{-}COOH$ *o-bromobenzoic acid*
oBP	2-bromo phenol $2\text{-}Br\text{-}C_6H_4\text{-}OH$ *o-bromophenol*
oC	2-methyl phenol $2\text{-}CH_3\text{-}C_6H_4\text{-}OH$ *o-cresol*
oCa	2-chloro benzenamine $2\text{-}Cl\text{-}C_6H_4\text{-}NH_2$ *o-chloroaniline*
oCBA	2-chloro benzoic acid $2\text{-}Cl\text{-}C_6H_4\text{-}COOH$ *o-chlorobenzoic acid*
oCP	2-chloro phenol $2\text{-}Cl\text{-}C_6H_4\text{-}OH$ *o-chlorophenol*
o-CPHAAA	2-[{2-oxo-1-(phenylaminocarbonyl)propyl}azo] benzoic acid $C_6H_5\text{-}NH\text{-}C(=O)\text{-}CH[C(=O)\text{-}CH_3]\text{-}N=N\text{-}2\text{-}C_6H_4\text{-}COOH$ *o-carboxyphenylhydrazo-acetoacetanilide*
oCPIP	2-chloro-4-(4-hydroxyphenylimino)2,5-cyclohexadien-1-one $2\text{-}Cl\text{-}4\text{-}[HO\text{-}4\text{-}C_6H_4\text{-}N=]\text{-}C_6H_3(=O)$ *o-chlorophenol-indophenol*
OCPT	3-chloro-4-methyl benzenamine $3\text{-}Cl\text{-}4\text{-}CH_3\text{-}C_6H_3\text{-}NH_2$ *2-chloro-p-amino toluene*
18oda	1,8-octanediamine $NH_2\text{-}(CH_2)_8\text{-}NH_2$
ODA	3,3'-dimethoxy [1,1'-biphenyl]-4,4'-diamine $[\text{-}C_6H_3\text{-}(O\text{-}CH_3)\text{-}3\text{-}NH_2\text{-}4]_2$ *o-dianisidine*
ODEPA	4-[bis(1-aziridinyl)phosphinyl] morpholine $4\text{-}[(NC_2H_4\text{-}1)_2P(=O)]\text{-}1,4\text{-}ONC_4H_8$

ODPN	3,3'-oxydipropionitrile $NC-CH_2CH_2-O-CH_2CH_2-CN$
OEDF	1-hydroxy ethylidenediphosphonic acid $CH_3-C(OH)[P(=O)(OH)_2]_2$
OEP	2,3,7,8,12,13,17,18-octaethylporphine $2,3,7,8,12,13,17,18-(C_2H_5)_8-N_4C_{20}H_6$
OEP	2,3,7,8,12,13,17,18-octaethylporphine, ion(2-) $[2,3,7,8,12,13,17,18-(C_2H_5)_8-N_4C_{20}H_4]^{2-}$ *2,3,7,8,12,13,17,18-octaethylporphinate*
OET	1,2,4,5,6,7,8,8-octachloro-2,3,3a,4,7,7a-hexahydro 4,7-methano-1H-indene $1,2,4,5,6,7,8,8-Cl_8-C_{10}H_6$ *octachloro-endomethylene-tetrahydro-indan*
oExA	2-ethoxy benzenamine $2-(C_2H_5-O)-C_6H_4-NH_2$ *o-ethoxyaniline*
oFa	2-fluoro benzenamine $2-F-C_6H_4-NH_2$ *o-fluoroaniline*
oFBA	2-fluoro benzoic acid $2-F-C_6H_4-COOH$ *o-fluorobenzoic acid*
oFmP	2-hydroxy benzenecarboxaldehyde $2-HO-C_6H_4-CHO$ *o-formylphenol*
oFP	2-fluoro phenol $2-F-C_6H_4-OH$ *o-fluorophenol*
OH14BQ	2-hydroxy 2,5-cyclohexadiene-1,4-dione $2-HO-C_6H_3(=O)_2-1,4$ *hydroxy-1,4-benzoquinone*
OHAc	hydroxy acetic acid $HO-CH_2-COOH$
OHClBQ	3,6-dichloro-2,5-dihydroxy 2,5-cyclohexadiene-1,4-dione $3,6-Cl_2-2,5-(HO)_2-C_6(=O)_2-1,4$ *2,5-dihydroxy-3,6-dichloro-1,4-benzoquinone*
2OHQ	2-quinolinol $1-NC_9H_6-2-OH$ *2-hydroxyquinoline*

3OHQ	3-quinolinol 1-NC$_9$H$_6$-3-OH *3-hydroxyquinoline*	
4OHQ	4-quinolinol 1-NC$_9$H$_6$-4-OH *4-hydroxyquinoline*	
5OHQ	5-quinolinol 1-NC$_9$H$_6$-5-OH *5-hydroxyquinoline*	
6OHQ	6-quinolinol 1-NC$_9$H$_6$-6-OH *6-hydroxyquinoline*	
7OHQ	7-quinolinol 1-NC$_9$H$_6$-7-OH *7-hydroxyquinoline*	
oIa	2-iodo benzenamine 2-I-C$_6$H$_4$-NH$_2$ *o-iodoaniline*	
oIBA	2-iodo benzoic acid 2-I-C$_6$H$_4$-COOH *o-iodobenzoic acid*	
oIP	2-iodo phenol 2-I-C$_6$H$_4$-OH *o-iodophenol*	
oMa	2-methyl benzenamine 2-CH$_3$-C$_6$H$_4$-NH$_2$ *o-methylaniline*	
oMBA	2-methyl benzoic acid 2-CH$_3$-C$_6$H$_4$-COOH *o-methylbenzoic acid*	
OMH-1	sodium diethyldihydro aluminate(1-) Na [(C$_2$H$_5$)$_2$AlH$_2$]	
OMI	carbamimidic acid methyl ester HN=C(NH$_2$)-O-CH$_3$ *O-methyl-iso-urea*	
OMiU	carbamimidic acid methyl ester HN=C(NH$_2$)-O-CH$_3$ *O-methyl-iso-urea*	
OMP	2,3,7,8,12,13,17,18-octamethylporphine, ion(2-) [2,3,7,8,12,13,17,18-(CH$_3$)$_8$-N$_4$C$_{20}$H$_4$]$^{2-}$ *2,3,7,8,12,13,17,18-octamethylporphinate*	

OMP	4-carboxy uridine-5'-(dihydrogenmonophosphate) (O=)$_2$-N$_2$C$_4$H$_2$(COOH)-OC$_4$H$_4$(OH)$_2$-CH$_2$-O-P(=O)(OH)$_2$ *orotidine-5'-monophosphate*
oMP	2-methoxy phenol 2-(CH$_3$-O)-C$_6$H$_4$-OH *o-methoxyphenol*
ompa	octamethyl diphosphoramide [(CH$_3$)$_2$N]$_2$P(=O)-O-P(=O)[N(CH$_3$)$_2$]$_2$ *octamethyl pyrophosphoramide*
OMPHA	octamethyl diphosphoramide [(CH$_3$)$_2$N]$_2$P(=O)-O-P(=O)[N(CH$_3$)$_2$]$_2$ *octamethyl pyrophosphoramide*
OMU	N'-cyclooctyl-N,N-dimethyl urea c-C$_8$H$_{15}$-NH-C(=O)-N(CH$_3$)$_2$
oMxA	2-methoxy benzenamine 2-(CH$_3$-O)-C$_6$H$_4$-NH$_2$ *o-methoxyaniline*
oMxBA	2-methoxy benzoic acid 2-(CH$_3$-O)-C$_6$H$_4$-COOH *o-methoxybenzoic acid*
oMxCa	2-amino benzoic acid methyl ester 2-NH$_2$-C$_6$H$_4$-COO-CH$_3$ *o-methoxycarbonylaniline*
o-NBAAP	1,5-dimethyl-4-[(2-nitro)phenylmethylenamino]-2-phenyl1,2-dihydro-3H-pyrazol-3-one 1,5-(CH$_3$)$_2$-4-(NO$_2$-2-C$_6$H$_4$-CH=N)-2-C$_6$H$_5$-1,2-N$_2$C$_3$(=O)-3 *4-N-(o'-nitrobenzylidene)-aminoantipyrine*
oNOa	2-nitro benzenamine 2-O$_2$N-C$_6$H$_4$-NH$_2$ *o-nitroaniline*
oNOBA	2-nitro benzoic acid 2-O$_2$N-C$_6$H$_4$-COOH *o-nitrobenzoic acid*
oNOP	2-nitro phenol 2-O$_2$N-C$_6$H$_4$-OH *o-nitrophenol*
ONP	2-nitro phenol 2-NO$_2$-C$_6$H$_4$-OH *o-nitrophenol*

o-NPOE	1-octyloxy-2-nitro benzene 2-NO_2-C_6H_4-O-C_8H_{17} *(o-nitrophenyl)octylether*
OPA	1,2-benzenedicarboxaldehyde 1,2-[HC(=O)]$_2$-C_6H_4 *o-phthalaldehyde*
OPD	1,2-benzenediamine C_6H_4-1,2-$(NH_2)_2$ *o-phenylene diamine*
o,p'-DDD	1-chloro-2-[2,2-dichloro-1-(4-chlorophenyl)ethyl]benzene 2-[$CHCl_2$-CH(C_6H_4-4-Cl)]-C_6H_4-Cl *2,4'-dichloro-.alpha.-(dichloromethyl)-diphenylmethane*
o,p'-DDE	1,1-dichloro-2-(2-chlorophenyl)-2-(4-chlorophenyl)ethene Cl_2C=C(C_6H_4-2-Cl)-C_6H_4-4-Cl *o,p'-dichlorodiphenyl dichloroethene*
o,p'-DDT	1-chloro-2-[2,2,2-trichloro-1-(4-chlorophenyl)ethyl]benzene 2-[CCl_3-CH(C_6H_4-2-Cl)]-C_6H_4-Cl *2,4'-dichloro-α-(trichloromethyl)-diphenylmethane*
opdp	1,2-phenylenebis(diphenylphosphine) 1,2-[$(C_6H_5)_2$P]$_2$-C_6H_4 *o-phenylenebis(diphenylphosphine)*
oPhA	1,2-benzenedicarboxylic acid 1,2-$(HOOC)_2$-C_6H_4 *o-phthalic acid*
oPha	[1,1'-biphenyl]-2-amine C_6H_5-C_6H_4-2-NH_2 *o-phenylaniline*
oPhBA	[1,1'-biphenyl]-2-carboxylic acid C_6H_5-C_6H_4-2-COOH *o-phenylbenzoic acid*
oPhDA	1,2-benzenediamine 1,2-$(NH_2)_2$-C_6H_4 *o-phenylenediamine*
oPhP	[1,1'-biphenyl]-2-ol C_6H_5-C_6H_4-2-OH *o-phenylphenol*
OPP	2,3,7,8,12,13,17,18-octapropylporphine, ion(2-) [2,3,7,8,12,13,17,18-$(C_3H_7)_8$-$N_4C_{20}H_4$]$^{2-}$ *2,3,7,8,12,13,17,18-octapropylporphinate*

OPPA	diphosphoric acid monooctyl ester $(HO)_2P(=O)-O-P(=O)(OH)-O-C_8H_{17}$ *octylpyrophosphoric acid*	
OPr	propanoic acid, ion(1-) $[C_2H_5-COO]^-$ *propionate*	
OPSA	N,N'-diethyl 4-morpholinylphosphonothioic diamide $1,4-ONC_4H_8-[P(=S)(NH-C_2H_5)_2]-4$	
OPTA	1,2-benzenedicarboxaldehyde $C_6H_4-(CHO)_2-1,2$ *o-phthaldialdehyde*	
oPxBA	2-phenoxy benzoic acid $2-(C_6H_5-O)-C_6H_4-COOH$ *o-phenoxybenzoic acid*	
Orn	2,5-diamino pentanoic acid $NH_2-CH_2CH_2CH_2-CH(NH_2)-COOH$ *ornithine*	
OT	3,3'-dimethyl [1,1'-biphenyl]-4,4'-diamine $[-C_6H_3-(CH_3)-3-NH_2-4]_2$ *o-tolidine*	
OTGH2	N-hydroxy-2-hydroxyimino-N'-(2-methylphenyl) ethanimidamide $HO-N=CH-C(NH-OH)=N-C_6H_4-2-CH_3$ *o-tolylaminoglyoxime*	
OTOP	trioctyl phosphine oxide $(C_8H_{17})_3P=O$ *tri-n-octyl phosphine oxide*	
Ox	ethanedioic acid HOOC-COOH *oxalic acid*	
ox	ethanedioic acid, ion(2-) $[OOC-COO]^{2-}$ *oxalate*	
Oxa-2	2,2'-[1,2-ethanediylbis(oxy)] bis(ethanamine) $NH_2-CH_2CH_2-O-CH_2CH_2-O-CH_2CH_2-NH_2$ *3,6-dioxaoctane-1,8-diamine*	
Oxa-4	3,6,9,12-tetraoxatetradecane-1,14-diamine $NH_2-CH_2-(CH_2-O-CH_2)_4-CH_2-NH_2$	
Oxa-6	3,6,9,12,15,18-hexaoxaeicosane-1,20-diamine $NH_2-CH_2-(CH_2-O-CH_2)_6-CH_2-NH_2$	

OxAc	2-oxo butanedioic acid HOOC-C(=O)-CH$_2$-COOH *oxaloacetic acid*	
Oxac	2-oxo butanedioic acid ester R-OOC-C(=O)-CH$_2$-COO-R *oxalacetate*	
Oxin	8-quinolinol 1-NC$_9$H$_6$-8-OH *8-hydroxyquinoline*	
P	pyrrolidine-2-carboxylic acid NC$_4$H$_8$-2-COOH *proline*	
P 2 S	2-(hydroxyiminomethyl)-1-methylpyridiniummethanesulfonate [1-CH$_3$-NC$_5$H$_4$-2-CH=N-OH] [CH$_3$-SO$_3$] *pralidoximmethanesulfonate*	
P3	phenylphosphinidenebis[1,1-propanediyl-(diphenyl)phosphine] C$_6$H$_5$-P[CH(C$_2$H$_5$)-P(C$_6$H$_5$)$_2$]$_2$ *bis[1-(diphenylphosphino)propyl] phenyl phosphine*	
P3C	[2-((diphenylphosphino)methyl)-2-methyl-1,3-propanediyl]bis[diphenylphosphine] CH$_3$-C[CH$_2$-P(C$_6$H$_5$)$_2$]$_3$	
P3FE	poly(1,1,2-trifluoro-1,2-ethanediyl) [-CF$_2$-CHF-]$_n$ *polytrifluoroethylene*	
P4	1,1,4,7,10,10-hexaphenyl-1,4,7,10-tetraphosphadecane (C$_6$H$_5$)$_2$P-CH$_2$CH$_2$-P(C$_6$H$_5$)-CH$_2$CH$_2$-P(C$_6$H$_5$)-CH$_2$CH$_2$-P(C$_6$H$_5$)$_2$	
P4a	4-pyridinecarboxaldehyde NC$_5$H$_4$-4-CHO *pyridine-4-aldehyde*	
P5HQ	1-propyl 5-quinolinol 1-C$_3$H$_7$-5-HO-1-NC$_9$H$_5$ *1-propyl-5-hydroxy quinoline*	
P6HQ	1-propyl 6-quinolinol 1-C$_3$H$_7$-6-HO-1-NC$_9$H$_5$ *1-propyl-6-hydroxy quinoline*	
PA	polyamides [-NH-R-C(=O)-]$_n$ or [-NH-R-NH-C(=O)-R-C(=O)-]$_n$	
PAA	poly(1-carboxy-1,2-ethanediyl) [-CH(COOH)-CH$_2$-]$_n$ *polyacrylic acid*	

pAaBA	4-(acetylamino) benzoic acid 4-[CH$_3$-C(=O)-NH]-C$_6$H$_4$-COOH *p-acetamidobenzoic acid*	
PAB	4-amino benzoic acid 4-NH$_2$-C$_6$H$_4$-COOH *p-amino benzoic acid*	
PABA	4-amino benzoic acid 4-NH$_2$-C$_6$H$_4$-COOH *p-amino benzoic acid*	
pabd	3,5-dimethyl-N-[3,5-dimethyl-1H-pyrazol-1-ylmethyl]-N-phenyl 1H-pryrazole-1-methanamine [3,5-(CH$_3$)$_2$-1,2-N$_2$C$_3$H-1-CH$_2$]$_2$N-C$_6$H$_5$	
PABS	4-amino benzoic acid 4-NH$_2$-C$_6$H$_4$-COOH *p-Aminobenzoesäure*	
pAcBA	4-acetyl benzoic acid 4-[CH$_3$-C(=O)]-C$_6$H$_4$-COOH *p-acetylbenzoic acid*	
PACOPA	2-[{(phenylamino)carbonyl}oxy] propanoic acid C$_6$H$_5$-NH-COO-CH(CH$_3$)-COOH	
PADA	2-(5-bromo-2-pyridylazo)-5-diethylamino phenol 2-(5-Br-NC$_5$H$_3$-2-N=N)-5-(C$_2$H$_5$)$_2$N-C$_6$H$_3$-OH	
PADAP	2-(2-pyridylazo)-5-diethylamino phenol 2-(NC$_5$H$_4$-2-N=N)-5-(C$_2$H$_5$)$_2$N-C$_6$H$_3$-OH	
PAF	7-(acetyloxy)-4-hydroxy-N,N,N-trimethyl-3,5,9-trioxa-4-phosphapentacosan-1-aminium hydroxide 4-oxide innersalt C$_{16}$H$_{33}$-O-CH$_2$-CH[OC(=O)CH$_3$]CH$_2$-O-P(=O)(-O)O-CH$_2$CH$_2$-N(CH$_3$)$_3$ *platelet activating factor*	
PAH	N-[4-(amino)phenylcarbonyl] glycine 4-NH$_2$-C$_6$H$_4$-C(=O)-NH-CH$_2$-COOH *p-amino hippuric acid*	
PAL	3-hydroxy-2-methyl-5-[(phosphonooxy)methyl] 4-pyridinecarboxaldehyde 3-HO-2-CH$_3$-4-(O=CH)-NC$_5$H-5-CH$_2$-O-P(=O)(OH)$_2$ *Pyridoxalphosphat*	
2-PAM	2-(hydroxyiminomethyl)-1-methyl pyridinium iodide [1-CH$_3$-NC$_5$H$_4$-2-CH=N-OH] I *2-pyridine-2-aldoxime-N-methyl-iodide*	
PAM	2-(hydroxyiminomethyl)-1-methyl pyridinium iodide [1-CH$_3$-NC$_5$H$_4$-2-CH=N-OH] I *pyridine-2-aldoxime-N-methyl-iodide*	

PAM	4-aminomethyl-6-methyl-5-phosphonooxy 3-pyridinemethanol 4-(NH_2-CH_2)-6-CH_3-5-[(HO)$_2$P(=O)-O]-NC_5H-3-CH_2-OH *pyridoxamine phosphate*
PAMBA	4-aminomethyl benzoic acid 4-(NH_2-CH_2)-C_6H_4-COOH *p-amino-methyl benzoic acid*
2-PAM-chlorid	2-(hydroxyiminomethyl)-1-methyl pyridinium chloride [1-CH_3-NC_5H_4-2-CH=N-OH] Cl *2-pyridine-2-aldoxime-N-methyl-chloride*
PAMSA	4-(2-aminoethyl)-2-hydroxy benzoic acid 4-(NH_2-CH_2CH_2)-2-HO-C_6H_3-COOH *p-aminoethyl-salicylic acid*
PAN	1-(2-pyridylazo) 2-naphthalenol NC_5H_4-2-N=N-1-$C_{10}H_6$-2-OH *1-(2-pyridinazo)-2-naphthol*
PAN	N-phenyl 1-naphthalenamine C_6H_5-NH-1-$C_{10}H_7$ *N-phenyl-α-naphthylamine*
PAN	peroxyacetic acid anhydride with nitric acid CH_3-C(=O)-O-O-NO_2 *peroxyacetylnitrate*
PAN	1,3-isobenzofurandione 2-OC_8H_4(=O)$_2$-1,3 *phthalic anhydride*
PAN	poly[(1-cyano)-1,2-ethanediyl] [-CH(CN)-CH_2-]$_n$ *polyacrylonitrile*
PAP	N,N'-bis(2-pyridyl) 1,4-phthalazinediamine 2,3-$N_2C_8H_4$-(NH-2-NC_5H_4)$_2$-1,4 *1,4-bis(2-pyridylamino)phthalazine*
paP	1-(4-hydroxyphenyl) ethanone CH_3-C(=O)-C_6H_4-4-OH *p-acetylphenol*
PAP4ME	N,N'-bis[(4-methyl)-2-pyridyl] 1,4-phthalazinediamine 2,3-$N_2C_8H_4$-[NH-2-NC_5H_3(CH_3-4)]$_2$-1,4
p-APMSF	[4-(aminoiminomethyl)phenyl] methanesulfonyl fluoride 4-[NH_2-C(=NH)]-C_6H_4-CH_2-SO_2-F *(p-amidinophenyl)methylsulfonylfluoride*
PAPP	1-(4-aminophenyl) 1-propanone C_2H_5-C(=O)-C_6H_4-4-NH_2 *p-Amino-propiophenon*

PAPS	3'-adenylic acid 5'-(dihydrogenphosphate)-5'-monoanhydride with sulfuric acid $(NH_2)N_4C_5H_2\text{-}OC_4H_4(OH)[OP(O)(OH)_2]\text{-}CH_2\text{-}OP(O)(OH)\text{-}O\text{-}SO_3H$ *3'-phospho-adenosine-5'-phosphosulfate*
PAR	4-(2-pyridylazo) 1,3-benzenediol $4\text{-}(NC_5H_4\text{-}2\text{-}N=N)\text{-}C_6H_3\text{-}(OH)_2\text{-}1,3$ *4-(2-pyridylazo)-resorcinol*
PAS	4-amino-2-hydroxy benzoic acid $4\text{-}NH_2\text{-}2\text{-}HO\text{-}C_6H_3\text{-}COOH$ *p-amino salicylic acid*
PAT	phosphoramidothioic acid $(HO)_2P(=S)\text{-}NH_2$
PAT	1-phenyl 5(1H)-tetrazolamine $1\text{-}C_6H_5\text{-}N_4C\text{-}5\text{-}NH_2$ *1-phenyl-5-amino tetrazole*
2PATSC	2-(pyridylmethylidene) hydrazinecarbothiamide $NC_5H_4\text{-}2\text{-}CH=N\text{-}NH\text{-}C(=S)\text{-}NH_2$ *2-pyridinaldehyde thiosemicarbazone*
pAxBA	4-acetyloxy benzoic acid $4\text{-}(CH_3\text{-}COO)\text{-}C_6H_4\text{-}COOH$ *p-acetoxybenzoic acid*
PB	poly(1-butene-1,4-diyl) $[\text{-}CH_2\text{-}CH=CH\text{-}CH_2\text{-}]_n$ *polybutadiene*
PB	poly(1-ethyl-1,2-ethanediyl) $[\text{-}CH(C_2H_5)\text{-}CH_2\text{-}]_n$ *polybutylene*
pBa	4-bromo benzenamine $4\text{-}Br\text{-}C_6H_4\text{-}NH_2$ *p-bromoaniline*
PBAH	polycyclic benzenoid aromatic hydrocarbons
pBBA	4-bromo benzoic acid $4\text{-}Br\text{-}C_6H_4\text{-}COOH$ *p-bromobenzoic acid*
PBBO	6-phenyl-2-[(1,1'-biphenyl)-4-yl] benzoxazole $6\text{-}C_6H_5\text{-}2\text{-}(C_6H_5\text{-}C_6H_4\text{-}4)\text{-}1,3\text{-}ONC_7H_3$
PBD	2-[(1,1'-biphenyl)-4-yl]-5-phenyl 1,3,4-oxadiazole $2\text{-}(C_6H_5\text{-}C_6H_4\text{-}4\text{-})\text{-}5\text{-}C_6H_5\text{-}1,3,4\text{-}ON_2C_2$ *5-phenyl-2-(4-biphenyl)-1,3,4-oxadiazole*

PBI	poly(2,5-benzimidazolediyl) [-2-(1,3-$N_2C_7H_4$)-5-]$_n$ *polybenzimidazoles*	
PBN	N-phenyl 2-naphthalenamine C_6H_5-NH-2-$C_{10}H_7$ *N-phenyl-ß-naphthyl amine*	
PBN	N-(1,1-dimethyl)ethyl benzenemethanimine N-oxide C_6H_5-CH=N(O)-C_4H_9-t *phenyl-N-tert.-butyl-nitrone*	
PBO	5-phenyl-2-[(1,1'-biphenyl)-4-yl] oxazole 5-C_6H_5-2-(C_6H_5-C_6H_4-4)-1,3-ONC_3H	
PBO	5-[2-(2-butoxyethoxy)ethoxymethyl]-6-propyl1,3-benzodioxole 6-C_3H_7-1,3-$O_2C_7H_4$-5-CH_2-O-CH_2CH_2-O-CH_2CH_2-O-C_4H_9 *piperonyl butoxide*	
pBP	4-bromo phenol 4-Br-C_6H_4-OH *p-bromophenol*	
PBT	poly(oxy-1,4-butanediyloxycarbonyl-1,4-phenylenecarbonyl-) [-O-CH_2CH_2-CH_2CH_2-O-C(=O)-1,4-C_6H_4-C(=O)-]$_n$ *polybutylene-(1,4)-terephthalate*	
PBZ	N',N'-dimethyl-N-phenylmethyl-N-(2-pyridyl) 1,2-ethanediamine 2-NC_5H_4-N(CH_2-C_6H_5)-CH_2CH_2-N(CH_3)$_2$ *pyribenzamine*	
PC	poly(alkanediyloxycarboxy) [-R-O-COO-]$_n$ *polycarbonates*	
PC	poly(2-chloro-1-butene-1,4-diyl) [-CH=CCl-CH_2CH_2-]$_n$ *polychloroprene*	
PC	4-methyl 1,3-dioxolan-2-one 4-(CH_3)-1,3-$O_2C_3H_3$(=O)-2 *propylene carbonate*	
pC	4-methyl phenol 4-CH_3-C_6H_4-OH *p-cresol*	
PCA	5-oxo-2-pyrrolidine carboxylic acid 5-(O=)NC_4H_6-2-COOH *pyrrolidone carboxylic acid*	
pCa	4-chloro aniline 4-Cl-C_6H_4-NH_2 *p-chloroaniline*	

PCB	polychlorinated biphenyls $(C_6H_{5-x}Cl_x)-(C_6H_{5-y}Cl_y)$
pCBA	4-chloro benzoic acid $4\text{-}Cl\text{-}C_6H_4\text{-}COOH$ *p-chlorobenzoic acid*
PCC	pyridinium trioxochlorochromate $[C_5H_5NH][CrO_3Cl]$ *pyridinium chloro chromate*
PcCo	[29H,31H-phthalocyaninato(2-)-$N^{29},N^{30},N^{31},N^{32}$]cobalt $[Co(N_8C_{32}H_{16})]$
PCMB	(4-carboxyphenyl)hydroxy mercury, monosodium salt $Na\,[HO\text{-}Hg\text{-}4\text{-}C_6H_4\text{-}COO]$ *sodium p-chloromercuribenzoate*
pCMBS	chloro(4-sulfophenyl) mercury, sodium salt $Na\,[Cl\text{-}Hg\text{-}C_6H_4\text{-}4\text{-}SO_3]$ *p-chloromercuri benzenesulfonic acid*
pCNa	4-amino benzonitrile $4\text{-}NH_2\text{-}C_6H_4\text{-}CN$ *p-cyanoaniline*
PCNB	pentachloro-nitro benzene $C_6Cl_5\text{-}NO_2$
pCNBA	4-cyano benzoic acid $4\text{-}NC\text{-}C_6H_4\text{-}COOH$ *p-cyanobenzoic acid*
pCNP	4-hydroxy benzonitrile $4\text{-}HO\text{-}C_6H_4\text{-}CN$ *p-cyanophenol*
PCOT	5-chloro-2-methyl benzenamine $5\text{-}Cl\text{-}2\text{-}CH_3\text{-}C_6H_3\text{-}NH_2$ *p-chloro-o-amino toluene*
PCP	pentachloro phenol $C_6Cl_5\text{-}OH$
pCP	4-chloro phenol $4\text{-}Cl\text{-}C_6H_4\text{-}OH$ *p-chlorophenol*
PCPA	4-chloro phenylalanine $4\text{-}Cl\text{-}C_6H_4\text{-}CH_2\text{-}CH(NH_2)\text{-}COOH$ *p-chlorophenylalanine*

PCPBS	benzenesulfonic acid 4-chlorophenyl ester $C_6H_5-S(=O)_2-O-C_6H_4-Cl-4$ *para-chlorophenyl-benzenesulfonic ester*
PCTFE	poly[(1-chloro-1,2,2-trifluoro)-1,2-ethanediyl] $[-CFCl-CF_2-]_n$ *polychlorotrifluoroethylene*
PD	1,3-propanediamine $NH_2-CH_2CH_2CH_2-NH_2$
pd3a	N-(carboxymethyl)-N-[2-{(carboxymethyl)amino}propyl]glycine, ion(3-) $[OOC-CH_2-NH-CH(CH_3)-CH_2-N(CH_2-COO)_2]^{3-}$ *1,2-propylenediaminetriacetate*
13Pda	1,3-propanediamine $NH_2-CH_2CH_2CH_2-NH_2$
PDA	1,2-propanediamine $NH_2-CH(CH_3)-CH_2-NH_2$ *propylenediamine*
PDA	1,4-benzenediamine $1,4-(NH_2)_2-C_6H_4$ *p-phenylene diamine*
PDAT	phosphorodiamidothioic acid $HO-P(=S)(NH_2)_2$
PDB	1,4-dichloro benzene $1,4-Cl_2-C_6H_4$ *p-dichlorobenzene*
PDC	pyridinium dichromate $[c-C_5H_6N]_2 [Cr_2O_7]$
p-DCP	phosphoric acid bis(methylphenyl) ester $HO-P(=O)(O-C_6H_4-CH_3)_2$ *dicresylphosphate*
PDEA	phenylamino-2,2'-diethanol $C_6H_5-N(CH_2CH_2-OH)_2$ *phenyl diethanolamine*
PDEAS	8,11-dioxo-4-phenyl 1,7-dioxa-4-azacycloundecane $8,11-(O=)_2-4-C_6H_5-1,7,4-O_2NC_8H_{12}$ *phenyl diethanolamine succinate*
PDM	perchlorodiphenylmethyl- (radical) $(C_6Cl_5)_2CCl$
pdma	1,2-phenylenebis(dimethylarsine) $1,2-[(CH_3)_2As]_2-C_6H_4$

PDMEA	phosphoric acid mono[2-(dimethylamino)ethyl] ester	
	$(CH_3)_2N-CH_2CH_2-O-P(=O)(OH)_2$	
pdmp	1,2-phenylenebis(dimethylphosphine)	
	$1,2-[(CH_3)_2P]_2-C_6H_4$	
Pd-PEI-ghosts	Palladium / poly(1-imino-1,2-ethanediyl)	
	$Pd / [-C(=NH)-CH_2-]_n$	
	Palladium on poly(ethylenimine) (catalyst)	
2-PDS	2,2'-dithiobis(pyridine)	
	$NC_5H_4-2-SS-2'-NC_5H_4$	
	di-(2-pyridyl)-disulfide	
PDT	5,6-diphenyl-3-(2-pyridinyl) 1,2,4-triazine	
	$3-(NC_5H_4-2)-5,6-(C_6H_5)_2-1,2,4-N_3C_3$	
	3-(2-pyridinyl)-5,6-diphenyl-1,2,4-triazine	
1,3-pdta	N,N'-(1,3-propanediyl)bis[N-(carboxymethyl)glycine], ion(4-)	
	$[(OOC-CH_2)_2N-CH_2CH_2CH_2-N(CH_2-COO)_2]^{4-}$	
	1,3-propanediamine-N,N,N',N'-tetraacetate	
pdta	N,N'-(1-methyl-1,2-ethanediyl)bis[N-(carboxymethyl)glycine], ion(4-)	
	$[(OOC-CH_2)_2N-CH(CH_3)-CH_2-N(CH_2-COO)_2]^{4-}$	
	1,2-propanediaminetetraacetate	
PE	2,2-bis(hydroxymethyl) 1,3-propanediol	
	$C(CH_2-OH)_4$	
	pentaerythritol	
PE	phosphoric acid mono(2-aminoethyl) mono[3-(alkanylcarboxy)-	
	2-(alkenylcarboxy)propyl] ester	
	$R-COO-CH_2-CH[O-C(=O)-R]-CH_2-OP(=O)(OH)-O-CH_2CH_2-NH_2$	
	phosphatidyl ethanolamine	
PE	polyethane	
	$[-CH_2CH_2-]_n$	
	polyethylene	
2-pea	α-methyl 2-pyridinemethanamine	
	$NC_5H_4-2-CH(CH_3)-NH_2$	
	1-(2-pyridyl) ethanamine	
PEA	phosphoric acid mono(2-aminoethyl) mono[3-(alkanylcarboxy)-	
	2-(alkenylcarboxy)propyl] ester	
	$R-COO-CH_2-CH[O-C(=O)-R]-CH_2-OP(=O)(OH)-O-CH_2CH_2-NH_2$	
	phosphatidyl ethanolamine	
PEB	2-phosphonooxy 2-propenoic acid	
	$(HO)_2P(=O)-O-C(=CH_2)-COOH$	
	Phosphoenolbrenztraubensäure	

PEBC	N-butyl-N-ethyl thiocarbamic acid S-propyl ester C_3H_7-S-C(=O)-N(C_2H_5)-C_4H_9 *S-propyl-N-ethyl-N-butyl-monothiocarbamate*
4-PEC	S-[2-(4-pyridinyl)-ethyl]-L-cysteine NC_5H_4-4-CH_2CH_2-S-CH_2-CH(NH_2)-COOH
PEDODSDTF	2-[1,3-diselenolo[4,5-b]pyrazin-2-ylidene]-5,6-dihydro1,3-dithiolo[4,5-b][1,4]dioxin 2-(1,3,4,7-$Se_2N_2C_5H_2$-2-)=(7,4,1,3-$O_2S_2C_5H_4$) *pyrazino-ethylenedioxodiselenadithiafulvalene*
PEEA	N-ethyl-N-phenyl-2-amino ethanol C_6H_5-N(C_2H_5)-CH_2CH_2-OH *N-phenyl-N-ethyl ethanolamine*
PEEKK	poly(oxy-1,4-phenyleneoxy-1,4-phenylenecarbonyl-1,4-phenylenecarbonyl-1,4-phenylene) [-{O-(1,4-C_6H_4)}$_2$-{C(=O)-(1,4-C_6H_4)}$_2$-]$_n$ *poly-ether-ether-ketone-ketone*
PEG	poly(oxy-1,2-ethanediyl) [-O-CH_2CH_2-]$_n$ *polyethylene glycol*
PEHA	3,6,9,12-tetraaza-1,14-tetradecanediamine NH_2-(CH_2CH_2-NH)$_4$-CH_2CH_2-NH_2 *penta ethylene hexamine*
PEI	poly(1,2-ethanediylimino) [-CH_2CH_2-NH-]$_n$ *polyethylenimine*
PEK	poly(oxy-1,4-phenylenecarbonyl-1,4-phenylene) [-O-(1,4-C_6H_4)-C(=O)-(1,4-C_6H_4)-]$_n$ *polyetherketone*
PEMA	2-ethyl-2-phenyl propanediamide NH_2-C(=O)-C(C_2H_5)(C_6H_5)-C(=O)-NH_2 *2-phenyl-2-ethyl-malonamide*
PEMM	phosphoric acid mono[2-(dimethylamino)ethyl] mono[3-(alkanylcarboxy)-2-(alkenylcarboxy)propyl] ester R-COO-CH_2-CH[O-C(=O)-R]-CH_2-OP(=O)(OH)-O-CH_2CH_2-N(CH_3)$_2$ *dimethyl phosphatidyl ethanolamine*
2PeoA	trans-2-pentenoic acid C_2H_5-CH=CH-COOH
3PeoA	trans-3-pentenoic acid CH_3-CH=CH-CH_2-COOH
PEOC-Cl	[2-{(chloroformyl)oxy}ethyl]triphenyl phosphoniumchloride [(C_6H_5)$_3$P-CH_2CH_2-O-C(=O)-Cl] Cl *2-triphenylphosphonioethyl chloroformate chloride*

4-PEP	2-amino-3-methyl-3-[2-(4-pyridyl)ethylthio] butanoic acid NC_5H_4-4-CH_2CH_2-S-$C(CH_3)_2$-$CH(NH_2)$-COOH *S-[2-(4-pyridyl)ethyl]-DL-penicillamine*
PEP	2-phosphonooxy 2-propenoic acid $(HO)_2P(=O)$-O-$C(=CH_2)$-COOH *phosphoenol pyruvate*
PEPEOA	N,N-bis[2-(diphenylphosphino)ethyl] 2-diphenylphosphinyl ethanamine $(C_6H_5)_2P(=O)$-CH_2CH_2-N[CH_2CH_2-$P(C_6H_5)_2$]$_2$
PER	peroxydisulfuric acid, diammonium salt $[NH_4]_2 [O_3S\text{-}OO\text{-}SO_3]$ *diammonium peroxydisulfate*
PER	tetrachlorethene $CCl_2=CCl_2$ *perchloroethylene*
PES	poly(oxy-1,4-phenylenesulfonyl-1,4-phenylene) [-O-(1,4-C_6H_4)-$S(=O)_2$-(1,4-C_6H_4)-]$_n$ *polyethersulfone*
PET	poly(oxy-1,2-ethanediyloxycarbonyl-1,4-phenylenecarbonyl) [-O-CH_2CH_2-O-$C(=O)$-1,4-C_6H_4-$C(=O)$-]$_n$ *polyethyleneterephthalate*
PETN	2,2-bis[(nitrooxy)methyl] 1,3-propanediol dinitrate(ester) $C(CH_2$-O-$NO_2)_4$ *pentaerythritol tetranitrate*
PETP	poly(oxy-1,2-ethanediyloxycarbonyl-1,4-phenylenecarbonyl) [-O-CH_2CH_2-O-$C(=O)$-1,4-C_6H_4-$C(=O)$-]$_n$ *polyethylene terephthalates*
pExA	4-ethoxy benzenamine 4-$(C_2H_5$-O)-C_6H_4-NH_2 *p-ethoxyaniline*
PFA	perfluoroalkoxy- CF_3-$(CF_2)_n$-O-
pFA	4-fluoro benzenamine 4-F-C_6H_4-NH_2 *p-fluoroaniline*
pFBA	4-fluoro benzoic acid 4-F-C_6H_4-COOH *p-fluorobenzoic acid*
PFBHA	O-[(pentafluorophenyl)methyl] hydroxylamine C_6F_5-CH_2-O-NH_2 *O-(pentafluorobenzyl)-hydroxylamine*

PFK	perfluoro kerosene (mixture of several highfluorinated hydrocarbons)
pFmP	4-hydroxy benzaldehyde 4-HO-C_6H_4-CHO *p-formylphenol*
pFP	4-fluoro phenol 4-F-C_6H_4-OH *p-fluorophenol*
PFPA	pentafluoro propanoic acid anhydride C_2F_5-C(=O)-O-C(=O)-C_2F_5
PFPP	phosphoric acid tris(2,2,3,3,3-pentafluoropropyl) ester O=P(O-CH_2-C_2F_5)$_3$ *tris(2,2,3,3,3-pentafluoropropyl)phosphate*
PFTBA	perfluoro-N,N-dibutyl 1-butanamine $(C_4F_9)_3$N *perfluoro-tri-N-butylamine*
PFTP	pentafluoro benzenethiol C_6F_5-SH *pentafluoro thiophenol*
2-PG	3-hydroxy-2-phosphonooxy propanoic acid HO-CH_2-CH(COOH)-O-P(=O)(OH)$_2$ *D-2-phosphoglyceric acid*
3-PG	2-hydroxy-3-phosphono propanoic acid O=P(OH)$_2$-O-CH_2-CH(OH)-COOH *3-phosphoglycerate*
6-PG	2,3,4,5-tetrahydroxy-6-phosphonooxy hexanoic acid (HO)$_2$P(=O)O-CH_2-CH(OH)-CH(OH)-CH(OH)-CH(OH)-COOH *6-phosphogluconate*
PGA	2-[4-(2-amino-4-hydroxy-6-pteridinylmethylamino)phenylcarbamoyl] pentanedioic acid NH_2-N_4C_6H(OH)-CH_2-NH-C_6H_4-C(=O)NH-CH(COOH)-CH_2CH_2-COOH *pteroyl-glutamic acid*
PGA1	(13E,15S)-15-hydroxy-9-oxo prosta-10,13-dien-1-oic acid C_5H_{11}-CH(OH)-CH=CH-C_5H_4(=O)-$(CH_2)_6$-COOH *prostaglandin A1*
PGA2	(15Z,13E,15S)-15-hydroxy-9-oxo prosta-5,10,13-trien-1-oic acid C_5H_{11}-CH(OH)-CH=CH-C_5H_4(=O)-CH_2-CH=CH-$CH_2CH_2CH_2$-COOH *prostaglandin A2*
PGB1	(13E,15S)-15-hydroxy-9-oxo prosta-8(12),13-dien-1-oic acid C_5H_{11}-CH(OH)-CH=CH-C_5H_4(=O)-$(CH_2)_6$-COOH *prostaglandin B1*

PGB2	(5Z,13E,15S)-15-hydroxy-9-oxo prosta-5,8(12),13-trien-1-oic acid C_5H_{11}-CH(OH)-CH=CH-C_5H_4(=O)-CH_2-CH=CH-$CH_2CH_2CH_2$-COOH *prostaglandin B2*
PGD2	(5Z,9α,13E,15S)-9,15-dihydroxy-11-oxoprosta-5,13-dien-1-oic acid C_5H_{11}-CH(OH)-CH=CH-C_5H_5(OH)(=O)-CH_2-CH=CH-$CH_2CH_2CH_2$-COOH *prostaglandin D2*
PGE1	(11α,13E,15S)-11,15-dihydroxy-9-oxoprost-13-en-1-oic acid C_5H_{11}-CH(OH)-CH=CH-C_5H_5(OH)(=O)-$(CH_2)_6$-COOH *prostaglandin E1*
PGE2	(5Z,11α,13E,15S)-11,15-dihydroxy-9-oxoprosta-5,13-dien-1-oic acid C_5H_{11}-CH(OH)-CH=CH-C_5H_5(OH)(=O)-CH_2-CH=CH-$CH_2CH_2CH_2$-COOH *prostaglandin E2*
PGF1α	(9α,11α,13E,15S)-9,11,15-trihydroxyprost-13-en-1-oic acid C_5H_{11}-CH(OH)-CH=CH-C_5H_6(OH)$_2$-$(CH_2)_6$-COOH *prostaglandin F1α*
PGF2α	(5Z,9α,11α,13E,15S)-9,11,15-trihydroxyprosta-5,13-dien-1-oic acid C_5H_{11}-CH(OH)CH=CH-C_5H_6(OH)$_2$-CH_2-CH=CH-$(CH_2)_3$-COOH *prostaglandin F2α*
PGI2	(9α,11α,13E,15S)-6,9-epoxy-11,15-dihydroxyprosta-5,13-dien-1-oic acid C_5H_{11}-CH(OH)-CH=CH-OC_7H_8(OH)=CH-$CH_2CH_2CH_2$-COOH *prostaglandin I2*
PgOH	2-propyn-1-ol HCC-CH_2-OH *propargyl alcohol*
PGS	2-hydroxy-3-phosphono propanoic acid O=P(OH)$_2$-O-CH_2-CH(OH)-COOH *Phosphoglycerinsäure*
Ph	1,10-phenanthroline 1,10-$N_2C_{12}H_8$
Ph	phenyl- C_6H_5-
Ph3[12]aneAs3	1,5,9-triphenyl 1,5,9-triarsacyclododecane [-{As(C_6H_5)-$CH_2CH_2CH_2$}$_3$-]
PhAc	phenyl acetic acid C_6H_5-CH_2-COOH
PHB	(R)-3-hydroxy butanoic acid, homopolymer [-O-CH(CH_3)-CH_2-C(=O)-]$_n$ *poly(3-hydroxy butyric acid)*

PHB	4-hydroxy benzoic acid 4-HO-C$_6$H$_4$-COOH *p-hydroxybenzoic acid*
PHBE	4-hydroxy benzoic acid ester 4-HO-C$_6$H$_4$-COO-R *p-hydroxybenzoic ester*
Phe	α-amino benzenepropanoic acid C$_6$H$_5$-CH$_2$-CH(NH$_2$)-COOH *phenylalanine*
phen	1,10-phenanthroline 1,10-N$_2$C$_{12}$H$_8$
Phenyl-PAS	4-amino-2-hydroxy benzoic acid phenyl ester 4-NH$_2$-2-HO-C$_6$H$_3$-COO-C$_6$H$_5$ *phenyl-p-amino-salicylate*
4-phenyl-TAD	4-phenyl-Δ^1-1,2,4-triazoline-3,5-dione 4-C$_6$H$_5$-1,2,4-N$_3$C$_2$(=O)$_2$-3,5
Phnz	phenazine 5,10-N$_2$C$_{12}$H$_8$
PhPhA	phenylphosphonic acid C$_6$H$_5$-P(=O)(OH)$_2$
phpy	2-phenyl pyridine 2-C$_6$H$_5$-NC$_5$H$_4$
PhSH	thiophenol C$_6$H$_5$-SH *phenylmercaptan*
PhT	1,2-benzenedicarboxylic acid 1,2-(HOOC)$_2$-C$_6$H$_4$ *phthalic acid*
Pht	1,2-phenylenedicarbonyl- -C(=O)-C$_6$H$_4$-2-C(=O)- *phthalyl-*
Phz	phthalazine 2,3-N$_2$C$_8$H$_6$
PI	poly(1-methyl-1-butene-1,4-diyl) [-C(CH$_3$)=CH-CH$_2$CH$_2$-]$_n$ *1,4-polyisoprene*
PI	phosphoric acid mono[3-(alkanylcarboxy)-2-(alkenylcarboxy)propyl]-mono(pentahydroxycyclohexyl) ester R-COO-CH$_2$-CH[O-C(=O)-R]-CH$_2$-OP(=O)(OH)-O-C$_6$H$_6$(OH)$_5$ *phosphatidyl inositol*

pIa	4-iodo benzenamine 4-I-C_6H_4-NH_2 *p-iodoaniline*	
PIB	poly[(1,1-dimethyl)-1,2-ethanediyl] [-C$(CH_3)_2$-CH_2-$]_n$ *polyisobutylenes*	
pIBA	4-iodo benzoic acid 4-I-C_6H_4-COOH *p-iodobenzoic acid*	
2-pic	2-pyridinemethanamine NC_5H_4-2-CH_2-NH_2 *2-picolinylamine*	
PIC	2,4,6-trinitro phenol 2,4,6-$(NO_2)_3$-C_6H_2-OH *picrinic acid*	
PIDA	N-(phosphonomethyl)iminodiacetic acid $(HO)_2$P(=O)-CH_2-N$(CH_2$-COOH$)_2$	
PIH	(1-methyl-2-phenyl)ethyl hydrazine C_6H_5-CH_2-CH(CH_3)-NH-NH_2 *ß-phenyl-isopropylhydrazine*	
Pip	piperidine NC_5H_{11}	
pIP	4-iodo phenol 4-I-C_6H_4-OH *p-iodophenol*	
PIPES	1,4-piperazinediethanesulfonic acid 1,4-$N_2C_4H_8$-(CH_2CH_2-$SO_3H)_2$-1,4	
Pipmtc	piperidine-1-carbothioic acid, ion(1-) [NC_5H_{10}-1-C(=O)-S]⁻ *piperidinemonothiocarbamate*	
Pipz	piperazine 1,4-$N_2C_4H_{10}$	
PITC	isothiocyanato benzene C_6H_5-N=C=S *phenyl isothiocyanate*	
PKE	dicarbonic acid diethyl ester C_2H_5-O-C(=O)-O-C(=O)-O-C_2H_5 *Pyrokohlensäurediethylester*	
Pld	pyrrolidine NC_4H_9	

PLZT	polycrystalline lead zirconium titanate $(Pb,Zr)TiO_3$
PMA	trisammonium 12-molybdophosphate $[NH_4]_3 [P(Mo_3O_{10})_4]$ *ammonium phosphomolybdate*
PMA	(acetato-O)phenyl mercury C_6H_5-Hg-O-C(=O)-CH_3 *phenyl-mercury-acetate*
PMA	12-molybdophosphoric acid $H_3[P(Mo_3O_{10})_4]$ *phosphomolybdic acid*
PMA	1,2,4,5-benzenetetracarboxylic acid 1,2,4,5-$(HOOC)_4$-C_6H_2 *pyromellitic acid*
pMa	4-methyl benzenamine 4-CH_3-C_6H_4-NH_2 *p-methylaniline*
pMBA	4-methyl benzoic acid 4-CH_3-C_6H_4-COOH *p-methylbenzoic acid*
p-MBAAP	1,5-dimethyl-4-[(4-methyl)phenylmethylenamino]-2-phenyl 1,2-dihydro-3H-pyrazol-3-one 1,5-$(CH_3)_2$-4-(CH_3-4-C_6H_4-CH=N)-2-C_6H_5-1,2-N_2C_3(=O)-3 *4-N-(4'-methylbenzylidene)-aminoantipyrine*
pMCP	4-hydroxy benzoic acid methyl ester 4-HO-C_6H_4-COO-CH_3 *p-methoxycarbonylphenol*
PMDA	5,7-dihydro-1H,3H-benzo[1,2-c:4,5-c']difuran-1,3,5,7-tetraone 2,6-$O_2C_{10}H_2$(=O)$_4$-1,3,5,7 *pyromellitic acid dianhydride*
PMDBD	1,2,3,4,4a,5,6,7-octahydro-2,2,4a,7,7-pentamethyl 1,8-naphthyridine 2,2,4a,7,7-$(CH_3)_5$-1,8-$N_2C_8H_9$ *3,3,6,9,9-pentamethyl-2,10-diazabicyclo[4.4.0]dec-1-ene*
PMDTA	N,N,N'-trimethyl-N'-(2-dimethylaminoethyl) 1,2-ethanediamine $(CH_3)_2$N-CH_2CH_2-N(CH_3)-CH_2CH_2-N$(CH_3)_2$ *pentamethyl diethylene triamine*
pmdta	N,N'-(1,5-pentanediyl)bis[N-(carboxymethyl)glycine], ion (4-) $[(OOC$-$CH_2)_2N$-$(CH_2)_5$-$N(CH_2$-$COO)_2]^{4-}$ *pentamethylenediaminetetraacetate*

PMHS	poly[oxy(methylsilylene)] $(CH_3)_3Si-[O-SiH(CH_3)]_x-O-Si(CH_3)_3$ *polymethylhydrogensiloxane*	
PMI	poly(imino-1,3-phenyleneiminocarbonyl-1,3-phenylene-carbonyl) $[-NH-(1,3-C_6H_4)-NH-C(=O)-(1,3-C_6H_4)-C(=O)-]_n$ *poly-meta-phenyleneisophthalamide*	
PMMA	poly(1-methoxycarbonyl-1-methyl-1,2-ethanediyl) $[-C(CH_3)(COO-CH_3)-CH_2-]_n$ *poly(methyl methacrylate)*	
PMN	1,2,3,4,5-pentamethyl-6-nitroso benzene $1,2,3,4,5-(CH_3)_5-6-(O=N)-C_6$	
PMP	1,2,2,6,6-pentamethyl piperidine $1,2,2,6,6-(CH_3)_5-NC_5H_6$	
PMP	phosphorodithioic acid O,O-dimethyl S-(1,3-dioxo-2,3-dihydro-1H-isoindol-2-yl-methyl) ester $1,3-(O=)_2-2-NC_8H_4-[CH_2-S-P(=S)(O-CH_3)_2]-2$ *O,O-dimethyl S-(phthalimidomethyl)-phosphorodithionate*	
pMP	4-methoxy phenol $4-(CH_3-O)-C_6H_4-OH$ *p-methoxyphenol*	
PMPPOH	5-methyl-4-(1-oxopropyl)-2-phenyl 2,4-dihydro-3H-pyrazol-3-one $5-CH_3-4-[C_2H_5-C(=O)]-2-C_6H_5-1,2-N_2C_3H(=O)-3$ *4-propionyl-3-methyl-1-phenyl 2-pyrazoline-5-one*	
PMPS	poly[sulfonyl-(1-methyl-1-propyl-1,2-ethanediyl)] $[-CH_2-C(CH_3)(C_3H_7)-S(=O)_2-]_n$ *poly(2-methyl-1-pentene sulfone)*	
PMS	5-methyl-phenazinium methylsulfate $[5-CH_3-5,10-N_2C_{12}H_8]\ [O_3S-O-CH_3]$	
PMSF	benzenemethanesulfonyl fluoride $C_6H_5-CH_2-S(=O)_2-F$ *phenylmethanesulfonyl-fluoride*	
pMSfa	4-(methylsulfonyl) benzenamine $4-[CH_3-S(=O)_2]-C_6H_4-NH_2$ *p-methylsulfonylaniline*	
pMSP	4-(methylthio) phenol $4-(CH_3-S)-C_6H_4-OH$ *p-methylthiophenol*	
pMsP	4-(methylsulfonyl) phenol $4-[CH_3-S(=O)_2]-C_6H_4-OH$ *p-methylsulfonylphenol*	

pMTa 4-(methylthio) phenol
  $4\text{-}(CH_3\text{-}S)\text{-}C_6H_4\text{-}NH_2$
  p-methylthioaniline

pMxA 4-methoxy benzenamine
  $4\text{-}(CH_3\text{-}O)\text{-}C_6H_4\text{-}NH_2$
  p-methoxyaniline

pMxBA 4-methoxy benzoic acid
  $4\text{-}(CH_3\text{-}O)\text{-}C_6H_4\text{-}COOH$
  p-methoxybenzoic acid

pMxCa 4-amino benzoic acid methyl ester
  $4\text{-}NH_2\text{-}C_6H_4\text{-}COO\text{-}CH_3$
  p-methoxycarbonylaniline

1,2-PN 1,2-propanediamine
  $NH_2\text{-}CH_2\text{-}CH(CH_3)\text{-}NH_2$

1,3-PN 1,3-propanediamine
  $NH_2\text{-}CH_2CH_2CH_2\text{-}NH_2$

Pn 1-methyl 1,2-ethanediamine
  $NH_2\text{-}CH(CH_3)\text{-}CH_2\text{-}NH_2$
  propylene diamine

pn 1-methyl 1,2-ethanediamine
  $NH_2\text{-}CH(CH_3)\text{-}CH_2\text{-}NH_2$
  propylene diamine

PNA pentose nucleic acid

PNBA O-[(4-nitrophenyl)methyl] hydroxylamine
  $4\text{-}NO_2\text{-}C_6H_4\text{-}CH_2\text{-}O\text{-}NH_2$
  p-nitrobenzyloxyamine

PNBPA 4-nitro-N-propyl benzenemethanamine
  $C_3H_7\text{-}NH\text{-}CH_2\text{-}C_6H_4\text{-}4\text{-}NO_2$
  p-nitrobenzyl-N-n-propylamine

PNBS 3-nitro benzenesulfonic acid, compound with pyridine
  $[NC_5H_6][3\text{-}NO_2\text{-}C_6H_4\text{-}SO_3]$
  pyridinium 3-nitro-benzenesulfonate

p-NBST 1-[(4-nitrophenyl)sulfonyl] 1H-1,2,4-triazole
  $1\text{-}[NO_2\text{-}4\text{-}C_6H_4\text{-}S(=O)_2]\text{-}1,2,4\text{-}N_3C_2H_2$
  1-[(p-nitro)benzenesulfonyl]-1H-1,2,4-triazole

pNOa 4-nitro benzenamine
  $4\text{-}O_2N\text{-}C_6H_4\text{-}NH_2$
  p-nitroaniline

pNOBA	4-nitro benzoic acid 4-O_2N-C_6H_4-COOH *p-nitrobenzoic acid*
pNOP	4-nitro phenol 4-O_2N-C_6H_4-OH *p-nitrophenol*
PNPDPP	phosphoric acid 4-nitrophenyl diphenyl ester 4-NO_2-C_6H_4-O-P(=O)(O-C_6H_5)$_2$ *p-nitrophenyl diphenyl phosphate*
pNPGB	4-[(aminoiminomethyl)amino] benzoic acid 4-nitrophenyl ester 4-[NH_2-C(=NH)-NH]-C_6H_4-COO-C_6H_4-4-NO_2 *p-nitrophenyl-p-guanidino-benzoate*
PNPP	phosphoric acid mono(4-nitrophenyl) ester (HO)$_2$P(=O)-O-C_6H_4-4-NO_2 *p-nitrophenyl phosphate*
PO	polyolefine
POC	4-methyl-2,6,7-trioxa-1-phosphabicyclo[2.2.2]octane 4-CH_3-[2.2.2]-2,6,7,1-O_3PC_4H_6
Poc	cyclopentyloxycarbonyl- c-C_5H_9-O-C(=O)-
pOHBA	4-hydroxy benzoic acid 4-HO-C_6H_4-COOH *p-hydroxybenzoic acid*
POM	poly(alkyl-oxymethylene) [-O-CHR-]$_n$ *poly(oxymethylene)*
POM-Cl	2,2-dimethyl propanoic acid chloromethyl ester t-C_4H_9-COO-CH_2-Cl *pivaloyloxymethylchloride*
POPOP	2,2'-(1,4-phenylene)bis(5-phenyl-oxazole) 1,4-[5-C_6H_5-1,3-ONC_3H-2-]$_2$-C_6H_4 *phenyl-oxazolyl-phenyl-oxazolyl-phenyl*
POPSO	ß,ß'-dihydroxy 1,4-piperazinedipropanesulfonic acid 1,4-$N_2C_4H_8$-1,4-[CH_2-CH(OH)-CH_2-SO_3H]$_2$
PP	phosphoric acid bis(2-ethylhexyl) ester HO-P(=O)[O-CH_2-CH(C_2H_5)-C_4H_9]$_2$
PP	poly(1-methyl-1,2-ethanediyl) [-CH(CH_3)-CH_2-] *polypropylene*

PP	diphosphate $[O_3P\text{-}O\text{-}PO_3]^{4-}$ *pyrophosphate*
PP3	2,2',2''-phosphinidynetris[ethyl(diphenyl)phosphine] $[(C_6H_5)_2P\text{-}CH_2CH_2]_3P$
PPA	polyphosphoric acid $(HO)_2P(=O)\text{-}[O\text{-}P(=O)(OH)]_x\text{-}O\text{-}P(=O)(OH)_2$
ppa	N'-(2-pyridylmethyl) 2-pyridinecarboximidamide $NC_5H_4\text{-}2\text{-}C(NH_2)=N\text{-}CH_2\text{-}2\text{-}NC_5H_4$
PPB	1,1'-(1,3-butadiene-1,4-diyl)bis benzene $C_6H_5\text{-}CH=CH\text{-}CH=CH\text{-}C_6H_5$ *1,4-diphenyl-1,3-butadiene*
PPD	2,5-diphenyl-1,3,4-oxadiazole $2,5\text{-}(C_6H_5)_2\text{-}1,3,4\text{-}ON_2C_2$
PPD	3,6-bis(1-pyrazolyl) pyridazine $3,6\text{-}(1,2\text{-}N_2C_3H_3\text{-}1\text{-})_2\text{-}1,2\text{-}N_2C_4H_2$
PPDA	phosphorodiamidic acid phenyl ester $O=P(NH_2)_2\text{-}O\text{-}C_6H_5$ *phenyl phosphoro diamidate*
PPDC	dichlorophosphoric acid methyl ester $C_6H_5\text{-}O\text{-}P(=O)Cl_2$ *phenylphosphorodichloridate*
p,p'-DDD	2,2-dichloroethylidenebis[(4-chloro)benzene] $CHCl_2\text{-}CH(C_6H_4\text{-}4\text{-}Cl)_2$ *p,p'-dichlorodiphenyl dichloro ethane*
p,p'-DDE	[(2,2-dichloro)ethene-1,1-diyl]bis[(4-chloro)benzene] $Cl_2C=C(C_6H_4\text{-}4\text{-}Cl)_2$ *p,p'-dichlorodiphenyl dichloroethene*
p,p'-DDT	1,1'-(2,2,2-trichloroethylidene)bis[(4-chloro)benzene] $CCl_3\text{-}CH(C_6H_4\text{-}4\text{-}Cl)_2$ *p,p'-dichlorodiphenyl-1,1,1-trichloroethane*
PPE	poly(phosphoric acid) ester $[\text{-}O\text{-}P(=O)(O\text{-}R)\text{-}]_x$ *polyphosphate ester*
PPG	poly(oxy-1-methyl-1,2-ethanediyl) $H\text{-}[O\text{-}CH(CH_3)\text{-}CH_2]_n\text{-}OH$ *polypropyleneglycol*
pPhA	[1,1'-biphenyl]-4-amine $C_6H_5\text{-}C_6H_4\text{-}4\text{-}NH_2$ *p-phenylaniline*

pPhDA	1,4-benzenediamine 1,4-$(NH_2)_2$-C_6H_4 *p-phenylenediamine*
pPhP	[1,1'-biphenyl]-4-ol C_6H_5-C_6H_4-4-OH *p-phenylphenol*
PPL	1-phenyl 1H-phosphole C_6H_5-1-PC_4H_4
PpIA	2-propynoic acid HCC-COOH *propiolic acid*
PPM	(2S-cis)-4-(diphenylphosphino)-2-[(diphenylphosphino)methyl] pyrrolidine $(C_6H_5)_2$P-CH_2-2-NC_4H_7-4-$P(C_6H_5)_2$
PPN	triphenyl[(triphenylphosphoranylidene)amino]phosphonium $[(C_6H_5)_3P=N=P(C_6H_5)_3]^+$ *bis(triphenylphosphine)iminium*
PPO	(4-ethenylphenyl)diphenyl phosphine oxide 4-$(CH_2=CH)$-C_6H_4-$P(=O)(C_6H_5)_2$ *diphenyl-p-vinylphenylphosphine oxide*
PPO	2,5-diphenyl oxazole 2,5-$(C_6H_5)_2$-1,3-ONC_3H *phenyl-phenyl-oxazole*
PPO	poly(oxy-1-methyl-1,2-ethanediyl) [-O-$CH(CH_3)$-CH_2-]$_n$ *polypropyleneoxide*
PPO	poly(oxy-1,4-phenylene) [O-1,4-C_6H_4-]$_n$ *poly(phenylene oxides)*
PPS	1-(3-sulfopropyl)-pyridinium hydroxide, inner salt NC_5H_5-1-$CH_2CH_2CH_2$-SO_3 *3-(1-pyridino)-1-propanesulfonate*
PPS	poly(thio-1,4-phenylene) [-S-(1,4-C_6H_4)-]$_n$ *polyphenylenesulfide*
PPSE	polyphosphoric acid trimethylsilyl ester [-P(=O){O-Si$(CH_3)_3$}-O-]$_n$
PPT	4-phenyl-1-(phenylamino)-2(1H)-pyrimidinethione, ion(1-) [4-C_6H_5-1-(C_6H_5-N-)-1,3-$N_2C_4H_2$(=S)-2]$^-$

PPTA	poly(imino-1,4-phenyleneiminocarbonyl-1,4-phenylene-carbonyl) [-NH-(1,4-C_6H_4)-NH-C(=O)-(1,4-C_6H_4)-C(=O)-]$_n$ *poly-para-phenyleneterephthalamide*
PPT-H	4-phenyl-1-(phenylamino) 2(1H)-pyrimidinethione 4-C_6H_5-1-(C_6H_5-NH)-1,3-$N_2C_4H_2$(=S)-2
PPTS	4-methyl benzenesulfonic acid, compound with pyridine [NC_5H_6] [4-CH_3-C_6H_4-SO_3] *pyridinium p-toluene sulfonate*
pPxBA	4-phenoxy benzoic acid 4-(C_6H_5-O)-C_6H_4-COOH *p-phenoxybenzoic acid*
4-PPy	4-phenyl pyridine 4-C_6H_5-C_5H_4N
PQQ	4,5-dihydro-4,5-dioxo 1H-pyrrolo[2,3-f]quinoline-2,7,9-tricarboxylic acid 4,5-(O=)$_2$-1,6-$N_2C_{11}H_3$-2,7,9-(COOH)$_3$ *pyrroloquinolinequinone-tricarboxylic acid*
pquin	2-(2'-pyridyl)quinoline 2-(NC_5H_4-2-)-1-NC_9H_6
PR	3,3-bis(4-hydroxyphenyl)-1,2(3H)-benzoxathiole 2,2-dioxide 3,3-(HO-4-C_6H_4)$_2$-2,1-OSC_7H_4(=O)$_2$-1,1 *phenol red*
Pr	propanoic acid C_2H_5-COOH
Pr	propyl- C_3H_7-
Pr2C	1H-pyrrole-2-carboxylic acid NC_4H_4-2-COOH
Prazepam	7-chloro-1-(cyclopropylmethyl)-1,3-dihydro-5-phenyl 2H-1,4-benzodiazepin-2-one 7-Cl-1-(c-C_3H_5-CH_2)-5-C_6H_5-1,4-$N_2C_9H_5$(=O)-2
PreH2	3,9-dimethyl-2,10-undecanedione dioxime HO-N=C(CH_3)-C(CH_3)=N-$CH_2CH_2CH_2$-N=C(CH_3)-C(CH_3)=N-OH
pren	N,N'-(1,2-ethanediyl)bis(pyrrolidine-2-carboxylic acid) HOOC-2-NC_4H_7-1-CH_2CH_2-1-NC_4H_7-2-COOH
pren	N,N'-(1,2-ethanediyl)bis(pyrrolidine-2-carboxylic acid), ion(2-) [OOC-2-NC_4H_7-1-CH_2CH_2-1'-NC_4H_7-2-COO]$^{2-}$
Pr(fod)3	praseodymium tris(6,6,7,7,8,8,8-heptafluoro-2,2-dimethyl-3,5-octanedionate) Pr[C_3F_7-C(=O)-CH=C(-O)-C_4H_9-t]$_3$ *praseodymium(III)heptafluoro-2,2-dimethyl-3,5-octanedionate*

PRO	5-(3-methylaminopropyl) 5H-dibenzo[a,d]cycloheptene 5-(CH_3-NH-$CH_2CH_2CH_2$)-$C_{15}H_{13}$ *protriptyline*	
Pro	pyrrolidine-2-carboxylic acid NC_4H_8-2-COOH *proline*	
pro	proline, ion(1-) [NC_4H_8-2-COO]$^-$ *prolinate*	
Pro(OH)	4-hydroxy pyrrolidine-2-carboxylic acid 4-HO-NC_4H_7-2-COOH *hydroxyproline*	
PROPHOS	1-methyl-1,2-ethanediylbis(diphenylphosphine) $(C_6H_5)_2$P-CH(CH_3)-CH_2-P$(C_6H_5)_2$	
PS	poly(1-phenyl-1,2-ethanediyl) [-CH_2-CH(C_6H_5)-]$_n$ *polystyrene*	
PSA	4-ethenyl-N,N-dimethyl benzenesulfonamide 4-(CH_2=CH)-C_6H_4-S(=O)$_2$-N(CH_3)$_2$	
PSA	1H,3H-isobenzofuran-1,3-dione 2-OC_8H_4(=O)$_2$-1,3 *Phthalsäureanhydrid*	
PS-Cl	2-pyridine sulfenic chloride NC_5H_4-2-S-Cl	
pSfBA	4-sulfo benzoic acid 4-HO_3S-C_6H_4-COOH *p-sulfobenzoic acid*	
Psfn	3,7-diamino-5-phenyl phenazinium chloride [3,7-$(NH_2)_2$-5-C_6H_5-5,10-$N_2C_{12}H_6$] Cl *phenosafranine*	
pSfP	4-hydroxy benzenesulfonic acid 4-HO-C_6H_4-SO_3H *p-sulfophenol*	
pSmBA	4-aminosulfonyl benzoic acid 4-[NH_2-S(=O)$_2$]-C_6H_4-COOH *p-sulfamylbenzoic acid*	
PSO	1-ethenyl-4-(methylsulfinyl) benzene 1-(CH_2=CH)-4-[CH_3-S(=O)]-C_6H_4 *methyl-p-vinylphenyl sulfoxide*	

PSO	poly(oxy-1-phenyl-1,2-ethanediyl) [-O-CH(C_6H_5)-CH_2-]$_n$ *poly(styrene oxide)*
PSO2	1-ethenyl-4-(methylsulfonyl) benzene 1-(CH_2=CH)-4-[CH_3-S(=O)$_2$]-C_6H_4 *methyl-p-vinylphenyl sulfone*
PSP	3,3-bis(4-hydroxyphenyl)-1,2(3H)-benzoxathiole 2,2-dioxide 3,3-(HO-4-C_6H_4)$_2$-2,1-OSC_7H_4(=O)$_2$-2,2 *phenolsulfonphthalein*
PST	N-[4-phenyl-2-thioxo-1(2H)pyrimidinyl] benzenesulfonamide, ion(1-) [4-C_6H_5-2-(S=)-1,3-$N_2C_4H_2$-1-N-S(=O)$_2$-C_6H_5]$^-$ *N-[4-phenyl-2-thioxo-1(2H)pyrimidinyl] benzenesulfonamidato*
PST-H	N-[4-phenyl-2-thioxo-1(2H)pyrimidinyl] benzenesulfonamide C_6H_5-S(=O)$_2$-NH-1-1,3-$N_2C_4H_2$(C_6H_5-4)(=S)-2
PSU	poly[oxy-1,4-phenylenesulfonyl-1,4-phenyleneoxy-1,4-phenylene (1-methylethylidene)-1,4-phenylene] [-O-C_6H_4-S(=O)$_2$-C_6H_4-O-C_6H_4-C(CH_3)$_2$-C_6H_4-]$_n$ *polysulfone*
PT	poly(thiophenediyl) [-SC_4H_2-]$_n$ *polythiophene*
PTA	1,1,1-trifluoro-5,5-dimethyl 2,4-hexanedione t-C_4H_9-C(=O)-CH_2-C(=O)-CF_3 *pivaloyltrifluoroacetone*
PTB	phosphoric acid tributyl ester (C_4H_9-O)$_3$P=O
PTBBA	4-(1,1-dimethylethyl) benzoic acid t-C_4H_9-4-C_6H_4-COOH *p-tert.-butyl-benzoic acid*
PTC	isothiocyanato benzene C_6H_5-NCS *phenyl isothiocyanate*
PTC	phenylaminothioxomethyl- C_6H_5-NH-C(=S)- *phenylthiocarbamoyl-*
PTC	phenyl thiourea C_6H_5-NH-C(=S)-NH_2 *phenyl-thiocarbamide*
PTF	poly(tetrafluoro-1,2-ethanediyl) [-CF_2-CF_2-]$_n$ *polytetrafluoroethylene*

PTFE   poly(tetrafluoro-1,2-ethanediyl)
              [-CF$_2$-CF$_2$-]$_n$
              polytetrafluoroethylene

pTFMa   4-trifluoromethyl benzenamine
              4-CF$_3$-C$_6$H$_4$-NH$_2$
              p-trifluoromethylaniline

PTGA   see: THF = Tetrahydrofolsäure (but tripeptide instead of monopeptide)
              pteroyl triglutamic acid

PTGH2   N-hydroxy-2-hydroxyimino-N'-(4-methylphenyl)-ethanimidamide
              HO-N=CH-C(NH-OH)=N-C$_6$H$_4$-4-CH$_3$
              p-tolylaminoglyoxime

PTM   perchlorotriphenylmethyl-
              (C$_6$Cl$_5$)$_3$C-

PTMO   1,1,1-trimethoxy butane
              C$_3$H$_7$-C(O-CH$_3$)$_3$
              n-propyl trimethoxy methane

Ptn   1,2,3-propanetriamine
              NH$_2$-CH$_2$-CH(NH$_2$)-CH$_2$-NH$_2$

ptn   2,4-pentanediamine
              NH$_2$-CH(CH$_3$)-CH$_2$-CH(CH$_3$)-NH$_2$

1,5-ptnta N,N'-(1,5-pentanediyl)bis[N-(carboxymethyl)glycine], ion (4-)
              [(OOC-CH$_2$)$_2$N-(CH$_2$)$_5$-N(CH$_2$-COO)$_2$]$^{4-}$
              1,5-pentanediaminetetraacetate

2,4-ptnta N,N'-[1,3-dimethyl-1,3-propanediyl]bis[N-(carboxymethyl)glycine], ion(4-)
              [(OOC-CH$_2$)$_2$N-CH(CH$_3$)-CH$_2$-CH(CH$_3$)-N(CH$_2$-COO)$_2$]$^{4-}$
              2,4-pentanediaminetetraacetate

PTP   3,6-bis(2-pyridylthio) pyridazine
              3,6-[(NC$_5$H$_4$-2)-S]$_2$-1,2-N$_2$C$_4$H$_2$

PTPI   2-(4-methylphenyl)pyridine methanimine
              2-(CH$_3$-4-C$_6$H$_4$)-NC$_5$H$_3$-CH=NH
              2-p-tolyl-pyridinecarboxaldimine

1-PTS   2-phenyl hydrazinecarbothiamide
              C$_6$H$_5$-NH-NH-C(=S)NH$_2$
              1-phenyl-thiosemicarbazone

4-PTS   N-phenyl hydrazinecarbothiamide
              NH$_2$-NH-C(=S)-NH-C$_6$H$_5$
              4-phenyl-thiosemicarbazide

PTS   4-methyl benzenesulfonic acid, ion(1-)
              [4-CH$_3$-C$_6$H$_4$-SO$_3$]$^-$
              p-toluene sulfonate

PTSA	4-methyl benzenesulfonic acid CH_3-4-C_6H_4-SO_3H *p-toluenesulfonic acid*
PTSI	4-methyl benzenesulfonyl isocyanate CH_3-4-C_6H_4-$S(=O)_2$-NCO *p-toluene sulfonyl isocyanate*
pTSiA	4-methyl benzenesulfinic acid 4-CH_3-C_6H_4-S(=O)-OH *p-toluenesulfinic acid*
PTT	poly[2,5-bis(2-thienyl)-3,4-thiophenediyl] [-3-SC_4{(2-$SC_4H_3)_2$-2,5}-4-$]_n$ *poly(terthiophene)*
PTZ	phenothiazine 5,10-$SNC_{12}H_9$
ptz	1-propyl 1H-tetrazole 1-C_3H_7-N_4CH
PUR	1H-purine 1,3,7,9-$N_4C_5H_4$
PUR	polyurethanes
PVA	poly(1-hydroxy-1,2-ethanediyl) [-CH(OH)-CH_2-$]_n$ *poly(vinyl alcohol)*
PVA+	poly(2-alkyl-1,3-dioxane-4,6-diyl) [-4-{1,3-$O_2C_4H_5$(R-2)}-6-$]_n$ *poly(vinyl acetale)*
PVAA	poly(2-alkyl-1,3-dioxane-4,6-diyl) [-4-{1,3-$O_2C_4H_5$(R-2)}-6-$]_n$ *poly(vinyl acetale)*
PVAC	poly(1-acetyloxy-1,2-ethanediyl) [-CH{O-C(=O)CH_3}-CH_2-$]_n$ *poly(vinyl acetate)*
PVAL	poly(1-hydroxy-1,2-ethanediyl) [-CH(OH)-CH_2-$]_n$ *poly(vinyl alcohol)*
PVATSC	2-[2-(aminothioxomethyl)hydrazono] propanoic acid HOOC-C(CH_3)=N-NH-C(=S)-NH_2 *pyruvic acid thiosemicarbazone*
PVB	poly(1-bromo-1,2-ethanediyl) [-CHBr-CH_2-$]_n$ *poly(vinyl bromide)*

PVB	poly(2-propyl-1,3-dioxane-4,6-diyl) $[-4-\{1,3-O_2C_4H_5(C_3H_7-2)\}-6-]_n$ *poly(vinyl butyral)*	
PVC	poly(1-chloro-1,2-ethanediyl) $[-CHCl-CH_2-]_n$ *poly(vinyl chloride)*	
PVC+	chlorinated poly(vinyl chloride) $[-CHCl-CH_{1-x}Cl_x-]_n$	
PVCC	chlorinated poly(vinyl chloride) $[-CHCl-CH_{1-x}Cl_x-]_n$	
PVD	poly(1,1-difluoro-1,2-ethanediyl) $[-CF_2-CH_2-]_n$ *poly(vinylidene fluoride)*	
PVDC	poly(1,1-dichloro-1,2-ethanediyl) $[-CCl_2-CH_2-]_n$ *poly(vinylidene dichloride)*	
PVDF	poly(1,1-difluoro-1,2-ethanediyl) $[-CF_2-CH_2-]_n$ *poly(vinylidene difluoride)*	
PVF	poly(1-fluoro-1,2-ethanediyl) $[-CHF-CH_2-]_n$ *poly(vinyl fluoride)*	
PVF	poly(1,3-dioxane-4,6-diyl) $[-4-(1,3-O_2C_4H_6)-6-]_n$ *poly(vinyl formal)*	
PVFM	poly(1,3-dioxane-4,6-diyl) $[-4-(1,3-O_2C_4H_6)-6-]_n$ *poly(vinyl formal)*	
PVFO	poly(1,3-dioxane-4,6-diyl) $[-4-(1,3-O_2C_4H_6)-6-]_n$ *poly(vinyl formal)*	
PVI	poly[1-(imidazolyl)-1,2-ethanediyl] $[-CH(1,3-N_2C_3H_3)-CH_2-]_n$ *poly(vinyl imidazole)*	
PVK	poly[9(9H)-carbazolyl-1,2-ethanediyl] $[-CH\{9-(9-NC_{12}H_8)\}-CH_2-]_n$ *Poly(vinylkarbazol)*	
PVP	poly[1-(4-pyridyl)-1,2-ethanediyl] $[-CH(4-C_5H_4N)-CH_2-]_n$ *poly(4-vinyl pyridine)*	

PVP	poly[1-(1-oxopropoxy)-1,2-ethanediyl] $[-CH\{O-C(=O)C_2H_5\}-CH_2-]_n$ *poly(vinyl propionate)*
PVP	poly[1-(2-oxo-1-pyrrolidinyl)-1,2-ethanediyl] $[-CH\{-1-NC_4H_6(=O)-2\}-CH_2-]_n$ *poly(vinyl pyrrolidone)*
PVPCC	poly[1-(4-pyridyl)-1,2-ethanediyl], compound with chlorochromic acid $[-CH(4-C_5H_5N)-CH_2-]_n \; [Cl-CrO_3]_n$ *poly(4-vinylpyridinium-chlorochromate)*
PVPDC	chromic acid, compound with poly(4-pyridinyl-1,2-ethanediyl) (1:2) $[-CH(4-C_5H_5N)-CH_2-]_{2n} \; [Cr_2O_7]_n$ *poly(4-vinylpyridinium-dichromate)*
PVPHP	poly[1-(4-pyridyl)-1,2-ethanediyl], compound with hydrogen tribromide $[-CH(4-C_5H_5N)-CH_2-]_n \; [Br_3]_n$ *poly(4-vinylpyridine-hydrogentribromide)*
PVP-J	1-ethenyl-2-pyrrolidinone homopolymer compound with iodine $[-CH\{1-NC_4H_6(=O)-2\}-CH_2-]_n \cdot (I_2)_m$ *Polyvinylpyrrolidon-Jod-Komplex*
PVSK	poly(potassium 1-sulfato-1,2-ethanediyl) $\{[K][-CH(O-SO_3)-CH_2-]\}_n$ *Poly(vinylsulfat)-Kaliumsalz*
PWA	trisammonium 12-tungstophosphate $[NH_4]_3 \; [P(W_3O_{10})_4]$ *ammonium phosphotungstate*
PXBDE	N,N'-(1,4-phenylenedimethylene) bis[N-(2-aminoethyl)-1,2-ethanediamine] $(NH_2-CH_2CH_2)_2N-CH_2-C_6H_4-4-CH_2-N(CH_2CH_2-NH_2)_2$ *p-xylenebis(diaminoethyl)amine*
Py	pyridine NC_5H_5
PY2	bis[2-(2-pyridyl)ethyl] amine $(NC_5H_4-2-CH_2-CH_2)_2NH$
Py2C	pyridine-2-carboxylic acid $NC_5H_4-2-COOH$
Py3C	pyridine-3-carboxylic acid $NC_5H_4-3-COOH$
(py)3tach	N,N,N-(1,3,5-cyclohexanetriyl) tris(2-pyridinemethanimine) $1,3,5-(NC_5H_4-2-CH=N)_3-c-C_6H_9$ *1,3,5-tris(pyridine-2-carboxaldimino)cyclohexane*

(py)3tren		N'-(2-pyridylmethylene)-N,N-bis[2-{(2-pyridyl-methylene)amino}ethyl]-1,2-ethanediamine $N(CH_2CH_2-N=CH-2-NC_5H_4)_3$
Py4C		pyridine-4-carboxylic acid NC_5H_4-4-COOH
pyaz		4-[{2-(hexahydro-5,5,7-trimethyl-1H-1,4-diazepin-1-yl)ethyl}amino]-4-methyl-2-pentanol $5,7,7-(CH_3)_3-1,4-N_2C_5H_8-1-CH_2CH_2-NH-C(CH_3)_2-CH_2-CH(OH)CH_3$
pyben		2-(2-pyridyl) benzimidazole $2-(NC_5H_4-2-)-1,3-N_2C_7H_5$
PYD		pyridazine $1,2-N_2C_4H_4$
pydca		pyridine-2,6-dicarboxylic acid, ion(2-) $[NC_5H_3-(COO)_2-2,6]^{2-}$ *pyridine-2,6-dicarboxylate*
PYDIEN		N-(2-pyridinylmethyl)-N'-[2-{(2-pyridinylmethyl)amino}ethyl] 1,2-ethanediamine $NC_5H_4-2-CH_2-NH-CH_2CH_2-NH-CH_2CH_2-NH-CH_2-2-NC_5H_4$
PYDIPY		1-(2-pyridyl)-3,5-dimethyl-pyrazole $1-(NC_5H_4-2)-1,2-N_2C_3H-(CH_3)_2-3,5$
PYDPT		N-(2-pyridinylmethyl)-N'-[3-{(2-pyridinylmethyl)amino}propyl] 1,3-propanediamine $NC_5H_4-2-CH_2-NH-CH_2CH_2CH_2-NH-CH_2CH_2CH_2-NH-CH_2-2-NC_5H_4$
Pydz		pyridazine $1,2-N_2C_4H_4$
pyim		2-(2-pyridyl) imidazole $2-(NC_5H_4-2-)-1,3-N_2C_3H_3$
PYM		pyrimidine $1,3-N_2C_4H_4$
Pymd		pyrimidine $1,3-N_2C_4H_4$
PYMI		2-pyridinemethanimine $HN=CH-2-NC_5H_4$
PYNAPY		2-(2-pyridyl) 1,8-naphthyridine $2-(C_5H_4N-2)-1,8-N_2C_8H_5$
PyNO		pyridine-N-oxide $1-(O=)NC_5H_5$
pyo		pyridine-N-oxide $1-(O=)NC_5H_5$

PYR	pyrazine $1,4-N_2C_4H_4$
Pyr	pyridine NC_5H_5
Pyr	pyrrolidine NC_4H_9
Pyrmtc	pyrrolidine-1-carbothioic acid, ion(1-) $[NC_4H_8\text{-}1\text{-}C(=O)\text{-}S]^-$ *pyrrolidinemonothiocarbamate*
Pyrphos	3,4-bis(diphenylphosphino) pyrrolidine $3,4-[(C_6H_5)_2P]_2\text{-}NC_4H_7$
3-PYR-PY	3-(pyrrol-1-ylmethyl)-pyridine $3-(C_4H_4N\text{-}1\text{-}CH_2)\text{-}C_5H_4N$
Pyrr	pyrrole NC_4H_5
PYSAL	2-[N-(2-pyridyl)nitrilomethylidyne] phenol $HO\text{-}C_6H_4\text{-}2\text{-}(CH=N\text{-}2'\text{-}C_5H_4N)$ *N-(2-pyridyl)salicylaldimine*
PYTHIA	2-methyl-2-(2-pyridyl)-1,3-thiazolidine-4-carboxylic acid methyl ester $2\text{-}CH_3\text{-}2\text{-}(NC_5H_4\text{-}2)\text{-}1,3\text{-}SNC_3H_4\text{-}4\text{-}COO\text{-}CH_3$ *2-methyl-2-(2-pyridyl)-4-carbomethoxy-1,3-thiazolidine*
pythiaz	2,5-bis(2-pyridyl) thiazole $2,5-(NC_5H_4\text{-}2)_2\text{-}1,3\text{-}SNC_3H$
PYZ	pyrazine $1,4-N_2C_4H_4$
PYZC	pyrazinecarboxylic acid, ion(1-) $[1,4-N_2C_4H_3\text{-}2\text{-}COO]^-$ *pyrazinecarboxylate*
Pyzl	pyrazole $1,2-N_2C_3H_4$
Pyzn	pyrazine $1,4-N_2C_4H_4$
PZ	pyrazine $1,4-N_2C_4H_4$
PZ	pyrazole $1,2-N_2C_3H_4$

Pz	4-(phenylazo)phenylmethyloxycarbonyl- 4-(C_6H_5-N=N)-C_6H_4-CH_2-O-C(=O)- *p-phenylazobenzyloxycarbonyl-*
PZA	2-pyrazinecarboxamide 1,4-$N_2C_4H_3$-2-C(=O)-NH_2 *pyrazinamide*
PZL	pyrazole 1,2-$N_2C_3H_4$
Q	2,5-diamino-5-oxo pentanoic acid NH_2-C(=O)-CH_2CH_2-CH(NH_2)-COOH *glutamine*
Q	1-aza-bicyclo[2.2.2]octane HC(-CH_2CH_2-)$_3$N *quinuclidine*
Q	2,5-oxo-3,6-cyclohexadienylacetyl- 2,5-(O=)$_2C_6H_3$-CH_2-C(=O)- *(2,5-benzoquinoyl)acetyl-*
QAS	tris(2-phenylarsino-phenyl) arsine [2-(C_6H_5-AsH)-C_6H_4]$_3$As
8QATSC	2-(quinolinyl-8-methylidene) hydrazinecarbothiamide 1-NC_9H_6-[CH=N-NH-C(=S)-NH_2]-8 *8-quinolinaldehyde thiosemicarbazone*
QH2	2,5-dihydroxyphenylacetyl- 2,5-(HO)$_2$-C_6H_3-CH_2-C(=O)-
Qn	quinoline 1-NC_9H_7
Qnxl	quinoxaline 1,4-$N_2C_8H_6$
QP	tris[(2-diphenylphosphino)phenyl] phosphine [(C_6H_5)$_2$P-2-C_6H_4]$_3$P
QSNT	3-nitro-1-(8-quinolinylsulfonyl) 1H-1,2,4-triazole 1-[1-NC_9H_6-8-S(=O)$_2$]-3-NO_2-1,2,4-N_3C_2H *1-(8-quinolinesulfonyl)-3-nitro-1H-1,2,4-triazole*
Quat	quaternary ammonium compounds [NR_4]$^+$
QUIBEC	(8α,9R)-9-hydroxy-6'-methoxy-1-phenylmethylcinchonanium chloride [CH_3-O-NC_9H_5-CH(OH)-[2.2.2]-1-NC_7H_{11}(CH=CH_2)-CH_2-C_6H_5] Cl *N-benzyl-chininium chloride*

quin	quinoline-2-carboxylic acid, ion(1-) $[1\text{-}NC_9H_6\text{-}2\text{-}COO]^-$ *quinaldinate*
Quin-2	N-[2-{(8-(bis(carboxymethyl)amino)-6-methoxy-2-quinolinyl)methoxy}-4-methylphenyl]-N-carboxymethyl glycine $(HOOC\text{-}CH_2)_2N\text{-}NC_9H_4(O\text{-}CH_3)\text{-}CH_2\text{-}O\text{-}C_6H_3(CH_3)\text{-}N(CH_2\text{-}COOH)_2$
R	rare earth metals (in magnetic materials) Sc, Y, La, Ce,Pr,Nd,Pm,Sm,Eu,Gd, Tb,Dy,Ho,Er,Tm,Yb,Lu
R	2-amino-5-carbamimidoylamino pentanoic acid $NH_2\text{-}C(=NH)NH\text{-}CH_2CH_2CH_2\text{-}CH(NH_2)\text{-}COOH$ *arginine*
R 17934	5-(2-thenoyl) 2-benzimidazolecarbamic acid methyl ester $5\text{-}[SC_4H_3\text{-}2\text{-}C(=O)]\text{-}1,3\text{-}N_2C_7H_4\text{-}2\text{-}NH\text{-}COO\text{-}CH_3$
R-5-P	D-ribofuranose-5-(dihydrogen phosphate) $1,2,3\text{-}(HO)_3\text{-}OC_4H_4\text{-}4\text{-}CH_2\text{-}OP(=O)(OH)_2$ *ribose-5-phosphate*
RAMP	(R)-1-amino-2-(methoxymethyl) pyrrolidine $1\text{-}NH_2\text{-}2\text{-}(CH_3\text{-}O\text{-}CH_2)\text{-}NC_4H_7$
RAP	1,2-benzenedicarboxylic acid, monorubidium salt $Rb\,[OOC\text{-}C_6H_4\text{-}2\text{-}COOH]$ *rubidium acid phthalate*
RDX	hexahydro-1,3,5-trinitro-1,3,5-triazine $1,3,5\text{-}(NO_2)_3\text{-}1,3,5\text{-}N_3C_3H_6$
REE	rare earth elements Sc, Y, La, Ce,Pr,Nd,Pm,Sm,Eu,Gd, Tb,Dy,Ho,Er,Tm,Yb,Lu
RE(FHD)3	rare earth tris(1,1,1,5,5,6,6,7,7,7-decafluoro-2,4-heptanedionate) $RE[CF_3\text{-}C(=O)\text{-}CH=C(\text{-}O)\text{-}C_3F_7]_3$ *rare earth tris(decafluoroheptanedionate)*
REM	rare earth metals Sc, Y, La, Ce,Pr,Nd,Pm,Sm,Eu,Gd, Tb,Dy,Ho,Er,Tm,Yb,Lu
RG-Säure	5-hydroxy 2,7-naphthalenedisulfonic acid $5\text{-}HO\text{-}C_{10}H_5\text{-}(SO_3H)_2\text{-}2,7$
Rib	D-ribose $HO\text{-}CH_2\text{-}CH(OH)\text{-}CH(OH)\text{-}CH(OH)\text{-}CHO$
RNA	ribonucleic acids
RNS	ribonucleic acids *Ribonukleinsäuren*

RR-Säure	3-amino-5-hydroxy 2,7-naphthalenedisulfonic acid $3\text{-}NH_2\text{-}5\text{-}HO\text{-}C_{10}H_4\text{-}(SO_3H)_2\text{-}2,7$
2 R-Säure	3-amino-5-hydroxy 2,7-naphthalenedisulfonic acid $3\text{-}NH_2\text{-}5\text{-}HO\text{-}C_{10}H_4\text{-}(SO_3H)_2\text{-}2,7$
R-Säure	3-hydroxy 2,7-naphthalenedisulfonic acid $3\text{-}HO\text{-}C_{10}H_5\text{-}(SO_3H)_2\text{-}2,7$
R-SALT	disodium 3-hydroxy-2,7-naphthalenedisulfonate $Na_2\,[3\text{-}HO\text{-}C_{10}H_5\text{-}(SO_3)_2\text{-}2,7]$
Rsl	1,3-benzenediol $1,3\text{-}(HO)_2\text{-}C_6H_4$ *resorcinol*
rT	5-methyl-1-ß-D-ribofuranosyl-2,4(1H,3H)-pyrimidinedione $1\text{-}[5\text{-}CH_3\text{-}2,4\text{-}(O=)_2\text{-}1,3\text{-}N_2C_4H_2\text{-}1]OC_4H_4[(OH)_2\text{-}2,3]\text{-}4\text{-}CH_2\text{-}OH$ *D-ribosylthymine*
rThd	5-methyl-1-ß-D-ribofuranosyl-2,4(1H,3H)-pyrimidinedione $1\text{-}[5\text{-}CH_3\text{-}2,4\text{-}(O=)_2\text{-}1,3\text{-}N_2C_4H_2\text{-}1]OC_4H_4[(OH)_2\text{-}2,3]\text{-}4\text{-}CH_2\text{-}OH$ *D-ribosylthymine*
Ru 5 P	D-erythro-2-pentulose-5-(dihydrogen phosphate) $2,3,4\text{-}(HO)_3\text{-}OC_4H_4\text{-}4\text{-}CH_2\text{-}O\text{-}P(=O)(OH)_2$ *D-ribulose-5-phosphate*
RuDP	D-erythro-2-pentulose-1,5-bis(dihydrogen phosphate) $(HO)_2P(=O)\text{-}O\text{-}CH_2\text{-}C(=O)\text{-}CH(OH)\text{-}CH(OH)\text{-}CH_2\text{-}O\text{-}P(=O)(OH)_2$ *D-ribulose-1,5-diphosphate*
Rul	D-erythro-2-pentulose $2,3,4\text{-}(HO)_3\text{-}OC_4H_4\text{-}4\text{-}CH_2\text{-}OH$ *D-ribulose*
RUMP	D-erythro-2-pentulose-5-(dihydrogen phosphate) $2,3,4\text{-}(HO)_3\text{-}OC_4H_4\text{-}4\text{-}CH_2\text{-}O\text{-}P(=O)(OH)_2$ *ribulose-monophosphate*
S	2-amino-3-hydroxy propanoic acid $HO\text{-}CH_2\text{-}CH(NH_2)\text{-}COOH$ *serine*
SAA	tetrahydrofuran-2,5-dione $2,5\text{-}(O=)_2\text{-}C_4H_4O$ *succinic anhydride*
Saa	N-carboxymethyl-N-(2-sulfophenyl) glycine $2\text{-}HO_3S\text{-}C_6H_4\text{-}N(CH_2\text{-}COOH)_2$ *2-sulfoaniline-N,N-diacetic acid*

SACSAC 2,4-pentanedithione
CH_3-C(=S)-CH_2-C(=S)-CH_3
dithioacetylacetone

1,2,4-Säure 4-amino-3-hydroxy 1-naphthalenesulfonic acid
4-NH_2-3-HO-$C_{10}H_5$-SO_3H-1
1-Amino-2-naphthol-4-sulfonsäure

δ-Säure 4-hydroxy 1,5-naphthalenedisulfonic acid
4-HO-$C_{10}H_5$-$(SO_3H)_2$-1,5
4-Hydroxy-1,5-naphthalindisulfonsäure

δ-Säure 7-amino 2-naphthalenesulfonic acid
7-NH_2-$C_{10}H_6$-SO_3H-2
7-Amino-2-naphthalinsulfonsäure

ε-Säure 8-hydroxy 1,6-naphthalenedisulfonic acid
8-HO-$C_{10}H_5$-$(SO_3H)_2$-1,6
8-Hydroxy-1,6-naphthalindisulfonsäure

γ-Säure 6-amino-4-hydroxy 2-naphthalenesulfonic acid
6-NH_2-4-HO-$C_{10}H_5$-SO_3H-2
6-Amino-4-hydroxy-2-naphthalinsulfonsäure

SAF 3,7-diamino-2,8-dimethyl-5-phenyl phenazinium
3,7-$(NH_2)_2$-2,8-$(CH_3)_2$-5-C_6H_5-5,10-$N_2C_{12}H_4$
tolusafranine

SafT 3,7-diamino-2,8-dimethyl-5-phenyl phenazinium chloride
[3,7-$(NH_2)_2$-2,8-$(CH_3)_2$-5-C_6H_5-5,10-$N_2C_{12}H_4$] Cl
safranine T

SAGH2 N'-(4-aminosulfonyl)-N-hydroxy-2-hydroxyiminoethanimidamide
HO-N=CH-C(NH-OH)=N-C_6H_4-4-SO_2-NH_2
p-sulfonamidophenylaminoglyoxime

SAL 1,2,3,4-tetrahydro-6,7-dihydroxy-1-methyl isochinolinium bromide
[6,7-$(HO)_2$-1-CH_3-2-NC_9H_9] Br
salsolinol hydrobromide

Sal 2-hydroxy benzoic acid
2-HO-C_6H_4-COOH
salicylic acid

SAL2EN 2,2'-[1,2-ethanediylbis(nitrilomethylidyne)]bisphenol
HO-C_6H_4-2-CH=N-CH_2CH_2-N=CH-2-C_6H_4-OH
N,N'-bis(salicylidene)ethylenediamine

SAL2PHEN 2,2'-[1,2-phenylenebis(nitrilomethylidyne)]bisphenol
1,2-(HO-C_6H_4-2-CH=N-$)_2C_6H_4$
N,N'-bis(salicylidene)-o-phenylenediamine

SAL2PROP	2,2'-[1,3-propanediylbis(nitrilomethylidyne)]bisphenol $HO-C_6H_4-2-CH=N-CH_2CH_2CH_2-N=CH-2-C_6H_4-OH$ *N,N'-bis(salicylidene)propylenediamine*	
(sal)3tach	2,2',2''-[1,3,5-cyclohexanetriyltris(nitrilomethylidyne)] trisphenol, ion(3-) $[c-C_6H_9-(N=CH-2-C_6H_4-O)_3-1,3,5]^{3-}$	
SalBzen	2-(phenylmethylamino)ethylnitrilomethylidyne phenol $HO-C_6H_4-2-CH=N-CH_2CH_2-NH-CH_2-C_6H_5$ *N-salicylidene-N'-benzyl-ethylenediamine*	
Sald	2-hydroxy benzaldehyde $2-HO-C_6H_4-CHO$ *salicylaldehyde*	
SALDIEN	2,2'-aminobis(2,1-ethanediylnitrilomethylidyne)bisphenol $HO-C_6H_4-2-CH=N-CH_2CH_2-NH-CH_2CH_2-N=CH-2-C_6H_4-OH$ *bis(salicylidene)diethylene triamine*	
saldmphen	2,2'-[4,5-dimethyl-1,2-phenylenebis(nitrilomethylidyne)] bisphenol, ion(2-) $[1,2-\{O-C_6H_4-2-CH=N\}_2-C_6H_2-(CH_3)_2-4,5]^{2-}$ *N,N'-bis(salicylidene)-4,5-dimethylphenylenediamine dianion*	
SalEen	2-[2-(ethylamino)ethylnitrilomethylidyne] phenol $HO-C_6H_4-2-CH=N-CH_2CH_2-NH-C_2H_5$ *N-salicylidene-N'-ethyl-ethylenediamine*	
salen	2,2'-[1,2-ethanediylbis(nitrilomethylidyne)]bisphenol, ion(2-) $[O-C_6H_4-2-CH=N-CH_2CH_2-N=CH-2-C_6H_4-O]^{2-}$ *N,N'-bis(salicylidene)ethylenediamine dianion*	
SALGLY	N-(2-hydroxyphenylmethylidene) glycine $HO-2-C_6H_4-CH=N-CH_2-COOH$ *salicylidene glycine*	
Salmeen	2-[(methylamino)ethylinitrilomethylidyne] phenol $HO-C_6H_4-2-CH=N-CH_2CH_2-NH-CH_3$ *N-salicylidene-N'-methyl-ethylenediamine*	
salmphen	2,2'-[4-methyl-1,2-phenylenebis(nitrilomethylidyne)]bisphenol, ion(2-) $[1,2-(O-C_6H_4-2-CH=N)_2-C_6H_3-4-CH_3]^{2-}$ *N,N'-bis(salicylidene)-4-methylphenylenediamine dianion*	
SALOPH	2,2'-[1,2-phenylenebis(nitrilomethylidyne)]bisphenol $1,2-(HO-C_6H_4-2-CH=N)_2-C_6H_4$ *N,N'-bis(salicylidene)-o-phenylenediamine*	
SALPA	2-[N-(3-hydroxypropyl)nitrilomethylidyne] phenol $HO-C_6H_4-CH=N-CH_2CH_2CH_2-OH$ *N-(3-hydroxypropyl)salicylaldimine*	
salpd	2,2'-[1,3-propanediylbis(nitrilomethylidyne)]bisphenol, ion(2-) $[O-C_6H_4-2-CH=N-CH_2CH_2CH_2-N=CH-2-C_6H_4-O]^{2-}$ *N,N'-bis(salicylidene)propylenediamine dianion*	

salphen	2,2'-[1,2-phenylenebis(nitrilomethylidyne)]bisphenol, ion(2-) $[1,2\text{-}(O\text{-}C_6H_4\text{-}2\text{-}CH=N)_2\text{-}C_6H_4]^{2-}$ *N,N'-bis(salicylidene)-o-phenylenediamine anion*
salpn	2,2'-[1-methyl-1,2-ethanediylbis(nitrilomethylidyne)]bisphenol, ion(2-) $[O\text{-}C_6H_4\text{-}2\text{-}CH=N\text{-}CH(CH_3)\text{-}CH_2\text{-}N=CH\text{-}2\text{-}C_6H_4\text{-}O]^{2-}$ *N,N'-bis(salicylidene)propylenediamine anion*
SALTN	2,2'-[1,3-propanediylbis(nitrilomethylidyne)]bisphenol $HO\text{-}C_6H_4\text{-}2\text{-}CH=N\text{-}CH_2CH_2CH_2\text{-}N=CH\text{-}2\text{-}C_6H_4\text{-}OH$ *N,N'-bis(salicylidene)-trimethylenediamine*
SALTSC	2-[(2-hydroxyphenyl)methylidene] hydrazinecarbothiamide $HO\text{-}2\text{-}C_6H_4\text{-}CH=N\text{-}NH\text{-}C(=S)\text{-}NH_2$ *salicylaldehyde thiosemicarbazone*
SAM	5'-[(3-amino-3-carboxypropyl)methylsulfonio]-5'-deoxyadenosine chloride $[(NH_2)N_4C_5H_2\text{-}OC_4H_4(OH)_2\text{-}CH_2\text{-}S(CH_3)CH_2CH_2\text{-}CH(NH_2)\text{-}COOH]\ Cl$ *S-(5'-adenosyl)-L-methionine-chloride*
SAMP	(S)-1-amino-2-(methoxymethyl) pyrrolidine $1\text{-}NH_2\text{-}2\text{-}(CH_3\text{-}O\text{-}CH_2)\text{-}NC_4H_7$
sapyal	2-pyridinecarboxaldehyde (2-hydroxyphenyl)methylenehydrazone $2\text{-}(NC_5H_4\text{-}2\text{-}CH=N\text{-}N=CH)\text{-}C_6H_4\text{-}OH$ *salicyl(2-pyridyl)aldazine*
Sar	N-methyl glycine $CH_3\text{-}NH\text{-}CH_2\text{-}COOH$ *sarcosine*
sar	3,6,10,13,16,19-hexaazabicyclo[6.6.6]eicosane $HC(\text{-}CH_2\text{-}NH\text{-}CH_2CH_2\text{-}NH\text{-}CH_2\text{-})_3CH$ *sarcophagine*
SAS	sodium alkyl sulfate $Na\ [R\text{-}O\text{-}SO_3]$
SAS	straight alkanesulfonates $[CH_3\text{-}(CH_2)_n\text{-}SO_3]^{1-}$ *straight alkyl sulfonates*
SAS	4-oxo butanoic acid $HOOC\text{-}CH_2CH_2\text{-}CHO$ *succine-aldehyde acid*
SAT	sodium ammonium thiosulfate $Na\ [NH_4]\ [O_3S=S]$
SATT	2,2'-[2,5,8,11-tetraaza 1,11-dodecadiene-1,12-diyl]bis(phenol) $[\text{-}CH_2\text{-}NH\text{-}CH_2CH_2\text{-}N=CH\text{-}2\text{-}C_6H_4\text{-}OH]_2$ *bis(salicylaldehyde)triethylenetetramine*

SBB 1,3-diphenyl-3-thioxo 1-propanone
C_6H_5-C(=S)-CH_2-C(=O)-C_6H_5
monothiobis(benzoylmethane)

SBH sodium tetrahydridoborate
Na [BH_4]
sodium boronehydride

Sccm 2,5-pyrrolidinedione
$NC_4H_5(=O)_2$-2,5
succinimide

SCNAc thiocyanato acetic acid
NCS-CH_2-COOH

SCN-acac 3-thiocyanato 2,4-pentanedione, ion(1-)
[CH_3-C(-O)=C(SCN)-C(=O)-CH_3]$^-$
thiocyano-acetylacetonate

SCP sodium cellulose phosphate

SCPS 3,6-bis[(5-chloro-2-hydroxy-3-sulfophenyl)azo]-4,5-dihydroxy 2,7-naphthalenedisulfonic acid
[Cl-HO-HO_3S-C_6H_2-N=N]$_2$-(HO)$_2$-$C_{10}H_2$-(SO_3H)$_2$
sulfochloro phenol S

SDA N-[(aminocarbonyl)amino]-N-(carboxymethyl) glycine
NH_2-C(=O)-NH-N(CH_2-COOH)$_2$
semicarbazide diacetic acid

SDBM 1,3-diphenyl-3-thioxo 1-propanone
C_6H_5-C(=S)-CH_2-C(=O)-C_6H_5
monothiodibenzoylmethane

SDMA sodium dihydrobis(2-methoxyethanolato-O,O') aluminate (1-)
Na [H_2Al(O-CH_2CH_2-O-CH_3)$_2$]
sodium-dihydrido-bis(2-methoxyethoxy)-aluminate

SDMH 1,2-dimethyl hydrazine
CH_3-NH-NH-CH_3
symmetric dimethyl hydrazine

SDN butanedinitrile
NC-CH_2CH_2-CN
succino-dinitrile

SDP 4,4'-sulfonylbisphenol
(O=)$_2$S(4-C_6H_4-OH)$_2$
4,4'-sulfonyl diphenol

SDP D-altro-2-heptulose-1,7-bis(dihydrogen phosphate)
(HO)$_2$P(=O)-O-CH_2-C(=O)-[CH(OH)]$_4$-CH_2-O-P(=O)(OH)$_2$
sedoheptulose-1,7-diphosphate

sDPGu	N,N'-diphenyl guanidine C_6H_5-NH-C(=NH)-NH-C_6H_5 *sym-diphenylguanidine*
SDS	sodium dodecyl sulfate Na [$C_{12}H_{25}$-O-SO_3]
SdS	sodium decyl sulfate Na [$C_{10}H_{21}$-O-SO_3]
sdta	N,N'-(1,2-diphenyl-1,2-ethanediyl)bis [N-(carboxymethyl)glycine], ion(4-) [(OOC-CH_2)$_2$N-CH(C_6H_5)-CH(C_6H_5)-N(CH_2-COO)$_2$]$^{4-}$ *stilbenediaminetetraacetate*
SE	rare earth metals Sc, Y, La, Ce,Pr,Nd,Pm,Sm,Eu,Gd, Tb,Dy,Ho,Er,Tm,Yb,Lu *Seltenerdmetalle*
SEM-chlorid	[(2-chloromethoxy)ethyl]trimethyl silane (CH_3)$_3$Si-$CH_2$$CH_2$-O-$CH_2$-Cl *Trimethylsilyl-ethoxymethyl-chlorid*
sen	N,N'-bis(2-aminoethyl)-2-[(2-aminoethyl)aminomethyl]-2-methyl 1,3-propanediamine CH_3-C(CH_2-NH-$CH_2$$CH_2$-$NH_2$)$_3$
sep	1,3,6,8,10,13,16,19-octaazabicyclo[6.6.6]eicosane N(-CH_2-NH-$CH_2$$CH_2$-NH-$CH_2$-)$_3$N *sepulchrate*
Ser	2-amino-3-hydroxy propanoic acid HO-CH_2-CH(NH_2)-COOH *serine*
SEX	sodium ethyl xanthate Na [S-C(=S)-O-C_2H_5]
SFA	synthetic fatty acids
SHA	N,2-dihydroxy benzamide HO-2-C_6H_4-C(=O)-NH-OH *salicylhydroxamic acid*
SHBED	disodium 1,2-ethanediylbis[(2-hydroxy-5-sulfo)phenylmethylamino]-N,N'-diacetate Na_2 [{2-HO-5-HO_3S-C_6H_3-CH_2-N(CH_2-COO)CH_2-}$_2$] *N,N'-bis(2-hydroxy-5-sulfobenzyl)diaminoethane-diacetate*
SHH	saturated high-boiling hydrocarbons
SHS	sodium hexadecyl sulfate Na [$C_{16}H_{33}$-O-SO_3]

5-SIM 5-sulfo 1,3-benzenedicarboxylic acid dimethyl ester
1,3-[CH_3-O-C(=O)]$_2$-C_6H_3-5-SO_3H
dimethyl-5-sulfo-isophthalate

SITS 5-(acetylamino)-2-[2-(4-isothiocyanato-2-sulfophenyl)ethenyl] benzenesulfonic acid
5-[CH_3-C(=O)-NH]-2-[HO_3S-2-C_6H_3(NCS-4)-CH=CH]-C_6H_3-SO_3H
4-acetamido-4'-isothiocyanato-stilbene-2,2'-disulfonic acid

SLS sodium dodecyl sulfate
Na [$C_{12}H_{25}$-O-SO_3]
sodium lauryl sulfate

SMCC 4-[(2,5-dioxo-2,5-dihydropyrrol-1-yl)methyl] 1-cyclohexanecarboxylic acid 2,5-dioxo-1-pyrrolidinyl ester
4-[2,5-(O=)$_2$-NC_4H_2-1-CH_2]-C_6H_{10}-COO-[-1-NC_4H_4(=O)$_2$-2,5]
N-succinimidyl-4-(maleimidomethyl cyclohexane)-1-carboxylate

SMDPT methyliminobis[3,1-propanediyliminomethyl-2-phenol]
[HO-C_6H_4-2-CH=N-$CH_2CH_2CH_2$]$_2$N-CH_3
bis[3-(salicylideneamino)propyl]methylamine

SMIFA α-(methoxyimino) 2-furanacetic acid
OC_4H_3-2-C(=N-O-CH_3)-COOH
syn-2-methoxy-imino-2-(2-furyl)-acetic acid

SMiT carbamimidothioic acid methyl ester
NH_2-C(=NH)-S-CH_3
S-methyl-iso-urea

SMM dimethylsulfide
CH_3-S-CH_3

SMON 8-hydroxyquinoline
1-$NC_{10}H_6$-8-OH

SMP S(-)-2-(methoxymethyl)-pyrrolidine
CH_3-O-CH_2-2-NC_4H_8

SMP methylthio benzene
CH_3-S-C_6H_5
methyl phenyl sulfide

SMP D-altro-2-heptulose-7-(dihydrogen phosphate)
HO-CH_2-C(=O)-[CH(OH)]$_4$-CH_2-O-P(=O)(OH)$_2$
sedoheptulose-7-monophosphate

SMPB 1-[1-oxo-4-{4-(2,5-dioxo-1-pyrrolidinyl)phenyl}propoxy] 2,5-pyrrolidinedione
4-[2,5-(O=)$_2$-NC_4H_2-1]-C_6H_4-$CH_2CH_2CH_2$-COO-1-NC_4H_4(=O)$_2$-2,5
succinimidyl-4-(p-maleinimidophenyl)-butyrate

SNA 2-(methylthio) ethanamine
CH_3-S-CH_2-CH_2-NH_2

SNAZOXS	8-hydroxy-7-[(4-sulfo-1-naphthalenyl)azo] 5-quinolinesulfonic acid 7-[HO$_3$S-4-C$_{10}$H$_6$-1-N=N]-1-NC$_9$H$_4$(OH-8)-(SO$_3$H)-5 *7-(4-sulfo-1-naphthylazo) 8-hydroxyquinoline-5-sulfonic acid*
SNB	2-(phenylmethylthio) ethanamine C$_6$H$_5$-CH$_2$-S-CH$_2$CH$_2$-NH$_2$
SNC	2-(phenylthio) ethanamine C$_6$H$_5$-S-CH$_2$CH$_2$-NH$_2$
SND	8-(methylthio) quinoline 8-(CH$_3$-S)-1-NC$_9$H$_6$
SNE	8-quinolinethiol 1-NC$_9$H$_6$-8-SH
SNO	2-(methylsulfinyl) ethanamine CH$_3$-S(=O)-CH$_2$CH$_2$-NH$_2$
SNPA	4-nitrophenyl acetic acid 2,5-dioxo-1-pyrrolidinyl ester 4-NO$_2$-C$_6$H$_4$-CH$_2$-COO-1-NC$_4$H$_4$(=O)$_2$-2,5 *N-succinimidyl-p-nitrophenyl acetate*
SNTA	N,N-bis(carboxymethyl) glycine, trisodium salt Na$_3$ [N(CH$_2$-COO)$_3$] *sodium nitrilotriacetate*
SOA	1,3,4,6-tetra-O-acetyl-ß-D-fructofuranosyl α-D-glucopyranoside tetraacetate OC$_4$H$_3$(OOC-CH$_3$)$_2$(CH$_2$-OOC-CH$_3$)$_2$-O-OC$_5$H$_5$(OOC-CH$_3$)$_3$CH$_2$-OOCCH$_3$ *saccharose octaacetate*
SP	benzenethiol C$_6$H$_5$-SH *thiophenol*
SP2C	thiophene-2-carboxylic acid SC$_4$H$_3$-2-COOH
SP3C	thiophene-3-carboxylic acid SC$_4$H$_3$-3-COOH
SPA	solid phosphoric acid H$_3$PO$_4$
SPADNS	3-(4-sulfophenylazo)-4,5-dihydroxy 2,7-naphthalenedisulfonic acid 3-(HO$_3$S-4-C$_6$H$_4$-N=N)-4,5-(HO)$_2$-C$_{10}$H$_3$-(SO$_3$H)$_2$-2,7 *Sulfophenylazodihydroxynaphthalindisulfonsäure*
SPDP	3-(2-pyridyldithio) propanoic acid 2,5-dioxo-1-pyrrolidinyl ester 2-NC$_5$H$_4$-S-S-CH$_2$CH$_2$-COO-1-NC$_4$H$_4$(=O)$_2$-2,5 *N-succinimidyl-3-(2-pyridyl dithio)-propionate*

SPQ	6-methoxy-1-(3-sulfopropyl) quinolinium hydroxide, inner salt 6-CH_3-O-1-NC_9H_6-1-$CH_2CH_2CH_2$-SO_3 *6-methoxy-N-(3-sulfopropyl) quinolinium*	
2SQ	quinoline-2-thiol 1-NC_9H_6-2-SH *2-mercaptoquinoline*	
3SQ	quinoline-3-thiol 1-NC_9H_6-3-SH *3-mercaptoquinoline*	
4SQ	quinoline-4-thiol 1-NC_9H_6-4-SH *4-mercaptoquinoline*	
SQU	3,4-dihydroxy-3-cyclobutene-1,2-dione 3,4-$(HO)_2$-C_4-$(=O)_2$-1,2 *squaric acid*	
SSA	2-hydroxy-5-sulfo benzoic acid 2-HO-5-HO_3S-C_6H_3-COOH *5-sulfosalicylic acid*	
S-Säure	4-amino-5-hydroxy 1-naphthalenesulfonic acid 4-NH_2-5-HO-$C_{10}H_5$-1-SO_3H	
SSald	3-formyl-4-hydroxy benzenesulfonic acid 3-OCH-C_6H_3(OH-4)-SO_3H *sulfosalicylaldehyde*	
SSB	1-pyrrolidinecarbodithioic acid, ion(1-) [C_4H_8N-1-CS_2]$^-$ *1-pyrrolidinecarbodithioate*	
SSE	N,N-diethyl dithiocarbamic acid, ion(1-) [$(C_2H_5)_2$N-CS_2]$^-$ *N,N-diethyl dithiocarbamate*	
SS-eddiv	N,N'-(1,2-ethanediyl) bis(valine), ion(2-) [OOC-CH(C_3H_7-i)-NH-CH_2CH_2-NH-CH(C_3H_7-i)-COO]$^{2-}$ *S,S-ethylenediamine-N,N'-di-α-isovalerate*	
SS-eddp	N,N'-(1,2-ethanediyl) bis(alanine), ion(2-) [OOC-CH(CH_3)-NH-CH_2CH_2-NH-CH(CH_3)-COO]$^{2-}$ *S,S-ethylenediamine-N,N'-di-α-propionate*	
SSM	N,N-dimethyl dithiocarbamic acid, ion(1-) [$(CH_3)_2$N-CS_2]$^-$ *N,N-dimethyl dithiocarbamate*	
SSO	carbonodithioic acid O-ethyl ester, ion(1-) [C_2H_5-O-CS_2]$^-$ *ethylxanthate*	

SSP	1,2-bis(octadecanoyl) hexadecanoic acid $C_{17}H_{35}$-C(=O)-CH_2-CH[C(=O)-$C_{17}H_{35}$]-$(CH_2)_{13}$-COOH *1,2-distearoyl palmitin*
SSS	4-ethenyl benzenesulfonic acid, sodium salt Na [CH_2=CH-4-C_6H_4-SO_3] *sodium 1,4-styrene sulfonate*
SS-Säure	4-amino-5-hydroxy 1,3-naphthalenedisulfonic acid 4-NH_2-5-HO-$C_{10}H_4$-$(SO_3H)_2$-1,3
St	ethenyl benzene CH_2=CH-C_6H_5 *styrene*
STAT	N-(4-methylphenyl)-2-[{(4-methylphenyl)sulfonyl}amino]benzenecarbothiamide, ion(1-) [2-{CH_3-4-C_6H_4-S(=O)$_2$-N=}C_6H_4=C(-S)-NH-C_6H_4-4-CH_3]$^-$
STAT-H	N-(4-methylphenyl)-2-[{(4-methylphenyl)sulfonyl}amino]benzenecarbothiamide 2-[CH_3-4-C_6H_4-S(=O)$_2$-NH]-C_6H_4-C(=S)-NH-C_6H_4-4-CH_3
STB	sodium trimethyl hydrido borate Na [HB$(CH_3)_3$] *sodium trimethyl boronhydride*
STC	2-hydroxy 1,2,3-propanetricarboxylic acid, trisodium salt Na_3 [(OOC-$CH_2)_2$C(OH)-COO] *sodium hydroxy tricarboxylate*
stien	1,2-diphenyl 1,2-ethanediamine C_6H_5-CH(NH_2)-CH(NH_2)-C_6H_5 *stilbenediamine*
STP	2,5-dimethoxy-4,α-dimethyl benzenethanamine 4-CH_3-2,5-$(CH_3$-O)$_2$-C_6H_2-CH_2-CH(CH_3)-NH_2 *"serenity, tranquility, peace"*
STPP	sodium tripolyphosphate Na_5 [O_2P(=O)-O-P(=O)(-O)-O-P(=O)O_2]
STS	sodium tetradecyl sulfate Na [$C_{14}H_{29}$-O-SO_3]
Sty	ethenyl benzene CH_2=CH-C_6H_5 *styrene*
Suc	butanedioic acid HOOC-CH_2CH_2-COOH *succinic acid*

Sulfo-C-Säure 7-amino 1,3,5-naphthalenetrisulfonic acid
7-NH_2-$C_{10}H_4$-$(SO_3H)_3$-1,3,5
7-Amino-1,3,5-naphthalintrisulfonsäure

Sulfo-NHS 1-hydroxy-2,5-dioxo 3-pyrrolidinesulfonic acid
1-HO-2,5-$(O=)_2$-NC_4H_3-3-SO_3H
sulfo-N-hydroxysuccinimide

2,4,5-T 2,4,5-trichlorophenoxy acetic acid
2,4,5-Cl_3-C_6H_2-O-CH_2-COOH

T 5-methyl-1-ß-D-ribofuranosyl-2,4-(1H,3H)-pyrimidinedione
1-[5-CH_3-2,4-$(O=)_2$-1,3-$N_2C_4H_2$-1]OC_4H_4[$(OH)_2$-2,3]-4-CH_2-OH
D-ribosylthymine

T 2-amino-3-hydroxy butanoic acid
CH_3-CH(OH)-CH(NH_2)-COOH
threonine

T 1-(2-deoxy-ß-D-erythro-pentofuranosyl)-5-methyl 2,4-(1H,3H)-pyrimidinedione
1-[5-CH_3-2,4-$(O=)_2$-1,3-$N_2C_4H_2$-1]-OC_4H_5(OH-3)-4-CH_2-OH
thymidine

T 5-methyl 1H,3H-2,4-pyrimidinedione
5-CH_3-2,4-$(O=)_2$-1,3-$N_2C_4H_3$
thymine

T methyl benzene
C_6H_5-CH_3
toluene

T-Solvent tetrahydro-2-[(tetrahydro-2-furanyl)methoxy] 2H-pyran
2-(OC_4H_7-2-CH_2-O)-OC_5H_9

α-T 2-methyl-1,3,5-trinitro benzene
2-CH_3-1,3,5-$(O_2N)_3$-C_6H_2

T2 O-(4-hydroxyphenyl)-3,5-diiodo L-tyrosine
HOOC-CH(NH_2)-CH_2-C_6H_2(I_2-3,5)-4-O-C_6H_4-4'-OH
diiodothyronine

T3 O-(4-hydroxy-3-iodophenyl)-3,5-diiodo L-tyrosine
HOOC-CH(NH_2)-CH_2-C_6H_2(I_2-3,5)-4-O-C_6H_3(I-3')-4'-OH
triiodothyronine

T4 hexahydro-1,3,5-trinitro-1,3,5-triazine
1,3,5-$(NO_2)_3$-1,3,5-$N_3C_3H_6$

T4 O-(4-hydroxy-3,5-diiodophenyl)-3,5-diiodo L-tyrosine
HOOC-CH(NH_2)-CH_2-C_6H_2(I_2-3,5)-4-O-C_6H_2(I_2-3',5')-4'-OH
3,3',5,5'-tetraiodothyronine

TA tungstic acid
H_2WO_4

TA	2,3-dihydroxy butanedioic acid HOOC-CH(OH)-CH(OH)-COOH *tartaric acid*
TA	1-(2-thienyl) 1,3-butanedione SC_4H_3-2-C(=O)-CH_2-C(=O)-CH_3 *thenoylacetone*
TAA	trialkylamines NR_3
TAA	ethanethioamide CH_3-C(=S)-NH_2 *thioacetamide*
TAA	N,N-dipentyl 1-pentanamine $(C_5H_{11})_3N$ *triamyl amine*
TAA	4-methoxy-N,N-bis(4-methoxyphenyl) benzenamine $(CH_3$-O-4-$C_6H_4)_3N$ *trianisyl amine*
TAAB	tetrabenzo[b,f,j,n][1,5,9,13]tetraazacyclohexadecine [-N=CH-C_6H_4-N=CH-C_6H_4-N=CH-C_6H_4-N=CH-C_6H_4-]
TAAC	N,N,N-trialkyl 1-alkanaminum $[NR_4]^+$ *tetraalkyl ammonium cation*
TAB	teflonized acetylene black
TABD	1,2,3,4,4a,5,6,7,8,8a-decahydropyrazino[2,3-b]pyrazine [-CH(-NH-CH_2CH_2-NH-$)_2$CH-] *2,5,7,10-tetraazabicyclo[4.4.0]decane*
TABN	1,3,5,7-tetraazabicyclo[3.3.1]nonane [-CH_2-N(-CH_2-NH-CH_2-$)_2$N-]
TAC	2,4,6-tris(2-propenyloxy)-1,3,5-triazine 2,4,6-(CH_2=CH-CH_2-O-$)_3$-1,3,5-N_3C_3 *triallyl cyanurate*
TACD	decahydro-1,4,7-triazecine [-NH-CH_2CH_2-NH-CH_2CH_2-NH-$CH_2CH_2CH_2$-] *1,4,7-triazacyclodecane*
TACE	2-chloro-1,4-bis(methoxyphenyl)-3-(methoxyphenyl-methyl) 2-butene $(CH_3$-O-C_6H_4-$CH_2)_2$C=CCl-CH_2-C_6H_4-O-CH_3 *tris-anisyl-chloroethylene*
TACH	hexahydro-1,3,5-triazine 1,3,5-$N_3C_3H_9$ *1,3,5-triazacyclohexane*

tach	cis,cis-1,3,5-cyclohexanetriamine 1,3,5-$(NH_2)_3$-C_6H_9 *cis,cis-1,3,5-triamino cyclohexane*	
TAcM	3-acetyl 2,4-pentanedione $HC[C(=O)-CH_3]_3$ *triacetylmethane*	
tacn	2,3,4,5,6,7,8,9-octahydro-1H-1,4,7-triazonine [-NH-CH_2CH_2-NH-CH_2CH_2-NH-CH_2CH_2-] *1,4,7-triazacyclononane*	
TACPD	1,4,8,12-tetraazacyclopentadecane [-NH-CH_2CH_2-NH-$CH_2CH_2CH_2$-NH-$CH_2CH_2CH_2$-NH-$CH_2CH_2CH_2$-]	
TACTD	1,4,8,11-tetraazacyclotetradecane [-NH-CH_2CH_2-NH-$CH_2CH_2CH_2$-NH-CH_2CH_2-NH-$CH_2CH_2CH_2$-]	
1-3 TADAB	4-(2-thiazolyl-azo) 1,3-benzenediamine 4-(1,3-SNC_3H_2-2-N=N)-C_6H_3-$(NH_2)_2$-1,3 *4-(2-thiazolyl-azo) 1,3-diaminobenzene*	
taetacn	2,3,4,5,6,7,8,9-octahydro-1H-1,4,7-triazonine-1,4,7-tris(ethanamine) 1,4,7-$(NH_2$-$CH_2CH_2)_3$-1,4,7-$N_3C_6H_{12}$ *1,4,7-tris(2-aminoethyl)-1,4,7-triazacyclononane*	
TAFO	trialkyl phosphine oxide $R_3P=O$	
TAM	4-methoxy-2-(thiazolyl-2-azo) phenol 4-CH_3O-2-[(1,3-SNC_3H_2)-2-N=N]-C_6H_3-OH *2-(thiazolyl-2-azo)-4-methoxy phenol*	
TAMA	N-methyl benzenaminium trifluoroacetate [C_6H_5-NH_2-CH_3] [CF_3-COO] *N-methylanilinium trifluoroacetate*	
TAMAC	1,3-dioxo 1,3-dihydroisobenzofuran-5-carboxylic acid 1,3-$(O=)_2$-5-HOOC-2-OC_8H_3 *trimellitic anhydride monoacid*	
TAMDP	methylenediphosphonic acid tetrapentyl ester $(C_5H_{11}$-$O)_2P(=O)$-CH_2-$P(=O)(O$-$C_5H_{11})_2$ *tetraamyl methylenediphosphonate*	
TAME	2-aminomethyl-2-methyl 1,3-propanediamine $(NH_2$-$CH_2)_3C$-CH_3 *1,1,1-tris(aminomethyl)ethane*	
TAME	5-carbamimidoylamino-2-(4-methylphenylsulfonylamino)pentanoic acid methylester NH_2-C(=NH)NH-$CH_2CH_2CH_2$-CH(COO-CH_3)-NH-S$(=O)_2$-C_6H_4-4-CH_3 *N-α-p-tosyl-L-arginine methyl ester*	

TAMM	tetrakis(acetyl)-μ4-methanetetrayltetra mercury $[CH_3\text{-}C(=O)\text{-}Hg]_4C$ *tetrakis(acetylmercuri) methane*	
TAN	2-(2-hydroxy-1-naphthylazo) thiazole $2\text{-}(2\text{-}HO\text{-}C_{10}H_6\text{-}1\text{-}N=N)\text{-}1,3\text{-}SNC_3H_2$ *1-(2-thiazolylazo)-2-naphthol*	
TAP	1,4,7,10-pyrazino[2,3-f]quinoxaline $1,4,7,10\text{-}N_4C_{10}H_6$ *1,4,5,8-tetraazaphenanthrene*	
TAP	2,3,5,6-pyridinetetramine $2,3,5,6\text{-}(NH_2)_4\text{-}NC_5H$ *2,3,5,6-tetraminopyridine*	
TAP	2,3,6-pyridinetriamine $2,3,6\text{-}(NH_2)_3\text{-}NC_5H_2$ *2,3,6-triaminopyridine*	
TAP	tetraazaporphine, ion(2-) $[N_8C_{16}H_8]^{2-}$ *tetraazaporphinate*	
TAP	phosphoric acid tripentyl ester $(C_5H_{11}\text{-}O)_3P=O$ *triamylphosphate*	
TAP	1,2-benzenedicarboxylic acid mono[2-[2-{2-(methylcarboxy)ethoxy}ethoxy]ethyl]-ester $CH_3\text{-}COO\text{-}CH_2CH_2\text{-}O\text{-}CH_2CH_2\text{-}O\text{-}CH_2CH_2\text{-}O\text{-}C(=O)\text{-}2\text{-}C_6H_4\text{-}COOH$ *triglycol-acetate-phthalate*	
TAPA	2-(2,4,5,7-tetranitro-9-fluorenylidene-aminoxy) propanoic acid $2,4,5,7\text{-}(O_2N)_4\text{-}(C_{13}H_4\text{-}9)=N\text{-}O\text{-}CH(CH_3)\text{-}COOH$ *tetranitro-fluorenylidene-aminoxy propionic acid*	
TAPH2	tetraazaporphine $N_8C_{16}H_{10}$	
TAPO	trialkyl phosphine oxide $R_3P=O$	
TAPS	3-[tris(hydroxymethyl)methylamino] 1-propanesulfonic acid $(HO\text{-}CH_2)_3C\text{-}NH\text{-}CH_2CH_2CH_2\text{-}SO_3H$	
TAPSO	2-hydroxy-3-[{2-hydroxy-1,1-bis(hydroxymethyl)ethyl}amino]-1-propanesulfonic acid $(HO\text{-}CH_2)_3C\text{-}NH\text{-}CH_2\text{-}CH(OH)\text{-}CH_2\text{-}SO_3H$ *tris(hydroxymethyl)methyl-amino-hydroxy-propanesulfonic acid*	
tapt	1,4,7,10-pyrazino[2,3-f]quinoxaline $1,4,7,10\text{-}N_4C_{10}H_6$ *1,4,5,8-tetraazaphenanthrene*	

taptacn	2,3,4,5,6,7,8,9-octahydro-1H-1,4,7-triazonine-1,4,7-tripropanamine	

taptacn 2,3,4,5,6,7,8,9-octahydro-1H-1,4,7-triazonine-1,4,7-tripropanamine
1,4,7-$(NH_2\text{-}CH_2CH_2CH_2)_3$-1,4,7-$N_3C_6H_{12}$
1,4,7-tris(3-aminopropyl)-1,4,7-triazacyclononane

TAR 4-(2-thiazolylazo) 1,3-benzenediol
4-$[(1,3\text{-}SNC_3H_2)\text{-}2\text{-}N=N]\text{-}C_6H_3\text{-}(OH)_2$-1,3
4-(2-thiazolylazo) resorcine

TAR 2,3-dihydroxy butanedioic acid, ion(2-)
$[OOC\text{-}CH(OH)\text{-}CH(OH)\text{-}COO]^{2-}$
tartrate

Tart 2,3-dihydroxy butanedioic acid
HOOC-CH(OH)-CH(OH)-COOH
tartaric acid

tart 2,3-dihydroxy butanedioic acid, ion(2-)
$[OOC\text{-}CH(OH)\text{-}CH(OH)\text{-}COO]^{2-}$
tartrate

TAS tris(dimethylamino)sulfonium
$[\{(CH_3)_2N\}_3S]^+$

TASF tris(dimethylamino)sulfonium difluorotrimethylsilicate
$[\{(CH_3)_2N\}_3S]^+ [(CH_3)_3SiF_2]^-$
tris(dimethylamino)sulfonium "fluoride"

TASfluoride tris(dimethylamino)sulfonium difluorotrimethylsilicate
$[\{(CH_3)_2N\}_3S]^+ [(CH_3)_3SiF_2]^-$
tris(dimethylamino)sulfonium "fluoride"

TATB tetraphenylarsonium tetraphenylborate
$[As(C_6H_5)_4] [B(C_6H_5)_4]$

Tate N,N-bis(2-aminoethyl) 1,2-ethanediamine
$N(CH_2CH_2\text{-}NH_2)_3$
triaminotriethylamine

TATM 1,2,4-benzenetricarboxylic acid tris(2-propenyl) ester
1,2,4-$[CH_2=CH\text{-}CH_2\text{-}OC(=O)]_3\text{-}C_6H_3$
triallyl trimellitate

2,4,5-TB 4-(2,4,5-trichlorophenoxy) butanoic acid
2,4,5-$Cl_3\text{-}C_6H_2\text{-}O\text{-}CH_2CH_2CH_2\text{-}COOH$

TB 3,3-bis[4-hydroxy-2-methyl-5-(1-methylethyl)phenyl]-3H-1,2-benzoxathiole-1,1-dioxide
3,3-$[4\text{-}HO\text{-}2\text{-}CH_3\text{-}5\text{-}(i\text{-}C_3H_7)\text{-}C_6H_2]$-1,1-$(O=)_2$-1,2-$SOC_7H_4$
thymol blue

TB phosphoric acid tributyl ester
$(C_4H_9\text{-}O)_3P=O$
tributyl phosphate

TB12BQ	3,4,5,6-tetrabromo 3,5-cyclohexadiene-1,4-dione 3,4,5,6-Br_4-C_6(=O)$_2$-1,2 *tetrabromo-1,2-benzoquinone*	
2tBa	2-(1,1-dimethylethyl) benzenamine 2-(t-C_4H_9)-C_6H_4-NH_2 *2-tert.-butylaniline*	
2,3,6-TBA	2,3,6-trichloro benzoic acid 2,3,6-Cl_3-C_6H_2-COOH	
TBA	2,3,6-trichloro benzoic acid 2,3,6-Cl_3-C_6H_2-COOH	
TBA	N-(1,1-dimethylethyl) propenamide t-C_4H_9-NH-C(=O)CH=CH_2 *N-tert.-butyl acrylamide*	
TBA	N,N,N-tributyl 1-butanaminium [(C_4H_9)$_4$N]$^+$ *tetra-n-butyl ammonium*	
TBA	hexahydropyrimidine-2-thione-4,6-dione 2-(S=)-4,6-(O=)$_2$-1,3-$N_2C_4H_4$ *thiobarbituric acid*	
TBA	N-phenyl benzenethioamide C_6H_5-C(=S)NH-C_6H_5 *thiobenzanilide*	
TBA	N,N-bis(phenylmethyl) benzenemethanamine (C_6H_5-CH_2)$_3$N *tribenzyl amine*	
TBA	1,3,5-tribromo 2-methoxy benzene 1,3,5-Br_3-2-C_6H_2-O-CH_3 *tribromo anisole*	
TBA	N,N-dibutyl 1-butanamine (C_4H_9)$_3$N *tributyl amine*	
tBA	2-propenoic acid 1,2-dimethylethyl ester CH_2=CH-COO-C_4H_9-t *tert.-butylacrylate*	
tBa	(1,1-dimethylethyl) benzenamine t-C_4H_9-C_6H_4-NH_2 *tert.-butylaniline*	
TBAB	N,N,N-tributyl 1-butanaminium bromide [(C_4H_9)$_4$N] Br *tetrabutyl ammonium bromide*	

TBABF4	N,N,N-tributyl 1-butanaminium tetrafluoroborate [(C$_4$H$_9$)$_4$N] [BF$_4$] *tetrabutyl ammonium tetrafluoroborate*
TBABr3	N,N,N-tributyl 1-butanaminium tribromide [(C$_4$H$_9$)$_4$N] [Br$_3$] *tetrabutyl ammonium tribromide*
TBAC	N,N,N-tributyl 1-butanaminium cyanotrihydridoborate [(C$_4$H$_9$)$_4$N] [BH$_3$-CN] *tetrabutylammonium-cyanoboronhydride*
TBACC	N,N,N-tributyl 1-butanaminium chlorotrioxochromate(1-) [(C$_4$H$_9$)$_4$N] [Cl-CrO$_3$] *tetrabutylammonium chlorochromate*
TBADC	N,N,N-tributyl-1-butanaminium, salt with chromic acid [(C$_4$H$_9$)$_4$N]$_2$ [Cr$_2$O$_7$] *tetrabutylammonium dichromate*
TBAF	N,N,N-tributyl 1-butanaminium fluoride [(C$_4$H$_9$)$_4$N] F *tetrabutyl ammonium fluoride*
TBAFP	N,N,N-tributyl 1-butanaminium hexafluorophosphate [(C$_4$H$_9$)$_4$N] [PF$_6$] *tetrabutyl ammonium hexafluorophosphate*
TBAH	N,N,N-tributyl 1-butanaminium hydroxide [(C$_4$H$_9$)$_4$N] [OH] *tetrabutyl ammonium hydroxide*
TBAHFP	N,N,N-tributyl 1-butanaminium hexafluorophosphate [(C$_4$H$_9$)$_4$N] [PF$_6$] *tetrabutyl ammonium hexafluorophosphate*
TBAHS	N,N,N-tributyl 1-butanaminium hydrogensulfate [(C$_4$H$_9$)$_4$N] [HO-SO$_3$] *tetrabutyl ammonium hydrogensulfate*
TBAN	N,N,N-tributyl 1-butanaminium nitrate [(C$_4$H$_9$)$_4$N] [NO$_3$] *tetrabutyl ammonium nitrate*
TBAP	N,N,N-tributyl 1-butanaminium perchlorate [(C$_4$H$_9$)$_4$N] [ClO$_4$] *tetrabutyl ammonium perchlorate*
TBAS	N,N,N-tributyl 1-butanaminium 2,5-pyrrolidinedione, ion [(C$_4$H$_9$)$_4$N] [NC$_4$H$_4$-2,5-(O)$_2$] *tetrabutyl ammonium succinimide*

TBB	1,1-dimethylethyl benzene t-C_4H_9-C_6H_5 *tert.-butyl benzene*
TBBA	N-(1,1-dimethylethyl) benzenemethanamine C_6H_5-CH_2-NH-C_4H_9-t *tert.-butyl benzylamine*
TBBDP	1,4-butanediyldiphosphonic acid tetrabutyl ester $(C_4H_9$-O$)_2$P(=O)-CH_2CH_2-CH_2CH_2-P(=O)(O-$C_4H_9)_2$ *tetrabutyl butylenediphosphonate*
TBD	1,3,4,6,7,8-hexahydro 2H-pyrimido[1,2-a]pyrimidine 1,5,9-$N_3C_7H_{13}$ *1,5,7-triazabicyclo[4.4.0]dec-5-ene*
TBDA	adduct of 1,1,2-trimethylpropyl borane and N,N-diethylbenzenamine $(CH_3)_2$CH-C($CH_3)_2$-BH_2 · $(C_2H_5)_2$N-C_6H_5 *tert.-hexylborane-N,N-diethylaniline*
TBDB18C6	5,6,8,9,11,12,14,15-octahydro-1,4,12,14-tetrakis(1,1-dimethylethyl)-dibenzo[b,k][1,4,7,10,13,16]hexaoxacyclooctadecin [-{O-$C_6H_2(C_4H_9$-t$)_2$-O-CH_2CH_2-O-$CH_2CH_2\}_2$-] *tetra-t-butyldibenzo-18-crown-6*
TBDC	bis(N,N,N-tributyl-1-butanaminium) dichromate $[(C_4H_9)_4N]_2$ $[Cr_2O_7]$ *bis(tetrabutyl ammonium) dichromate*
TBDMS	dimethyl-1,1-dimethylethyl-silyl- t-C_4H_9-Si($CH_3)_2$- *tert.-butyl dimethyl silyl-*
TBDMSCl	chloro-dimethyl-1,1-dimethylethyl silane t-C_4H_9-Si($CH_3)_2$Cl *tert.-butyl dimethyl silyl chloride*
TBDMSIM	1-[dimethyl-(1,1-dimethylethyl)-silyl] imidazole 1-[t-C_4H_9-Si($CH_3)_2$]-1,3-$N_2C_3H_3$ *1-(tert.-butyl dimethyl silyl)-imidazole*
TBDMSTF	trifluoro methanesulfonic acid dimethyl-(1,1-dimethylethyl)-silyl ester t-C_4H_9-Si($CH_3)_2$-O-S(=O$)_2$-CF_3 *tert.-butyl dimethyl silyl trifluoromethane sulfonate*
TBDMS-triflat	trifluoro methanesulfonic acid dimethyl-(1,1-dimethylethyl)-silyl ester t-C_4H_9-Si($CH_3)_2$-O-S(=O$)_2$-CF_3 *tert.-butyl dimethyl silyl trifluoromethane sulfonate*
TBE	1,1,2,2-tetrabromo ethane CH_2Br_2-CH_2Br_2

TBEDP	1,2-ethanediyldiphosphonic acid tetrabutyl ester $(C_4H_9\text{-}O)_2P(=O)\text{-}CH_2CH_2\text{-}P(=O)(O\text{-}C_4H_9)_2$ *tetrabutyl ethylenediphosphonate*	
TBEP	phosphoric acid tris[2-(butoxy)ethyl] ester $(C_4H_9\text{-}O\text{-}CH_2CH_2\text{-}O)_3P=O$ *tri(butyletherethyl)phosphate*	
TBF	phosphoric acid tributyl ester $(C_4H_9\text{-}O)_3P=O$	
TBF	N-1,1-dimethylethyl formamide $HC(=O)\text{-}NH\text{-}C_4H_9\text{-}t$ *N-tert.-butyl formamide*	
TBHC	hypochloric acid 1,1-dimethylethyl ester $t\text{-}C_4H_9\text{-}O\text{-}Cl$ *tert.-butyl hypochlorite*	
TBHP	1,1-dimethylethyl hydroperoxide $t\text{-}C_4H_9\text{-}O\text{-}OH$ *tert.-butyl hydroperoxide*	
TBHPA	hypophosphoric acid tetrabutyl ester $(C_4H_9\text{-}O)_2P(=O)\text{-}P(=O)(O\text{-}C_4H_9)_2$ *tetrabutyl hypophosphoric acid*	
TBHQ	2-(1,1-dimethylethyl) 1,4-benzenediol $2\text{-}(t\text{-}C_4H_9)\text{-}C_6H_3\text{-}(OH)_2\text{-}1,4$ *tert.-butyl hydroquinone*	
TBMDP	methylenediphosphonic acid tetrabutyl ester $(C_4H_9\text{-}O)_2P(=O)\text{-}CH_2\text{-}P(=O)(O\text{-}C_4H_9)_2$ *tetrabutyl methylenediphosphonate*	
TBME	1,1-dimethyl-1-methoxy ethane $t\text{-}C_4H_9\text{-}O\text{-}CH_3$ *tert.-butyl methyl ether*	
TBMP	1,1-dimethylethyl-4-methyl phenol $2\text{-}(t\text{-}C_4H_9)\text{-}4\text{-}CH_3\text{-}C_6H_3\text{-}OH$ *2-tert.-butyl-4-methyl phenol*	
TBMPSiBr	bromo(1,1-dimethylethyl)methoxyphenyl silane $t\text{-}C_4H_9\text{-}SiBr(C_6H_5)\text{-}O\text{-}CH_3$ *tert.-butyl-methoxy-phenylbromosilane*	
TBN	1,3,5-tris(1,1-dimethylethyl)-2-nitroso benzene $1,3,5\text{-}(t\text{-}C_4H_9)_3\text{-}2\text{-}(O=N)\text{-}C_6H_2$ *2,4,6-tri-tert.-butyl-nitrosobenzene*	
TBO	3-(trimethylsilyloxy)-3-butene-2-one $(CH_3)_3Si\text{-}O\text{-}C(=CH_2)\text{-}C(=O)CH_3$	

TBP	29H,31H-tetrabenzo[b,g,l,q]porphine $N_4C_{36}H_{22}$
TBP	2,2'-thiobis(4,6-dichlorophenol) $HO-C_6H_2(Cl_2-4,6)-2-S-2'-C_6H_2(Cl_2-4',6')-OH$
TBP	2-(1,1-dimethylethyl) phenol $2-(t-C_4H_9)-C_6H_4-OH$ *2-tert.-butyl phenol*
TBP	phosphoric acid tributyl ester $(C_4H_9-O)_3P=O$ *tri-n-butyl phosphate$*
tbp	phosphoric acid tributyl ester $(C_4H_9-O)_3P=O$ *tri-n-butyl phosphate*
TBPO	tributyl phosphine oxide $(C_4H_9)_3P=O$
tBPy	2-(1,1-dimethylethyl) pyridine $2-(t-C_4H_9)-NC_5H_4$ *2-tert.-butylpyridine*
TBS	2-hydroxy benzoic acid [4-(1,1-dimethylethyl)phenyl] ester $t-C_4H_9-4-C_6H_4-O-C(=O)-C_6H_4-2-OH$ *4-tert.-butylphenol salicylate*
TBS	dimethyl-1,1-dimethylethyl-silyl- $t-C_4H_9-Si(CH_3)_2-$ *tert.-butyl dimethyl silyl-*
TBS	sodium iso-dodecyl-benzenesulfonates (several isomeres) $Na\,[SO_3-C_6H_4-C_{12}H_{25}]$ *tetrapropylenebenzenesulfonates*
TBS	3,5-dibromo-N-(4-bromophenyl)-2-hydroxy benzamide $3,5-Br_2-C_6H_2(OH-2)-C(=O)-NH-C_6H_4-4-Br$ *tribromsalan*
TBSCl	chloro-dimethyl-1,1-dimethylethyl silane $t-C_4H_9-Si(CH_3)_2Cl$ *tert.-butyl dimethyl silyl chloride*
TBTD	N,N,N',N'-tetrabutyl 1,2-dithiobis(methanethioamide) $(C_4H_9)_2N-C(=S)-S-S-C(=S)-N(C_4H_9)_2$ *N,N,N',N'-tetrabutyl thiuram disulfide*
TBTH	tributyl stannane $(C_4H_9)_3SnH$ *tri-n-butyl-tin hydride*

TBTO	1,6,11-trioxacyclopentadecane [-O-$(CH_2)_4$-O-$(CH_2)_4$-O-$(CH_2)_4$-] *tributyl trioxide*	
TBTO	hexabutyl distannoxane $(C_4H_9)_3$Sn-O-Sn$(C_4H_9)_3$ *tributyltinoxide*	
TBTU	N,N,N'-tributyl thiourea C_4H_9-NH-C(=S)-N$(C_4H_9)_2$	
TBTU	(1H-benzotriazol-1-yloxy)bis(dimethylamino) methylium tetrafluoroborate [1,2,3-$N_3C_6H_4$-1-O-C{-N$(CH_3)_2$}=N$(CH_3)_2$] [BF_4] *benzotriazol-1-yl-N-tetramethyl-uronium tetrafluoroborate*	
t-BUMEOC	1-[3,5-bis(1,1-dimethylethyl)phenyl]-1-methylethoxy-carbonyl- 3,5-(t-$C_4H_9)_2$-C_6H_3-C$(CH_3)_2$-OC(=O)- *1-(3,5-di-tert.-butylphenyl)-1-methylethoxycarbonyl-*	
TBUP	tributyl phosphine $(C_4H_9)_3$P	
TC12BQ	3,4,5,6-tetrachloro 3,5-cyclohexadiene-1,4-dione 3,4,5,6-Cl_4-C_6(=O)$_2$-1,2 *tetrachloro-1,2-benzoquinone*	
TCA	trichloro acetic acid CCl_3-COOH	
TCA	sodium trichloroacetate Na [CCl_3-COO]	
TCA	2,4,6-trichloro-1-methoxy benzene 2,4,6-Cl_3-C_6H_2-O-CH_3 *2,4,6-trichloroanisole*	
TCA	phosphoric acid mono(2,2,2-trichloroethyl) ester $(HO)_2$P(=O)-O-CH_2-CCl_3 *Trichloräthylphosphat*	
TCB	trichlorobenzene Cl_3-C_6H_3	
TCBI	N,2,6-trichloro-4-benzoquinone imine (O=)C_6H_2(Cl_2-2,6)=NCl-4	
TCBOC-chlorid	carbonochloridic acid 2,2,2-trichloro-1,1-dimethyl-ethyl ester Cl-COO-C$(CH_3)_2$-CCl_3 *Trichlor-tert.butoxy-carbonylchlorid*	
TCBQ	2,3,5,6-tetrachloro 1,4-benzoquinone 2,3,5,6-Cl_4-C_6-(=O)$_2$-1,4 *p-tetrachlorobenzoquinone*	

TCC	N-(3,4-dichlorophenyl)-N'-(4-chlorophenyl) urea 4-Cl-C_6H_4-NH-C(=O)-NH-C_6H_3-3,4-Cl_2 *triclocarban*	
TCCH	tetrachloro cyclohexane Cl_4-c-C_6H_8	
TCDD	tetrachlorodibenzo[b,e][1,4]dioxin Cl_4-5,10-$O_2C_{12}H_4$ *tetrachlorodibenzo-p-dioxin*	
TCDF	tetrachloro dibenzofuran Cl_4-5-$OC_{12}H_4$	
TCDNB	1,2,4-trichloro-3,5-dinitro benzene 1,2,4-Cl_3-C_6H(NO_2)$_2$-3,5 *trichloro dinitro benzene*	
TCE	2,2,2-trichloro ethanol CCl_3-CH_2-OH	
TCE	2,2,2-trichloroethyl- Cl_3C-CH_2-	
TCE	trichloro ethene CHCl=CCl_2	
TCEF	phosphoric acid mono(2,2,2-trichloroethyl) ester CCl_3-CH_2-O-P(=O)(OH)$_2$	
tcetacn	2,3,4,5,6,7,8,9-octahydro-1H-1,4,7-triazonine-1,4,7-tris(propanenitrile) 1,4,7-(NC-CH_2CH_2)$_3$-1,4,7-$N_3C_6H_{12}$ *1,4,7-tris(2-cyanoethyl)-1,4,7-triazacyclononane*	
TCF	phosphoric acid tris(methylphenyl) ester (CH_3-C_6H_4-O)$_3$P=O	
TCHP	phosphoric acid tris(cyclohexyl) ester (c-C_6H_{11}-O)$_3$P=O *tris(cyclohexyl) phosphate*	
TcHPO	tris(cyclohexyl) phosphine oxide (c-C_6H_{11})$_3$P=O	
TCHQ-DE	1,4-dialkoxy-2,3,5,6-tetrachloro benzene 1,4-(R-O)$_2C_6$-Cl_4 *tetrachloro hydroquinone dialkyl ether*	
TCl	1,4-benzenedicarbonyl dichloride 1,4-[Cl-C(=O)]$_2$-C_6H_4 *terephthaloyl chloride*	

tcl	hexahydro 2H-azepine-2-thione 2-(S=)-NC_6H_{11} *ω-thiocaprolactame*
TClAc	trichloro acetic acid CCl_3-COOH
TCN	tetrachloro naphthalene Cl_4-$C_{10}H_4$
TCNA	1,2,4,5-tetrachloro-3-methoxy-6-nitro benzene 1,2,4,5-Cl_4-3-(CH_3-O)-6-NO_2-C_6 *2,3,5,6-tetrachloro-4-nitroanisol*
tCnA	(Z)-3-phenyl 2-propenoic acid C_6H_5-CH=CH-COOH *trans-cinnamic acid*
TCNB	1,2,4,5-tetrachloro 3-nitrobenzene 1,2,4,5-Cl_4-C_6H-NO_2-3
T.C.N.B	benzenetetracarbonitrile C_6H_2-$(CN)_4$ *tetracyano benzene*
TCNE	ethenetetracarbonitrile $(NC)_2$C=C$(CN)_2$ *tetracyano ethylene*
T.C.N.E.	ethenetetracarbonitrile $(NC)_2$C=C$(CN)_2$ *tetracyano ethylene*
TCNEO	oxiranetetracarbonitrile 2,2,3,3-$(NC)_4$-OC_2 *tetracyano ethylene oxide*
T.C.N.P	tetracyano pyridine NC_5H-$(CN)_4$
TCNQ	2,2'-[2,5-cyclohexadiene-1,4-diylidene]bis(propanedinitrile) 1,4-[$(NC)_2$C=$]_2$-C_6H_4 *7,7,8,8-tetracyano-p-quinodimethane*
T.C.N.Q.	2,2'-[2,5-cyclohexadiene-1,4-diylidene]bis(propanedinitrile) 1,4-[$(NC)_2$C=$]_2$-C_6H_4 *7,7,8,8-tetracyano-p-quinodimethane*
TCP	trichloro phenol Cl_3-C_6H_2-OH
TCP	phosphoric acid tris(methylphenyl) ester $(CH_3$-C_6H_4-O$)_3$P=O *tricresyl phosphate*

TCPE	2-(2,4,5-trichlorophenoxy) ethanol 2,4,5-Cl_3-C_6H_2-O-CH_2CH_2-OH
TCPO	2-trichloromethyl oxirane 2-CCl_3-OC_2H_3 *3,3,3-trichloro propylene oxide*
TCPO	ethanedioic acid bis(2,4,6-trichlorophenyl) ester 2,4,6-Cl_3-C_6H_2-O-C(=O)-COO-C_6H_2-2,4,6-Cl_3 *bis(2,4,6-trichlorophenyl) oxalate*
2,4,5-TCPPA	2-(2,4,5-trichlorophenoxy) propanoic acid 2,4,5-Cl_3-C_6H_2-O-CH(CH_3)-COOH
TCPPA	2-(2,4,5-trichlorophenoxy) propanoic acid 2,4,5-Cl_3-C_6H_2-O-CH(CH_3)-COOH
TCQD	2,2'-[2,5-cyclohexadiene-1,4-diylidene]bis(propanedinitrile) 1,4-[$(NC)_2$C=$]_2$-C_6H_4 *tetracyanoquinodimethane*
TCSA	3,5-dichloro-N-(3,4-dichlorophenyl)-2-hydroxybenzamide 2-HO-3,5-Cl_2-C_6H_2-C(=O)-NH-C_6H_3-Cl_2-3,4 *3,3',4',5-tetrachlorosalicylanilide*
tcta	2,3,4,5,6,7,8,9-octahydro-1H-1,4,7-triazonine-1,4,7-triacetic acid, ion(3-) [1,4,7-$N_3C_6H_{12}$-$(CH_2$-COO$)_3$-1,4,7]$^{3-}$ *1,4,7-triazacyclononane-1,4,7-triyl-2,2',2''-tris(acetate)*
TCTFB	1,1,2,2-tetrachloro-3,3,4,4-tetrafluoro cyclobutane 1,1,2,2-Cl_4-c-C_4-3,3,4,4-F_4
TCTFC	1,1,2-trichloro-2,3,3-trifluoro cyclobutane 1,1,2-Cl_3-2,3,3-F_3-c-C_4H_2
TCTNB	1,3,5-trichloro-2,4,6-trinitro benzene 1,3,5-Cl_3-C_6-$(NO_2)_3$-2,4,6
TDA	2,2'-thiodiacetic acid HOOC-CH_2-S-CH_2-COOH
TDA	tridecanol $C_{13}H_{27}$-OH *tridecyl alcohol*
TDA	1-tridecanamine $C_{13}H_{27}$-NH_2 *tridecyl amine*
TDA	N,N-didecyl 1-decanamine $(C_{10}H_{21})_3$N *trisdecylamine*

TDA-1	2-(2-methoxyethoxy)-N,N-bis[2-(2-methoxyethoxy)ethyl]ethanamine $N(CH_2CH_2\text{-}O\text{-}CH_2CH_2\text{-}O\text{-}CH_3)_3$ *tris(3,6-dioxaheptyl)-amine*
TDAS	tris(dimethylamino) arsine $[(CH_3)_2N]_3As$
TDBA	N,N-dimethyl-N-tetradecyl benzenemethanaminium $[C_{14}H_{29}\text{-}N(CH_3)_2\text{-}CH_2\text{-}C_6H_5]^+$ *tetradecyl dimethyl benzyl ammonium*
tDBA	9,10-dibromo-2-(1,1-dimethylethyl) anthracene $9,10\text{-}Br_2\text{-}2\text{-}(t\text{-}C_4H_9)\text{-}C_{14}H_7$ *2-tert.-butyl-9,10-dibromo anthracene*
TDBP	5,10,15,20-tetrakis[3,5-bis(1,1-dimethylethyl)phenyl]porphine, ion(2-) $[5,10,15,20\text{-}\{3,5\text{-}(t\text{-}C_4H_9)_2\text{-}C_6H_3\}_4\text{-}N_4C_{20}H_8]^{2-}$ *5,10,15,20-tetrakis(3,5-di-t-butylphenyl)porphinate*
TDBTU	N,N,N',N'-tetramethyl-O-(3,4-dihydro-4-oxo-1,2,3-benzotriazin-3-yl)uronium tetrafluoroborate $[4\text{-}(O=)\text{-}1,2,3\text{-}N_3C_7H_4\text{-}3\text{-}O\text{-}C\{N(CH_3)_2\}=N(CH_3)_2]\ [BF_4]$
TDDA	acetic acid 9,12-tetradecadienyl ester $CH_3\text{-}COO\text{-}(CH_2)_8\text{-}CH=CH\text{-}CH_2\text{-}CH=CH\text{-}CH_3$ *9,12-tetradecadien-1-ol acetate*
TDE	1,12-bis(2-oxiranyl) 2,5,8,11-tetraoxadodecane $(OC_2H_3\text{-}2)\text{-}CH_2\text{-}O\text{-}C_2H_4\text{-}O\text{-}C_2H_4\text{-}O\text{-}C_2H_4\text{-}O\text{-}CH_2\text{-}(2'\text{-}OC_2H_3)$ *2,2'-(2,5,8,11-tetraoxa-1,12-dodecanediyl)bisethylenoxide*
TDE	2,2-dichloroethylidenebis[(4-chloro)benzene] $CHCl_2\text{-}CH(C_6H_4\text{-}4\text{-}Cl)_2$ *tetrachloro diphenyl ethane*
TDHP	trans-2,6-dimethyl-3,6-dihydro-2H-pyran $2,6\text{-}(CH_3)_2\text{-}OC_5H_6$
TDI	1,3-diisocyanato-4-methyl benzene $1,3\text{-}(O=C=N)_2\text{-}C_6H_3\text{-}4\text{-}CH_3$ *toluene-2,4-diisocyanate*
TDI	1,3-diisocyanato-2-methyl benzene $1,3\text{-}(O=C=N)_2\text{-}C_6H_3\text{-}2\text{-}CH_3$ *toluene-2,6-diisocyanate*
TDM	mixture of 1,1,3,3,5,5-hexamethyl-hexanethiol and 1,3,3-trimethyl-1-(2,2-dimethylpropyl)-butanethiol $t\text{-}C_4H_9\text{-}[CH_2\text{-}C(CH_3)_2]_2\text{-}SH\ /\ (t\text{-}C_4H_9\text{-}CH_2)_2C(CH_3)\text{-}SH$ *tertiary dodecyl mercaptane*
TDMAE	N-octamethyl ethenetetramine $[(CH_3)_2N]_2C=C[N(CH_3)_2]_2$ *tetrakis(dimethylamino) ethylene*

TDP	tetradecyl phosphonium $[C_{14}H_{29}\text{-}PH_3]^+$
TDP	thymidine-5'-(trihydrogendiphosphate) $(CH_3)(O=)_2\text{-}N_2C_4H_2\text{-}OC_4H_5(OH)\text{-}CH_2\text{-}O\text{-}P(=O)(OH)\text{-}O\text{-}P(=O)(OH)_2$ *thymidinediphosphates*
TDP	hexamethyl phosphorous triamide $[(CH_3)_2N]_3P$ *tris(dimethylamino) phosphine*
TDPA	phosphoric acid mono(tridecyl) ester $C_{13}H_{27}\text{-}O\text{-}P(=O)(OH)_2$ *tridecyl phosphoric acid*
tdpo	hexamethyl phosphoramide $O=P[N(CH_3)_2]_3$ *tris(dimethylamino)phosphine oxide*
TDS-Cl	chlorodimethyl (1,1,2-trimethylpropyl) silane $i\text{-}C_3H_7\text{-}C(CH_3)_2\text{-}Si(CH_3)_2\text{-}Cl$ *thexyldimethylsilylchloride*
TDS-triflat	methanesulfonic acid trifluorodimethyl-(1,1,2-trimethylpropyl)silyl ester $i\text{-}C_3H_7\text{-}C(CH_3)_2\text{-}Si(CH_3)_2\text{-}O\text{-}S(=O)_2\text{-}CF_3$ *thexyldimethylsilyl-trifluoromethanesulfonate*
tdta	N,N'-(1,4-butanediyl)bis[N-(carboxymethyl)glycine], ion (4-) $[(OOC\text{-}CH_2)_2N\text{-}CH_2CH_2\text{-}CH_2CH_2\text{-}N(CH_2\text{-}COO)_2]^{4-}$ *tetramethylenediaminetetraacetate*
TEA	triethyl aluminum $Al(C_2H_5)_3$
TEA	N,N,N-triethyl ethanaminium $[(C_2H_5)_4N]^+$ *tetraethyl ammonium*
TEA	N,N,N-triethyl ethanaminium bromide $[(C_2H_5)_4N]\,Br$ *tetraethyl ammonium bromide*
TEA	2,2',2''-nitrilotris(ethanol) $N(CH_2CH_2\text{-}OH)_3$ *triethanolamine*
Tea	N,N-diethyl ethanamine $N(C_2H_5)_3$ *triethylamine*
TEAA	N,N-diethylethanaminium acetate $[(C_2H_5)_3NH]\,[CH_3\text{-}COO]$ *triethylammonium acetate*

TEAB	N,N,N-triethyl ethanaminium hydrogencarbonate $[(C_2H_5)_4N][HCO_3]$ *tetraethyl ammonium bicarbonate*
TEAB	N,N,N-triethyl ethanaminium bromide $[(C_2H_5)_4N]Br$ *tetraethyl ammonium bromide*
TEAB	N,N,N-triethyl ethanaminium tetrahydroborate(1-) $[(C_2H_5)_4N][BH_4]$ *tetraethylammonium borohydride*
TEABr	N,N,N-triethyl ethanaminium bromide $[(C_2H_5)_4N]Br$ *tetraethyl ammonium bromide*
TEAC	N,N,N-triethyl ethanaminium $[(C_2H_5)_4N]^+$ *tetraethyl ammonium cation*
TEAF	N,N-diethyl ethanaminium formiate $[(C_2H_5)_3NH][HCOO]$ *triethylammonium formiate*
TEAP	N,N,N-triethyl ethanaminium perchlorate $[(C_2H_5)_4N][ClO_4]$ *tetraethyl ammonium perchlorate*
TEAP	phosphoric acid, compound with N,N-diethylethanamine(1:1) $[(C_2H_5)_3NH][(HO)_2P(=O)(-O)]$ *triethylammonium phosphate*
TEAS	N,N,N-triethyl ethanaminium 2,5-pyrrolidinedione ion $[(C_2H_5)_4N][NC_4H_4(=O)_2\text{-}2,5]$ *tetraethyl ammonium succinimide*
TEAT	N,N,N-triethyl ethanaminium tetrafluoroborate $[(C_2H_5)_4N][BF_4]$ *tetraethyl ammonium tetrafluoroborate*
TEB	triethyl benzene $(C_2H_5)_3\text{-}C_6H_3$
TEBA	N,N,N-triethyl benzenemethanaminium $[(C_2H_5)_3N\text{-}CH_2\text{-}C_6H_5]^+$ *triethyl benzyl ammonium*
tebima	1-ethyl-N,N-bis[1-ethyl-1H-benzimidazol-2-ylmethyl] 1H-benzimidazole-2-methanamine $(1\text{-}C_2H_5\text{-}1,3\text{-}N_2C_7H_4\text{-}2\text{-}CH_2)_3N$ *tris-[2-(N-ethylbenzimidazolyl)methyl]-amine*

TED	1,4-diazabicyclo[2.2.2]octane N(-CH$_2$-CH$_2$-)$_3$N *triethylene diamine*
TEDP	diphosphorodithioic acid O-tetraethyl ester (C$_2$H$_5$-O)$_2$P(=S)-O-P(=S)(O-C$_2$H$_5$)$_2$ *O,O,O,O-tetraethyldithiophosphate*
TEDTA	N,N'-[thiobis(2,1-ethanediyl)]bis[N-(carboxymethyl)glycine] (HOOC-CH$_2$)$_2$N-CH$_2$CH$_2$-S-CH$_2$CH$_2$-N(CH$_2$-COOH)$_2$ *thiobis(ethylene)diaminetetraacetic acid*
tedta	N,N'-thiobis(2,1-ethanediyl)bis[N-(carboxymethyl)glycine], ion(4-) [(OOC-CH$_2$)$_2$N-CH$_2$CH$_2$-S-CH$_2$CH$_2$-N(CH$_2$-COO)$_2$]$^{4-}$ *thiobis(ethylene)diaminetetraacetate*
TEED	N,N,N',N'-tetraethyl 1,2-ethanediamine (C$_2$H$_5$)$_2$N-CH$_2$CH$_2$-N(C$_2$H$_5$)$_2$
TEEN	N,N,N',N'-tetraethyl 1,2-ethanediamine (C$_2$H$_5$)$_2$N-CH$_2$CH$_2$-N(C$_2$H$_5$)$_2$
TEG	2,2'-[1,2-ethanediylbis(oxy)] bis(ethanol) HO-CH$_2$CH$_2$-O-CH$_2$CH$_2$-O-CH$_2$CH$_2$-OH *triethylene glycol*
TEGDA	diacetic acid 1,2-ethanediylbis(oxy-2,1-ethanediyl) ester CH$_3$-COO-CH$_2$CH$_2$-O-CH$_2$CH$_2$-O-CH$_2$CH$_2$-OC(=O)-CH$_3$ *triethylene glycol diacetate*
TEHP	phosphoric acid tris(2-ethylhexyl) ester [C$_4$H$_9$-CH(C$_2$H$_5$)-CH$_2$-O]$_3$P=O *tris(2-ethylhexyl) phosphate*
TEHPO	tris(2-ethylhexyl) phosphine oxide [C$_4$H$_9$-CH(C$_2$H$_5$)-CH$_2$]$_3$P=O
TEL	tetraethyl plumbane (C$_2$H$_5$)$_4$Pb *tetraethyl lead*
TEM	triethoxymethane (C$_2$H$_5$-O)$_3$CH
TEM	2,4,6-tris(1-aziridinyl)-1,3,5-triazine 2,4,6-(NC$_2$H$_4$-1)$_3$-1,3,5-N$_3$C$_3$ *triethylene-melamine*
TEMED	N,N,N',N'-tetramethyl 1,2-ethanediamine (CH$_3$)$_2$N-CH$_2$CH$_2$-N(CH$_3$)$_2$ *N,N,N',N'-tetramethyl ethylene diamine*
TEMPO	2,2,6,6-tetramethylpiperidine-N-oxide (radical) 2,2,6,6-(CH$_3$)$_4$-NC$_5$H$_6$(O)-1

Tempo	2,2,6,6-tetramethylpiperidine-N-oxide (radical)	
	$2,2,6,6\text{-}(CH_3)_4\text{-}NC_5H_6(O)\text{-}1$	
TEOA	N,N,N-trioctyl 1-octanaminium	
	$[(C_8H_{17})_4N]^+$	
	tetraoctyl ammonium	
TEOA	2,2',2''-nitrilotris(ethanol)	
	$N(CH_2CH_2\text{-}OH)_3$	
	triethanolamine	
TEOC-ONp	carbonic acid 4-nitrophenyl 2-(trimethylsilyl)ethyl ester	
	$4\text{-}NO_2\text{-}C_6H_4\text{-}O\text{-}C(=O)\text{-}O\text{-}CH_2CH_2\text{-}Si(CH_3)_3$	
	2-trimethylsilylethyl-oxycarbonyl-p-nitrophenolate	
T.E.P.	diphosphoric acid tetraethyl ester	
	$(C_2H_5\text{-}O)_2P(=O)\text{-}O\text{-}P(=O)(O\text{-}C_2H_5)_2$	
	tetraethyl pyrophosphate	
TEPA	3,6,9-triazaundecane-1,11-diamine	
	$NH_2\text{-}CH_2CH_2\text{-}NH\text{-}CH_2CH_2\text{-}NH\text{-}CH_2CH_2\text{-}NH\text{-}CH_2CH_2\text{-}NH_2$	
	tetraethylenepentamine	
TEPA	1,1',1''-phosphinylidynetrisaziridine	
	$(NC_2H_4\text{-}1)_3P=O$	
	triethylenephosphoramide	
TEPP	diphosphoric acid tetraethyl ester	
	$(C_2H_5\text{-}O)_2P(=O)\text{-}O\text{-}P(=O)(O\text{-}C_2H_5)_2$	
	tetraethyl pyrophosphate	
terpy	2,2':6',2''-terpyridine	
	$2,6\text{-}(NC_5H_4\text{-}2)_2\text{-}C_5H_3N$	
tert.-BOC-	1,1-dimethylethoxycarbonyl-	
	$t\text{-}C_4H_9\text{-}O\text{-}C(=O)\text{-}$	
	t-butyloxycarbonyl-	
TES	2-[tris(hydroxymethyl)methylamino] 1-ethanesulfonic acid	
	$(HO\text{-}CH_2)_3C\text{-}NH\text{-}CH_2CH_2\text{-}SO_3H$	
TES	triethyl silane	
	$(C_2H_5)_3SiH$	
TES	triethylsilyl-	
	$(C_2H_5)_3Si\text{-}$	
TES	N,N,N',N'-tetraethyl sulfuric diamide	
	$(C_2H_5)_2N\text{-}S(=O)_2\text{-}N(C_2H_5)_2$	
	N,N,N',N'-tetraethyl sulfamide	
TESCl	chlorotriethylsilane	
	$(C_2H_5)_3Si\text{-}Cl$	
	triethylsilylchloride	

TES-triflat	trifluoro methanesulfonic acid triethylsilyl ester $CF_3\text{-}S(=O)_2\text{-}O\text{-}Si(C_2H_5)_3$ *triethylsilyl-trifluoromethanesulfonate*
2,3,2-TET	3,7-diaza 1,9-nonanediamine $[NH_2\text{-}CH_2CH_2\text{-}NH\text{-}CH_2CH_2CH_2\text{-}NH\text{-}CH_2CH_2\text{-}NH_2]$ *1,4,8,11-tetraaza-undecane*
TET	3,6-diazaoctane-1,8-diamine $NH_2\text{-}CH_2CH_2\text{-}NH\text{-}CH_2CH_2\text{-}NH\text{-}CH_2CH_2\text{-}NH_2$ *triethylene tetramine*
TETA	1,4,8,11-tetraazacyclotetradecane-N,N',N'',N'''-tetraacetic acid $1,4,8,11\text{-}(HOOC\text{-}CH_2)_4\text{-}1,4,8,11\text{-}N_4C_{10}H_{20}$ *1,4,8,11-tetraazacyclotetradecane-N,N',N'',N'''-tetraacetate*
Teta	3,6-diazaoctane-1,8-diamine $NH_2\text{-}CH_2CH_2\text{-}NH\text{-}CH_2CH_2\text{-}NH\text{-}CH_2CH_2\text{-}NH_2$ *triethylene tetramine*
TETD	N,N,N',N'-tetraethyl 1,2-dithiobis(methanethioamide) $(C_2H_5)_2N\text{-}C(=S)\text{-}S\text{-}S\text{-}C(=S)\text{-}N(C_2H_5)_2$ *tetraethylthiuram disulfide*
TETM	tetraethyl thiodicarbonic amide $(C_2H_5)_2N\text{-}C(=S)\text{-}S\text{-}C(=S)\text{-}N(C_2H_5)_2$ *tetraethyl thiuram monosulfide*
TETN	triethylamine $(C_2H_5)_3N$
TETRA	tetrachloro methane CCl_4 *Tetrachlorkohlenstoff*
TETRA	2,2'-[oxybis(2,1-ethanediyloxy)] bis(ethanol) $HO\text{-}CH_2CH_2\text{-}O\text{-}CH_2CH_2\text{-}O\text{-}CH_2CH_2\text{-}O\text{-}CH_2CH_2\text{-}OH$ *tetraethyleneglycol*
Tetrene	3,6,9-triazaundecane-1,11-diamine $NH_2\text{-}CH_2CH_2\text{-}NH\text{-}CH_2CH_2\text{-}NH\text{-}CH_2CH_2\text{-}NH\text{-}CH_2CH_2\text{-}NH_2$ *tetraethylene pentamine*
Tetryl	N-methyl-N,2,4,6-tetranitro benzenamine $2,4,6\text{-}(NO_2)_3\text{-}C_6H_2\text{-}N(CH_3)\text{-}NO_2$
TEU	N,N-diethyl carbamic diethyl amid $(C_2H_5)_2N\text{-}C(=O)\text{-}N(C_2H_5)_2$ *tetraethyl urea*
Tf	4,4,4-trifluoro-1-(2-thiophenyl) 1,3-butanedione $SC_4H_3\text{-}2\text{-}C(=O)\text{-}CH_2\text{-}C(=O)\text{-}CF_3$ *2-thenoyltrifluoroacetone*

Tf2O	trifluoro methanesulfonic acid anhydride $CF_3\text{-}S(=O)_2\text{-}O\text{-}S(=O)_2\text{-}CF_3$	
TFA	trifluoroacetic acid $CF_3\text{-}COOH$	
TFA	trifluoroacetyl- $CF_3\text{-}C(=O)\text{-}$	
TFA	1,1,1-trifluoropentane-2,4-dione $CF_3\text{-}C(=O)\text{-}CH_2\text{-}C(=O)\text{-}CH_3$ *trifluoroacetylacetone*	
Tfa	trifluoroacetyl- $CF_3\text{-}C(=O)\text{-}$	
tfa	1,1,1-trifluoro 2,4-pentanedione, ion(1-) $[CF_3\text{-}C(=O)\text{-}CH=C(\text{-}O)\text{-}CH_3]^-$ *1,1,1-trifluoro 2,4-pentanedionate*	
TFAA	trifluoro acetic anhydride $CF_3\text{-}C(=O)\text{-}O\text{-}C(=O)\text{-}CF_3$	
TFAc	trifluoro acetic acid $CF_3\text{-}COOH$	
tfac	1,1,1-trifluoro 2,4-pentanedione, ion(1-) $[CF_3\text{-}C(=O)\text{-}CH=C(\text{-}O)\text{-}CH_3]^-$ *1,1,1-trifluoroacetylacetonate*	
TFACAC	1,1,1-trifluoropentane-2,4-dione $CF_3\text{-}C(=O)\text{-}CH_2\text{-}C(=O)\text{-}CH_3$ *1,1,1-trifluoroacetylacetone*	
TFAI	trifluoroacetyl imidazole $CF_3\text{-}C(=O)\text{-}(1,3\text{-}N_2C_3H_3)$	
TFAME	trifluoroacetic acid methyl ester $CF_3\text{-}COO\text{-}CH_3$	
tfc	3-trifluoroacetyl-1,7,7-trimethyl bicyclo[2.2.1]heptan-2-one $3\text{-}[CF_3\text{-}C(=O)]\text{-}1,7,7\text{-}(CH_3)_3\text{-}C_7H_6(=O)\text{-}2$ *3-(trifluoromethyl-hydroxymethylene)-d-camphorate*	
TFE	2,2,2-trifluoro ethanol $CF_3\text{-}CH_2\text{-}OH$	
TFE	2,2,2-trifluoroethyl- $CF_3\text{-}CH_2\text{-}$	
TFE	tetrafluoro ethene $CF_2=CF_2$	

TFEO tetrafluoro oxirane
OC_2F_4
tetrafluoroethylene-epoxide

TFEP phosphoric acid tris(2,2,2-trifluoroethyl) ester
$(CF_3-CH_2-O)_3P=O$
tris(2,2,2-trifluoroethyl) phosphate

TFM 3-trifluoromethyl-4-nitro phenol
$3-CF_3-4-O_2N-C_6H_3-OH$

TFMC-Eu tris[1,7,7-trimethyl-3-(trifluoroacetyl)-bicyclo[2.2.1]heptan-2-onato-O,O'] europium
$Eu[3-\{CF_3-C(-O)=\}-1,7,7-(CH_3)_3-C_7H_5(=O)-2]_3$
tris[3-(trifluoromethyl-hydroxymethylene)-d-camphorato]-Eu

TFMC-Pr tris[1,7,7-trimethyl-3-(trifluoroacetyl)-bicyclo[2.2.1]heptan-2-onato-O,O'] praseodym
$Pr[3-\{CF_3-C(-O)=\}-1,7,7-(CH_3)_3-C_7H_5(=O)-2]_3$
tris[3-(trifluoromethyl-hydroxymethylene)-d-camphorato]-Pr

TFMS trifluoromethanesulfonyl-
$CF_3-S(=O)_2-$

TFMS trifluoro methanesulfonic acid, ion(1-)
$[CF_3-SO_3]^-$
trifluoro methanesulfonate

TfO trifluoro methanesulfonic acid, ion(1-)
$[CF_3-SO_3]^-$
trifluoro methanesulfonate

TFOBr trifluoroacetic acid anhydride with hypobromous acid
$CF_3-C(=O)O-Br$
trifluoroacetyl hypobromide

TFOH trifluoro acetic acid
CF_3-COOH

TFOI trifluoroacetic acid anhydride with hypoiodous acid
$CF_3-C(=O)O-I$
trifluoroacetyl hypoiodide

TFP 10-[3-(4-methyl-1-piperazinyl)propyl]-2-(trifluoromethyl)-10H-phenothiazine
$2-CF_3-10-[(4-CH_3)-1,4-N_2C_4H_8-1-CH_2CH_2CH_2]-5,10-SNC_{12}H_7$
trifluoperazine

TFTP2 2,3,4,5-tetrafluoro benzenethiol
$2,3,4,5-F_4-C_6H-SH$
2,3,4,5-tetrafluoro thiophenol

TFTP4 2,3,5,6-tetrafluoro benzenethiol
$2,3,5,6-F_4-C_6H-SH$
2,3,5,6-tetrafluoro-thiophenol

TG	2,2'-[1,2-ethanediylbis(oxy)] bis(ethanol) $HO-CH_2CH_2-O-CH_2CH_2-O-CH_2CH_2-OH$ *triethyleneglycol*
TGa	mercapto acetic acid $HS-CH_2-COOH$ *thioglycolic acid*
TGFO	trihexyl phosphine oxide $(C_6H_{13})_3P=O$
TGMDA	N,N'-(methylenedi-4,1-phenylene)bis[N-(oxiranylmethyl)oxiranemethanamine] $(OC_2H_3-2-CH_2)_2N-C_6H_4-4-CH_2-4'-C_6H_4-N(CH_2-2-OC_2H_3)_2$ *tetraglycidyl-4,4'-methylene dianiline*
TH	3,7-diamino phenothiazin-5-ium $3,7-(NH_2)_2-5,10-SNC_{12}H_6$ *thionine*
THA	N,N-diheptyl 1-heptanamine $(C_7H_{15})_3N$ *triheptyl amine*
THAB	N,N,N-trihexyl 1-hexanaminium benzoate $[(C_6H_{13})_4N] [C_6H_5-COO]$ *tetrahexylammonium benzoate*
THAM	2-amino-2-(hydroxymethyl) 1,3-propanediol $(HO-CH_2)_3C-NH_2$ *tris(hydroxymethyl)aminomethane*
THAN	tetraheptyl ammonium nitrate $[(C_7H_{15})_4N] [NO_3]$
THBP	1-(2,4,5-trihydroxyphenyl) 1-butanone $2,4,5-(HO)_3-C_6H_2-C(=O)-C_3H_7-n$ *2,4,5-trihydroxy butyrophenone*
THC	6,6,9-trimethyl-3-pentyl 6a,7,8/10,10a-tetrahydro-6H-dibenzo[b,d]pyran-1-ol $6,6,9-(CH_3)_3-3-(C_5H_{11})-5-OC_{13}H_9-1-OH$ *tetrahydrocannabinols (two isomeres)*
THCS	1-hydroxy-6,6,9-trimethyl-3-pentyl-6a,7,8,10a-tetrahydro-6H-dibenzo[b,d]pyran-2-carboxylic acid $1-HO-6,6,9-(CH_3)_3-3-C_5H_{11}-5-OC_{13}H_8-2-COOH$ *Tetrahydrocannabinolcarbonsäure*
Thd	5-methyl-1-ß-D-ribofuranosyl-2,4(1H,3H)-pyrimidinedione $1-[5-CH_3-2,4-(O=)_2-1,3-N_2C_4H_2-1]OC_4H_4[(OH)_2-2,3]-4-CH_2-OH$ *ribosyl-thymine*
thd	2,2,6,6-tetramethyl 3,5-heptanedione $t-C_4H_9-C(=O)-CH_2-C(=O)-C_4H_9-t$

thd	1,1,1-trifluoro 2,4-hexanedione, ion(1-) [CF_3-C(=O)-CH=C(-O)-C_2H_5]⁻ *1,1,1-trifluoro 2,4-hexanedionate*
THE	3α,17α,21-trihydroxy pregnane-11,20-dione 10,13-(CH_3)$_2$-3,17-(HO)$_2$-17-[HO-CH_2-C(=O)]-$C_{17}H_{21}$(=O)-11
THEED	1,2-ethanediylbis(2-aminodiethanol) (HO-CH_2CH_2)$_2$N-CH_2CH_2-N(CH_2CH_2-OH)$_2$ *tetrahydroxyethyl ethylene diamine*
THEN	2,2',2'',2'''-(1,2-ethanediyldinitrilo)tetrakisethanol tetranitrate (ester) (O_2N-O-CH_2CH_2)$_2$N-CH_2CH_2-N(CH_2CH_2-O-NO_2)$_2$ *tetrahydroxyethyl-ethylenediamine-tetranitrate*
THF	3α,11β,17α,21-tetrahydroxy pregnane-20-one 10,13-(CH_3)$_2$-3,11,17-(HO)$_3$-17-[HO-CH_2-C(=O)]-$C_{17}H_{22}$
THF	tetrahydrofuran OC_4H_8
THF	2-[4-(2-amino-4-hydroxy-5,6,7,8-tetrahydropteridin-6-ylmethylamino)phenyl-carbamoyl] pentanedioic acid NH_2-$N_4C_6H_5$(OH)-CH_2-NH-C_6H_4-C(=O)NH-CH(COOH)-CH_2CH_2-COOH *tetrahydrofolic acid*
THFA	2-[4-(2-amino-4-hydroxy-6-pteridinylmethylamino)phenylcarbamoyl]-pentanedioic acid NH_2-$N_4C_6H_5$(OH)-CH_2-NH-C_6H_4-C(=O)NH-CH(COOH)-CH_2CH_2-COOH *tetrahydrofolic acid*
THFA	2-tetrahydrofuranyl methanol 2-(HO-CH_2)-OC_4H_7 *tetrahydrofurfuryl alcohol*
THFC-Eu	tris[3-(2,2,3,3,4,4,4-heptafluoro-1-oxobutyl)-1,7,7-trimethyl bicyclo[2.2.1]heptan-2-onato-O,O'] europium Eu[3-{C_3F_7-C(-O)=}-1,7,7-(CH_3)$_3$-C_7H_5(=O)-2]$_3$ *tris[3-(heptafluoropropyl-hydroxymethylene)-d-camphorato]-Eu*
THI	1-methyl-1H-indole-3,4,5-triol 1-CH_3-3,4,5-(HO)$_3$-(1-NC_8H_3) *1-methyl-3,4,5-trihydroxy 1H-indole*
THIB	2,3-dihydroxy-2-hydroxymethyl propanoic acid, ion(1-) [(HO-CH_2)$_2$C(OH)-COO]⁻ *α,β,β'-trihydroxy-isobutyrate*
THIOX	thiocarboxy formic acid, ion(2-) [S-C(=O)-C(=O)-O]²⁻ *monothiooxalate*
THIP	4,5,6,7-tetrahydroisoxazolo[5,4-d]-2H-3-pyrimidone 1,2,5,7-ON$_3C_5H_7$(=O)-3

THK	...ylidene hydrazinecarbothiamide R-CR=N-NH-CS-NH$_2$ *Thiosemikarbazon*
THM	trihalogeno methane CHX$_3$
Tho	5-methyl-1-ß-D-ribofuranosyl-2,4(1H,3H)-pyrimidinedione 1-[5-CH$_3$-2,4-(O=)$_2$-1,3-N$_2$C$_4$H$_2$-1]OC$_4$H$_4$[(OH)$_2$-2,3]-4-CH$_2$-OH *D-ribosylthymine*
THP	tetrahydropyran OC$_5$H$_{10}$
THP	1-[(3,4-dihydroxyphenyl)methyl]-1,2,3,4-tetrahydro-6,7-isoquinolinediol 1-[3,4-(HO)$_2$-C$_6$H$_3$-CH$_2$]-6,7-(HO)$_2$-(2-NC$_9$H$_8$) *tetrahydro papaveroline*
THP	phosphoric acid trihexyl ester (C$_6$H$_{13}$-O)$_3$P=O *trihexyl phosphate*
Thp	tetrahydro-2H-pyran-2-yl OC$_5$H$_9$-2-
THPA	cis-1,3,3a,4,7,7a-hexahydroisobenzofuran-1,3-dione 2-OC$_8$H$_8$(=O)$_2$-1,3 *cis-1,2,3,6-tetrahydrophthalic anhydride*
THPA	N,N-diheptyl 1-heptanamine (C$_7$H$_{15}$)$_3$N *triheptyl amine*
THPC	tetrakis(hydroxymethyl) phosphonium chloride [(HO-CH$_2$)$_4$P] Cl
THPED	1,2-ethanediylbis[amino-1,1'-bis(2-propanol)] [CH$_3$-CH(OH)-CH$_2$]$_2$N-CH$_2$CH$_2$-N[CH$_2$-CH(OH)-CH$_3$]$_2$ *N,N'-tetrakis(2-hydroxypropyl)-1,2-ethylenediamine*
THPO	trihexyl phosphine oxide (C$_6$H$_{13}$)$_3$P=O
thpy	2-(2-thienyl) pyridine 2-(2-SC$_4$H$_3$)-NC$_5$H$_4$
THQ	2,3,5,6-tetrahydroxy-1,4-benzoquinone 2,3,5,6-(HO)$_4$-C$_6$(=O)$_2$-1,4
Thr	2-amino-3-hydroxy butanoic acid CH$_3$-CH(OH)-CH(NH$_2$)-COOH *threonine*

THT	tetrahydrothiophene SC_4H_8
THTFAC	1,1,1-trifluoro-4-(2-thienyl) 1,3-butanedione SC_4H_3-2-C(=O)-CH_2-C(=O)-CF_3 *2-thenoyltrifluoroacetone*
THTMP	2,7,12,17-tetrahexyl-3,8,13,18-tetramethyl porphine 2,7,12,17-$(C_6H_{13})_4$-3,8,13,18-$(CH_3)_4$-$N_4C_{20}H_6$
THXA	N,N-dihexyl 1-hexanamine $(C_6H_{13})_3N$ *trihexyl amine*
thz	thiazolidine 1,3-SNC_3H_7
Thzl	thiazole 1,3-SNC_3H_3
TIBA	2,3,5-triiodo benzoic acid 2,3,5-I_3-C_6H_2-COOH
TIBA	tris(2-methylpropyl) aluminum $(i$-$C_4H_9)_3Al$ *triisobutyl aluminum*
TiBP	phosphoric acid tris(2-methylpropyl) ester $(i$-C_4H_9-$O)_3P$=O *triisobutyl phosphate*
TIM	2,3,9,10-tetramethyl 1,4,8,11-tetraazacyclotetradecane-1,3,8,10-tetraene [-N=C(CH_3)C(CH_3)=N-$CH_2CH_2CH_2$-N=C(CH_3)C(CH_3)=N-$CH_2CH_2CH_2$-]
TINA	7-methyl-N,N-bis(7-methyloctyl) 1-octanamine $(i$-$C_9H_{19})_3N$ *tris(isononyl) amine*
TIOA	6-methyl-N,N-bis(6-methylheptyl) 1-heptanamine $(i$-$C_8H_{17})_3N$ *tri(iso-octyl) amine*
TIOPO	tris(6-methylheptyl) phosphine oxide $[(CH_3)_2CH$-$(CH_2)_5]_3P$=O *tri(iso-octyl) phosphine oxide*
TIOTM	1,2,4-benzenetricarboxylic acid tris(6-methylheptyl) ester 1,2,4-$[(CH_3)_2CH$-$(CH_2)_5$-O-C(=O)$]_3$-C_6H_3 *tri(iso-octyl) trimellitate*
TIPDSiCl2	1,3-dichloro-1,1,3,3-tetrakis(1-methylethyl)disiloxane $(i$-$C_3H_7)_2$SiCl-O-SiCl$(C_3H_7$-$i)_2$ *1,3-dichloro-1,1,3,3-tetraisopropyl-disiloxane*

TIPMA	4-methyl-1,1-bis(3-methylbutyl) 1-pentanamine $(i\text{-}C_5H_{11})_3C\text{-}NH_2$ *tri(isopentyl) methyl amine*
TIPP	phosphoric acid tris(1-methylethyl) ester $(i\text{-}C_3H_7\text{-}O)_3P=O$ *tri(isopropyl) phosphate*
TIPPO	tris(3-methylbutyl) phosphine oxide $(i\text{-}C_5H_{11})_3P=O$ *tri(isopentyl) phosphine oxide*
TIPS-Cl	chlorotris(1-methylethyl) silane $(i\text{-}C_3H_7)_3Si\text{-}Cl$ *triisopropylsilylchloride*
TIPS-triflat	trifluoro-methanesulfonic acid tris(1-methylethyl) ester $(i\text{-}C_3H_7)_3Si\text{-}O\text{-}S(=O)_2\text{-}CF_3$ *triisopropylsilyl-trifluoromethanesulfonate*
TIPT	2,4,6-tris(1-methylethyl) benzenethiol $2,4,6\text{-}(i\text{-}C_3H_7)_3\text{-}C_6H_2\text{-}SH$ *2,4,6-tri(isopropyl) thiophenol*
TJBS	2,3,5-triiodo benzoic acid $2,3,5\text{-}I_3\text{-}C_6H_2\text{-}COOH$ *Trijodbenzoesäure*
TKP	tripotassium phosphate $K_3[PO_4]$ *Trikaliumphosphat*
TKP	phosphoric acid tris(methylphenyl) ester $(CH_3\text{-}C_6H_4\text{-}O)_3P=O$ *Trikresylphosphat*
TKPP	tetrapotassium diphosphate $K_4[O_3P\text{-}O\text{-}PO_3]$ *Tetrakaliumpyrophosphat*
TLA	2-mercaptopropanoic acid $CH_3\text{-}CH(SH)\text{-}COOH$ *thiolactic acid*
TLA	N,N-bis(dodecyl) 1-dodecanamine $(C_{12}H_{25})_3N$ *trilauryl amine*
TLAH2SO4	bis[N,N-bis(dodecyl)-1-dodecanaminium] sulfate $[(C_{12}H_{25})_3NH]_2[SO_4]$ *trilauryl ammonium sulfate*

TLAHBr	N,N-bis(dodecyl)-1-dodecanaminium bromide [$(C_{12}H_{25})_3$NH] Br *trilauryl ammonium bromide*
TLAHCl	N,N-bis(dodecyl) 1-dodecanaminium chloride [$(C_{12}H_{25})_3$NH] Cl *trilauryl ammonium chloride*
TLAHI	N,N-bis(dodecyl) 1-dodecanaminium iodide [$(C_{12}H_{25})_3$NH] I *trilauryl ammonium iodide*
TLAN	N,N-bis(dodecyl) 1-dodecanaminum nitrate [$(C_{12}H_{25})_3$NH] [NO_3] *trilauryl ammonium nitrate*
TLAS	bis[N,N-bis(dodecyl)-1-dodecanaminium] sulfate [$(C_{12}H_{25})_3$NH]$_2$ [SO_4] *trilaurylaminesulfate*
TLASCN	N,N-bis(dodecyl) 1-dodecanaminium thiocyanate [$(C_{12}H_{25})_3$NH] [SCN] *trilauryl ammonium thiocyanate*
TLCK	N-[5-amino-1-(chloroacetyl)pentyl]-4-methylbenzenesulfonamide Cl-CH_2-C(=O)-CH[NH-S(=O)$_2$-C_6H_4-4-CH_3]-CH_2CH_2-CH_2CH_2-NH_2 *N-α-tosyl-L-lysine-chlormethyl ketone*
TLMAN	N,N-bis(dodecyl)-N-methyl 1-dodecanaminium nitrate [$(C_{12}H_{25})_3$N-CH_3] [NO_3] *trilauryl methyl ammonium nitrate*
LMA(NO3)	N,N-bis(dodecyl)-N-methyl 1-dodecanaminium nitrate [$(C_{12}H_{25})_3$N-CH_3] [NO_3] *trilauryl methyl ammonium nitrate*
TM	transition metal
TM12C4	tetramethyl 1,4,7,10-tetraoxacyclododecane (mixture of isomers) $(CH_3)_4$-1,4,7,10-$N_4C_8H_{16}$ *tetramethyl-12-crown-4*
TM18C6	tetramethyl 1,4,7,10,13,16-hexaoxacyclooctadecane (mixture of isomers) $(CH_3)_4$-1,4,7,10,13,16-$O_6C_{12}H_{20}$ *tetramethyl-18-crown-6*
TMA	2,2,4-trimethyl hexanedioic acid HOOC-C(CH_3)$_2$-CH_2-CH(CH_3)-CH_2-COOH *2,2,4-trimethyl-adipic acid*
TMA	2,4,4-trimethyl hexanedioic acid HOOC-CH(CH_3)-CH_2-C(CH_3)$_2$-CH_2-COOH *2,4,4-trimethyl-adipic acid*

TMA	ß-methyl-3,4,5-trimethoxy benzeneethanamine $NH_2\text{-}CH(CH_3)\text{-}CH_2\text{-}C_6H_2(O\text{-}CH_3)_3\text{-}3,4,5$ *3,4,5-trimethoxy-amphetamine*	
TMA	N,N,N-trimethyl methanaminium $[N(CH_3)_4]^+$ *tetramethyl ammonium*	
TMA	1,3-dihydro-1,3-dioxo isobenzofuran-5-carboxylic acid $2\text{-}OC_8H_3(=O)_2\text{-}1,3\text{-}COOH\text{-}5$ *trimellitic anhydride*	
TMA	N,N-dimethyl methanamine $N(CH_3)_3$ *trimethyl amine*	
Tma	N,N-dimethyl methanamine $N(CH_3)_3$ *trimethyl amine*	
TMA-3	ß-3,4,5-tetramethyl benzeneethanamine $NH_2\text{-}CH(CH_3)\text{-}CH_2\text{-}C_6H_2(CH_3)_3\text{-}3,4,5$ *trimethyl-amphetamine*	
TMAB	N,N,N-trimethyl methanaminium bromide $[N(CH_3)_4]\,Br$ *tetramethyl ammonium bromide*	
TMAB	N,N,N-trimethyl-methanaminium tetrahydroborate(1-) $[N(CH_3)_4][BH_4]$ *tetramethylammonium borohydride*	
TMAC	5-chlorocarbonyl-1,3-dioxo 1,3-dihydroisobenzofuran $5\text{-}ClC(=O)\text{-}1,3\text{-}(O=)_2\text{-}(2\text{-}OC_8H_3)$ *trimellitic anhydride monoacid chloride*	
TMAc	2,2-dimethyl propanoic acid $t\text{-}C_4H_9\text{-}COOH$ *trimethylacetic acid*	
TMA-d9	perdeutero N,N-dimethyl methanamine $(CD_3)_3N$ *perdeuterotrimethyl amine*	
TMAH	N,N,N-trimethyl methanaminium hydroxide $[(CH_3)_4N][OH]$ *tetramethyl ammonium hydroxide*	
TMAH	N,N,N-trimethyl benzenaminium hydroxide $[(CH_3)_3N\text{-}C_6H_5][OH]$ *trimethyl anilinium hydroxide*	

TMAO	N,N-dimethyl methanamine N-oxide $(CH_3)_3NO$ *trimethylamine N-oxide*
TMAT	2,4,6-tris[2-methylaziridine-1-yl]-1,3,5-triazine $2,4,6\text{-}(CH_3\text{-}2\text{-}NC_2H_3\text{-}1\text{-})_3\text{-}1,3,5\text{-}N_3C_3$
TMAT	N,N,N-trimethyl methanaminium tribromide $[N(CH_3)_4][Br_3]$ *tetramethyl ammonium tribromide*
TMB	2,4,6-trimethoxy boroxin $2,4,6\text{-}(CH_3\text{-}O)_3\text{-}1,3,5,2,4,6\text{-}O_3B_3$
TMB	3,3',5,5'-tetramethyl [1,1'-biphenyl]-4,4'-diamine $[4\text{-}NH_2\text{-}3,5\text{-}(CH_3)_2\text{-}C_6H_2\text{-}1\text{-}]_2$ *3,3',5,5'-tetramethyl benzidine*
TMB	N,N,N',N'-tetramethyl [1,1'-biphenyl]-4,4'-diamine $(CH_3)_2N\text{-}4\text{-}C_6H_4\text{-}C_6H_4\text{-}4\text{-}N(CH_3)_2$ *N,N,N',N'-tetramethyl benzidine*
TMB	tris(2,4,6-trimethylphenyl) borane $B[2,4,6\text{-}(CH_3)_3\text{-}C_6H_2]_3$ *trimesitylborane*
TMB	bromo trimethyl silane $Br\text{-}Si(CH_3)_3$ *trimethyl bromo silane*
TMB-8	3,4,5-trimethoxybenzoic acid 8-(diethylamino)octyl ester $3,4,5\text{-}(CH_3\text{-}O)_3\text{-}C_6H_2\text{-}COO\text{-}(CH_2)_8\text{-}N(C_2H_5)_2$
TMBA	3,4,5-trimethyl benzaldehyde $3,4,5\text{-}(CH_3)_3\text{-}C_6H_2\text{-}CHO$
TMBA	trimethylborate/alcohol azeotrope $(CH_3\text{-}O)_3B / C_2H_5\text{-}OH$
tmbma	1-methyl-N,N-bis(1-methyl-1H-benzimidazol-2-ylmethyl) 1H-benzimidazole-2-methanamine $(1\text{-}CH_3\text{-}1,3\text{-}N_2C_7H_4\text{-}2\text{-}CH_2)_3N$ *tris(1-methyl-benzimidazole-2-ylmethyl)amine*
TMBO	2,4,6-trimethoxy boroxine $[\text{-}O\text{-}B(O\text{-}CH_3)\text{-}O\text{-}B(O\text{-}CH_3)\text{-}O\text{-}B(O\text{-}CH_3)\text{-}]$
TMBS	bromo trimethyl silane $Br\text{-}Si(CH_3)_3$ *trimethyl bromo silane*
TMBZPS	3-[(4'-amino-3,3'5,5'-tetramethyl[1,1'-biphenyl]-4-yl)amino] 1-propanesulfonic acid $4\text{-}NH_2\text{-}3,5\text{-}(CH_3)_2\text{-}C_6H_2\text{-}C_6H_2\text{-}3,5\text{-}(CH_3)_2\text{-}4\text{-}NH\text{-}CH_2CH_2CH_2\text{-}SO_3H$ *3,3',5,5'-tetramethyl-benzidine-propanesulfonic acid*

14TMC	1,4,8,11-tetramethyl-1,4,8,11-tetraazacyclotetradecane [-N(CH$_3$)-C$_2$H$_4$-N(CH$_3$)-C$_3$H$_6$-N(CH$_3$)-C$_2$H$_4$-N(CH$_3$)-C$_3$H$_6$-]
15TMC	1,4,8,12-tetramethyl-1,4,8,12-tetraazacyclopentadecane [-N(CH$_3$)-C$_2$H$_4$-N(CH$_3$)-C$_3$H$_6$-N(CH$_3$)-C$_3$H$_6$-N(CH$_3$)-C$_3$H$_6$-]
16TMC	1,5,9,13-tetramethyl-1,5,9,13-tetraazacyclohexadecane [-{N(CH$_3$)-CH$_2$CH$_2$CH$_2$}$_4$-]
TMC	1,4,8,11-tetramethyl-1,4,8,11-tetraazacyclotetradecane [-N(CH$_3$)-C$_2$H$_4$-N(CH$_3$)-C$_3$H$_6$-N(CH$_3$)-C$_2$H$_4$-N(CH$_3$)-C$_3$H$_6$-]
TMC	3,3,5-trimethyl cyclohexanol 3,3,5-(CH$_3$)$_3$-c-C$_6$H$_8$-OH
TMC	7,8-dihydro-5,10,15,20-tetramethylporphine 5,10,15,20-(CH$_3$)$_4$-21,22,23,24-N$_4$C$_{20}$H$_{12}$
TMC	7,8-dihydro-5,10,15,20-tetramethyl porphine, ion(2-) [5,10,15,20-(CH$_3$)$_4$-21,22,23,24-N$_4$C$_{20}$H$_{10}$]$^{2-}$ *7,8-dihydro-5,10,15,20-tetramethylporphinate*
TMC-amin	3,3,5-trimethyl cyclohexanamine 3,3,5-(CH$_3$)$_3$-c-C$_6$H$_8$-NH$_2$ *3,3,5-Trimethylcyclohexylamin*
TMC-ol	3,3,5-trimethyl cyclohexanol 3,3,5-(CH$_3$)$_3$-c-C$_6$H$_8$-OH
TMC-on	3,3,5-trimethyl cyclohexanone 3,3,5-(CH$_3$)$_3$-c-C$_6$H$_7$(=O) *3,3,5-Trimethylcyclohexanon*
TMCS	trimethyl chloro silane (CH$_3$)$_3$SiCl
TMD	2,2,4-trimethyl 1,6-hexanediamine NH$_2$-CH$_2$-C(CH$_3$)$_2$-CH$_2$-CH(CH$_3$)-CH$_2$CH$_2$-NH$_2$ *2,2,4-trimethyl-hexamethylene diamine*
TMD	2,4,4-trimethyl 1,6-hexanediamine NH$_2$-CH$_2$-CH(CH$_3$)-CH$_2$-C(CH$_3$)$_2$-CH$_2$-CH$_2$-NH$_2$ *2,4,4-trimethyl-hexamethylene diamine*
TMD	1,3-propanediamine NH$_2$-CH$_2$CH$_2$CH$_2$-NH$_2$ *trimethylene diamine*
tmd	1,4-butanediamine NH$_2$-CH$_2$CH$_2$-CH$_2$CH$_2$-NH$_2$ *tetramethylene diamine*

tmdda	N,N'-(1,3-propanediyl) bis(glycine), ion(2-) [OOC-CH$_2$-NH-CH$_2$CH$_2$CH$_2$-NH-CH$_2$-COO]$^{2-}$ *trimethylenediamine-N,N'-diacetate*
TMDFP	difluoro trimethyl phosphorane (CH$_3$)$_3$PF$_2$ *trimethyl difluoro phosphine*
TMDI	1,6-diisocyanato-2,2,4-trimethyl hexane OCN-CH$_2$-C(CH$_3$)$_2$-CH$_2$-CH(CH$_3$)-CH$_2$CH$_2$-NCO *2,2,4-trimethyl hexamethylene diisocyanate*
TMDI	1,6-diisocyanato-2,4,4-trimethyl hexane OCN-CH$_2$-CH(CH$_3$)-CH$_2$-C(CH$_3$)$_2$-CH$_2$CH$_2$-NCO *2,4,4-trimethyl hexamethylene diisocyanate*
TMDP	1,3-propanediyl-4,4'-dipyridine NC$_5$H$_4$-4-CH$_2$CH$_2$CH$_2$-4-C$_5$H$_4$N *4,4'-trimethylenedipyridine*
TMDS	1,1,3,3-tetramethyl disilazane (CH$_3$)$_2$SiH-NH-SiH(CH$_3$)$_2$
TMDTA	N,N'-(1,3-propanediyl)bis[N-(carboxymethyl)glycine] (HOOC-CH$_2$)$_2$N-CH$_2$CH$_2$CH$_2$-N(CH$_2$-COOH)$_2$ *trimethylenediaminetetraacetic acid*
tmdz	hexahydro-5,5,7-trimethyl 1H-1,4-diazepine [-NH-CH$_2$CH$_2$-NH-C(CH$_3$)$_2$-CH$_2$-CH(CH$_3$)-]
TME	2,3-dimethyl-2-butene (CH$_3$)$_2$C=C(CH$_3$)$_2$ *tetramethylethylene*
TME	2-hydroxymethyl-2-methyl 1,3-propanediol CH$_3$-C(CH$_2$-OH)$_3$ *trimethylolethane*
TMED	N,N,N',N'-tetramethyl 1,2-ethanediamine (CH$_3$)$_2$N-CH$_2$CH$_2$-N(CH$_3$)$_2$ *N,N,N',N'-tetramethyl ethylene diamine*
TMEDA	N,N,N',N'-tetramethyl 1,2-ethanediamine (CH$_3$)$_2$N-CH$_2$CH$_2$-N(CH$_3$)$_2$
TMEN	N,N,N',N'-tetramethyl 1,2-ethanediamine (CH$_3$)$_2$N-CH$_2$CH$_2$-N(CH$_3$)$_2$ *N,N,N',N'-tetramethyl ethylene diamine*
Tmen	1,3-propanediamine NH$_2$-CH$_2$CH$_2$CH$_2$-NH$_2$ *trimethylene diamine*

TMETD	N'-ethyl-N,N,N'-trimethyl 1,2-dithiobis(methanethioamide) $(CH_3)_2N-C(=S)-SS-C(=S)-N(CH_3)C_2H_5$ *trimethyl ethyl thiuram disulfide*
TMG	methyl-1-thio-ß-D-galactopyranoside $2,3,4-(HO)_3-5-(HO-CH_2)-1-(CH_3-S)-OC_5H_5$
tmhd	1,1,1-trifluoro-5-methyl 2,4-hexanedione, ion(1-) $[CF_3-C(=O)-CH=C(-O)-C_3H_7-i]^-$ *1,1,1-trifluoro-5-methyl 2,4-hexanedionate*
tmhpd	1,1,1-trifluoro-6-methyl 2,4-heptanedione, ion(1-) $[CF_3-C(=O)-CH=C(-O)-C_4H_9-i]^-$ *1,1,1-trifluoro-6-methyl 2,4-heptanedionate*
TMIC	1-[(isocyanomethyl)sulfonyl]-4-methyl benzene $CH_3-4-C_6H_4-S(O)_2-CH_2-NC$ *tosylmethylisocyanide*
TMIS	iodotrimethyl silane $(CH_3)_3Si-I$ *trimethyliodo silane*
TMK	bis[4-(dimethylamino)phenyl] methanethione $(CH_3)_2N-4-C_6H_4-C(=S)-C_6H_4-4-N(CH_3)_2$ *thio-Michler's-ketone*
TML	tetramethyl plumbane $Pb(CH_3)_4$ *tetramethyllead*
TMM	trimethylene methane $(CH_2)_3C$ (radical)
TMMA	N,N,N',N'-tetramethyl propanediamide $(CH_3)_2N-C(=O)-CH_2-C(=O)-N(CH_3)_2$ *N,N,N',N'-tetramethylmalonamide*
TMN	2,2,4-trimethyl hexanedinitrile $NC-C(CH_3)_2-CH_2-CH(CH_3)-CH_2-CN$ *2,2,4-trimethyladipic dinitrile*
TMN	2,4,4-trimethyl hexanedinitrile $NC-CH(CH_3)-CH_2-C(CH_3)_2-CH_2-CN$ *2,4,4-trimethyladipic dinitrile*
TMNO	N,N-dimethyl methanamine N-oxide $(CH_3)_3NO$ *trimethylamine-N-oxide*
TMO	transition metal oxide

TMO	N,N-dimethyl methanamine N-oxide	
	$(CH_3)_3NO$	
	trimethylamine-N-oxide	
tmod	1,1,1-trifluoro-7-methyl 2,4-octanedione, ion(1-)	
	$[CF_3\text{-}C(=O)\text{-}CH=C(\text{-}O)\text{-}C_5H_{11}\text{-}i]^-$	
	1,1,1-trifluoro-7-methyl 2,4-octanedionate	
tmorpo	tris(4-morpholinyl) phosphine oxide	
	$[1,4\text{-}ONC_4H_8\text{-}4\text{-}]_3P=O$	
TMP	trimethyl phosphine	
	$(CH_3)_3P$	
TMP	2,2,4-trimethyl pentane	
	$(CH_3)_3C\text{-}CH_2\text{-}CH(CH_3)_2$	
TMP	2,2,6,6-tetramethyl piperidine	
	$2,2,6,6\text{-}(CH_3)_4\text{-}C_5H_7N$	
TMP	trimethyl phenol	
	$(CH_3)_3\text{-}C_6H_2\text{-}OH$	
TMP	5,10,15,20-tetrakis(2,4,6-trimethylphenyl) porphine, ion (2-)	
	$[5,10,15,20\text{-}\{2,4,6\text{-}(CH_3)_3C_6H_2\}_4\text{-}N_4C_{20}H_8]^{2-}$	
	5,10,15,20-tetramesityl porphinate	
TMP	trisodium cyclotriphosphate	
	$Na_3[\text{-}O\text{-}P(=O)(\text{-}O)\text{-}O\text{-}P(=O)(\text{-}O)\text{-}O\text{-}P(=O)(\text{-}O)\text{-}]$	
	sodium trimetaphosphate	
TMP	thymidine-5'-(dihydrogenmonophosphate)	
	$(CH_3)(O=)_2\text{-}N_2C_4H_2\text{-}OC_4H_5(OH)\text{-}CH_2\text{-}O\text{-}P(=O)(OH)_2$	
	thymidine-5'-monophosphate	
TMP	phosphoric acid trimethyl ester	
	$(CH_3\text{-}O)_3P=O$	
	trimethyl phosphate	
TMP	2-ethyl-2-hydroxymethyl 1,3-propanediol	
	$C_2H_5\text{-}C(CH_2\text{-}OH)_3$	
	trimethylol propane	
tmp	2,2,6,6-tetramethyl-1-piperidinyl-	
	$2,2,6,6\text{-}(CH_3)_4\text{-}C_5H_6N\text{-}1\text{-}$	
TMPA	N,N,N',N'-tetramethyl 1,3-propanediamine	
	$(CH_3)_2N\text{-}CH_2CH_2CH_2\text{-}N(CH_3)_2$	
TMPD	2,2,4-trimethyl 1,3-pentanediol	
	$i\text{-}C_3H_7\text{-}CH(OH)\text{-}C(CH_3)_2\text{-}CH_2\text{-}OH$	

TMPD	N,N,N',N'-tetramethyl 1,4-benzenediamine $(CH_3)_2N$-C_6H_4-4-$N(CH_3)_2$ *N,N,N',N'-tetramethyl phenylenediamine*
TMPDA	N,N,N',N'-tetramethyl 1,4-benzenediamine $(CH_3)_2N$-C_6H_4-4-$N(CH_3)_2$ *N,N,N',N'-tetramethyl-p-phenylenediamine*
TMPDE	2-ethyl-3-[(2-propenyl)oxy]-2-[(2-propenyl)oxymethyl] propanol C_2H_5-$C(CH_2$-$OH)(CH_2$-O-CH_2-$CH=CH_2)_2$ *trimethylolpropane-diallyl-ether*
TMPO	trimethyl phosphine oxide $(CH_3)_3P=O$
TMPP	5,10,15,20-tetrakis(methoxyphenyl) porphine 5,10,15,20-$(CH_3$-O-$C_6H_4)_4$-$N_4C_{20}H_{10}$
TMPyP	4,4',4'',4'''-(21H,23H-porphine-5,10,15,20-tetrayl)tetrakis(1-methyl-pyridinium), salt with 4-methyl benzenesulfonic acid [5,10,15,20-$(CH_3$-1-NC_5H_4-4-$)_4$-$N_4C_{20}H_{10}$] [CH_3-4-C_6H_4-SO_3]$_4$ *tetrakis(1-methyl-4-pyridinium)porphine tetratosylate*
TMS	tetramethyl silane $(CH_3)_4Si$
TMS	trimethyl silane $(CH_3)_3SiH$
TMS	trimethylsilyl- $(CH_3)_3Si$-
TMS	2,2,4-trimethyl hexanedioic acid HOOC-$C(CH_3)_2$-CH_2-$CH(CH_3)$-CH_2-COOH *2,2,4-Trimethyladipinsäure*
TMS	2,4,4-trimethyl hexanedioic acid HOOC-$CH(CH_3)$-CH_2-$C(CH_3)_2$-CH_2-COOH *2,4,4-Trimethyladipinsäure*
TMS	1,2,4-benzenetricarboxylic acid 1,2,4-$(HOOC)_3$-C_6H_3 *Trimellithsäure*
TMS	1,1-dioxo thietane 1,1-$(O=)_2SC_3H_6$ *trimethylenesulfone*
TMSA	1,1,1-trimethyl silanamine $(CH_3)_3Si$-NH_2 *trimethylsilyl amine*
TMSAN	trimethylsilyl acetonitrile $(CH_3)_3Si$-CH_2-CN

tmsaq	N-trimethylsilyl 8-quinolinamine 1-NC_9H_6-8-NH-Si$(CH_3)_3$ *8-trimethylsilylamino-quinoline*
TMSCN	trimethyl silanecarbonitrile $(CH_3)_3$Si-CN
TMSDEA	N,N-diethyl trimethylsilanamine $(CH_3)_3$Si-N$(C_2H_5)_2$ *trimethylsilyl diethyl amine*
TMSDMA	pentamethyl silanamine $(CH_3)_3$Si-N$(CH_3)_2$ *N-(trimethylsilyl)-dimethylamine*
TMSI	trimethylsilyl imidazole 1-[$(CH_3)_3$Si]-1,3-$N_2C_3H_3$
TMSIM	trimethylsilyl imidazole 1-[$(CH_3)_3$Si]-1,3-$N_2C_3H_3$
TMSO	3-trimethylsilyl 2-oxazolidinone 3-$(CH_3)_3$Si-1,3-ONC_3H_4(=O)-2
TMSO	tetrahydrothiophene-S-oxide 1-(O=)SC_4H_8 *tetramethylene sulfoxide*
Tmta	N,N'-(1,3-propanediyl)bis[N-(carboxymethyl)glycine] (HOOC-$CH_2)_2$N-$CH_2CH_2CH_2$-N(CH_2-COOH$)_2$ *trimethylenediamine-N,N,N',N'-tetra acetic acid*
TMTD	N,N,N',N'-tetramethyl 1,2-dithiobis(methanethioamide) $(CH_3)_2$N-C(=S)-SS-C(=S)-N$(CH_3)_2$ *tetramethyl thiuram disulfide*
TMTFTH	trifluoromethyl-N,N,N-trimethyl benzenaminiumhydroxide [$(CH_3)_3$N-C_6H_4-CF_3] [OH] *trimethyl-(α-trifluoro-tolyl)ammonium hydroxide*
TMTM	tetramethyl thiodicarbonic amide $(CH_3)_2$N-C(=S)-S-C(=S)-N$(CH_3)_2$ *tetramethyl thiuram monosulfide*
TMTP	5,10,15,20-tetrakis(3-methylphenyl) porphine, ion(2-) [5,10,15,20-(CH_3-3-$C_6H_4)_4N_4C_{20}H_8$]$^{2-}$ *tetra-m-tolyl-porphinate*
TMTSF	4,4',5,5'-tetramethyl 2,2'-bi-1,3-diselenole [4,5-$(CH_3)_2$-(1,3-Se_2C_3)-2-]=[-2-(1,3-Se_2C_3)$(CH_3)_2$-4,5] *tetramethyl tetraselenafulvalene*

TMTT	N,N,N',N'-tetramethyl-1,4-tetrathiobis(methanethioamide) $(CH_3)_2N-C(=S)-S-S-S-S-C(=S)-N(CH_3)_2$ *tetramethyl thiuram tetrasulfide*
TMTTF	4,4',5,5'-tetramethyl 2,2'-bi-1,3-dithiole $[4,5-(CH_3)_2-(1,3-S_2C_3)-2-]=[-2-(1,3-S_2C_3)(CH_3)_2-4,5]$ *tetramethyl tetrathiafulvalene*
TMTU	N,N,N',N'-tetramethyl thiourea $(CH_3)_2N-C(=S)-N(CH_3)_2$
TMU	N,N,N',N'-tetramethyl amino methanamide $(CH_3)_2N-C(=O)-N(CH_3)_2$ *tetramethyl urea*
TN	2-mercapto-N-(2-naphtalenyl) acetamide $C_{10}H_7-NH-C(=O)-CH_2-SH$ *thionalide*
tn	1,3-propanediamine $NH_2-CH_2CH_2CH_2-NH_2$ *trimethylene diamine*
TNA	2,4,6-trinitro benzenamine $2,4,6-(NO_2)_3-C_6H_2-NH_2$ *2,4,6-trinitroaniline*
TNBA	tributyl aluminum $(C_4H_9)_3Al$ *tri-n-butyl aluminum*
TnBP	phosphoric acid tributyl ester $(C_4H_9-O)_3P=O$ *tri-n-butyl phosphate*
TNBS	2,4,6-trinitro benzenesulfonic acid $2,4,6-(O_2N)_3-C_6H_2-SO_3H$
TNBT	3,3'-[3,3'-dimethoxy(1,1'-biphenyl)-4,4'-diyl]bis[2,5-bis(4-nitrophenyl)-2H-tetrazolium] dichloride $[2,5-(NO_2-4-C_6H_4)_2-1,2,3,4-N_4C-3-\{4-C_6H_3(O-CH_3-3)\}-]_2\ Cl_2$ *tetranitro bluetetrazolium chloride*
TNF	2,4,7-trinitro-9-fluorenone $2,4,7-(O_2N)_3-C_{13}H_5(=O)-9$
TNM	tetranitromethane $C(NO_2)_4$
TNOA	N,N-dioctyl 1-octanamine $N(C_8H_{17})_3$ *tri-n-octyl amine*

TNOBA	2,4,6-trinitro benzoic acid $2,4,6-(O_2N)_3-C_6H_2-COOH$
ß-TNP	phosphoric acid trinaphtyl ester $(C_{10}H_7-O)_3P=O$ *trinaphthylphosphate*
TNPA	tripropyl aluminum $Al(C_3H_7)_3$ *tri-n-propyl aluminum*
TNPh	trinitro phenol $(O_2N)_3-C_6H_2-OH$
2,6-TNS	6-(4-methylphenylamino) 2-naphthalenesulfonic acid $HO_3S-2-C_{10}H_6-6-(NH-C_6H_4-4-CH_3)$ *6-(p-toluidino)-2-naphthalenesulfonic acid*
TNS	6-(4-methylphenylamino) 2-naphthalenesulfonic acid $HO_3S-2-C_{10}H_6-6-(NH-C_6H_4-4-CH_3)$ *6-(p-toluidino)-2-naphthalenesulfonic acid*
TNT	2-methyl-1,3,5-trinitro benzene $2-CH_3-1,3,5-(O_2N)_3-C_6H_2$ *2,4,6-trinitrotoluene*
TNTN	[1]benzothieno[2,3-b][1]benzothiophene $5,6-S_2C_{14}H_8$
TOA	2-propenoic acid 1,1,3,3-tetramethylpropyl ester $CH_2=CH-C(=O)-NH-C(CH_3)_2-CH_2-C(CH_3)_3$ *tert.-octyl acrylamide*
TOA	N,N-dioctyl 1-octanamine $N(C_8H_{17})_3$ *tri-n-octyl amine*
TOAH2SO4	bis(N,N-dioctyl-1-octanaminium) sulfate $[HN(C_8H_{17})_3]_2 [SO_4]$ *trioctyl ammonium sulfate*
TOAHBr	N,N-dioctyl 1-octanaminium bromide $[HN(C_8H_{17})_3] Br$ *trioctyl ammonium bromide*
TOAHCl	N,N-dioctyl 1-octanaminium chloride $[HN(C_8H_{17})_3] Cl$ *trioctyl ammonium chloride*
TOAHI	N,N-dioctyl 1-octanaminium iodide $[HN(C_8H_{17})_3] I$ *trioctyl ammonium iodide*

TOAHSCN N,N-dioctyl 1-octanaminium thiocyanate
[HN(C_8H_{17})$_3$] [SCN]
trioctyl ammonium thiocyanate

TOBO 2-(4-methylphenyl) benzoxazole
2-(CH_3-4-C_6H_4)-1,3-ONC_7H_4
2-(p-tolyl)benzoxazole

TOCP phosphoric acid tris(2-methylphenyl) ester
(CH_3-2-C_6H_4-O)$_3$P=O
tri-o-cresyl phosphate

TOF phosphoric acid trioctyl ester
(C_8H_{17}-O)$_3$P=O

TOF phosphoric acid tris(2-ethylhexyl) ester
[C_4H_9-CH(C_2H_5)-CH_2-O]$_3$P(=O)
tri(iso-octyl)phosphate

TOFO trioctyl phosphine oxide
(C_8H_{17})$_3$P=O

TOMP phosphinidynetris(methanol)
P(CH_2-OH)$_3$
tris(hydroxymethyl)phosphine

TOOS 3-[ethyl(3-methylphenyl)amino]-2-hydroxy 1-propanesulfonic acid
CH_3-3-C_6H_4-N(C_2H_5)-CH_2-CH(OH)-CH_2-SO_3H
3-(N-ethyl-m-toluidino)-2-hydroxy-propanesulfonic acid

TOP phosphoric acid tris(2-ethylhexyl) ester
[C_4H_9-CH(C_2H_5)-CH_2-O]$_3$P(=O)
tri(iso-octyl)phosphate

TOPM 1,2,4,5-benzenetetracarboxylic acid tetrakis(2-ethylhexyl) ester
1,2,4,5-[C_4H_9-CH(C_2H_5)-CH_2-O-C(=O)]$_4$-C_6H_2
tetra-(iso-octyl)-pyromellitate

TOPO trioctyl phosphine oxide
(C_8H_{17})$_3$P=O
tri-n-octyl phosphine oxide

TOPS 3-[ethyl(3-methylphenyl)amino] 1-propanesulfonic acid
CH_3-3-C_6H_4-N(C_2H_5)-$CH_2CH_2CH_2$-SO_3H
3-(N-ethyl-m-toluidino)-propanesulfonic acid

Tos [(4-methylphenyl)sulfonyl]-
4-CH_3-C_6H_4-S(=O)$_2$-
toluenesulfonyl-

TOSMIC 1-[(isocyanomethyl)sulfonyl]-4-methyl benzene
CH_3-4-C_6H_4-S(O)$_2$-CH_2-NC
tosylmethyl isocyanide

TosMIC	1-[(isocyanomethyl)sulfonyl]-4-methyl benzene CH_3-4-C_6H_4-S(O)$_2$-CH_2-NC *tosylmethyl isocyanide*	
TOTM	1,2,4-benzenetricarboxylic acid tris(2-ethylhexyl) ester 1,2,4-[C_4H_9-CH(C_2H_5)-CH_2-O-C(=O)]$_3$-C_6H_3 *tri(iso-octyl)trimellitate*	
2,4,5-TP	2-(2,4,5-trichlorophenoxy) propanoic acid 2,4,5-Cl_3-C_6H_2-O-CH(CH_3)-COOH	
TP	triphosphate [O_2P(=O)-O-P(=O)(-O)-O-P(=O)O_2]$^{5-}$	
TP	1,3-dihydro-3,3-bis[4-hydroxy-2-methyl-5-(1-methylethyl)phenyl]-1-isobenzofuranone 3,3-[4-HO-2-CH_3-5-i-C_3H_7-C_6H_2]$_2$-2-OC_8H_4(=O)-1 *thymolphthalein*	
TP	phosphoric acid triphenyl ester (C_6H_5-O)$_3$P=O *triphenyl phosphate*	
TP	2,2',2''-phosphinidynetris[ethyl(diphenyl)phosphine] [(C_6H_5)$_2$P-CH_2CH_2]$_3$P *tris[2-(diphenylphosphino)ethyl]phosphine*	
tp[10]aneN3	N,N',N''-tris(2-pyridylmethyl) decahydro-1,4,7-triazecine 1,4,7-(NC_5H_4-2-CH_2)$_3$-1,4,7-$N_3C_7H_{14}$ *N,N',N''-tris(2-pyridylmethyl) 1,4,7-triazacyclodecane*	
TP18C6	tetraphenyl-1,4,7,10,13,16-hexaoxacyclooctadecane (mixture of isomers) (C_6H_5)$_4$-1,4,7,10,13,16-$O_6C_{12}H_{20}$ *tetraphenyl-18-crown-6*	
TPA	triphenyl arsine (C_6H_5)$_3$As	
TPA	tetraphenyl arsonium [As(C_6H_5)$_4$]$^+$	
TPA	1,4-benzene dicarboxylic acid 1,4-(HOOC)$_2$-C_6H_4 *terephthalic acid*	
TPA	N,N,N-tripropyl 1-propanaminium [N(C_3H_7)$_4$]$^+$ *tetrapropyl ammonium*	
TPA	N,N-diphenyl benzenamine (C_6H_5)$_3$N *triphenylamine*	

tpa	N,N-bis(2-pyridylmethyl) 2-pyridinemethanamine $(NC_5H_4-2-CH_2)_3N$ *tris(2-picolinyl) amine*
TPABF	N,N,N-tripropyl 1-propanaminium tetrafluoroborate $[N(C_3H_7)_4][BF_4]$ *tetrapropylammonium tetrafluoroborate*
TPAO	triphenyl arsine oxide $(C_6H_5)_3As=O$
TPAsTPB	tetraphenylarsonium tetraphenylborate $[As(C_6H_5)_4][B(C_6H_5)_4]$
TPB	1,1,4,4-tetraphenyl 1,3-butadiene $(C_6H_5)_2C=CH-CH=C(C_6H_5)_2$
TPB	tetraphenylborate $[B(C_6H_5)_4]^-$
TPB	N,N,N',N'-tetraphenyl [1,1'-biphenyl]-4,4'-diamine $[(C_6H_5)_2N-4-C_6H_4-1-]_2$ *tetraphenylbenzidine*
tpbn	N,N,N',N'-tetrakis(2-pyridylmethyl) 1,4-butanediamine $(NC_5H_4-2-CH_2)_2N-CH_2CH_2-CH_2CH_2-N(CH_2-2-C_5H_4N)_2$
TPC	7,8-dihydro-5,10,15,20-tetraphenyl porphine, ion(2-) $[5,10,15,20-(C_6H_5)_4-N_4C_{20}H_{10}]^{2-}$ *7,8-dihydro-5,10,15,20-tetraphenylporphinate*
TPCD	tetraphenyl cyclopentadienone $(O=)C_5(C_6H_5)_4-2,3,4,5$
tpchxn	N,N,N',N'-tetrakis(2-pyridylmethyl)-1,2-cyclohexanediamine $1,2-[(NC_5H_4-2-CH_2)_2N]_2-c-C_6H_{10}$
TPCK	N-[3-chloro-2-oxo-1-(phenylmethyl)propyl]-4-methylbenzenesulfonamide $CH_3-4-C_6H_4-SO_2-NH-CH(CH_2-C_6H_5)-C(=O)-CH_2-Cl$ *tosyl-L-phenylalanine chloromethylketone*
TPClPP	5,10,15,20-tetrakis(4-chlorophenyl) porphine, ion(2-) $[5,10,15,20-(Cl-4-C_6H_4)_4-N_4C_{20}H_8]^{2-}$ *5,10,15,20-tetrakis(p-chlorophenyl) porphinate*
TPD	[1,3]dithiolo[4,5-d]-1,3-dithiole-2,5-dione $2,5-(O=)_2-1,3,4,6-S_4C_4$ *1,3,4,6-tetrathiapentalene-2,5-dione*
TPDMDS	1-methyl-N-(methyldiphenylsilyl)-1,1-diphenylsilanamine $(C_6H_5)_2Si(CH_3)-NH-Si(CH_3)(C_6H_5)_2$ *1,1,3,3-tetraphenyl-1,3-dimethyl disilazane*

TPE	tetraphenyl ethene $(C_6H_5)_2C=C(C_6H_5)_2$
TPE	transplutonium elements Am,Cm, Bk,Cf,Es,Fm,Md,No,Lr, Unq,Unp,...
TPEA	N,N,N-tripentyl 1-pentanaminium halide $[(C_5H_{11})_4N]\,[X]$ *tetrapentyl ammonium halide*
TPEN	N,N,N',N'-tetrakis(2-pyridylmethyl) 1,2-ethanediamine $(NC_5H_4\text{-}2\text{-}CH_2)_2N\text{-}CH_2CH_2\text{-}N(CH_2\text{-}2\text{-}C_5H_4N)_2$ *N,N,N',N'-tetrakis(2-picolinyl)ethylenediamine*
tpen	N,N,N',N'-tetrakis(2-pyridylmethyl) 1,2-ethanediamine $(NC_5H_4\text{-}2\text{-}CH_2)_2N\text{-}CH_2CH_2\text{-}N(CH_2\text{-}2\text{-}C_5H_4N)_2$ *N,N,N',N'-tetrakis(2-picolinyl)ethylenediamine*
TPEP	N-ethyl-3-(trifluoromethyl)-α-methyl benzenethanamine $3\text{-}CF_3\text{-}C_6H_4\text{-}CH_2\text{-}CH(CH_3)\text{-}NH\text{-}C_2H_5$ *1-(3-trifluoromethylphenyl)-2-ethylamino-propane*
TPF	phosphoric acid triphenyl ester $(C_6H_5\text{-}O)_3P=O$
TPHA	1,4,7,10,13-pentaazatridecane 1,1,4,7,10,13,13-heptakis(acetic acid) $(HOOC\text{-}CH_2)_2N\text{-}[CH_2CH_2\text{-}N(CH_2\text{-}COOH)]_3\text{-}CH_2CH_2\text{-}N(CH_2\text{-}COOH)_2$ *tetraethylene pentamine heptaacetic acid*
TPhA	1,4-benzenedicarboxylic acid $1,4\text{-}(HOOC)_2\text{-}C_6H_4$ *terephthalic acid*
TPhP	phosphoric acid triphenyl ester $(C_6H_5\text{-}O)_3P=O$ *triphenyl phosphate*
TPhPO	triphenyl phosphine oxide $(C_6H_5)_3P=O$
TPIBC	2,3,7,8-tetrahydro-5,10,15,20-tetraphenyl porphine, ion (2-) $[5,10,15,20\text{-}(C_6H_5)_4\text{-}N_4C_{20}H_{12}]^{2-}$ *2,3,7,8-tetrahydro-5,10,15,20-tetraphenyl porphinate*
TPIVPP	5,10,15,20-tetrakis[2-(1,1-dimethylethylcarbamoyl)phenyl] porphine $[(CH_3)_3C\text{-}C(=O)NH\text{-}2\text{-}C_6H_4]_4\text{-}N_4C_{20}H_{10}$ *5,10,15,20-tetrakis[o-(pivaloamido)phenyl] porphine*
TPM	methylidynetris(benzene) $(C_6H_5)_3CH$ *triphenylmethane*

tpm	1,1,1-trifluoro-5,5-dimethyl 2,4-hexanedione, ion(1-) $[CF_3\text{-}C(=O)\text{-}CH=C(\text{-}O)\text{-}C_4H_9\text{-}t]^-$ *1,1,1-trifluoro-5,5-dimethyl 2,4-hexanedionate*	
tpmbn	1,2-dimethyl-N,N,N',N'-tetrakis(2-pyridylmethyl) 1,2-ethanediamine $(NC_5H_4\text{-}2\text{-}CH_2)_2N\text{-}CH(CH_3)\text{-}CH(CH_3)\text{-}N(CH_2\text{-}2\text{-}C_5H_4N)_2$ *N,N,N',N'-tetrakis(2-pyridylmethyl) butane-2,3-diamine*	
TPMP	methyl triphenyl phosphonium $[(C_6H_5)_3P\text{-}CH_3]^+$ *triphenyl methyl phosphonium*	
TPN	nicotinamide adenine dinucleotide phosphate $[C_{10}H_{13}N_5O_6P\text{-}O(PO_3H)_2\text{-}CH_2\text{-}OC_4H_4(OH)_2\text{-}NC_5H_4\text{-}C(O)NH_2]OH$ *triphosphopyridiniumnucleotide*	
TPN	tetrahydrofuran-2-yloxy phenyl nitroxyl-radical $OC_4H_7\text{-}2\text{-}O\text{-}N(O)\text{-}C_6H_5$ (radical) *α-tetrahydrofuranyloxy phenyl-nitroxide*	
TPNH	adenosine 5'-(trihydrogendiphosphate)-5'-5'-ester with 3-(aminocarbonyl)-1-ribofuranosyl-1,4-dihydropyridine $C_{10}H_{13}N_5O_6P\text{-}O\text{-}[P(=O)(OH)\text{-}O]_2\text{-}CH_2\text{-}OC_4H_4(OH)_2\text{-}NC_5H_5\text{-}C(O)NH_2$ *triphospho-pyridine-nucleotide (reduced)*	
TPP	triphenyl phosphine $(C_6H_5)_3P$	
TPP	5,10,15,20-tetraphenyl porphine, ion(2-) $[5,10,15,20\text{-}(C_6H_5)_4\text{-}N_4C_{20}H_8]^{2-}$ *5,10,15,20-tetraphenyl porphinate*	
TPP	5,10,15,20-tetraphenyl porphine $5,10,15,20\text{-}(C_6H_5)_4\text{-}N_4C_{20}H_{10}$ *tetraphenylporphyrine*	
TPP	phosphoric acid triphenyl ester $(C_6H_5\text{-}O)_3P=O$ *triphenyl phosphate*	
TPP	phosphorous acid triphenyl ester $(C_6H_5\text{-}O)_3P$ *triphenyl-phosphite*	
TPPH2	5,10,15,20-tetraphenyl porphine $5,10,15,20\text{-}(C_6H_5)_4\text{-}N_4C_{20}H_{10}$	
tppme	[2-((diphenylphosphino)methyl)-2-methyl-1,3-propanediyl]bis[diphenylphosphine] $CH_3\text{-}C[CH_2\text{-}P(C_6H_5)_2]_3$ *1,1,1-tris(diphenylphosphinomethyl)ethane*	
tppn	1-methyl-N,N,N',N'-tetrakis(2-pyridylmethyl) 1,2-ethanediamine $(NC_5H_4\text{-}2\text{-}CH_2)_2N\text{-}CH(CH_3)\text{-}CH_2\text{-}N(CH_2\text{-}2\text{-}C_5H_4N)_2$ *N,N,N',N'-tetrakis(2-pyridylmethyl)propane-1,2-diamine*	

TPPO	triphenyl phosphine oxide $(C_6H_5)_3P=O$
TPPS	5,10,15,20-tetrakis(4-sulfophenyl) porphine, ion(6-) $[5,10,15,20-(SO_3-4-C_6H_4)_4-N_4C_{20}H_8]^{6-}$ *5,10,15,20-tetrakis-(p-sulfonatophenyl) porphinate*
TPS	triphenyl sulfonium chloride $[(C_6H_5)_3S]\,Cl$
TPS	2,4,6-tris(1-methylethyl)benzenesulfonyl- $2,4,6-(i-C_3H_7)_3-C_6H_2-S(=O)_2-$ *2,4,6-triisopropylbenzenesulfonyl-*
TPS	sodium iso-dodecyl-benzenesulfonates (several isomeres) $Na\,[SO_3-C_6H_4-C_{12}H_{25}]$ *tetrapropylenebenzenesulfonates*
TPSA	1,1,1-triphenyl silanamine $(C_6H_5)_3Si-NH_2$
TPSCl	chlorotriphenyl silane $(C_6H_5)_3Si-Cl$ *triphenylsilylchloride*
TPSH	2,4,6-tris(1-methylethyl) benzenesulfonic acid hydrazide $2,4,6-(i-C_3H_7)_3-C_6H_2-S(=O)_2-NH-NH_2$ *2,4,6-triisopropyl benzenesulfonic acid hydrazide*
TPSI	1-[{2,4,6-tris(1-methylethyl)phenyl}sulfonyl] 1H-imidazole $1-[2,4,6-(C_3H_7-i)_3-C_6H_2-S(=O)_2]-1,3-N_2C_3H_3$ *N-(2,4,6-triisopropylbenzenensulfonyl)-imidazole*
TPSNI	4-nitro-1-[{2,4,6-tris(1-methylethyl)phenyl}sulfonyl] 1H-imidazole $1-[2,4,6-(i-C_3H_7)_3-C_6H_2-S(=O)_2]-4-NO_2-1,3-N_2C_3H_2$ *1-(2,4,6-triisopropylbenzenesulfonyl)-4-nitro-imidazole*
TPSNT	3-nitro-1-[{2,4,6-tris(1-methylethyl)phenyl}sulfonyl] 1H-1,2,4-triazole $1-[2,4,6-(i-C_3H_7)_3-C_6H_2-S(=O)_2]-3-NO_2-1,2,4-N_3C_2H$ *1-(triisopropylbenzenesulfonyl)-3-nitro-1H-1,2,4-triazole*
TPST	1-[{2,4,6-tris(1-methylethyl)phenyl}sulfonyl] 1H-1,2,4-triazole $1-[2,4,6-(i-C_3H_7)_3-C_6H_2-S(=O)_2]-1,2,4-N_3C_2H_2$ *1-(triisopropylbenzenesulfonyl)-1H-1,2,4-triazole*
TPT	2,4,6-tris(2-pyridyl)-1,3,5-triazine $2,4,6-(NC_5H_4-2)_3-1,3,5-N_3C_3$
tptan	N,N',N''-tris(2-pyridylmethyl) 2,5,8-triazanonane $CH_3-N(CH_2-2-C_5H_4N)-[CH_2CH_2-N(CH_2-2-C_5H_4N)]_2-CH_3$
tptcd	N,N',N''-tris(2-pyridylmethyl)-1,5,9,triazacyclododecane $1,5,9-(NC_5H_4-2-CH_2)_3-1,5,9-N_3C_9H_{18}$

tptcn	N,N',N''-tris(2-pyridylmethyl)-2,3,4,5,6,7,8,9-octahydro-1H-1,4,7-triazonine 1,4,7-$(NC_5H_4$-2-$CH_2)_3$-1,4,7-$N_3C_6H_{12}$ *N,N',N''-tris(2-pyridylmethyl)-1,4,7-triazacyclononane*
TPTD	N,N,N',N'-tetrakis(1-methylethyl) 1,2-dithio-bis(methanethioamide) (i-$C_3H_7)_2$N-C(=S)-S-S-C(=S)-N(C_3H_7-i$)_2$ *tetraisopropyl thiuram disulfide*
TPTH	benzenecarbothioic acid 1-phenyl-2-[(4-methylphenyl)sulfonyl] hydrazide, ion(1-) [CH_3-4-C_6H_4-S(=O$)_2$-N-N(C_6H_5)-C(=S)-C_6H_5]$^-$ *N-p-toluenesulfonyl-N'-phenyl-thiobenzhydrazide*
TPTH-H	benzenecarbothioic acid 1-phenyl-2-[(4-methylphenyl)sulfonyl] hydrazide CH_3-4-C_6H_4-S(=O$)_2$-NH-N(C_6H_5)-C(=S)-C_6H_5 *N-p-toluenesulfonyl-N'-phenyl-thiobenzhydrazide*
tptn	N,N,N',N'-tetrakis(2-pyridylmethyl) 1,3-propanediamine (NC_5H_4-2-$CH_2)_2$N-$CH_2CH_2CH_2$-N(CH_2-2-C_5H_4N$)_2$
TPTP	tetrakis(4-methylphenyl) porphine, ion(2-) [(CH_3-4-$C_6H_4)_4$-$N_4C_{20}H_8$]$^{2-}$ *tetra-p-tolyl porphinate*
TPTU	O-(1,2-dihydro-2-oxo-1-pyridyl)-N,N,N',N'-tetramethyl uronium tetrafluoroborate [2-(O=)-NC_5H_4-1-O-C{N($CH_3)_2$}=N($CH_3)_2$] [BF_4]
TPTZ	2,3,5-triphenyl-2H-tetrazolium chloride [2,3,5-($C_6H_5)_3$-1,2,3,4-N_4C] Cl
TPTZ	2,4,6-tris(2-pyridyl)-1,3,5-triazine 2,4,6-(NC_5H_4-2$)_3$-1,3,5-N_3C_3
TPXPP	tetrakis(p-substituted phenyl) porphinate [(R-4-$C_6H_4)_4$-$N_4C_{20}H_8$]$^{2-}$
TPYEA	N,N-bis[2-(1H-pyrazol-1-yl)ethyl]1H-pyrazol-1-ethanamine (1,2-$N_2C_3H_3$-1-$CH_2CH_2)_3$N *tris[2-(1H-pyrazol-1-yl)ethyl]amine*
trans-cypenphos	trans-1,3-cyclopentadienediylbis(diphenylphosphine) ($C_6H_5)_2$P-c-C_5H_6-3-P($C_6H_5)_2$
TRBDD	tribromo dibenzo[b,e][1,4]dioxin Br_3-5,10-$O_2C_{12}H_5$ *tribromo-p-dibenzo dioxin*
TRBDF	tribromo dibenzofuran Br_3-5-$OC_{12}H_5$
TRCBZ	trichloro benzene C_6H_3-Cl_3
TRCDF	trichloro dibenzofuran 5-$OC_{12}H_5$-Cl_3

TRCDO	trichloro dibenzo[b,e][1,4]dioxin 5,10-$O_2C_{12}H_5$-Cl_3 *trichloro p-dibenzodioxin*
TRCP	trichloro phenol Cl_3-C_6H_2-OH
trdta	N,N'-(1,3-propanediyl)bis[N-(carboxymethyl)glycine], ion (4-) [(OOC-CH_2)$_2$N-$CH_2CH_2CH_2$-N(CH_2-COO)$_2$]$^{4-}$ *trimethylenediaminetetraacetate*
trdtra	N-(carboxymethyl)-N-[3-{(carboxymethyl)amino}propyl]glycine, ion(3-) [OOC-CH_2-NH-$CH_2CH_2CH_2$-N(CH_2-COO)$_2$]$^{3-}$ *trimethylenediamine-N,N,N'-triacetate*
TREN	N,N-bis(2-aminoethyl) 1,2-ethanediamine (NH_2-CH_2CH_2)$_3$N *tris(2-aminoethyl) amine*
tren	N,N-bis(2-aminoethyl) 1,2-ethanediamine (NH_2-CH_2CH_2)$_3$N *tris(2-aminoethyl) amine*
Tri	trichloro ethene CHCl=CCl_2 *trichloro ethylene*
tri	tribenzo[b,f,j][1,5,9]triazacyclododecine 5,11,17-$N_3C_{21}H_{15}$
TRICINE	N-[tris(hydroxymethyl)methyl] glycine (HO-CH_2)$_3$C-NH-CH_2-COOH
trien	3,6-diazaoctane-1,8-diamine NH_2-CH_2CH_2-NH-CH_2CH_2-NH-CH_2CH_2-NH_2 *triethylene tetramine*
Triglym	2,5,8,11-tetraoxadodecane CH_3-O-CH_2CH_2-O-CH_2CH_2-O-CH_2CH_2-O-CH_3 *triethylene glycol dimethyl ether*
TRILO	N,N-bis(carboxymethyl) glycine N(CH_2-COOH)$_3$ *nitrilotriacetic acid*
TRIMCAM	N,N',N''-(1,3,5-benzenetriyl) tris[2-(2,3-dihydroxy-phenyl) ethanamide] 1,3,5-[2,3-(HO)$_2$-C_6H_3-CH_2-C(=O)-NH]$_3$-C_6H_3 *1,3,5-tris[{(2,3-dihydroxyphenyl)methyl}carbamoyl]benzene*
trimpsi	[(1,1-dimethylethyl)silylidynetris(methylene)]tris(dimethylphosphine) t-C_4H_9-Si[CH_2-P(CH_3)$_2$]$_3$ *tris(dimethylphosphinomethyl)-butylsilane*

TRIPHOS	[2-((diphenylphosphino)methyl)-2-methyl-1,3-propanediyl]bis[diphenylphosphine] CH_3-$C[CH_2$-$P(C_6H_5)_2]_3$ *1,1,1-tris(diphenylphosphinomethyl)ethane*
TRIS	2-amino-2-(hydroxymethyl) 1,3-propanediol $(HO$-$CH_2)_3C$-NH_2 *tris(hydroxymethyl)aminomethane*
Tris	2-amino-2-(hydroxymethyl) 1,3-propanediol $(HO$-$CH_2)_3C$-NH_2 *tris(hydroxymethyl)aminomethane*
Tritan	methylidynetris(benzene) $(C_6H_5)_3CH$ *triphenylmethane*
Trop	2-/3-/4-hydroxy 2,4,6-cycloheptatrienone 2-/3-/4-HO-$C_7H_5(=O)$-1 *tropolone*
Trotyl	2-methyl-1,3,5-trinitro benzene 2-CH_3-1,3,5-$(O_2N)_3$-C_6H_2
Trp	2-amino-3-(3-indolyl) propanoic acid (1-NC_8H_6)-3-CH_2-$CH(NH_2)$-COOH *tryptophan*
trpy	2,2':6',2"-terpyridine 2,6-$(NC_5H_4$-2$)_2$-C_5H_3N *2,2',2"-tripyridyl*
Trt	triphenylmethyl- $(C_6H_5)_3C$- *trityl-*
Try	2-amino-3-(3-indolyl) propanoic acid (1-NC_8H_6)-3-CH_2-$CH(NH_2)$-COOH *tryptophan*
Ts	4-methylphenylsulfonyl- 4-CH_3-C_6H_4-$S(=O)_2$- *tosyl-*
Ts3[9]aneN3	tris(4-methylphenylsulfonyl)-2,3,4,5,6,7,8,9-octahydro 1H-1,4,7-triazonine [-{N(-S(=O)$_2$-C_6H_4-4-CH_3)-CH_2CH_2}$_3$-] *tris(tosyl)-1,4,7-triazacyclononane*
TSALEN	2,2'-[1,2-propanediylbis(nitrilomethylidyne)]bis(benzenethiol) HS-2-C_6H_4-CH=N-CH_2CH_2-N=CH-C_6H_4-2-SH *N,N'-bis(thiosalicylidene)ethylene diamine*
TSBP	phosphoric acid tris(1-methylpropyl) ester $[C_2H_5$-$CH(CH_3)$-O$]_3$P=O *tri-sec.-butylphosphate*

TSBU   trimethyl[(1-methylene-2-propenyl)oxy] silane
               $(CH_3)_3Si\text{-}O\text{-}C(=CH_2)\text{-}CH=CH_2$
               2-trimethylsiloxy 1,3-butadiene

TSC   hydrazinecarbothiamide
               $NH_2\text{-}NH\text{-}C(=S)\text{-}NH_2$
               thiosemicarbazide

TSC-2,5-D 2,2'-(1,4-dimethyl-1,4-butandiylidene)bis[(N-methyl)hydrazinecarbothiamide]
               $CH_3\text{-}NH\text{-}C(=S)\text{-}NH\text{-}N=C(CH_3)\text{-}CH_2CH_2\text{-}C(CH_3)=N\text{-}NH\text{-}C(=S)\text{-}NH\text{-}CH_3$
               hexane-2,5-dione bis(4-methyl thiosemicarbazone)

TSCAC   2-(1-methylethylidene) hydrazinecarbothiamide
               $(CH_3)_2C=N\text{-}NH\text{-}C(=S)\text{-}NH_2$
               acetone thiosemicarbazone

TsCl   4-methyl benzenesulfonyl chloride
               $4\text{-}CH_3\text{-}C_6H_4\text{-}S(=O)_2\text{-}Cl$
               tosylchloride

TSCPHAL   2,2'-[1,2-phenylenebis(methylidene)]bis[N-(methyl)hydrazinecarbothiamide]
               $C_6H_4[CH=N\text{-}NH\text{-}C(=S)\text{-}NH\text{-}CH_3]_2\text{-}1,2$
               phthalaldehyde-bis(thiosemicarbazide)

TSDA   N-[(aminothioxomethyl)amino]-N-(carboxymethyl) glycine
               $NH_2\text{-}C(=S)\text{-}NH\text{-}N(CH_2\text{-}COOH)_2$
               thiosemicarbazide-N,N-diacetic acid

TSI   N-trimethylsilyl imidazole
               $1\text{-}(CH_3)_3Si\text{-}1,3\text{-}N_2C_3H_3$

TSIM   N-trimethylsilyl imidazole
               $1\text{-}(CH_3)_3Si\text{-}1,3\text{-}N_2C_3H_3$

TSNI   1-[(4-methylphenyl)sulfonyl]-4-nitro imidazole
               $1\text{-}[CH_3\text{-}4\text{-}C_6H_4\text{-}S(=O)_2]\text{-}4\text{-}O_2N\text{-}1,3\text{-}N_2C_3H_2$
               1-(p-toluenesulfonyl)-4-nitro imidazole

TSO   2,3-diphenyl oxirane
               $2,3\text{-}(C_6H_5)_2\text{-}OC_2H_2$
               trans-stilbene oxide

TsOH   4-methyl benzenesulfonic acid
               $4\text{-}CH_3\text{-}C_6H_4\text{-}SO_3H$
               tosyl-OH

T-Solvent tetrahydro-2-[(tetrahydro-2-furanyl)methoxy] 2H-pyran
               $2\text{-}(OC_4H_7\text{-}2\text{-}CH_2\text{-}O)\text{-}OC_5H_9$

TsOR   4-methyl benzenesulfonic acid ester
               $4\text{-}CH_3\text{-}C_6H_4\text{-}S(=O)_2\text{-}O\text{-}R$
               tosyl-OR

TSP	3-trimethylsilyl 1-propanesulfonic acid, sodium salt Na [(CH$_3$)$_3$Si-CH$_2$CH$_2$CH$_2$-SO$_3$]
TSP	trisodium phosphate Na$_3$ [PO$_4$]
TSPP	tetrasodium diphosphate Na$_4$ [O$_3$P-O-PO$_3$] *tetrasodium pyrophosphate*
2-TST	2-(trimethylsilyl) thiazole 2-(CH$_3$)$_3$Si-1,3-SNC$_3$H$_2$
TSTU	N-[(dimethylamino){(2,5-dioxo-1-pyrrolidinyl)oxy}methylene]-N-methyl-methanaminium tetrafluoroborate(1-) [2,5-(O=)$_2$-NC$_4$H$_4$-1-O-C{N(CH$_3$)$_2$}=N(CH$_3$)$_2$] [BF$_4$]
TT	2,2':5',2''-terthiophene 2,5-(SC$_4$H$_3$-2)$_2$-C$_4$H$_2$S
TTA	4,4,4-trifluoro-1-(2-thienyl) 1,3-butanedione SC$_4$H$_3$-2-C(=O)-CH$_2$-C(=O)-CF$_3$ *thenoyltrifluoroacetone*
TTA	3,6-diazaoctane-1,8-diamine NH$_2$-CH$_2$CH$_2$-NH-CH$_2$CH$_2$-NH-CH$_2$CH$_2$-NH$_2$ *triethylene tetramine*
TTAH	1,1,1-trifluoro-4-(2-thienyl) 1,3-butanedione SC$_4$H$_3$-2-C(=O)-CH$_2$-C(=O)-CF$_3$ *thenoyltrifluoroacetone*
TTB	tetragonal tungsten bronze
TTBBP	3,3',5,5'-tetrakis(1,1-dimethylethyl) [1,1'-biphenyl]-4,4'-diole [4-(HO)-3,5-(t-C$_4$H$_9$)$_2$-C$_6$H$_2$-1-]$_2$ *3,3',5,5'-tetrakis(t-butyl)biphenyl-4,4'-diole*
TTC	2,3,5-triphenyl-2H-tetrazolium chloride [2,3,5-(C$_6$H$_5$)$_3$-N$_4$C] Cl
TTC	trithiocarbonate [CS$_3$]$^{2-}$
TTD	N,N,N',N'-tetraethyl dithiobis(methanethioamide) (C$_2$H$_5$)$_2$N-C(=S)-SS-C(=S)-N(C$_2$H$_5$)$_2$ *tetraethyl thiuram disulfide*
ttda	N,N'-(1,2-ethanediyl)bis[N-(2-aminoethyl)glycine]ion (2-) [OOC-CH$_2$-N(CH$_2$CH$_2$-NH$_2$)-CH$_2$CH$_2$-N(CH$_2$CH$_2$-NH$_2$)-CH$_2$-COO]$^{2-}$ *triethylenetetraminediacetate*

TTF	2,2'-bis(1,3-dithiole) [(1,3-$S_2C_3H_2$)-2-]=[-2-(1,3-$S_2C_3H_2$)] *1,1',3,3'-tetrathiafulvalene*
TTFA	thallium(III)-trifluoroacetate Tl [CF_3-COO]$_3$
TTF-TCNQ	2,2'-bi-1,3-dithiole 3,6-bis(dicyanomethylen)-1,4-cyclohexadiene [2-{(1,3-$S_2C_3H_2$)-2}-1,3-$S_2C_3H_2$] [3,6-{(NC)$_2$C=}$_2$-C_6H_4] *tetrathiafulvalene-tetracyanoquinodimethane*
TTFTT	2,2'-bis(1,3-dithiole-4,5-dithiol), ion(4-) [2-[{1,3-S_2C_3(-S)$_2$-4,5}-2]-1,3-S_2C_3(-S)$_2$-4,5]$^{4-}$ *1,1',3,3'-tetrathiafulvalene tetrathiolate*
TTHA	1,4,7,10-tetraazadecane 1,1,4,7,10,10-hexakis(acetic acid) (HOOC-CH_2)$_2$N-[CH_2CH_2-N(CH_2-COOH)]$_2$-CH_2CH_2-N(CH_2-COOH)$_2$ *triethylenetetramine hexaacetic acid*
TTMAPP	4,4',4'',4'''-(21H,23H-porphine-5,10,15,20-tetrayl)tetrakis(N,N,N-trimethyl benzen-aminium), salt with 4-methylbenzenesulfonic acid (1:4) [5,10,15,20-{(CH_3)$_3$N-C_6H_4-4}$_4$-$N_4C_{20}H_{10}$] [CH_3-4-C_6H_4-SO_3]$_4$ *tetrakis(4-trimethylammoniumphenyl)porphine tetratosylate*
TTN	thallium trinitrate Tl(NO_3)$_3$
TTP	1,4,8,11-tetrathiacyclotetradecane [-S-CH_2CH_2-S-$CH_2CH_2CH_2$-S-CH_2CH_2-S-$CH_2CH_2CH_2$-]
TTP	5,10,15,20-tetrakis(methylphenyl) porphine, ion(2-) [5,10,15,20-(CH_3-C_6H_4)$_4$-$N_4C_{20}H_8$]$^{2-}$ *tetratolylporphinate*
TTP	thymidine-5'-(tetrahydrogentriphosphate) (CH_3)(O=)$_2$-$N_2C_4H_2$-OC_4H_5(OH)-CH_2-O-[P(O)(OH)O]$_2$-P(O)(OH)$_2$ *thymidine-5'-triphosphate*
TTP	phosphoric acid tris(4-methylphenyl) ester (CH_3-4-C_6H_4-O)$_3$P=O *tris(4-tolyl) phosphate*
TTS	3,4-dimercapto cyclobut-3-ene-1,2-dithione, ion(2-) [3,4-(S-)$_2$$C_4$(=S)$_2$-1,2]$^{2-}$ *tetrathio squarate*
TTT	1,3,5-triethyl 1,3,5-triazacyclohexane 1,3,5-(C_2H_5)$_3$-1,3,5-$N_3C_3H_6$ *triethyl trimethylene triamine*
TU	thiourea S=C(NH_2)$_2$

tu	thiourea $S=C(NH_2)_2$	
TUr	thiourea $S=C(NH_2)_2$	
TXB2	[...]-7-[tetrahydro-4,6-dihydroxy-2-(3-hydroxy-1-octenyl)-2H-pyran-3-yl]-5-heptenoic acid C_5H_{11}-CH(OH)-CH=CH-$OC_5H_6(OH)_2$-CH_2-CH=CH-$CH_2CH_2CH_2$-COOH *thromboxane B2*	
Tyr	2-amino-3-(4-hydroxyphenyl) propanoic acid HO-4-C_6H_4-CH_2-CH(NH_2)-COOH *tyrosine*	
TZT	4,5-dihydrotetrazole-5-thione $H_2N_4C(=S)$-5 *tetrazoline-5-thione*	
U	1H,3H-2,4-pyrimidinedione $2,4-(O=)_2$-$1,3$-$N_2C_4H_4$ *uracil*	
U	1-ß-D-ribofuranosyl-2,4(1H,3H)-pyrimidinedione $2,4-(O=)_2$-$(1,3$-$N_2C_4H_3$-1)-1'-$OC_4H_4[(OH)_2$-2',3']-4'-CH_2-OH *uridine*	
UDA	N-carboxymethyl-N-(hexahydro-2,4,6-oxo-5-pyrimidinyl) glycine $1,3$-$N_2C_4H_2[(=O)_3$-$2,4,6]$-5-N(CH_2-COOH$)_2$ *uramil-N,N-diacetic acid*	
Uda	1-undecanamine $C_{11}H_{23}$-NH_2 *undecylamine*	
UDCA	(3α,5ß,7ß)-3,7-dihydroxy-cholan-24-oic acid $3,7-(HO)_2$-$10,13-(CH_3)_2$-$C_{17}H_{23}$-17-CH(CH_3)-CH_2CH_2-COOH *urso deoxycholic acid*	
UDCS	(3α,5ß,7ß)-3,7-dihydroxy-cholan-24-oic acid $3,7-(HO)_2$-$10,13-(CH_3)_2$-$C_{17}H_{23}$-17-CH(CH_3)-CH_2CH_2-COOH *Ursodesoxycholsäure*	
UDMH	N,N-dimethylhydrazine $(CH_3)_2$N-NH_2 *unsymmetrical dimethylhydrazine*	
5'-UDP	uridine-5'-(trihydrogendiphosphate) $(O=)_2$-$N_2C_4H_3$-$OC_4H_4(OH)_2$-CH_2-O-P(=O)(OH)-O-P(=O)(OH$)_2$ *uridine-5'-diphosphate*	
UDP	uridine-5'-(trihydrogendiphosphate) $(O=)_2$-$N_2C_4H_3$-$OC_4H_4(OH)_2$-CH_2-O-P(=O)(OH)-O-P(=O)(OH$)_2$ *uridine-5'-diphosphate*	

UDPG	uridine-5'-(trihydrogendiphosphate) mono(α-D-glucopyranosyl) ester $(O)_2N_2C_4H_3$-$OC_4H_4(OH)_2$-CH_2O-$[P(O)(OH)$-$O]_2$-$OC_5H_5(OH)_3$-CH_2OH *Uridine-5'-diphosphatglucose*
UDPGA	uridine-5'-diphosphate 6-ester with 3,4,5,6-tetrahydroxy-3,4,5,6-tetrahydro-2H-pyrane-2-carboxylic acid $(O)_2$-$N_2C_4H_3$-$OC_4H_4(OH)_2$-CH_2O-$[P(O)(OH)$-$O]_2$-$OC_5H_5(OH)_3$-$COOH$ *uridine-5'-diphosphoglucuronic acid*
UDP-gal	uridine-5'-(trihydrogendiphosphate)-mono-(α-D-glucopyranosyl) ester $(O)_2N_2C_4H_3$-$OC_4H_4(OH)_2$-CH_2O-$[P(O)(OH)$-$O]_2$-$OC_5H_5(OH)_3$-CH_2OH *uridine-diphosphate-galactose*
UDTMA	N-[2-{(2-aminoethyl)amino}ethyl] glycine NH_2-CH_2CH_2-NH-CH_2CH_2-NH-CH_2-$COOH$ *unsymmetrical N-diethylenetriamine acetic acid*
UEDDA	N-(2-aminoethyl)-N-(carboxymethyl) glycine NH_2-CH_2CH_2-$N(CH_2$-$COOH)_2$ *unsym.-ethylenediamine-diacetic acid*
5'-UMP	uridine-5'-(dihydrogenmonophosphate) $(O=)_2$-$N_2C_4H_3$-$OC_4H_4(OH)_2$-CH_2-O-$P(=O)(OH)_2$ *uridine-5'-monophosphate*
UMP	uridine-5'-(dihydrogenmonophosphate) $(O=)_2$-$N_2C_4H_3$-$OC_4H_4(OH)_2$-CH_2-O-$P(=O)(OH)_2$ *uridine-5'-monophosphate*
UN	uranyl nitrate $[UO_2][NO_3]_2$
Une	unnilennium element 109
UNH	uranylnitrate hexahydrate $[UO_2][NO_3]_2 \cdot 6\,H_2O$
Unh	unnilhexium element 106
Uno	unniloctium element 108
Unp	unnilpentium element 105
Unq	unnilquadium element 104
Uns	unnilseptium element 107
UPA	uridylyl(3'-5')adenosine

UPC	uridylyl(3'-5')cytidine
Ur	urea $O=C(NH_2)_2$
Urd	1-ß-D-ribofuranosyl-2,4(1H,3H)-pyrimidinedione 2,4-$(O=)_2$-(1,3-$N_2C_4H_3$-1)-1'-$OC_4H_4[(OH)_2$-2',3']-4'-CH_2-OH *uridine*
URT	1,3,5,7-tetraazatricyclo[3.3.1.1^{3,7}]decane [3.3.1.1^{3,7}]-1,3,5,7-$N_4C_6H_{12}$ *Urotropin*
5'-UTP	uridine-5'-(tetrahydrogentriphosphate) $(O=)_2$-$N_2C_4H_3$-$OC_4H_4(OH)_2$-CH_2-O-$[P(=O)(OH)-O]_2$-$P(=O)(OH)_2$ *uridine-5'-triphosphate*
UTP	uridine-5'-(tetrahydrogentriphosphate) $(O=)_2$-$N_2C_4H_3$-$OC_4H_4(OH)_2$-CH_2-O-$[P(=O)(OH)-O]_2$-$P(=O)(OH)_2$ *uridine-5'-triphosphate*
Uun	ununnilium element 110
V	2-amino-3-methyl butanoic acid i-C_3H_7-$CH(NH_2)$-COOH *valine*
VA	acetic acid ethenyl ester CH_3-COO-CH=CH_2 *vinyl acetate*
Val	2-amino-3-methyl butanoic acid i-C_3H_7-$CH(NH_2)$-COOH *valine*
val	valine, ion(1-) [i-C_3H_7-$CH(NH_2)$-COO]$^-$ *valinate*
VAM	acetic acid ethenyl ester CH_3-COO-CH=CH_2 *vinylacetate (monomer)*
VAS	α,4-dihydroxy-3-methoxy benzeneacetic acid 4-HO-3-(CH_3-O)-C_6H_3-CH(OH)-COOH *Vanillin-Mandel-Säure*
VC	chloro ethene CHCl=CH_2 *vinyl chloride*

VCD	3-oxiranyl 7-oxa-bicyclo[4.1.0]heptane 3-(OC_2H_3-2-)-[4.1.0]-7-OC_6H_9 *vinyl-cyclohexene-dioxide*	
VCH	4-ethenyl cyclohexene CH_2=CH-4-C_6H_9 *4-vinyl cyclohexene*	
VCM	chloro ethene CHCl=CH_2 *vinylchloride (monomer)*	
VCR	leurocristine $C_{46}H_{56}N_4O_{10}$ *vincristine*	
VCZ	N-ethenyl 9H-carbazole 9-N$C_{12}H_8$-(CH=CH_2)-9 *N-vinyl carbazole*	
VD	ethenylidene -C(=CH_2)- *vinylidene*	
VDC	1,1-dichloro ethene CH_2=CCl_2 *vinylidene chloride*	
VIOL	5-hxdroxyimino-1H,3H,5H-pyrimidine-2,4,6-trione 5-(HO-N=)-1,3-$N_2C_4H_2$(=O)$_3$-2,4,6 *violuric acid*	
VLB	vincaleucoblastine $C_{46}H_{58}N_4O_9$	
VM	viomycin $C_{25}H_{43}N_{13}O_{10}$	
VMA	α,4-dihydroxy-3-methoxy benzeneacetic acid 4-HO-3-(CH_3-O)-C_6H_3-CH(OH)-COOH *vanillomandelic acid*	
VN	1-phenyl-2-chloro ethanone C_6H_5-C(=O)-CH_2-Cl	
VNTT	4,4'-[2,5,8,11-tetraaza 1,11-dodecadiene-1,12-diyl]bis[(2-methoxy)phenol] [-CH_2-NH-CH_2CH_2-N=CH-4-C_6H_3(OH-1)-2-O-CH_3]$_2$ *bis(vanillin)triethylenetetramine*	
VOC	ethenyloxycarbonyl- CH_2=CH-OC(=O)- *vinyloxycarbonyl-*	

VOCCl	carbonochloridic acid ethenyl ester Cl-COO-CH=CH$_2$ *vinyloxycarbonyl chloride*
VP	propanoic acid ethenyl ester C$_2$H$_5$-COO-CH=CH$_2$ *vinylpropionate*
VPi	2,2-dimethyl propanoic acid ethenyl ester t-C$_4$H$_9$-COO-CH=CH$_2$ *vinyl-pivalate*
vpy	4-ethenyl pyridine 4-(CH$_2$=CH)-C$_5$H$_4$N *4-vinylpyridine*
VT	ethenyl-methyl benzene CH$_2$=CH-C$_6$H$_4$-CH$_3$ *vinyl-toluene*
VTC	ethenyl trichloro silane CH$_2$=CH-SiCl$_3$ *vinyl trichlorosilane*
VTEO	ethenyl triethoxy silane CH$_2$=CH-Si(O-C$_2$H$_5$)$_3$ *vinyl triethoxy silane*
VTMO	ethenyl trimethoxy silane CH$_2$=CH-Si(O-CH$_3$)$_3$ *vinyl trimethoxy silane*
VTMOEO	ethenyl tris(2-methoxyethoxy) silane CH$_2$=CH-Si(O-CH$_2$CH$_2$-O-CH$_3$)$_3$ *vinyl tris(2-methoxyethoxy) silane*
W	2-amino-3-(3-indolyl) propanoic acid (1-NC$_8$H$_6$)-3-CH$_2$-CH(NH$_2$)-COOH *tryptophan*
X	3,6-dihydro-9-ß-D-ribofuranosyl-1H-purine-2,6-dione 2,6-(O=)$_2$-1,3,7,9-N$_4$C$_5$H$_3$-[OC$_4$H$_4$(OH)$_2$-CH$_2$-OH]-9 *xanthosine*
XAN	carbonodithioic acid O-ester, ion(1-) [R-O-C(=S)-S]$^-$ *xanthate*
Xao	3,6-dihydro-9-ß-D-ribofuranosyl-1H-purine-2,6-dione 2,6-(O=)$_2$-1,3,7,9-N$_4$C$_5$H$_3$-[OC$_4$H$_4$(OH)$_2$-CH$_2$-OH]-9 *xanthosine*

XDP	xanthosine-5'-(trihydrogendiphosphate) $(O=)_2N_4C_5H_3\text{-}OC_4H_4(OH)_2\text{-}CH_2\text{-}O\text{-}P(=O)(OH)\text{-}O\text{-}P(=O)(OH)_2$ *xanthosine-5'-diphosphate*
XDP	phosphoric acid dimethylphenyl diphenyl ester $(C_6H_5\text{-}O)_2P(=O)\text{-}O\text{-}C_6H_3(CH_3)_2$ *xylenyl diphenyl phosphate*
xdta	N,N'-(1,2-phenylenedimethylene)bis[N-(carboxymethyl)glycine], ion(4-) $[(OOC\text{-}CH_2)_2N\text{-}CH_2\text{-}1\text{-}C_6H_4\text{-}2\text{-}CH_2\text{-}N(CH_2\text{-}COO)_2]^{4-}$ *xylylenediaminetetraacetate*
X-gal	5-bromo-4-chloro-1H-indol-3-yl-ß-D-galactopyranoside $1\text{-}(5\text{-}Br\text{-}4\text{-}Cl\text{-}NC_8H_4\text{-}3\text{-}O)\text{-}OC_5H_5\text{-}2,3,4\text{-}(OH)_3\text{-}5\text{-}CH_2\text{-}OH$
XMP	xanthosine-5'-(dihydrogenmonophosphate) $(O=)_2N_4C_5H_3\text{-}OC_4H_4(OH)_2\text{-}CH_2\text{-}O\text{-}P(=O)(OH)_2$ *xanthosine-5'-monophosphate*
XO	glycine, N,N'-[3H-2,1-benzoxathiol-3-ylidenebis{(6-hydroxy-5-methyl-3,1-phenylene)methylene}... S,S-dioxide $(O=)_2OSC_7H_4\text{-}[C_6H_2(CH_3)(OH)\text{-}CH_2\text{-}N(CH_2\text{-}COOH)_2]_2$ *xylenolorange*
XTP	xanthosine-5'-(tetrahydrogentriphosphate) $(O=)_2N_4C_5H_3\text{-}OC_4H_4(OH)_2\text{-}CH_2\text{-}O\text{-}[P(=O)(OH)\text{-}O]_2\text{-}P(=O)(OH)_2$ *xanthosine-5'-triphosphate*
Xyl	xylose $OC_5H_6(OH)_4\text{-}1,2,3,4$
Y	2-amino-3-(4-hydroxyphenyl) propanoic acid $HO\text{-}4\text{-}C_6H_4\text{-}CH_2\text{-}CH(NH_2)\text{-}COOH$
YAG	yttriumaluminiumgarnet
YIG	yttriumirongarnet
Z	phenylmethoxycarbonyl- $C_6H_5\text{-}CH_2\text{-}O\text{-}C(=O)\text{-}$
Z	2-amino pentanedioic acid $HOOC\text{-}CH_2CH_2\text{-}CH(NH_2)\text{-}COOH$ *glutamic acid*
Z	2,5-diamino-5-oxo pentanoic acid $NH_2\text{-}C(=O)\text{-}CH_2CH_2\text{-}CH(NH_2)\text{-}COOH$ *glutamine*
Z(2-Cl)-ONSu	1-[{((2-chlorophenyl)methoxy)carbonyl}oxy] 2,5-pyrrolidinedione $1\text{-}[2\text{-}Cl\text{-}C_6H_4\text{-}CH_2\text{-}O\text{-}C(=O)\text{-}O]\text{-}NC_4H_4(=O)_2\text{-}2,5$ *N-(2-chlorobenzyloycarbonyloxy)-succinimide*

Z2O	dicarbonic acid bis(phenylmethyl) ester $C_6H_5\text{-}CH_2\text{-}O\text{-}C(=O)\text{-}O\text{-}C(=O)\text{-}O\text{-}CH_2\text{-}C_6H_5$ *(phenylmethoxycarbonyl)2O*
ZBDC	zinc bis[N,N-bis(phenylmethyl)dithiocarbamate] $Zn\,[(C_6H_5\text{-}CH_2)_2N\text{-}C(=S)\text{-}S]_2$ *zinc bis(dibenzyldithiocarbamate)*
Z(Br)	(4-bromophenyl)methoxycarbonyl- $4\text{-}Br\text{-}C_6H_4\text{-}CH_2\text{-}O\text{-}C(=O)\text{-}$ *p-bromobenzyloxycarbonyl-*
ZBX	zinc bis(butylxanthate) $Zn\,[C_4H_9\text{-}O\text{-}C(=S)\text{-}S]_2$
Z-chlorid	carbonochloridic acid phenylmethyl ester $C_6H_5\text{-}CH_2\text{-}O\text{-}C(=O)\text{-}Cl$
ZDBC	zinc bis(N,N-dibutyldithiocarbamate) $Zn\,[(C_4H_9)_2N\text{-}C(=S)\text{-}S]_2$
ZDBP	zirconium 1,10-decanediylbis(phosphonate) $Zr\,[(O\text{-})_2P(=O)\text{-}(CH_2)_{10}\text{-}P(=O)(\text{-}O)_2]$
ZDEC	zinc bis(N,N-diethyldithiocarbamate) $Zn\,[(C_2H_5)_2N\text{-}C(=S)\text{-}S]_2$
ZDMC	zinc bis(N,N-dimethyldithiocarbamate) $Zn\,[(CH_3)_2N\text{-}C(=S)\text{-}S]_2$
ZEH	2-ethyl hexanoic acid, zinc salt (2:1) $Zn\,[C_4H_9\text{-}CH(C_2H_5)\text{-}COO]_2$ *zinc bis(2-ethyl hexanoate)*
Zineb	zinc N,N'-1,2-ethanediylbis(dithiocarbamate) $Zn\,[S\text{-}C(=S)\text{-}NH\text{-}CH_2CH_2\text{-}NH\text{-}C(=S)\text{-}S]$ *zinc ethylene-bis(dithiocarbamate)*
Ziram	zinc bis(N,N-dimethyldithiocarbamate) $Zn\,[(CH_3)_2N\text{-}C(=S)S]_2$
ZIX	carbonodithioic acid O-(1-methylethyl) ester, zinc salt (2:1) $Zn\,[i\text{-}C_3H_7\text{-}O\text{-}C(=S)\text{-}S]_2$ *zinc isopropylxanthate*
Z-L-Arg-MCA	[4-{(aminoiminomethyl)amino}-1-{((4-methyl-2-oxo-2H-1-benzopyran-7-yl)amino)-carbonyl}butyl] carbamic acid phenylmethyl ester $NH_2C(=NH)NH\text{-}(CH_2)_3\text{-}CH(NH\text{-}COO\text{-}CH_2\text{-}C_6H_5)C(O)NH\text{-}OC_9H_4(O)\text{-}CH_3$ *N(α)-carbobenzoxy-L-arginine-4-methylcoumaryl-7-amide*
ZMBI	benzimidazole-2-thiol, zinc salt (2:1) $Zn\,[1,3\text{-}N_2C_7H_5\text{-}2\text{-}S]_2$ *zinc 2-mercapto benzimidazole*

ZMBT benzothiazole-2-thiol, zinc salt (2:1)
Zn [1,3-SNC_7H_4-S-2]$_2$
zinc 2-mercapto benzothiazole

Z(NO2) (4-nitrophenyl)methoxycarbonyl-
4-NO_2-C_6H_4-CH_2-O-C(=O)-
p-nitrobenzyloxycarbonyl-

Z(OMe) (4-methoxyphenyl)methoxycarbonyl-
4-(CH_3-O)-C_6H_4-CH_2-O-C(=O)-
p-methoxybenzyloxycarbonyl-

Z-ONSu 1-[{(phenylmethoxy)carbonyl}oxy] 2,5-pyrrolidinedione
C_6H_5-CH_2-O-C(=O)-O-1-NC_4H_4(=O)$_2$-2,5
N-(benzyloxycarbonyloxy)-succinimide

ZPCK 2-phenylmethoxycarbonylamino-3-phenyl-propanoic acid anhydride with chloroacetic acid
C_6H_5-CH_2-O-C(=O)-NH-CH(CH_2-C_6H_5)-C(=O)-O-C(=O)CH_2-Cl
N-benzyloxycarbonyl-L-phenylalanine chloromethyl ketone

ZPS 3-(2-benzothiazolylthio) 1-propanesulfonic acid
1,3-SNC_7H_4-2-S-$CH_2CH_2CH_2$-SO_3H

ZS 4-amino isoxazolidin-3-one
4-NH_2-1,2-ONC_3H_4(=O)-3
cycloserine

ZTO-Chromate zinctetraoxychromate
4 $Zn(OH)_2 \cdot ZnCrO_4$

ZV zwitterionic viologen

B GABMET List of Acronyms of Methods

2D ACPAR ...... two-dimens. angular correlation (of) positron annihilation radiation
2DEG .... two-dimensional electron gas
2DFI .... two-dimensional FOURIER imaging
2DQE .... two-dimensional quadrupolar echo
2QT-ENDOR ... double quantum transitions (in) electron nuclear double resonance
2ph-TDA .... two-particle one-hole TAMM-DANCOFF approximation
AA .... AUGER amplitude
AA .... activation analysis
AA .... adiabatic approximation
AA .... atomic absorption
AAA .... automated aminoacid analyses
AAM .... automated AUGER microprobe
AAS .... atomic absorption spectrometry
AAT .... atomic axial tensor
AB .... adiabatic bend (approximation)
ABMR .... atomic beam magnetic resonance
ABMS .... anisotropic bulk magnetic susceptibility
ABZ .... adsorbate (layer) BRILLOUIN zone
AC .... acoustic concentration
AC .... air cooled
AC .... alternating current
AC EAF .... alternating current electric arc furnace
ACAR .... angular correlation of annihilation radiation
ACC .... accelerated cooling
ACCD .... approximately coupled cluster doubles (BENZEL-DYKSTRA)
ACCSA .... adiabatic capture centrifugal sudden approximation
ACC-IOS .... azimuthal closely coupled, infinite-order sudden (method)

ACE .... alternative chemical or electron impact ionization
ACF .... adsorbing colloid flotation
ACF .... advanced communications function
ACM .... artificial channel method
ACP .... alternating current polarography
ACPF .... average coupled pair functional (method)
ACQM .... arrangement-channel quantum mechanics
ACRM .... atmospheric corrosion rate monitor
ACSS .... automatic continuous spectrum stabilization
ACTFEL .... ac thin-film electroluminescent (panel)
ACU .... automatic calling unit
ACV .... alternating current voltammetry
AC-ZAA .... alternating magnetic current ZEEMAN atomic absorption
AD .... AUGER de-excitation
AD .... angular distribution
AD .... aprotic dipolar
ADAC .... analog-digital-analog converter
ADAM .... angular distribution of AUGER measurements
ADAP .... angular distribution of annihilation photons
ADAS .... angular-dependent AUGER spectroscopy
ADC .... algebraic diagrammatic construction (method)
ADC .... analog-to-digital converter
ADCCP .... advanced data communications control procedure
ADE .... (thermal) adsorption-desorption equilibrium

ADES	angle - dispersed electron spectroscopy	AETM	analytical electron transmission microscopy
ADF	aqueous dissolution and fluorination process	AFB	atmospheric fluidized bed
		AFF	aberration free focus
ADLC	angle - dependent line of centers (model)	AFF	automatic frequency follower
		AFID	alkali flame ionization detector (alt.: AID)
ADM	adaptive delta modulation		
ADO	averaged dipole orientation	AFM	antiferromagnetic
ADPE	automatic data - processing equipment	AFP	adiabatic fast passage (technique)
		AFS	atomic fluorescence spectroscopy
ADRF	adiabatic demagnetization (in the) rotating frame	AGC	automatic gauge control during rolling
ADT	(thermal) adsorption - desorption transient	AGP	antisymmetrized geminal power
		AGR	advanced gas - cooled reactor
ADXPS	angular - dependent x - ray photoelectron spectroscopy	AHM	antiferromagnetic HEISENBERG model
AE	acoustic emission	AI	artificial intelligence
AE	all electron	AIA	automated image analysis
AE	auxillary electrode	AID	AUGER induced desorption
AEAPS	AUGER electron appearence potential spectroscopy (alt.:AEPS)	AID	alkali flame ionization detector (alt.: AFID)
AEES	AUGER electron emission spectroscopy	AID	argon ionization detector
		AIEDC	angle - integrated energy distribution
AEF	analyzing electric field		
AEM	AUGER electron microscopy	AIM	adaptive injection molding
AEM	analytical electron microscopy	AIM	adsorption isothermal measurement
AEMA	AUGER electron microanalysis		
AEPECS	AUGER electron - photoelectron coincidence spectroscopy	AIM	atoms - in - molecules
		AIMP	ab initio model potential (method)
AEPS	AUGER electron appearence potential spectroscopy (alt.: AEAPS)	AIP	adiabatic ionization potential
		AIR	aerosol ionic redistribution (AAS)
AER	average evoked response	AIRS	advanced inertial reference sphere
AES	AUGER electron spectroscopy	AISI	american iron and steel institute
AES	AUGER emission spectroscopy	AIUPS	angle - integrated ultraviolet photoelectron spectroscopy
AES	atomic emission spectrometry		
AES-E	AUGER electron spectroscopy with electron excitation	ALCI	ARBED lance coal injection for steelmaking
AES-I	AUGER electron spectroscopy with ion excitation	ALGOL	algorithmic language
		ALS	alternating layer spin
AES-P	AUGER electron spectroscopy with photon excitation	ALU	arithmetric and logic unit

AM	amplitude modulation	AP	appearance potential
AM1	AUSTIN model 1 semiempirical quantum chemical method	APB	antiphase boundary
		APCF	angular position correlation function
AME	angle - measuring equipment	APCVD	atmospheric pressure chemical vapor deposition
AMICA	automated modules for industrial control analysis		
		APD	azimuthal photoelectron diffraction
AMLCD	active - matrix - addressed liquid crystal display	APDG	antisymmetrized product of delocalized geminals
AMO	alternate molecular orbital		
AMR	anisotropic magnetoresistance	APE	accumulated photon echo
AMR	automatic meter reading	APECMS	atmospheric pressure electron capture mass spectrometry
AMT	amplitude mode theory		
AMTEC	alkali metal thermoelectric converter	APECS	AUGER photoelectron coincidence spectroscopy
AMU	atomic mass units	APES	adiabatic potential energy surface
AN	AUGER neutralization	APFIM	atom probe field ion microscopy
AN	adiabatic nuclei (approximation)	API	atmospheric pressure ionization
ANNNI	anisotropic next - nearest - neighbour ISING (model)	APLG	antisymmetrized product of localized geminals
ANNNI	axial next - nearest - neighbour ISING (model)	APM	atomic parameter matrix
		APNO	atomic pair natural orbital
ANO	atomic natural orbital	APP	acoustic phase plate
ANO	average (approximate) natural orbital(s)	APPH	AUGER peak - to - peak height
		APPS	atmospheric pressure plasma spraying
ANR	adiabatic nuclear rotation (method)		
		APRES	angle resolved photo electron spectroscopy
ANV	adiabatic nuclear vibration (method)		
		APS	appearence potential spectroscopy
AO	acousto - optic(al)		
AO	anodic oxydation	APS	atom probe spectroscopy
AO	atomic orbital	APSG	antisymmetrized product of strongly orthogonal geminals
AOI	acousto - optic interaction		
AOM	angular overlap model	APT	atomic polar tensor
AOQ	average outgoing quality = Durchschlupf	APT	attached proton test
		APT	automatic picture transmission
AOQL	average outgoing quality limit = grösster Durchschlupf (Grenzqualität)	APUHF	approximately projected unrestricted HARTREE-FOCK
		APUMP	approximately projected unrestricted MOELLER-PLESSET
AO-ETF	atomic orbital electron translation factor		
		APW	augmented plane wave
AP	AUGER parameter		

APYS	AUGER electron partial yield spectroscopy
AQAM	air quality assessment model
AQL	acceptable quality level= annehmbare Qualität der Lieferung
AQS	analytische Qualitätssicherung
AR	acoustic ringing
AR	anti reflection (coating)
AR	autoregression (model)
ARA	aromatic apolar
ARAES	angle - resolved AUGER electron spectroscopy
ARAS	atomic resonance absorption spectrophotometry
ARCFS	angle - resolved constant final state
ARCIS	angle - resolved constant initial - energy spectra
ARCS	advanced reconfigurable computer system
AREDC	angle - resolved energy distribution curve
AREP	average relativistic (core) potential
ARET	angle - averaged relative energy transfer
ARIES	angle - resolved ion electron spectroscopy
ARIPS	angle - resolved inverse photoemission spectroscopy
ARMA	autoregression moving average (model)
ARP	angle - resolved photoemission (spectroscopy)
ARP	aromatic polar
ARPEFS	angle - resolved photoemission (or -electron) extended fine structure
ARPES	angle - resolved photoelectron spectroscopy
ARPS	angle - resolved photoelectron spectroscopy
ARSES	angular - resolved secondary electron spectroscopy
ARUPS	angle - resolved ultra - violet photoelectron spectroscopy
ARXES	angle - resolved x - ray emission spectroscopy
ARXPS	angle - resolved x - ray photoelectron spectroscopy
AS	AUGER spectroscopy
AS	adiabatic stretch (approximation)
ASA	accessible surface area (model)
ASA	atomic sphere approximation
ASAXS	anomalous small - angle x - ray scattering
ASCII	american standard code for information interchange
ASD	AUGER - stimulated desorption
ASED-MO	atom superposition and electron delocalization molecular orbital
ASF	artificially structured films
ASG	antiferromagnetic spin glass
ASHW	antisymmetric shear horizontal wave
ASIS	aromatic solvent induced shifts
ASL	american sign language
ASLEEP	automated scanning low energy electron probe
ASLUC	all scrap with lump coal (SUMITOMO metal industries)
ASM	acoustic surface measurement
ASM	argon secondary metallurgy
ASTDS	AUGER spectroscopy thermal desorption spectra
ASV	anodic stripping voltammetry
ASVW	antisymmetric shear vertical wave
ASW	acoustic surface wave measurements
ATD	alkali thermoionization detector
ATDC	after top dead center
ATE	automated test equipment
ATF	associated theoretical function
ATI	above - threshold ionization

ATL	automated tape library	BCM	binary collision model
ATMOS	atmospheric trace molecule spectroscopy	BCRLM	bending - corrected rotating linear model
ATN	augmented transmission network	BCS	BARDEEN - COOPER - SCHRIEFFER (theory, superconductivity)
ATR	attenuated total reflection		
ATS	automated telemetry system	BCS	basic control system
AUA	anisotropic united atom (model)	BDC	bottom dead center
AUGER	AUGER electron analysis	BDE	bond dissociation energy
AUHF	annihilated unrestricted HARTREE - FOCK (method)	BDF	binary difference field
		BDL	BOLTZMANN distribution law
AVA	accelerating voltage alteration (ms)	BDL	below detection limit
		BDM	BOCKRIS - DEVANATHAN - MUELLER (model)
AVCC-IOS	azimuthal and vibrational closely coupled, infinite-order sudden(meth.)		
		BDOS	bulk density of states
AVCF	angular velocity correlation function	BDP	bond directionality principle
		BE	binding energy
AVF	azimuthally varying field	BEAMOS	beam - adressed metal oxide semiconductor
AVHRR	advanced very - high - resolution radiometer		
		BEBO	bond energy bond order
AVM	arc vacuum melting	BEC	background equivalent concentration(s)
AWAXS	anomalous wide - angle x - ray scattering		
		BEM	band edge movement
AdSV	adsorptive stripping voltammetry	BEM	boundary element method
AgQRE	Ag quasireversible electrode	BER	bit error rate
B1B	boundary - corrected first BORN (approximation)	BERT	bit error rate test
		BET	BRUNAUER - EMMET - TELLER (surface determination)
BACK	BOUBLIK - ALDER - CHEN - KREGLEWSKI (equation of state)		
		BF	blast furnace
BAG	BAYARD - ALPERT gauge	BFS	beam foil spectroscopy
BASE	"beta"- alumina solid electrolyte	BFVCC	body frame vibrational close - coupling (method)
BASIC	beginners all purpose symbolic instruction code		
		BF-FN	body frame fixed nuclei (method)
BAW	bond order alternation wave	BG	BORN - GREEN (equation)
BBD	beam - blanking device	BGY	BORN - GREEN - YVON (equation)
BBDC	before bottom dead center		
BBM	beam - blanking method	BHB	bifurcated hydrogen bond
BCA	binary collision approximation	BIC	biospecific interaction (affinity) chromatography
BCD	binary coded decimal		
BCF	baseline cosine fitting	BIF	best image field

BILE	beam - induced light emission	BPC	bond percolation cluster
BIMOS	bipolar MOS (technique)	BPC	bonded - phase chromatography
BIPS	billion instructions per second	BPP	BLOEMBERGEN, PURCELL, POUND (NMR relaxation)
BIRD	bilinear rotation decoupling (nmr)	BPS	bits per second
BIS	bremsstrahlung isochromat spectroscopy	BRCBED	beam - rocking method convergent beam electron diffraction
BISC	back intersystem crossing (emission spectroscopy)	BS	backscattering spectrometry
BISRA	british iron and steel research association	BS	bremsstrahlung spectroscopy
		BSB	biologischer Sauerstoffbedarf
BIT	binary digit	BSBL	bond strength - bond length
BIV	best - image voltage	BSD	backscattering detector
BIXE	bombardment - induced x - ray emission	BSE	backscattering electrons
		BSF	back surface field
BJT	band JAHN - TELLER (effect)	BSG	borosilicate glass
BLB	BRILLOUIN - LEVY - BERTHIER theorem	BSO	backside selective oxidation
		BSS	BLOCH - SIEGERT shift
BLE	bombardment - induced light emission	BSSE	basis set superposition error
		BTS	bias - temperature stress
BLF	bulk - loss function	BWA	BRAGG - WILLIAMS approximation
BLM	bilayer(black) lipid membrane		
BLU	basic link unit	BWEN	BRILLOUIN - WIGNER perturbn. theory with EPSTEIN - NESBET partitioning
BMC	BALLESTER - MALINET - CASTAUER (perchlorination)		
BMF	biomagnification factor	BWR	boiling water reactor
BMO	BLOCH molecular orbit	BZ	BRILLOUIN zone
BMS	BURSTEIN - MOSS shift	C4S	chemical shift - specific slice selection (method)
BMUX	buffered communication unit multiplexer		
		CA	cellular automaton
BNC	bayonet norm connector	CA	collision activation
BOAW	bond order alternation wave	CAA	computer - aided analyses
BOD	biological (biochemical) oxygen demand	CAD	chemical inorganic deposition
		CAD	coincident axial direction
BOEAF	basic oxygen electric arc furnace (Sheerness Steel)	CAD	collisional - activated dissociation (ms)
BOF	basic oxygen furnace	CAD	computer - aided design
BOP	basic oxygen steelmaking process	CAE	computer - aided engineering
BORAM	block oriented random access memory	CAI	computer - aided instruction
BOS	basic oxygen steelmaking		

CAICISS	coaxial impact collision ion - scattering spectroscopy	CBLM	cluster BETHE lattice model
CAM	coherent anomaly method	CBN	cubic boron nitride
CAM	computer - addressable memory	CBS	complete basis set
CAM	coupled angular momentum (representation)	CC	chemometrics in analytical chemistry
CAMELSPIN	cross-relaxn.appropr.for mini-mols.emulated by locked spins(alt.ROESY)	CC	close coupling
		CC	column chromatography
		CC	continuous casting
CAMS	collisional activation mass spectrum	CC	counter current
		CC	crystal - controlled
CAOS	computer - assisted organic syntheses	CCA	cluster - cluster aggregation
		CCA	coupled cluster approach
CAP	computer - aided planing	CCC	counter current chromatography
CAQ	computer - aided quality assurance	CCCI	correlation - consistent configuration interaction
CAR	computer - aided recording	CCCP	carbon - carbon connectivity plot (nmr)
CARAM	content - addressable random access memory	CCD	charge - coupled device
CARS	coherent anti - STOKES RAMAN spectroscopy	CCD	counter current decantation
		CCD	coupled - cluster doubles
CAS	complete active space	CCE	collisional charge transfer
CAS	composition adjustment by sealed argon bubbling (Nippon Steel)	CCF	cavity correlation function
		CCF	close - coupling formulation
CASING	cross - linking by active species of inert gases	CCFO	charge - charge flux overlap
		CCGMA	CABRERA - CELLI - GOODMAN - MANSON approximation
CASSCF	complete active space self consistent field	CCM	cation chelating mechanism
CAS-OB	CAS with oxygen blowing (Nippon Steel)	CCM	chromatographie analytiques sur couche mince
CAT	computer - aided testing	CCNR	current - controlled negative differential resistance
CAT	computer - averaged transients		
CATA	cobble automatic thermo analyzer	CCPA	constant centrifugal potential approximation
CATP..	controlled atmosphere temperature pressure...(prefix)	CCPPA	coupled cluster polarization propagator approximation
CAVLP	chronoamperometrie a variation lineaire de potentiel	CCSD	coupled cluster (method including all) single and double (excitations)
CBA	COULOMB - BORN approximation		
CBED	convergent beam electron diffraction	CCT	continuous cooling transformation
CBF	correlated basis functions	CCTL	collection - coupled transition logic

CCWP	close - coupling wave - packet (method)	CELS	characteristic energy - loss spectroscopy
CC-CCR	continuous casting and cold - charge rolling	CEM	channel electron multiplier
		CEM	conventional electron microscopy
CC-HCR	continuous casting and hot - charge rolling	CEM	corrected effective medium
		CEMA	channel electron multiplier array
CC-HDR	continuous casting and hot direct rolling	CEMS	conversion electron MOESSBAUER spectroscopy
CD	COLE - DAVIDSON (formula)	CEP	compact effective (core) potentials
CD	circular dichroism	CEPA	coupled electron pair - approximation
CD	compact disk		
CD	convolution difference	CEPA-PNO	coupled electron - pair approximation using pair natural orbitals
CDA	cylindrical deflector analyzer		
CDD	chemical deformation density	CESFS	constant energy synchronomy fluorescence spectrometry
CDF	centered dark field		
CDF	charge density fluctuation	CESR	conduction electron spin resonance
CDM	continuous diffusion model		
CDPI	corrected discretized path integral	CET	correlated electron transfer
CDQ	coke dry quenching	CF	corrected field
CDQR	constant displacement and quick return	CF	cryogenic focussing
		CF	crystal field
CDRE	convolution difference resolution enhancement	CFA	continuous flow analysis
		CFA	cross flow analyzer
CDW	charge density wave	CFAES	carbon furnace atomic emission spectrometry
CDW	continuum distorted wave (approximation)		
		CFCA	classical FRANCK - CONDON approximation
CE	charge exchange		
CEC	cation exchange capacity	CFD	constant fraction discriminator
CECD	COULSON electrolytic conductivity detector	CFQMC	correlation function quantum Monte Carlo
CECE	combined electrolysis catalytic exchange	CFS	constant final energy spectra
		CFS	constant final state
CEELS	characteristic electron energy loss - spectroscopy	CFS	crystal field stabilization
		CFSE	crystal field stabilization energy
CEF	crystal electric field	CFSO-BEBO	crystal field surface orbital - bond energy bond order(method)
CEFBC	continuous elution flat - bed chromatography		
		CFSPES	constant final - state photoelectron spectroscopy
CEIE	conformational equilibrium isotope effect		
		CFSS	constant - final - state spectroscopy
CEL	(two photon) correlated emission laser		

CFUR	continuously fed unstirred reactor	CIDNP	chemically induced dynamic nuclear (spin) polarization (nmr)
CFWMS	coherent four - wave mixing spectroscopy	CIE	counter immunoelectrophoresis
CF-FAB	continuous flow fast atom bombardment	CIG	coal iron gasification process
		CIG	computer image generation
CGL	complex GINZBURG - LANDAU (equation)	CIHSI	chemically induced hyperthermal surface ionization
CGTF	contracted GAUSSIAN - type function	CILS	collision - induced light scattering
		CIM	computer input microfilm
CGTO	contracted GAUSSIAN - type orbital	CIM	computer - integrated manufacturing
CHA	concentric hemispherical analyzer	CIMS	chemical ionization mass spectrometry
CHARM	combined hedonic response measurement	CIP	CAHN - INGOLD - PRELOG system (stereochemistry)
CHEF	chelation - enhanced fluorescence	CIPSI	config. interact.(treatment) by perturbation selected iterations
CHEMFET	chemical sensitive field effect transistor	CIR	carrier - to - interference ratio
CHESS	chemical shift - selective	CIS	characteristic isochromat spectroscopy
CHF	coupled HARTREE - FOCK	CIS	constant initial energy spectra
CHFPT	coupled HARTREE - FOCK perturbation theory	CIS	constant initial state
CHIL	current - hogging injection logic	CIS	contact to inner solution
CHL	current - hogging logic	CISD	config. interact.(including all) single and double excitations
CI	chemical ionization		
CI	configuration interaction	CISS	constant initial state spectroscopy
CI	cropping index	CIT	commensurate - incommensurate transition
CIA	chemoluminiscence immunoassay		
CIA	collision-induced (infrared) absorption	CIU	color intensity unit
		CK	competitive kinetics
CICS	customer information control system	CKO	CLOSS - KAPTEIN - OOSTERHOFF (radical pairs model)
CID	circular intensity difference	CL	cathode luminescence
CID	collision - induced desorption	CL	chemoluminiscence
CID	collision - induced dissociation	CLC	classical liquid crystal
CIDEP	chemically induced dynamic(magnetic) electron polarization	CLC	column liquid chromatography
		CLEC	chiral ligand exchange chromatography
CIDI	collision - induced dissociative ionization	CLF	cellular ligand field (model)
CIDKP	chemisch induzierte dynamische Kernpolarisation	CLS	characteristic loss spectroscopy

CLS	classical least - squares	COBOL	common business oriented language
CLS	closed - loop stripper		
CLS	constant light signal	COCONOSY	combined correlated and nuclear OVERHAUSER enhancement spectry.(nmr)
CLS	core level spectroscopy		
CLSA	closed - loop stripping analyses	COD	chemical organic deposition
CM	configuration mixing	COD	chemical oxygen demand
CM	cylindrical mirror analyzer	COFS	closed - open - face sandwich
CMA	composition - modulated alloy (method)	COG	coke oven gas
		COL	colorimetry
CMA	cylindrical mirror (electrostatic) analyzer	COLOC	correlation spectroscopy via long range couplings (nmr)
CMBA	crossed molecular beam apparatus	COM	computer - output microfilm
		COMARO	composite magic - angle rotation
CMC	critical micell concentration	COMAS	concentration - modulated absorption spectroscopy
CME	clay - modified electrode		
CMES	conversion electron MOESSBAUER spectroscopy	COP	coefficient of performance
		COSMOS	complementary symmetry metal oxide semiconductor
CMF	cross flow microfiltration		
CMIS	complementary MIS	COSS	correlation (with) shift scaling
CML	coupled map lattice	COSY	correlated spectroscopy (nmr)
CMNOS	complementary MNOS	COSY-LR	correlation spectroscopy (with) long range (coupling)
CMOS	complementary metal oxide semiconductor		
		COV	coefficient of variability
CMP	capacity - coupled microwave plasma	CP	CAR - PARRINELLO (molecular - dynamics method)
CMR	carbon magnetic resonance	CP	COMPTON profile
CMRCI	contracted multireference configuration interaction (method)	CP	charge conjugation parity
		CP	cross polarization (nmr)
CMS	chromatographic mode sequencing	CPA	coherent potential approximation
		CPAA	charged - particle activation analysis
CMTA	constant momentum transfer averaging		
		CPBX	computerized private branch exchange
CN	carbon numbers		
CNC	condensation nuclei counter	CPC	coil planet centrifuge
CND	cluster of n - defects	CPC	compound parabolic concentrator
CNDO	complete neglect of differential overlap	CPC	computer program component
		CPCI	coupled - perturbed configuration interaction
CNMR	carbon nuclear magnetic resonance (13C)		
		CPD	contact potential difference
CNR	carrier - to - noise ratio		

CPE	carbon paste electrode
CPE	central processing element
CPE	circular probable error
CPE	computer performance evaluation
CPE	constant phase element
CPE	correlated particles expansion
CPED	convergent probe electron diffraction
CPEM	conventional photoelectron microscope
CPF	circular polarized fluorescence
CPG	gas chromatography (french)
CPH	characters per hour
CPH	coal pre - heating (for cokemaking)
CPHF	coupled perturbed HARTREE - FOCK (method)
CPI	carbon preference index
CPIA	close - pair interstitial atoms
CPK	CORREY - PAULING - KOLTUN (model)
CPL	circular polarized luminescence (spectroscopy)
CPL	conversational programming language
CPM	complex permeability measurement
CPM	continuum POTTS model
CPM	counts per minute
CPMAR	cross polarization magic angle rotation
CPMAS	cross polarization magic angle spinning (nmr)
CPMCSCF	coupled perturbed multiconfiguration self - consistent field
CPMET	coupled - pair many - electron theory
CPMG	CARR, PURCELL, MEIBOOM, GILL (NMR pulse sequence)
CPOL	communications procedure - oriented language
CPP	CURIE point pyrolysis
CPP	core polarization potential
CPR	casting - pressing - rolling (variant of the CSP process)
CPS	communications processor system
CPS	counts per second
CPSD	counting position sensitive detector
CPT	cluster perturbation theory
CPU	central processing unit
CP-ENDOR	circular polarized electron nuclear double resonance
CP-T	CARR, PURCELL technique
CP-TAPF	CARR, PURCELL time - averaged precession frequency
CQMS	circuit quality monitoring system
CR	carriage return
CR	conditioned response
CR	controlled rolling
CRAMPS	combined rotation and multiple - pulse spectroscopy
CRC	cyclic redundancy check
CRD	cathode ray tube display
CREE	cathode ray - excited emission spectroscopy
CRIE	crossed radioimmunoelectrophoresis
CRM	chemical remanent magnetization
CRMS	continuous repetitive measurement of spectra
CRN	continuous random network
CRO	cathode ray oscilloscope
CRPP	correlated radical pair polarization
CRS	cold rolled steel
CRS	coordinate representation sudden
CRT	cathode ray tube
CS	COMPTON scattering
CSA	centrifugal sudden (coupled states) approximation
CSA	chemical shift anisotropy
CSA	chiral solvating agent

CSB	chemischer Sauerstoffbedarf
CSC	conserved successive collision (model)
CSCF	complex self - consistent - field
CSD	charge state distribution
CSDW	centrifugal - sudden distorted - wave (method)
CSEL	charge - stripping energy loss
CSF	classical signal field (method)
CSF	configuration state function
CSHF	closed - shell HARTREE - FOCK (theory)
CSI	crystal structure imaging
CSL	coincidence site lattice
CSM	command and service module
CSM	continuous steelmaking MITSUBISHI
CSMS	charge - separation mass spectrometry
CSN	conductive solids nebulizer
CSO	crossed second order
CSOV	constrained space orbital variation
CSP	chemical spray pyrolysis
CSP	compact strip production (SCHLOEMANN - SIEMAG)
CSRO	chemical short - range order
CSRS	coherent STOKES RAMAN spectroscopy
CSTR	continuous flow stirred tank reactor
CSV	cathodic stripping voltammetry
CSVT	close - spaced vapor transport
CT	charge transfer
CT	classical trajectory (method)
CT	coherence transfer
CT	cryogenic trapping
CTEF	coherence transfer echo filtering
CTEM	conventional transmission electron microscopy
CTF	common translation factor
CTF	contrast transfer function
CTL	complementary transistor logic
CTM	counter timer multimeter
CTNB	charge transfer no - bond
CTR	controlled thermonuclear reactor
CTRIPS	charge transfer reaction inverse photoemission spectroscopy
CTRW	continuous time random walk
CTST	classical transition state theory
CTST	conventional transition state theory
CTTL	charge transfer to ligand
CTTM	charge transfer to metal
CTTS	charge transfer to solvent
CV	coefficient of variance or variation
CV	cyclovoltammetry
CVA	characteristic vector analysis
CVAA	cold vapor atomic absorption spectroscopy
CVC	conserved vector current
CVC	continuous variable crown
CVD	chemically vapor - deposited (chemical vapor deposition)
CVE	cluster valence electron
CVE	critical voltage effect
CVF	circular variable filter
CVI	chemical vapor infiltration
CVM	cluster variation method
CVMO	cluster valence molecular orbital
CVPT	canonical VAN VLECK perturbation theory
CVT	canonical variational (transition state) theory
CVTST	canonical variational transition - state theory
CW	configuration wavefunction
CW	continuous wave (laser beam)
CW-ENDOR	continuous wave - electron nuclear double resonance

CXAES	continuous x - ray - induced AUGER electron spectroscopy
CYCLOPS	cyclically ordered phase sequence
CZ	CZOCHRALSKI (single crystals)
CZE	capillary zone electrophoresis
C-FFOX	carbon - ferrailles fusion oxydantes (SOLLAC)
C-MOS	complementary metal - oxide - silicon
D	delay
DA	data available
DAA	data - access arrangement
DABS	discrete address beacon system
DAC	digital - to - analog converter
DACS	data acquisition control system
DAD	digital audio disk
DAD	diode array detector
DADI	direct analysis of daughter ions
DAF	dissolved air flotation
DAGV	differential automatic gas volumetry
DAISY	Düsseldorfer Analyse- und Iterationssystem
DAL	data - access line
DANTE	delays alternating with nutations for tailored excitation (nmr)
DAP	DOW aluminium pyrometallurgical process
DAP	data - access protocol
DAPS	disappearence potential spectroscopy
DARC	documentation and automatization of research on correlations
DARS	digital attitude reference system
DARSS	diode array rapid - scan spectrometer
DAS	decay - associated spectrum
DAS	dynamic - angle spinning
DASD	direct - access storage device
DAVINS	direct analysis of very intricate NMR spectra
DB	double beam
DBC	data base computer
DBMS	data base management system
DBRT	double - barrier resonant tunneling
DBRTS	double - barrier resonant tunneling structures
DBU	decay of buildup
DC	Dünnschicht-Chromatographie (alt.:TLC)
DC	differential current
DC	diffraction contrast
DC	direct current
DC EAF	direct current electric arc furnace
DCA	double chain approximation
DCB	double cantilever beam technique
DCBS	dimer - centered basis set
DCC	dipolar coupling constant
DCCC	droplet countercurrent chromatography
DCCI	dissociation - consistent configuration interaction
DCE	data circuit - terminating equipment
DCE	dissociative charge exchange
DCF	dipole (moment) autocorrelation function
DCF	direct correlation function
DCFL	direct coupled FET logic
DCI	desorption chemical ionization
DCL	demountable cathode lamp
DCLT	differential cathode luminescence topography
DCM	difference - curve method
DCP	direct current argon plasma laser ablation
DCP	direct current plasma
DCP	direct current polarography

DCP-OES	direct current argon plasma optical emission spectrometry
DCR	defect - controlled relaxation (model)
DCR	dynamic charge restoration
DCS	differential cross section
DCS	digital computer system
DCS	distributed computing system
DCSEE	differential cross - sections of emitted electrons
DCTL	direct - coupled transistor logic
DC-CI	dissociation - consistent configuration interaction
DC-ZAA	direct current ZEEMAN atomic absorption
DD	dipolar decoupling
DD	dipole - dipole (interaction)
DDA	digital differential analyzer
DDC	direct digital control
DDCIP	dipolar - decoupled composite inversion pulse (nmr)
DDCMP	digital data - communications message protocol
DDCS	double differential cross section
DDDP	discrete differential dynamic programming
DDK	dynamische Differenzkalorimetrie
DDL	data definition language
DDL	data description language
DDLEED	double - diffraction low energy electron diffraction
DDPS	digital data - processing system
DDSCS	double - differential scattering cross section
DE	two - dimensional electrophoresis
DEA	dissociative electron attachment
DEB	discharge electron bremsstrahlung
DEC	DONNAN exclusion chromatography
DEC	displacement error criterion
DEC	double electron capture
DEFMI	doubly enhanced four - wave mixing
DEFT	direct epifluorescent filter techniques
DEFT	driven equilibrium FOURIER transform
DEFT	driven equilibrium FOURIER transform (nmr)
DEIS	dual electron injection structure
DEL	diffraction des electrons lents (alt.: LEED)
DEM	discrete exchange model
DEMS	differential electrochemical mass spectroscopy
DENS	diffuse lattice neutron scattering
DEP	dielectrophoresis
DEP	direct exposure probe (ms)
DEPT	distortionless enhancement by polarization transfer
DEPT	distortionless enhancement by polarization transfer (nmr)
DEPT-GL	DEPT - grand luxe
DERCOS	decay via random coordinate selection (photoreaction)
DESMI	doubly enhanced sum - frequency mixing
DESPOT	driven -equilibrium single - pulse observation of T1
DET	deep electron trap
DET	displacement energy threshold
DETA	dielectric thermal analysis
DF	decontamination factor
DF	density function (or density formalism)
DF	density functional
DF	discharge flow
DF	dispersed fluorescence (spectroscopy)
DFB	distributed feedback
DFC	data flow control

DFFT	double forward FOURIER transformation	DILS	depolarized induced light scattering
DFG	diode function generator	DIM	diatomics - in - molecules (method)
DFHC	dark field hollow core	DIM	differential isotopic method
DFT	digital FOURIER transformation	DIM-3C	diatomics - in - molecules plus three - center terms
DFT	discrete FOURIER transform	DINS	diffuse inelastic neutron scattering spectroscopy
DFT	(position space) density functional theory	DIOS	direct iron - ore smelting reduction process (japanese steelind.)
DFTS	dispersive FOURIER transform spectrometry	DIP	direct insert probe
DFWM	degenerate four - wave mixing	DIP	double ionization potential
DF-ODMR	delayed fluorescence optically detected magnetic resonance	DIP	dual in - line package
DG	DEAL - GROVE (oxidation model)	DIPR	direct interaction with product repulsion (model)
DGB	distributed GAUSSIAN basis	DIRLD	dynamic ir linear dichroism
DGF	distributed GAUSSIAN function	DISCO	differences and sums in COSY spectra
DH	Dortmund Hörde process	DISCPAGE	discontinuous polyacrylamide electrophoresis
DH	delayed hypersensitivity	DISEM	diffracted beams from secondary electrons in SEM
DHF	dynamic HARTREE - FOCK	DIVAH	diagonally corrected vibrationally adiabatic hyperspherical (model)
DHO	displaced harmonic oscillator	DK	Dielektrizitätskonstante
DHT	deep hole trap	DLA	diffusion - limited aggregation (cluster)
DHVA	DE HAAS - VAN ALPHEN (effect)	DLC	data link control
DI	direct imaging	DLCA	diffusion - limited cluster aggregation
DIC	differential interface contrast	DLCF	data link control field
DICD	dispersion - induced circular dichroism	DLEED	dynamical low energy electron diffraction
DID	dipole - induced dipole	DLI	direct liquid inlet
DID	double INDOR difference (spectroscopy)	DLNS	deep - level noise spectroscopy
DIE	direct - injection enthalpimetry	DLOS	deep - level optical spectroscopy
DIGGER	discrete isolation from gradient - governed elimination of resonances	DLS	dynamic light scattering
DIGS	disorder - induced gap state (model)	DLTMA	dynamic load thermomechnical analysis
DIIS	diatomics in ionic systems (formalism)		
DIIS	direct inversion in the iterative subspace (PULAY)		

DLTS	deep - level transient spectroscopy	DOSD	dipole oscillator strength distribution
DLVO	DERJAGUIN - LANDAU - VERWEY - OVERBEEK (theory)	DOSENCO	decay on a specific nuclear coordinate (photoreaction)
DLZR	directionally levitation - zone - remelted	DOUBTFUL	double (quantum) transitions for finding unresolved lines
DM	digital mechanics	DP	differential pulse
DM	dry matter	DPA	distributed polarizability analysis
DMA	differentieller Mobilitäts Partikel Analysator	DPAC	doubly perturbed angular correlation
DMA	distributed multipoles	DPASV	differential pulse anodic stripping voltammetry
DMBE	double many - body expansion (method)	DPC	differential phase contrast
DMCM	dynamic Monte Carlo method	DPC	differential photo calorimetry
DME	dropping mercury electrode	DPCSV	differential pulse cathodic stripping voltammetry
DMFL	dingot magnesium fluoride liner	DPI	discretized path integral
DML	data manipulation language	DPIV	differential puls inverse voltammetry
DMM	deformation mechanism map	DPM	decays per minute
DMM	digital multimeter	DPP	differential pulse polarography
DMRGE	design of magnetic resonance (experiments) by genetic evolution	DPPH	derivative peak - to - peak height
DMS	Dehnungsmeßstreifen	DPV	differential pulse voltammetry
DMT	dynamic mechanical testing	DQC	double - quantum correlation (nmr)
DMTA	dynamic mechanical thermal analyzer	DQCC	deuterium quadrupole coupling constant (nmr)
DN	GUTMANN donor number	DQE	detector quantum efficiency
DNCP	dipolar - narrowed CARR - PURCELL (sequence)	DQENMR	deuterium quadrupole echo nuclear magnetic resonance
DNMR	dynamic NMR	DQF-COSY	double quantum filtered correlation spectroscopy
DNMR	dynamic nuclear magnetic resonance	DQF-COSY	double quantum - filtered COSY(correlated spectroscopy) (nmr)
DNMR	two - dimensional nuclear magnetic resonance spectroscopy	DQMC	diffusion quantum Monte Carlo
DNP	dynamic nuclear polarization	DQTST	detailed quantum transition state theory
DOC	direct on column injector	DR	diffuse reflection
DODS	different orbitals for different spins	DR	direct reduction of iron ore
DOPE	discrete orthogonal polynomial expansion	DRAM	dynamic random access memory
DOS	density of states	DRAW	direct read and write memory
DOS	disk operating system		

DRC	diamagnetic ring current
DRCM	double resonance with coupled multiplets (NQR)
DRED	double rocking electron diffraction
DRESS	depth - resolved surface - coil spectroscopy
DRF	dielectric response function
DRI	direct reduced iron
DRIFT	diffuse reflectance infrared FOURIER transform (spectroscopy)
DRIFTS	diffuse reflectance infrared FOURIER transform spectroscopy
DRIS	dynamic rotational isomeric state (model)
DRLC	double resonance via level crossing (NQR)
DRLF	double resonance between the rotating and laboratory frame (NQR)
DRPHS	dense random packing of hard spheres
DRRF	double resonance in the rotating frame (NQR)
DRRS	doubly resonant RAMAN scattering
DRS	depolarized RAYLEIGH scattering
DRS	diffuse reflectance spectrometry
DRS	diffuse reflectance spectroscopy
DRS-VIS	diffuse reflectance visible spectroscopy
DS	DEBYE - SMOLUCHOWSKI (theory)
DSA	dynamic strain aging
DSAM	DOPPLER shift attenuation method
DSC	differential scanning calorimetry
DSD	diamond - square - diamond (mechanism)
DSDSC	dual sample differential scanning calorimetry
DSF	dynamic structure factor
DSHO	derivative spectrometry higher order
DSIMS	dynamic secondary ion mass spectrometry
DSM	dynamic light scattering mode
DSMS	depth - selective MOESSBAUER spectroscopy
DSOP	domain of structurally ordered population (of compounds)
DSOR	domain of structurally ordered reactions
DSPES	depth - selective photoelectron spectroscopy
DSPT	dressed state perturbation theory
DSP-NLR	dual substituent parameter - non - linear resonance
DSRO	directional short range order
DTA	differential thermal analysis
DTG	differential thermogravimetry
DTGA	differential thermogravimetric analysis
DTL	diode transistor logic
DTLC	two - dimensional thin layer chromatography
DTM	double torsion method
DV	discrete variational (method)
DVM	digital volt meter
DVM	discrete variational method
DVR	discrete variable representation
DVR-DGB	discrete variable representation - distributed GAUSSIAN basis
DW	domain wall
DWBA	distorted wave BORN approximation
DWF	DEBYE - WALLER factor
DWIA	distorted wave impulse approximation
DWSBA	distorted wave second BORN approximation
DZ	depleted zone
DZ	double zeta basis

DZP	double zeta plus polarization (basis set)	EBCDIC	extended binary coded decimal interchange code
DZ+P	double zeta basis and polarization function(s)	EBCVD	electron - beam - assisted CVD
		EBIC	electron beam - induced current
D-RAM	dynamic RAM	EBICON	electron bombardment - induced conductivity
E	elongation		
e,2e	electron - electron coincidence spectroscopy (alt.: E2E)	EBID	electron bombardment - induced desorption
E2E	electron - electron coincidence spectroscopy (alt.: e,2e)	EBIS	electron beam ion source
		EBM	electron beam melting
EA	electron acceptor	EBR	experimental breeder reactor
EA	electron affinity	EBS	extended basis set
EA	electron association (ms)	EBWR	experimental boiling water reactor
EAAPS	electron - excited AUGER electron appearence potential spectroscopy	EBZM	electron beam zone melting
		EC	EDGEWORTH - CRAMER (series) (chromatography)
EAC	energy accommodation coefficient	EC	electrocondensation
EAD	electron affinity difference (method)	EC	electron capture
		ECC	effective conjugation coordinate
EAES	electron - excited AUGER electron spectroscopy (alt.: EEAES)	ECCF	eqilibrium charge - charge flux
		ECCM	electronic counter countermeasures
EAF	electric arc furnace		
EAFR	extended arc flash reactor	ECD	electrochromic display
EAL	extended average level	ECD	electron capture detector
EAM	embedded atom method	ECE	electrochemical chromatography
EAN	effective atomic number (rule)	ECE	electrochemical - chemical - electrochemical (react.sequence theory)
EANC	elastically active network chain		
EAPFS	extended appearance potential fine structure		
		ECE	electron correlation energy
EAPFSS	extended (or electron) appearence potential fine structure spectry.	ECE	electron cyclotron emission
		ECFP	effective crystal field parameter
EAPROM	electrically alternable read only memory	ECL	electro luminiscence
		ECL	electrogenerated chemiluminescence
EAROM	electrically alterable ROM		
EAS	AUGER electron spectroscopy (alt.: AES)	ECL	emitter coupled logic
		ECL	equivalent chain length (chromatog.)
EAS	electron attachment spectroscopy		
EAS	experiment analysis system	ECM	exciton chirality method
EA-MS	electron attachment (association) mass spectroscopy	ECMS	electron - capture mass spectrometry
EBA	extended BORN approximation		

ECN	equivalent chain number	EDRAW	erasable direct read after write memory
ECP	effective core potential		
ECR	electric current relaxation	EDS	energy - dispersive spectroscopy
ECR	electron channeling pattern	EDS	energy - dispersive system
ECRCVD	electron cyclotron resonance chemical vapor deposition	EDT	electric discharge texturing
		EDV	elektronische Datenverarbeitung (alt.:EDP)
ECR-MBE	electron cyclotron resonance plasma-excited MBE	EDV	exponentially damped VAN DER WAALS (model)
ECS	energy corrected sudden (law)		
ECTDMS	electrochemical thermal desorption mass spectroscopy	EDX	energy - dispersive x - ray microanalysis
ECTL	emitter coupled transistor logic	EDX	energy - dispersive x - ray spectroscopy (alt.:EDXS)
ECV	exchange capacity per unit volume	EDXD	energy - dispersive x - ray diffraction
ED	electron diffraction		
ED	electron donor	EDXRA	energy - dispersive x - ray analysis
ED	energy dispersion	EDXRF	energy - dispersive x - ray fluorescence
EDA	electron - donor - acceptor		
EDA	energy dispersive analyzer	EDXS	energy - dispersive x - ray spectroscopy (alt.:EDX)
EDA	explorative data analysis	EE	electro - etched
EDAX	Energie - dispersive ROENTGEN - Fluoreszenzanalyse (alt.: EDX)	EEAES	electron - excited AUGER electron spectroscopy (alt.: EAES)
EDC	energy distribution curves		
EDCS	energy distribution curve spectroscopy	EECL	emitter - to - emitter coupled logic
		EED	end - to - end distance
EDD	energy distribution difference	EED	exterior electron densities
EDEXAFS	energy - dispersive EXAFS	EEDC	electron energy distribution curve
EDF	effective damage function	EEDF	electron energy distribution function
EDF	energy - density fluctuation		
EDG	electrochemical discharge grinding	EELFS	extended energy loss fine structure
EDIM	embedded diatomics - in - molecules (method)	EELS	electron energy loss spectroscopy
EDIT	energy distribution of ionizing transitions	EEM	effective equations of motion (model)
EDL	electrical double layer	EEM	emission excitation matrix
EDL	electrodeless discharge lamp	EEPROM	electrically erasable, programmable read - only memory
EDMF	electric dipole moment function		
EDP	electronic data processing (alt.:EDV)	EER	electrolyte electroreflectance
		EEXAPS	electron - excited x - ray appearence potential spectroscopy
EDPSA	energy - dependent phase - shift analysis	EFA	effective field approximation

EFE	electron field emission
EFF	extended fringing field
EFG	electric field gradient
EFH	extended FENSKE - HALL (LCAO) (method)
EFLT	effective frequency low temperature (propagator)
EFNMR	electric field on nuclear magnetic resonance (spectra)
EGA	evolved gas analysis
EGL	exponential gap law
EH	extended HUECKEL (LCAO-method)
EHCO	extended HUECKEL crystal orbital
EHD	electrohydrodimerization
EHD	electron - hole drops
EHF	extended HARTREE - FOCK
EHMO	extended HUECKEL molecular orbital
EHMS	electro hydrodynamic mass spectrometry
EHP	electron - hole plasma
EHP	electron - hole potential
EHT	extended HUECKEL theory
EI	electron impact
EI	electron impact ions
EI	electron ionization
EIAES	electron - induced AUGER electron spectroscopy
EIC	electrostatic interaction chromatography (alt.:IEC)
EICP	extracted ion current profile (ms)
EID	electron impact desorption
EID	electron - induced desorption
EIMS	electron impact mass spectrometry
EIRFT	extended inversion - recovery FOURIER transform
EIS	electron impact spectroscopy
EIT	extended irreversible thermodynamics
EKE	equatorial KERR effect
EKhRO	electrochemische Dimensionsbearbeitung
EL	electroluminescence
ELA	electroacoustic
ELAS	electroacoustic spectrometry
ELCD	electrochemical detection
ELCD	electroconductivity detector
ELD	electroluminescent device
ELDF	effective liquid density functional
ELDOR	electron - electron double resonance
ELEED	elastic low - energy electron diffraction
ELEPS	extended LEPS
ELF	electron localization function
ELFEM	effective liquid free energy model
ELL	ellipsometry
ELNES	electron - loss near - edge structure
ELO	epitaxial lateral overgrowth
ELS	electrophonetic light scattering (alt.:LDV)
ELS	energy loss spectroscopy
ELSA	ellipse - saddle
EM	electron microprobe
EM	electron microscopy
EMA	effective medium approximation (BRUGGEMAN theory)
EMA	electron microprobe analysis
EMA	energy - modified adiabatic (approximation)
EMAS	electron microprobe AUGER spectroscopy
EMBR	electromagnetic brake
EMD	electron momentum density
EMF	electromotive force (alt.:EMK)
EMFC	electromotive force compensation

EMFF	electromagnetic form factor	EPA	extended pair approximation
EMI	electromagnetic interference	EPD	electron pair donor
EMIRS	electrochemically modulated infrared spectroscopy	EPES	elastic peak electron spectroscopy
EMK	Elektromotorische Kraft (alt.:EMF)	EPFRS	effective potential (approx. in the) free (particle) reference system
EMM	electron mirror microscopy	EPI	echo - planar imaging
EMMA	electron microscope microanalyzer	EPM	electron probe microscopy
EMP	electro magnetic pulse	EPM	electrophoretic mobility
EMP	electron microprobe (analysis)	EPMA	electron probe microanalysis
EMPA	electron microprobe analysis (alt.:ESMA)	EPP	empirical pairwise potential
EMR	electromagnetic radiation	EPP	expanded precessive plasma
EMS	efficient microcanonical sampling (procedure)	EPR	electron paramagnetic resonance
EMS	electrochemical mass spectroscopy	EPR	electron proton resonance
EMS	electromagnetic susceptibility	EPROM	erasable programmable read only memory
EMT	effective - mass - theory	EPS	electrochemical photocapacitance spectroscopy
EMUF	Einplatinencomputer für universelle Festprogrammanwendung	EPS	electrophoresis power supply
ENAA	epithermal neutron activation analysis	EPT	electron propagator theory
ENDOR	electron nuclear double resonance	EPT	exclusive polarization transfer
ENDORIESR	electron nuclear doubleresonance induced electron spin resonance	EPXMA	electronprobe x - ray microanalysis
ENFET	enzyme sensitive field effect transistor	EQCM	electrochemical quartz crystal microbalance
ENMR	electrophoretic nuclear magnetic resonance	EQID	exchange - quadrupole - induced dipole
ENSEC	european nuclear steelmaking club	EQQ	electric quadrupole - quadrupole correlation (functions)
EOF	end of file	ER	electroreflectance
EOF	energy - optimizing furnace (using coal and oxygen)(KORF, LURGI)	ERA	effective range approximation
EOM	electrooptic modulator	ERAS	extended real associated solution (model)
EOM	equations - of - motion (method)	ERD	elastic recoil detection
EOS	end of string	ERDA	elastic recoil detection analysis
EOS	equation of state	ERE	effective range expansion
EP	electrophosphorescence	ERM	eigenchannel R - matrix method
		ERM	environmental relaxation model
		ERMS	energy - resolved mass spectra
		EROM	erasable read only memory

ERS	external reflection spectrometry	ESID	electron - stimulated ion desorption
ERT	effective range theory		
ES	Elektronenstoss (alt.:EI)	ESIE	electron - stimulated ion emission
ES	emission spectroscopy	ESIPT	excited - state intramolecular proton - transfer
ESA	electric sector analyzer		
ESA	electrostatic analyzer	ESMA	Elektronenstrahl Mikroanalyse (alt.:EMPA)
ESA	energy sudden approximation		
ESA-CSA	energy sudden approximation - centrifugal sudden approximation	ESP	electron spin polarization
		ESPT	excited - state proton transfer
ESCA	electron spectroscopy for chemical analysis (alt.: XPS)	ESR	electron spin resonance
		ESR	electroslag refining
ESCA	x - ray photoelectron spectroscopy for chemical analysis(alt.: XPS)	ESRI	electron spin resonance imaging
		ESS	equilibrium solvation state
ESCORT	error self - compensation reached by tau - scrambling	ET	electron transfer
		ET	electrothermal atomization (alt.:ETA)
ESD	effective standard deviation		
ESD	electron - stimulated desorption	ETA	electrothermal analysis (alt.:ET)
ESD	electron - stimulated disorder	ETA	emanation thermal analysis
ESD	estimated standard deviation	ETAA	electrothermal atomic absorption
ESDED	electron - stimulated desorbed ions	ETA-AAS	electrothermal atomization atomic absorption spectrometry
ESDI	electron - stimulated desorption of ions	ETB-NOE	exchange - transferred bound - nuclear OVERHAUSER effect
ESDIAD	electron - stimulated desorption ion angular distribution	ETE	electronic transition energy
		ETF	electron translation factor
ESDIED	electron - stimulated desorbed ion energy distribution	ETL	emitter - follower transistor logic
		ETO	exponential - type orbital
ESDN	electron - stimulated desorption of neutrals	ETP	emission thermophotometry
		ETR	electron transfer reaction
ESE	electron spin echo	ETR	engineering test reactor
ESEEM	electron spin echo envelope modulation spectroscopy (pulsed EPR)	ETS	electron transmission (or tunneling) spectroscopy
		ETSH	extended tensor surface harmonic (theory)
ESEM	electron spin echo modulation		
ESEM	electroscattering electron microscopy	ETV	electrothermal vaporization
		EUF	electro - ultrafiltration
ESFD	electron - stimulated field desorption	EUPS	extreme ultraviolet photoemission spectroscopy
ESHG	electric field - induced second harmonic generation	EVA	electrothermal vaporization analysis
ESI	electron spectroscopy imaging		

EVB	empirical valence bond (method)
EVS	electroreflectance vibrational spectroscopy
EXAFS	extended x - ray absorption fine structure (spectroscopy)
EXAFSS	extended x - ray absorption fine structure spectroscopy
EXAPS	electron - excited x - ray appearence potential spectroscopy
EXELFS	extended electron energy - loss fine structure
EXSY	exchange spectroscopy
E.COSY	exclusive COSY (correlated spectroscopy; nmr)
FA	flash adsorption
FA	flowing afterglow
FAA	furnace atomic absorption (alt.:GFAA)
FAAS	flame atomic absorption spectrometry
FAB	fast atom bombardment
FABMS	fast atom bombardment mass spectrometry
FACM	free atom comparison method
FAES	flame atomic emission spectroscopy
FAFS	flame atomic fluorescence spectroscopy
FAID	field - assisted, ion - induced desorption
FALP	flowing afterglow LANGMUIR probe (technique)
FAMOS	floating avalanche injection metal oxide semiconductor
FANES	flameless non - thermal excitation spectrometry
FAR-IR	far infrared
FAS	flame absorption spectroscopy
FATT	fracture appearance transition temperature
FB	FERMI band
FBA	first BORN approximation
FBE	flat bed electrophoresis
FBEM	fixed - beam electron microscope
FBR	finite basis representation
FC	FOURIER components
FC	flash chromatography
FCD	FRANCK - CONDON density
FCF	FRANCK - CONDON factor
FCHF	frozen core HARTREE - FOCK
FCI	full configuration interaction
FCP	FRANCK - CONDON pumping
FD	field desorption
FD	flash desorption
FD	flavour dilution
FD	fluctuation dissipation (theory)
FDA	FEYNMAN - DYSON amplitude
FDCD	fluorescence detected circular dichroism
FDEMS	frequency - dependent electromagnetic sensor
FDM	field desorption microscopy
FDMR	fluorescence detected magnetic resonance
FDMS	field desorption mass spectrometry
FDMS	flash desorption mass spectrometry
FDP	frequency - dependent polarizability
FDS	field desorption spectroscopy
FDT	fluctuation - dissipation theorem
FE	field effect
FE	field emission
FECO	fringes of equal chromatic order
FED	field effect diode
FEE	field electron energy spectroscopy
FEED	field emission energy distribution
FEEDS	field emission energy distribution spectroscopy

FEEM	field electron emission microscopy	FHTS	fast HADAMARD transfer spectroscopy
FEES	field electron energy spectroscopy	FI	field ionization
FEESP	field - emitted electron spin polarization	FI	field ions
FEF	field emission fluctuation	FIA	fixed ion approximation
FEFN	field emission flicker noise	FIA	flow injection analysis
FEL	free electron laser	FIA	free interstitial atom
FEM	field emission microscopy	FIB	fast ion bombardment (ms)
FEM	finite element method	FIC	fast ion chromatography
FEMO	free electron molecular orbital	FIC	field ionization cinetics
FEOE	full equalization of orbital electronegativity	FID	flame ionization detector
		FID	free induction decay
FEPHM	field emission probe - hole microscopy	FIDOH	flame ionization detector oxygen - hydrogen
FERETS	front - end resolution enhancement (using) tailored sweeps	FIED	field ion energy distribution
		FIFO	first in first out
FES	field emission spectroscopy	FIGE	field inversion gel electrophoresis
FES	flame emission spectroscopy	FIM	field ion microscopy
FET	FOERSTER energy transfer	FIMS	field ionization mass spectrometry
FET	field effect transistor	FIM-APS	field ion microscope atom probe spectrometry
FF	FOURIER frequencies		
FFC-NMR	fast field - cycling nuclear magnetic resonance	FIR	far - infrared (alt.:FAR-IR)
		FIR	far - infrared (plasma) resonance
FFEM	freeze fracture electron microscopy	FIRFT	fast inversion - recovery FOURIER transform
FFF	field flow fractionation (sedimentation)	FIRO	finite impulse response operator
		FIS	field ionization spectroscopy
FFM	flash - filament method	FIT	flow injection titrimetry
FFR	field - free region	FKMS	Festkörper Massenspektrometrie (alt.:FMS)
FFS	flame fluorescence spectroscopy		
FFS	flash filament spectroscopy	FL	fluorescence
FFT	fast FOURIER transform	FLAPW	full - potential, linearized augmented, plane wave
FFTA	film flow transfer apparatus		
FFTS	fast FOURIER transform spectrometry	FLC	ferroelectric liquid crystal
		FLOTOX	floating gate tunnel - injection non-volatile memory
FGEPR	field - gradient electron paramagnetic resonance		
		FLSM	FLOQUET - LIOUVILLE super - matrix
FGSE	field - gradient spin - echo		
FGT	field gradient tensor	FM	frequency modulation

FMO	fragment molecular orbital (method within extd. HUECKEL approxim.)
FMR	ferromagnetic resonance
FMS	Festkörper Massenspektrometrie (alt.:FKMS)
FN	fixed nuclei (approximation)
FNA	fixed nuclei approximation
FNMRI	flow nuclear magnetic resonance imaging
FNN	first nearest neighbour (approximation)
FNO	fixed nuclear orientation (approximation)
FNT	FOWLER - NORDHEIM tunnelling
FOCI	first - order configuration interaction
FOCSY	foldover - corrected spectroscopy
FOD	fourth - order differencing (method)
FODWBA	first - order distorted wave BORN approximation
FOLZ	first - order LAUE zone
FOMBT	first - order many - body theory
FOMP	first - order magnetization process
FONDA	first - order nondegenerate adiabatic (approximation)
FOPPA	first - order polarization propagator (theory)
FORS	fully optimized reaction space
FORTRAN	formula translation (language)
FOTO	forced oscillation of a tightening oscillator
FO-ESR	flow orientation - electron spin resonance
FP	FOKKER - PLANCK (equation)
FP	flash photolysis
FPC	fixed partial charge (model)
FPD	flame photometric detector
FPLA	field programmable logic array
FPM	four - photon mixing
FPR	fluorescence photobleaching recovery
FPROM	field - programmable read - only memory
FPSEP	flash - photolysis stimulated emission pumping
FPT	finite perturbation theory
FPT	functional perturbation theory
FP-MCSCF	finite perturbation multiconfigurational self - consistent field
FP-ST	flash photolysis - shock tube
FQHE	fractional quantum HALL effect
FR	forbidden reflection
FRFWM	fully resonant four - wave mixing
FROM	factory programmable read - only memory
FRS	forced RAYLEIGH scattering
FRS	free rotor states
FS	FERMI surface
FS	FOURIER series
FS	FUCHS - SONDHEIMER (conduction model)
FS	furnace synthesis
FSA	ROENTGEN Feinstrukturanalyse
FSCGC	fused silica capillary gas chromatography
FSD	FOURIER self - deconvolution
FSGO	floating spherical GAUSSIAN orbital
FSLM	FLOQUET - LIOUVILLE super matrix
FSR	free spectral range
FSW	FOURIER series window
FT	FOURIER transform
FTESR	FOURIER transform electron spin resonance
FTICR	FOURIER transform ion cyclotron resonance
FTICRMS	FOURIER transform ion cyclotron resonance mass spectrometry

FTIR	FOURIER transform infrared resonance
FTIR	FOURIER transform infrared spectroscopy
FTMS	FOURIER transform mass spectrometry
FTMW	FOURIER transform microwave
FTNQR	FOURIER transform nuclear quadrupole resonance
FTP	FOURIER transform polarography
FTS	FISCHER - TROPSCH synthesis
FTS	FOURIER transform spectroscopy/-metry
FT-CCD	frame transfer charge - coupled device
FT-ESE	FOURIER transform - electron spin echo (spectroscopy)
FT-ICR	FOURIER transform ion cyclotron resonance
FT-IR	FOURIER transform infrared spectroscopy
FT-RS	FOURIER transform - RAMAN spectroscopy
FWF	FOKKER - WHEELER - FEYNMAN electrodynamics
FWHH	full width at the half - height
FWHH	full width of hight of spectral peak
FWHM	full width of half maximum height (of spectral peak)
FWTM	full width of a tenth maximum
FXD	flash x - ray diffraction
FXR	flash x - ray radiography
GAC	gas adsorption chromatography
GAGP	generalized antisymmetrized geminal power
GARP	globally optimized alternating phase rectangular pulse (nmr)
GASFET	gas - sensitive field effect transistor
GASPE	gated spin echo
GAT	gas aggregation technique
GBD	grain boundary dislocation
GC	gas chromatography
GC2	glass capillary gas chromatography
GCA	generator coordinate approximation
GCE	glassy carbon electrode
GCEMC	grand - canonical ensemble Monte Carlo
GCMC	grand - canonical Monte Carlo
GCRDE	glassy carbon rotating disk electrode
GCRE	gas - cooled reactor experiment
GC-MS	gas chromatography - mass spectrometry
GD	gated decoupling
GD	geometric definition
GD	glow discharge
GDD	gas discharge display
GDE	generalized diffusion equation
GDF	generalized density functional (theory)
GDL	glow discharge lamp
GDMS	glow discharge mass spectrometry
GDOS	glow discharge optical spectroscopy
GDP	galvanostatic double - pulse (method)
GDS	graphic data system
GE	gas enthalpimetry
GED	gas electron diffraction
GELI	germanium - lithium semiconductor detector
GEMCQ	GIDDINGS - EYRING extended by McQUARRIN (theory)
GEP	gradient extremal path (PANCIR)
GF	gradient field
GFAA	furnace atomic absorption (alt.:FAA)

GFAAS	graphite furnace atomic absorption spectroscopy
GFC	gel filtration chromatography
GFMC	GREEN's - function Monte Carlo
GFMD	gold film mercury detector
GHBC	ground - state hydrogen - bonded complex
GHFF	general harmonic force field
GHPD	gated high power decoupling
GHRM	generalized hard rod model
GIAO	gauge invariant atomic orbitals
GIBMS	guided - ion - beam mass spectroscopy
GIP	ground - state inversion potential (method)
GIR	glancing incidence reflection
GIR	grazing incidence reflection
GIS	gated isolated structure
GITT	galvanostatic intermittent titration technique
GK	GORDON - KIM (electron gas model)
GKE	gesättigte Kalomel Elektrode (alt.:SCE)
GL	GINZBURG - LANDAU (theory)
GLC	gas liquid chromatography
GLD	generalized LANGEVIN dynamics (method)
GLE	generalized LANGEVIN equation
GLF	GAUSSIAN lobe function
GLGA	GINZBURG - LONDON - GARKOW - ABRIKOSOW (superconduction)
GLPC	gas - liquid - partition chromatography
GLX	gel liquid extraction
GM	GEIGER - MUELLER (counter)
GMCM	generalized molecular crystal mode
GMCR	global minimum catchment region
GME	generalized master equation
GMSA	generalized mean spherical approximation
GMSMA	generalized mean spherical model approximation
GMT	grain misorientation texture
GOE	GAUSSIAN orthogonal ensemble
GOE	general OVERHAUSER effect
GOFO	geometry - optimized floating orbitals
GOW	guided optical wave
GPC	gel permeation chromatography
GPF	gas phase fluorescence
GPF	grand partition function
GPIB	general purpose interface bus
GPMAS	gas phase molecular absorption spectroscopy
GPPD	general purpose powder diffractometer
GPPS	general purpose simulation system
GPT	gas phase titration
GRE	GAUSSian resolution enhancement
GRIN-SCH	graded - index separate - confinement heterostructure
GRM	generalized ROUSE model
GRW	generalized random walks
GSAM	generalized standard addition method
GSC	gas solid chromatography
GSCD	ground state combination difference
GSCL	gas - solid chemiluminescence
GSE	ground - state energy
GSG	genuine spin glass
GSI	grand scale integration
GSMBE	gas source molecular beam epitaxy
GTA	graphite tube atomizer

GTD	GAUSSIAN - type distribution	HCB	hard convex body
GTE	gas turbine engine(ering)	HCC	horizontal continuous casting
GTF	GAUSSIAN - type function	HCI	HYLLERAAS configuration interaction
GTG	GAUSSIAN - type geminals	HCL	hollow cathode lamp
GTO	GAUSSIAN - type orbital	HD	hard diatomics
GTSM	group theory statistical mechanics	HDA	hemispherical deflection analyzer
GTST	generalized transition - state theory	HDC	hydrodynamic chromatography
GUGA	graphical unitary group approach	HDDR	high density digital magnetic recording (edv)
GVB	generalized valence bond	HDM	HILL determinant method
GVB-PP	generalized valence bond (with) perfect pairing	HECD	HALL electroconductivity detector
GVDW	generalized VAN DER WAALS (theory)	HEED	high - energy electron diffraction
GVFF	generalized valence force field	HEELS	high - energy electron energy loss spectroscopy
GWD	GAUSSIAN wave - packet dynamics	HEELS	high - resolution energy - loss spectroscopy
GWGF	generalized WIENER G - functional(s)	HEHIXE	high - energy heavy ions x - ray emission
GWP	GAUSSIAN wave packet	HEIS	high - energy ions back scattering spectroscopy
HA	harmonic approximation	HEL	high - energy laser
HAES	He(+) - excited AUGER - electron spectroscopy	HEMIP	high - efficiency microwave - induced plasma
HAFID	hydrogen atmosphere flame ionization detector	HEMT	high electron mobility transistor
HAHA	HARTMANN - HAHN (spectroscopy)	HEPEX	heavy element partitioning by extraction
HAM	hydrogenic atoms in molecules (semi - empirical MO - theory)	HER	hydrogen evolution reaction
		HERD	high - energy x - ray diffraction
HAMP	HEINE - ABARENKOV model pseudo - potential	HETCOR	heteronuclear correlation (nmr)
HAPUG	modulation - circuit to HARLICH - PUNKS - GERTH	HETP	height equivalent of a theoretical plate
		HF	HARTREE - FOCK
HASP	harmonically analyzed sensitivity profile	HF	heavy fermion (system)
HAZ	heat - affected zone	HF	high frequency
HB	hydrogen bond	HF	hyperfine field
HBA	hydrogen bond acceptor	HFBR	high - flux beam reactor (Brookhaven)
HBT	heterojunction bipolar transistor	HFC	hyperfine couplings
HCA	hemicylindrical AUGER analyzer	HFD	HARTREE - FOCK dispersion

HFD	high - frequency deflection
HFETR	high - flux engineering testing reactor
HFF	high - frequency fluctuation
HFIR	high - flux isotope reactor
HFO	high - frequency oscillator
HFPD	HARTREE - FOCK proper dissociation
HFS	HARTREE - FOCK - SLATER
HFS	high - frequency sparking
HFS	hyperfine structure
HFT	hypercomplex FOURIER transformation
HF-MBPT	HARTREE - FOCK many - body perturbation theory
HGAA	hydride generation followed by atomic absorption
HGMS	high - gradient magnetic separation
HHF	HARTREE - HARTREE - FOCK
HIC	hybrid integrated circuit
HIC	hydrophobic interaction chromatography
HIEF	hybrid isoelectric focussing
HIGFET	heterostructure insulated - gate FET
HIIDMS	heavy ion induced mass spectrometry
HINIL	high - noise immunity logic
HIP	hot isostatic pressing
HIXE	helium - induced x - ray emission
HIXSE	heavy - ion - induced x - ray satellite emission
HKS	HOHENBERG - KOHN - SHAM (method)
HLAO	high - lying antibonding orbital
HMBC	H - detected multiple - bond correlation
HMBC	heteronuclear multiple - bond correlation (nmr)
HMC	hemimicelle concentration
HMDE	hanging mercury drop electrode
HMMC	halogen - bridged mixed - valence metal complex
HMO	HUECKEL molecular orbital method
HMQC	heteronuclear multiple - quantum coherence (nmr)
HMS	harmonic mode scrambling
HMV	hydrodynamic modulation voltammetry
HNC	hypernetted chain (approximation)
HNC/MS	hypernetted - chain - spherical (equation)
HNOE	heteronuclear OVERHAUSER effect
HNR	HOFFMAN - NORD - RUEDENBERG (gradient extremals)
HOBF	higher order bright field
HOCO	highest occupied crystal orbital
HODS	higher order derivation spectroscopy
HOESY	heteronuclear NOE sequence (2D-nmr)
HOHAHA	homonuclear HARTMANN - HAHN (spectroscopy)(nmr)
HOL	holography
HOMCOR	homonuclear correlation
HOMO	highest occupied molecular orbital
HOPG	highly oriented pyrolytic graphite
HORSES	higher order RAMAN spectral excitation studies
HP	high performance
HPBW	half - peak band width
HPIC	high performance ion chromatography
HPIEC	high performance ion exchange chromatography
HPL	hot photoluminescence
HPLAC	high performance liquid affinity chromatography

HPLC	high performance liquid chromatography
HPLC	high pressure liquid chromatography
HPMS	high pressure mass spectrometry
HPPD	high power proton decoupling
HPPLC	high performance planar liquid chromatography
HPPLC	high performance preparative liquid chromatography
HPSEC	high performance size exclusion chromatography
HPT	high performance titrimetry
HPTLC	high performance thin layer chromatography
HQG	hydrogen quantum generator
HR	HARTREE - ROOTHAAN
HR	high resolution
HRE	hyper RAMAN effect
HRED	high resolution electron diffraction
HREEL	high resolution electron energy
HREELS	high resolution electron energy loss spectroscopy
HRELS	high resolution electron loss spectroscopy
HREM	high resolution electron microscopy
HRIR	high resolution infrared radiometry
HRMS	high resolution mass spectrometry
HRSGC	high resolution substraction gas chromatography
HRSTEM	high resolution scanning transmission electron microscopy
HRTEM	high resolution transmission electron microscopy
HRXPS	high resolution x - ray photoelectron spectroscopy
HSAB	hard/soft acid/base (theory)
HSC	high - temperature salt corrosion
HSGC	headspace gas chromatography
HSI	hyperthermal surface ionization
HSIDI	hyperthermal surface induced dissociative ionization
HSLA	high strength low alloy (steels)
HSM	hot strip rolling mill
HSMB	hyperthermal supersonic molecular beam
HSRI	high sensitivity refractivity index
HSS	homogeneity spoil spectroscopy
HSVD	HANKEL singular value decomposition
HSVPS	high speed vector processor system
HT	high temperature
HTBM	high - temperature BIRCH - MURNAGHAN (model)
HTD	helium thermal desorption (technique)
HTFFR	high - temperature fast - flow reactor
HTGR	high - temperature gas reactor
HTL	high temperature limit
HTL	high threshold logic
HTP	high - temperature photochemistry
HTR	high - temperature defect
HTS	HADAMARD transfer spectrometry
HTS	high - temperature silylation
HTSC	high - temperature superconductor
HTU	height of transfer unit (destillation/GC)
HT-IR	HADAMARD transform - infrared spectroscopy
HVCTEM	high voltage conventional transmission electron microscopy
HVEM	high voltage electron microscopy
HVIC	high voltage integrated circuit
HVL	half value layer (radiography)
HVP	high voltage pulser
HVSTEM	high voltage scanning transmission electron microscopy
HV(+/-)	high voltage (pos. or neg.)

HWD	hot wire detector	ICF	inertial confinement fusion
HWE	hot wall epitaxy	ICF	interacting correlated fragment (method)
HWGD	hot - wall glow discharge decomposition	ICISS	impact collision ion scattering spectroscopy
HWHH	half - width at half - height	ICL	interface control layer
HWZ	Halbwertszeit	ICLAS	intracavity laser absorption spectroscopy
HXIS	hard x - ray imaging spectrometer	ICP	inductively coupled plasma
HYL I	HOJALATA Y lamina direct reduction iron - making batch process	ICPAES	inductively coupled plasma atomic emission spectrometry
HYL III	continuously operating variant of the HYL I process	ICPOES	inductively coupled optical plasma emission spectrometry
HZQC	homonuclear (proton) zero - quantum coherence (NMR)	ICP-AES	inductively coupled plasma - atomic emission spectrometry
H-FTPGSE	proton FOURIER transform pulsed - gradient spin echo (nmr)	ICP-MS	inductively coupled plasma - mass spectrometry
IAC	induced AUGER channeling	ICP-OES	inductively coupled plasma - optical emission spectrometry
IAD	ion angular distribution	ICR	ion cyclotron resonance spectroscopy (pulsed)
IAES	ion - excited AUGER electron spectroscopy	ICR	ion cyclotron resonance (spectroscopy) (pulsed)
IAP	imaging atom probe	ICRF	ion cyclotron range of frequency
IAPS	ion appearance potential spectroscopy	ICRMS	ion cyclotron resonance mass spectrometry (drift cell)
IBAE	ion - beam assisted etching	ICS	integral cross section
IBE	ion - beam etching	ICSD	inorganic crystal structure data
IBM	infinite barrier model	ICTS	isothermal capacitance transient spectroscopy
IBN	direct ion beam nitridation	ICVT	improved canonical variational (transition state) theory
IBSCA	ion - beam spectrochemical analysis	ICVT-LCG	improved canonic.variation. theory(with)large - curvature ground-state
IBW	ion BERNSTEIN wave	ICZG	internal centrifugal zone growth
IC	initial conditions	ID	indirect detection
IC	integrated circuit	IDA	intelligent data acquisition
IC	ion chromatography	IDA	isotope dilution analyses with mass spectrometry (alt.: IDMS,MSID)
ICAP	inductively coupled argon plasma		
ICB	ionized cluster beam		
ICDW	incommensurate charge density wave		
ICEP	impedance conversion and error processing		
ICES	ion chromatography eluation suppression		

IDEAS	incidence - pendent excitation for AUGER spectroscopy	IETS	inelastic electron tunneling spectroscopy
IDFT	inverse discrete FOURIER transform	IEX	ion change (alt.:IE)
		IEX	ion - excited x - ray
IDLS	intracavity dye laser spectrometry	IEXC	ion - exchange chromatography (alt.:IEC)
IDMS	isotope dilution analyses with mass spectrometry	IEXF	ion - excited x - ray fluorescence
IDP	image depth profiling	IEXS	ion - excited x - ray spectroscopy
IDP	isolated dipole pair	IF	isoelectric focusing
IDS	inorganic dielectric substance	IFA	immunofluorescent antibody assay
IDS	intensity - dependent (spatial) summation	IFC	inner field compensation
IE	immunoelectrophoresis	IFD	immunofluorescence detection
IE	ion exchange	IFDEMS	imaging field - desorption mass spectrometry
IEAES	ion - excited AUGER - electron spectroscopy (alt.: IAES)	IFE	immunofixation electrophoresis
		IFE	ion field emission
IEC	electrostatic interaction chromatography	IFPAG	isoelectric focusing in polyacrylamide gel
IEC	ion - clusion chromatography	IFS	infrared FOURIER spectrometry
IECT	impulsive ergodic collision theory	IFT	inverse FOURIER transformation
IED	ion energy distribution	IG	ion gauge
IEE	induced electron emission (alt.: ESCA)	IGC	experimental chamber ion gauge
		IGD	inverse gated decoupling
IEF	isoelectric focusing	IGFET	insulated gate field effect transistor
IEHMO	iterative extended HUECKEL molecular orbital	IGLO	individual gauge for localized orbitals
IEHT	iterative extended HUECKEL theory	IGM	gas manifold ion gauge
IEM	interstitial - electron model	IGOR	interactive generation of organic reactions
IEMM	incident energy modulation method	IHP	inner HELMHOLTZ plane
IENAA	instrumental activation analysis with epithermal neutrons	IIAES	ion - induced AUGER electron spectroscopy
IEP	immunoelectrophoresis	IID	ion impact desorption
IEP	isoelectric point	IID	ion - induced desorption
IEPA	independent electron pair approximation	IIIS	internal image intensification system
IESS	inelastic electron scattering spectroscopy	IIL	integrated injection logic
IETAAS	impaction electrothermal atomic absorption	IILD	impurity - induced layer disordering

IILE	ion - induced light emission	IMS	isocratic multisolvent
IINS	incoherent inelastic neutron scattering	IMSM	interdigitated metal-semiconductor-metal (SCHOTTKY-barrier photodiode)
IIR	ion - induced radiation = x - ray emission induced by ion bombardment	IMTF	ISING model (in a) transverse field
		IMXA	ion microprobe x - ray analysis
IIRS	ion impact radiation spectroscopy	IN	ion neutralization
IIRS	ion - induced radiation spectroscopy	INAA	instrumental neutron activation analysis
IIXE	ion - induced x - ray emission	INADEQUATE	incredible natural abundance double quantum transfer experiment (nmr)
IIXS	ion - induced x - ray spectroscopy		
IKBI	inverse KIRKWOOD - BUFF integral(s) (method)	INC	intranuclear cascade (model)
IKES	ion kinetic energy spectroscopy	INCH	indirectly - bonded carbon - hydrogen (shift correlation)
IL	inversion layer	INDO	intermediate neglect of differential overlap
ILEED	inelastic low - energy electron diffraction		
ILO	interaction localized orbital	INDOR	internuclear double resonance
ILS	instrument line shape (function)	INEPT	insensitive nuclei enhancement by polarisation transfer (nmr)
ILS	interlevel shorts		
ILS	ionization loss spectroscopy	INEPT CR	insens. nuclei enhanced by polarizn.transf.(under) composite refocus.
ILT	inverse LAPLACE transformation		
IM	image matching	INM	independent normal mode
IM	isotropic mixing	INMR	inverse nuclear magnetic resonance
IMF	intermodulated fluorescence		
IMGE	ion - selective multisolvent gradient elution	INMS	ionized neutral mass spectrometry
		INO	iterative natural orbital
IMIS	Instituto Mexicano de Investigaciones Siderurgicas	INO-CI	iterative natural orbital configuration interaction
IMMA	ion microprobe mass analysis	INS	inelastic neutron scattering
IMP	ion - moderated partition	INS	ion neutralization spectroscopy
IMPATT	impact avalanche transit time	INSIPID	inadequate sensitivity improvement by proton indirect detection
IMPPT	intermolecular MOELLER - PLESSET perturbation theory		
		IOLL	infinite - order local linearization
IMPS	intensity - modulated photocurrent spectroscopy	IOS	infinite - order sudden (approximation)
IMS	incommensurately modulated structure	IOSA	infinite - order sudden approximation
IMS	independent monomer state	IP	ion probe
IMS	ion mobility spectrometry	IP	ionization potential

IPA	inverse perturbation analysis	IRDR	infrared double resonance (spectroscopy)
IPC	incipient percolation cluster	IRE	internal reflection elements
IPC	indirect photometric chromatography	IRFT	inversion - recovery FOURIER transform
IPC	ion pair chromatography	IRIRDR	infrared - infrared double resonance
IPCE	incident (monochromatic) photon - to - current conversion efficiency	IRM	isotopic reference material
IPE	ion photon emission	IRMA	immuno radiometrical assay
IPES	inverse photoemission spectroscopy	IRMP	infrared multiphoton (excitation)
IPM	independent particle model	IRMPA	infrared multiple photon absorption
IPP	ion pair partition	IRMPD	infrared multiphoton dissociation
IPPA	independent pair potential approximation	IRMPD	infrared multiplephoton decomposition
IPPP	inner projections of the polarization propagator	IRMPE	infrared multiphoton excitation
IPPPM	iterative PARISER - PARR - POPLE method with MATAGA - NISHIMOTO-approx	IRO	intermediate range order
		IRP	infrared pyrometry
		IRP	intrinsic reaction path
IPPPO	iterative PARISER - PARR - POPLE method with OHNO - approximation	IRPD	infrared photodesorption
		IRRAS	infrared reflection absorption spectroscopy
IPS	intermolecular potential - energy surface	IRRS	infrared reflectance spectroscopy (alt.: IRS)
IPS	inverse photoemission spectroscopy	IRS	infrared reflectance spectroscopy (alt.: IRRS)
IPS	ion photon spectroscopy	IRS	internal reflectance (reflection) spectroscopy (ellipsometry)
IPS	isotropic proton shift (nmr)		
IPSD	integrating position sensitive detector	IRS	inverse RAMAN spectroscopy
		IRTA	irreducible tensor analysis
IQHE	integer quantum HALL effect	IS	ion scattering
IQL	indifference quality level = indifferente Qualitätslage	IS	ionization spectroscopy
		IS	isomer shift
IR	induced radioactivity	ISA	internal standard addition
IR	infrared	ISA	ion scattering analysis
IRAS	infrared reflection - absorption spectroscopy	ISC	intersystem crossing
		ISC	inverse shift correlation
IRC	intrinsic reaction coordinate	ISD	ion - stimulated desorption
IRCD	infrared circular dichroism	ISE	ion selective electrode
IRD	infrared detector	ISEEL	inner shell electron energy loss

ISEELS	inner - shell electron energy loss spectroscopy	IXSS	x - ray scattering spectroscopy
ISF	interaction site formalism	JBDOS	joint bulk density of states
ISFET	ion - sensitive field effect transistor	JDOS	joint density of states
ISIS	image - selected in vivo spectroscopy	JFET	junction field effect transistor
ISM	inverse scattering method	JODOS	joint optical density of states
ISO	ion - selective optrode	JTE	JAHN - TELLER effect
ISPT	improved scaled particle theory	J-FET	junction FET
ISS	Ionenspektroskopie	KAM	KALMOGOROW - ARNOLD - MOSER (criteria)
ISS	impulsive stimulated (light) scattering	KCB-S	KRUPP combined blowing for stainless steelmaking
ISS	ion scattering spectroscopy	KER	KOLBE electrosynthesis reaction
ISS	ion surface scattering	KER	kinetic energy release
ISS-SIMS	ion scattering spectrometer - secondary ion mass spectrometry	KERD	kinetic energy release distribution
		KFT	KARL FISCHER titration
ISTEM	internal scanning transmission electron microscopy	KIE	kinetic isotope effect
		KISS	KOSSEL internal stress method
IT	intervalence transition	KKR	KORRINGA - KOHN - ROSTOCKER (bandstructure calculation)
ITAS	infrared transmission - absorption spectroscopy		
		KKT	KRAMERS - KRONIG transformation
ITC	ionic thermocurrent		
ITD	ion trap detector (ms)	KLEED	kinematical low - energy electron diffraction
ITNAA	instrumental activation analysis with thermal neutrons		
		KM	kink migration
ITP	Isotachophorese	KMAL	kinetic mass action law
ITS	inelastic tunneling spectroscopy	KMDP	KOSSEL - MOELLENSTEDT diffraction pattern
IU	international unit		
IVA	Isotopenverdünnungsanalyse (alt.: IDA)	KO	K orbitals
		KOBM-S	kombinierter OBM prozess - stainless
IVD	ion and vapor deposition		
IVO	improved - virtual - orbital (method)	KPF	kink pair formation
		KRIPES	k(.fwdarw.)-resolved inverse photoemission spectroscopy
IVR	intramolecular vibrational relaxation		
IVR	intramolecular vibrational (energy) redistribution	KRIPS	k - resolved inverse photoelectron spectroscopy
IWOP	integration within an ordered product of operators	KSR	Kernspinresonanz (alt.: NMR)
		KST	Kernspintomograph
IX	ion exchange	KWW	KOHLRAUSCH - WILLIAMS - WATTS (relaxation function)

KhS	chemical affinity (khimicheskoe srodstvo)	LCAO	linear combination of atomic orbitals
K-BOP	KAWASAKI - basic oxygen process	LCAP	loosely coupled array of processors
LAC	liquid adsorption chromatography	LCAPAS	linear combination of antisymmetrized products of atomic substrate
LACBED	large - angle covergent beam electron diffraction	LCAS	linear combination of atomic substrate
LAD	light - assisted deposition		
LADM	local average density model	LCBO	linear combination of bond orbitals
LAF	laser atomic fluorescence spectroscopy	LCBOD	liquid crystal bistable optical device
LAG	least - action ground state approximation	LCCC	locular counter current chromatography
LALLS	low - angle laser light scattering	LCCD	linearized coupled cluster doubles
LAMES	laser micro emission spectroscopy	LCD	liquid crystal diode (display)
LAMMA	laser microprobe mass analysis	LCE	LYAPUNOV characteristic exponent
LAMMS	laser micro mass spectrometry	LCE	local chemical equilibrium
LAN	local area network	LCEC	liquid chromatography with electrochemical detection
LAO	localized atomic orbital		
LAOCOON	least - squares adjustment of calculated on observed NMR (spectra)	LCFC	linear combination of fragment configuration
		LCFT	lower critical flocculation temperature
LAPW	linearized augmented plane wave (energy band)	LCG	large - curvature ground state approximation
LARIS	laser ablation and resonance ionization spectrometry	LCGTO	linear combination of GAUSSIAN - type orbitals
LAS	laser absorption spectroscopy	LCGTO-LSD	linear combination of GAUSSIAN orbitals - local spin density (method)
LAS	light absorption sensitizer		
LASER	light amplification by stimulated emission of radiation	LCHOP	linear combination of harmonic oscillator products
LASO	large amplitude self - oscillation		
LASTO	linear - augmented SLATER - type - orbital (ab initio calc.)	LCMBPT	linked cluster many - body perturbation theory
		LCML	low - level current mode logic
LAVA	laser vaporization	LCMO	linear combination of molecular orbitals
LAXS	large - angle x - ray scattering		
LB	LANGMUIR - BLODGETT (film - technique)	LCMTO	linear combination of muffin tin orbitals
LB	loosely bound	LCNMR	liquid - crystal nmr spectroscopy
LBIS	longitudinal biased initial susceptibility		
LC	liquid chromatography		

LCRAMP	linear combination of radial and angular momentum products	LD-RH-OB	Two-stage BOF combined with RH-OB
LCSPM	linear combination of symmetry - adapted products of MORSE functions	LE	local(ly) excited
		LEAC	linear elution adsorption chromatography
LCST	lower critical solution temperature	LEAFS	laser - excited atomic fluorescence spectrometry
LCUV	liquid chromatography with uv detection	LEC	liquid - encapsulated Czochralski
LD	LANGEVIN dynamics (method)	LED	light - emitting (luminescence) diode
LD	Linz Donawitz, the original BOS process (VOEST-ALPINE)	LEED	low - energy electron diffraction
LD	laser desorption	LEEDOA	low - energy electron diffraction optics analyzer
LD	linear dichroism (technique)	LEEIXS	low - energy electron - induced x - ray spectroscopy
LD	local density		
LDA	laser DOPPLER anemometry	LEELS	low - energy electron loss spectroscopy
LDA	linear diode array		
LDA	local density approximation	LEEM	low - energy electron microscopy
LDA-MTO	local - density approximation muffin - tin orbital	LEES	low - energy electron spectrometry
		LEET	low - energy electron transmission
LDD	lightly doped drain	LEF	laser - excited fluorescence (spectroscopy)
LDF	local density function		
LDF	lokaler Dichte Formalismus	LEFD	local enhanced field desorption
LDH	linearized DEBYE - HUECKEL (theory)	LEI	laser - enhanced ionization
		LEIBAD	low - energy ion bombardment angular distributions
LDLC	low dispersion liquid chromatography		
LDME	laser DOPPLER microelectrophoresis	LEIM	laser evaporation of intact molecules (ms)
		LEIS	low - energy ion scattering spectroscopy
LDMS	laser desorption mass spectrometry		
LDOS	local density of states	LEM	LORENTZ electron microscopy
LDP	least distance programming (algorithm)	LEMBS	low - energy molecular beam scattering
LDR	linear dynamic range	LEMO	lowest empty molecular orbital
LDRPA	local density - based random phase approximation	LEMS	low - energy molecular beam scattering
LDS	linear dichroism spectrometry	LEPD	low - energy photon detector
LDV	electrophonetic light scattering (alt.:ELS)	LEPD	low - energy positron diffraction
		LEPS	LONDON - EYRING - POLANYI - SATO (potential energy surface)
LDV	laser DOPPLER velocimetry		
		LEPS	low - energy photon spectroscopy

343

LERD	low - energy x - ray diffraction	LIBORS	laser - ionization based - on - resonance saturation
LERS	low - energy recoil spectroscopy	LIBS	laser - induced breakdown spectroscopy
LES	light emission sensitizer		
LESR	light - induced electron spin resonance	LICRY-NMR	liquid crystal nuclear magnetic resonance (spectroscopy)
LESS	laser - excited SHPOL'SKII - spectrometer	LICVD	laser - induced CVD
		LID	laser - induced desorption
LET	linear energy transfer	LIDAR	light detection and ranging
LET	low - energy temperature	LIESST	light - induced excited spin state trapping
LEX	low - energy x - ray spectral analysis		
		LIF	laser - induced fluorescence
LF	ladle furnace	LIFLN	laser - induced fluorescence line narrowing
LF	low frequency		
LFCC	laboratory frame (rotational) close coupling (approximation)	LIMA	laser ionization mass analyzer/spectrometric analysis
LFCI	ligand field configuration interaction	LIMFS	laser - induced molecular fluorescence spectrometry
LFE	local field emission (current)	LIRF	laser - induced resonance fluorescence
LFER	linear free energy relationship		
LFF	low - frequency fluctuation	LIS	lanthanide induced shifts
LFMA	low - field microwave absorption	LIS	laser - induced isotope separation
LFS	LEED fine structure (s.LEED)	LITD	laser - induced thermal desorption
LFSE	ligand field stabilization energy	LITR	low intensity test reactor
LFVF	local free volume fraction	LJP	LENNARD - JONES potential
LG	lattice gas (model)	LLC	liquid - liquid chromatography
LGR	loop - gap resonator	LLD	lamp - lumen depreciation factor
LGS	LANGEVIN - GIOUMOUSIS - STEVENSON (model)	LLD	lower limit of detection
		LLE	liquid - liquid extraction (alt.: LLP)
LHA	linear hypervertex approximation	LLG	LANDAU - LIFSHITZ - GILBERT (equation)
LHASA	logic and heuristics applied to synthetic analysis		
		LLP	liquid - liquid partition (chromatography)
LHB	linear hydrogen bond		
LHC	light - harvesting complex	LM	light microscopy
LHCD	lower hybrid current drive (plasma)	LMBW	LOVETT - MOU - BUFF - WERTHEIM (equation)
LHNC	linearized hypernetted chain		
LHO	linear harmonic oscillator	LMCPE	lipid - modified carbon paste electrode
LIA	libration - induced anisotropy		
LIA	lock - in amplifier	LMCT	ligand - to - metal charge transfer
LIA	luminescence immunoassay	LMDR	laser microwave double resonance

LMFBR	liquid metal fast breeder reactor	LPF	low - pass filter
LMFR	liquid metal fuel reactor	LPLA	long - path laser absorption
LMI	liquid metal field ionization	LPM	laser microprobe
LMIS	liquid metal ion source	LPPS	low - pressure plasma spraying
LMO	localized molecular orbital	LPR	LANDAU - PLACZEK ratio
LMP	laser microprobe	LPSVD	linear prediction singular value decomposition
LMR	laser magnetic resonance	LP-LCR	liquid phase laser crystallization
LMRCT	localized multireference configuration interaction (calculation)	LQ	limiting quality = Rückweisegrenze (alt.:RQL, LTPD)
LMRP	low medium redox potential	LQA	local quadratic approximation
LMSA	LE GRESSUS - MASSIGNOT - SOPIRET - AUGER	LRAPW	linearized relativistic augmented plane wave (method)
LMTO	linear muffin - tin orbital	LRF	laser - reduced fluorescence
LMTO-ASA	linear muffin - tin orbital atomic sphere approximation	LRMA	laser RAMAN micro analyses
LNDO	local neglect of differential overlap	LRMS	low - resolution mass spectrometry
LNT	liquid nitrogen temperature	LRO	long - range order
LO	longitudinal optic	LROCSCM	long - range optimized (heteronucl.) chem. shift correlation method
LOCOS	local oxidation of silicon		
LOD	limit of detection	LRP	linear reaction path
LODESR	longitudinally detected electron spin resonance	LRP	low - rank perturbation
LOES	laser - optical emission spectroscopy	LS	light scattering
		LS	liquid scintillation
LOG	laser optogalvanic (effect)	LSA	laser surface alloying
LOI	loss of ignition	LSASV	linear sweep anodic stripping voltammetry
LOPOS	local oxidation of polycrystalline silicon	LSB	least significant bit
LOPT	lowest - order perturbation theory	LSC	liquid - solid chromatography
LOQ	limit of quantification	LSD	local spin density
LORG	localized orbital - local origin (method)	LSDA	local spin density approximation
		LSDC	least - squares differential corrector
LP	linear prediction		
LP	low - pressure (method)	LSDF	local spin density functional (self-consistent calculation)
LPA	long path absorption		
LPC	low - performance chromatography	LSE	LEVITT, SUTER, ERNST (pulse sequence)
LPCVD	low - pressure chemical vapor deposition	LSF	line spread function
		LSI	large - scale integration
LPE	liquid phase epitaxy	LSM	laser scanning microscope

LSMT	localized soft mode theory	MAI	multiple angle of incidence
LSR	lanthanide shift reagent	MAIA	magnetic antibody immunoassay
LSRA	least-squares regression analysis	MAIKES	mass-analyzed ion kinetic energy spectroscopy
LSS	LINDHARD - SCHARFF - SCHIOETT (theory)	MAL	molecular absorption spectrometry with line source
LSTTL	low-power SCHOTTKY transistor logic	MAM	modified atoms-in-molecules
LSV	linear sweep voltammetry	MAOS	metal/aluminium oxide/silicon oxide/silicon
LTA	low-temperature ashing	MAOT	maximum allowable operating temperature
LTE	local thermal equilibrium (theory)	MAPLE	MADELUNG part of lattice energy
LTE	local thermodynamic equilibrium	MAR	magic-angle rotation
LTEM	low-temperature fluorescence phosphorescence electron microscopy	MAS	MOESSBAUER absorption spectroscopy
LTFS	low-temperature fluorescence	MAS	magic-angle spinning (nmr)
LTO	low-temperature oxidation	MAS	molecular absorption spectrometry
LTPD	lot tolerance percent defective = Schlechtgrenze (alt.: LQ, RQL)	MASER	microwave amplification by stimulated emission of radiation
LTQ	light-triggered and (light)-quenched	MASS	magic-angle sample-spinning
LTR	long terminal repeat	MASS-NMR	magic-angle sample-spinning nuclear magnetic resonance
LTR	low-temperature recovery	MATR	multiple attenuated total reflectance (ir)
LUCO	lowest unoccupied crystal orbital	MBE	many-body expansion
LUMO	lowest unoccupied molecular orbital	MBE	molecular beam epitaxy
LVDT	linear variable differential transformer	MBER	molecular beam electric resonance
LW	line width	MBM	molecular beam measurements
LWR	laser write read	MBO	MULLIKEN bond order
LZS	LANDAU - ZENER - STüCKELBERG (model)	MBPT	many-body perturbation theory
MAB	modified adiabatic bend (approximation)	MBRS	molecular beam reactive scattering
MAC	momentum accommodation coefficient	MBRS	molecular beam relaxation spectrometry
MAED	micro area electron diffraction	MBS	minimal basis set
MAES	multielement atomic emission spectrometry	MBSS	molecular beam surface scattering
MAF	magic angle flipping	MBTS	moving belt transfer system (ms)
MAH	magic angle hopping	MB-RSPT	many-body RAYLEIGH - SCHROEDINGER perturbation theory

MC	multichannel plates	MCSCF	multiconfiguration - self - consistent field
MC	multichromatic	MCSCO	multiconfiguration - self - consistent orbital
MCA	multichannel analyzer		
MCA	multicomponent analysis	MCSTEP	multiconfigurational spin tensor electron propagator (method)
MCAC	metal chelate affinity chromatography	MCT	mercury cadmium telluride detector (ir)
MCC	molecular coupled cluster		
MCCHF	multiconfiguration - coupled HARTREE - FOCK (method)	MCTDHF	multiconfiguration time - dependent HARTREE - FOCK (method)
MCD	Monte Carlo dynamics	MCTST	Monte Carlo transition state theory
MCD	magnetic circular dichroism	MCVD	modified chemical vapor deposition
MCD	microcoulometric detector		
MCDA	magnetic circular dichroism of absorption	MC-TDSCF	multiconfiguration time - dependent self - consistent field
MCDF	multiconfiguration DIRAC - FOCK	MD	molecular dynamics
MCDW	matrix continuum distorted wave (model)	MDA	magnetic deflection analyzer
		MDC	minimum detectable concentration
MCDW	multichannel distorted wave (model)	MDF	microdose focusing
		MDGC	multidimensional gas chromatography
MCFM	micron cubic feet per hour		
MCHF	multiconfiguration HARTREE - FOCK (alt.: MCSCF)	MDL	minimum detectable limit (alt.: LOD)
MCHMPCOSY	multibond coupling optim. heteronuclear multispin coherence H - detected COSY	MDM	minimum detectable mass
		MDMS	magnetic deflection mass spectrometer
MCIVO	multiconfigurational improved virtual orbital (method)	MDQ	minimum detectable quantity
		MDQW	modulation - doped quantum well
MCL	magnetic corrected lamp	MDRI	multidetector retention index
MCLR	multiconfigurational linear response	MDS	matrix diagonalization sudden
MCM	MARKOV chain method	MDS	metal - dielectric - semiconductor
MCP	multichannel plate detector	MDS	metastable helium atom deexcitation spectroscopy
MCPF	modified coupled - pair functional		
MCPL	magnetic circularly polarized luminescence	ME	MOESSBAUER effect
		MEA	moisture evolution analysis
MCRPA	multiconfigurational random phase approximation	MEAN	multipole - extracted adiabatic nuclei (approximation)
MCS	method of corresponding solutions	MEC	minimum energy conformer
MCS	moisture control system	MECA	molecular emission cavity analysis
MCS	multichannel spectrometer	MECC	micellar electrokinetic capillary chromatography

MED	microwave plasma emission detector	MFS	molecule fluorescence spectrometry
MEED	medium energy electron diffraction	MFT	mean field theory
MEFIT	multielectron fit	MFTM	mean field transfer matrix (method)
MEG	modified energy gap	MGC	modified GOUY - CHAPMAN (theory)
MEIS	medium energy ion scattering spectroscopy	MGCR	maritime gas - cooled reactor
MELA	modified effective liquid approximation	MGD	magneto - gasdynamic (converter)
MEM	maximum entropy method	MHD	magneto - hydrodynamic (converter)
MEM	method of exponential multipliers	MHNC	modified hypernetted chain (approximation)
MEM	mirror electron microscope	MHS	magnetic hyperfine structure
MEMP	many-electron, many-photon (non-perturbative theory)	MIBL	masked ion beam lithography
MEP	minimum - energy path	MICT	multicomponent ideal chemical theory (metal soln.)
MEP	molecular electrostatic potential	MID	multiple ion detection
MERP	minimum energy reaction path	MIDREX	MIDLAND - ROSS direct reduction
MERR	MORSE exponential repulsion representation	MIES	metastable impact electron spectroscopy
MERS	multiple electron resonance spectroscopy	MIGS	metal - induced gap state
MERT	modified effective range theory	MIH	method of intermediate hamiltonians
MES	MOESSBAUER effect spectroscopy	MIKE	mass - analyzed ion kinetic energy
MES	molecule emission spectrometry	MIKES	mass - analyzed (or -selected) ion kinetic energy spectrometry
MESFET	metal semiconductor field effect transistor	MIM	molecules in molecule (calcul.)
MF	mean field (theory)	MIME	missing mode effect (in electronic spectroscopy)
MFA	mean field approximation	MIMIC	monolithic microwave IC
MFD	multiple function detector	MIMI-ARC	MICHAEL - MICHAEL aldol ring closure
MFE	mercury film electrode	MIMI-MIRC	MICHAEL - MICHAEL - MICHAEL ring closure
MFIRFT	modified fast inversion - recovery FOURIER transform	MIMS	membrane inlet mass spectrometry
MFKE	mean field kinetic equation	MINDO	modification of INDO
MFL	magnesium fluoride liner	MIP	microwave - induced plasma
MFLOPS	million floating operations per second	MIR	medium range infrared spectroscopy (400-200 cm^{-1})
MFM	magnetic force microscopy		
MFP	mean free path		
MFPT	mean first passage time		

MIR	multiple internal reflection	MNOS	metal nitride - oxide - semiconductor (silicon)
MIRPE	multiple infrared photon excitation	MNS	metal nitride - silicon (capacitor)
MIS	manipulated identification of spins	MO	molecular orbital
MIS	metal - insulator - semiconductor	MOCVD	metal - organics(-oxide) chemical vapor deposition
MISFET	metal - insulator - semiconductor field effect transistor	MODR	microwave - optical double resonance
MISIM	metal - insulator - semiconductor - insulator - metal	MOE	MEISSNER - OCHSENFELD effect (superconductivity)
MIT	metal - insulator transition	MOG	MILLS - OLNEY - GAITHER procedure
ML	magnetic multilayer		
MLA	MOELLENSTEDT lens analyzer	MOKE	magneto - optical (polar) KERR effect
MLA	modulated laser absorption	MOLE	molecular optics laser examiner = RAMAN microprobe
MLC	molecular luminescence spectrometry with continuum source	MOMBE	metal - organic molecular beam epitaxy
MLCPT	multicomponent linear chemical - physical theory (metal soln.)	MOMM	molecular - orbital - based molecular mechanics
MLCT	metal - to - ligand charge transfer		
MLD	multilayer dielectric	MOMO	maximum overlap molecular orbital
MLE	molecular layer epitaxy		
MLEV	M(alcolm) LEV(itt) (decoupling; nmr)	MOMS	modular optoelectronical multiwavelength scanner
MLL	molecular luminescence spectrometry with line source	MONOS	metal - oxide - nitride - oxide - silicon
MLR	multiple linear regression	MOR	magnetooptical rotation spectroscopy
MMM	model microfield method (spect.)		
MMMA	magnetically modulated microwave absorption	MORBID	morse oscillator - rigid bender internal dynamics (triatom. molecules)
MMR	(magnetically -)modulated microwave reflection	MORD	magnetic optical rotations dispersion
MMRP	moderate medium redox potential		
MMS	multiphoton mass spectrometry	MOS	metal oxide semiconductor
MMT	multi - site magnetization transfer	MOSFET	metal oxide semiconductor field effect transistor
MMU	magnetic measuring unit		
MNDDO	modified neglect of diatomic differential overlap	MOSS	MOESSBAUER spectroscopy (alt.:MS)
MNDO	modified neglect of diatomic overlap (calculation)	MOT	multistate orbital treatment
		MOVB	molecular orbital valence bond (theory)(VB theory with symmetry)
MNDO-C	modified neglect of diatomic overlap correlation (semiempir. calc.)	MOVPE	metal - organic vapor phase epitaxy

MP	MOELLER - PLESSET n - order(n=2-4) perturbation approach (theory)
MP	mirror plane
MP	mobile particle
MP4SDQ	MOELLER-PLESSET perturb.method with single,double,quadrup.excitations
MPA	multiphoton absorption
MPB	modified POISSON - BOLTZMANN
MPCILO	modified perturbative confign.interactn. over localized orbitals
MPD	magnetic permeability disaccommodation
MPD	multi - photon dissociation
MPE	multi - photon excitation
MPI	multi - photon ionization (spectroscopy)
MPIC	mobile phase ion chromatography
MPID	multi - photon ionization dissociation
MPI-MS	multi - photon ionization mass spectrometry
MPL	magnetophotoluminescence
MPLC	medium pressure liquid chromatography
MPLE	magnetophotoluminescence excitation
MPM	multiple peak monitoring
MPMG	melt - powder - melt - growth
MPPT	MOELLER - PLESSET perturbation theory
MPS	magnetophotoselection
MPn	MOELLER - PLESSET perturbation calculation of n-th order
MQ	multiple quantum
MQC	multi -quantum coherence
MQDT	multichannel quantum defect theory
MQES	metastable quenched electron spectroscopy
MQF-COSY	multiple - quantum - filtered correlated spectroscopy
MQT	multiple - quantum transition
MQW	multiple quantum well
MQWS	multiple quantum well structures
MQ-NMR	multiple - quantum - nuclear magnetic resonance
MRCC	multireference coupled - cluster (method)
MRCI	multireference configuration interaction
MRCISD	multireference config. interactn. single plus double(replacement)
MRD-CI	multireference density - configuration interaction
MRD-CI	multireference with double excitations configuration interaction
MRE	magnetoresistive element
MRG	macroscopic renormalization group
MRI	magnetic resonance imaging
MRIE	magnetic resonance imaging (by the) earth (magnetic field)
MRMBPT	multireference many - body perturbation theory
MRN	modified random network (model)
MROA	magnetic RAMAN optical activity
MRP	metal refining process (MANNESMANN DEMAG)
MRP	minimum - energy reaction path
MRS	master reference source
MRS	micro RAMAN spectroscopy
MRSDCI	multi reference single- +double - excitation configuration interaction
MS	MOESSBAUER spectroscopy (alt.: MOSS)
MS	magnetic saturation
MS	magnetic semiconductor
MS	mass spectrometry (spectroscopy)

MS	multiple scattering	MTCD	microvolume thermal conductivity detector
MS2	see MSMS	MTF	metastable time - of - flight technique
MSA	mean - spherical approximation (model)	MTFE	mercury thin - film electrode
MSB	most significant bit	MTL	mass transport limited (kinetics)
MSCC	multistate curve crossing (model)	MTNS	metal/thick (silicon) nitride/semiconductor
MSCV	mass spectrometric cyclic voltammogram	MTO	muffin tin orbital
MSC-Xà	multiple scattering X-α (method)	MTP	multiple twinned particles
MSD	mass spectrometric detector	MTS	molecular transmission spectrometry
MSD	mean - square displacement	MTTF	median times to failure
MSD	molecular structure distribution	MUC	molecular unit cell
MSD	multisource deposition (method)	MUDISM	multidimensional stochastic method
MSFB	magnetically stabilized fluidized bed	MUPI	multi photon ionization (mass spectrometry)
MSI	medium scale integration	MVA	multivariate analysis
MSID	mass spectrometric isotope dilution (alt.: IDA) mean square induced dipole moment (per molecule)	MVCD	magnetic vibrational circular dichroism
MSM	mean spherical model	MW	microwave
MSMA	MURRELL - SHAW, MUSHER - AMOS (theory)	MWD	molecular weight distribution
MSMS	mass - spectrometry - coupled mass spectrometry	MWDA	modified weighted density approximation
MSR	multiple spectular reflectance	MWFT	microwave FOURIER transform
MSRD	mean - square relative displacement	MWFTS	microwave FOURIER transform spectroscopy
MSSS	mass spectrometry search system	MWP	microwave plasma
MST	microphase separation transition	MWS	microwave spectroscopy
MSTDS	mass spectrometry thermal desorption spectra	NAA	neutron activation analysis
		NAM	NORTHRUP - ALLISON - McCAMMON (calculation)
MS-IDA	mass spectrometric isotope dilution analysis	NAO	natural active orbital
MT	magnetization transfer	NAPA	numerical analytical propagator algorithm
MT	martensitic transition	NAR	nonadiabatic resonance (theory)
MTA	mass spectroscopic thermal analysis	NAR	nuclear acoustic resonance (nqr)
MTB	MUELLER - TAKASHIGE - BEDNORZ	NARP	nitric oxide - ammonia rectangular pulse (technique)

NBMO	nonbonding molecular orbital
NBO	nonbridging oxygen
NBR	nonbonding resonance
NCC	net charge compensation (model)
NCI	negative chemical ionization
ND	neutron diffraction
NDDO	neglect of diatomic differential overlap
NDE	nondestructive evaluation
NDE	nonlinear dielectric effect
NDI	neglect of different (difficult) integrals
NDIR	nondispersive infrared
NDO	neglect of differential overlap
NDP	neutron depth profiling
NDR	negative differential resistance
NDS	neutron dispersive system
NED	normal energy distribution
NEG	nitride extrinsic gettering
NEI	negative ion with electron impact ionization
NEMD	nonequilibrium molecular dynamics (method)
NEP	noise equivalent power
NEP	nonlinear electrooptic property
NESI	nonequilibrium surface ionization
NET	negative entropy trap
NEXAFS	near - edge x - ray absorption fine structure
NFM	near - field micropotential
NGR	nuclear .gamma. resonance
NHB	non - hydrogen bonded
NHDV	normalized hydrodynamic voltammograms
NHE	normal hydrogen electrode
NICI	negative ion chemical ionization (alt.:NCI)
NIDP	negative imaginary decoupling potential
NILG	noninteracting lattice gas
NILO	nitrogen implantation local oxidation
NIR	near - infrared
NIR	near - infrared diffuse reflection
NIR	neutral impact radiation
NIRA	near - infrared reflectance analysis
NIRMS	noble gas ion reflection mass spectroscopy
NIRS	near - infrared spectroscopy
NIRS	neutral impact radiation spectroscopy
NIS	negative ion spectroscopy
NIS	neutron inelastic scattering
NIS	neutron inelestic scattering
NISEC	negative ion secondary emission coefficient
NKK	Nippon Kokan
NK-AP	Nippon Kokan - arc process
NLDA	nonlocal density approximation
NLDF	nonlocal density - functional
NLEE	nonlinear evolution equation
NLIF	nonlinear interference filter
NLJP	negligible liquid - junction potential
NLLS	nonlinear least squares analysis
NLLSQ	nonlinear least - squares (fitting routine)
NLSE	nonlinear SCHROEDINGER wave equation
NMR	nuclear magnetic resonance
NMRD	nuclear magnetic relaxation dispersion
NMRI	nuclear magnetic resonance imaging
NMRS	nuclear magnetic relaxation spectroscopy
NN	nearest - neighbour (atoms)
NNDO	neglect of nonbonded differential overlap

NNLS	non - negative least - squares (algorithm)(LAWSON-HANSON)	NRECOIL	nuclear recoil spectrometry
NNMR	nutation NMR	NRIM	National Research Institute of Metals (Japan)
NNN	next - nearest - neighbour (atoms)	NRLH	nonrigid rotation large - amplitude (internal motion) HAMILTONIAN
NO	natural orbital	NRMPI	nonresonant multiphoton ionization
NODUS	nondestructive ultrasensitive single atomic layer surface spectroscopy	NRMS	neutralization reionization mass spectrometry
NOE	nuclear OVERHAUSER enhancement effect (nmr)	NRS	normal RAMAN spectrometry
NOECOSS	nuclear OVERHAUSER enhancement correlation (with) shift scaling	NSA	nitride self - aligned
NOESY	nuclear OVERHAUSER enhancement (and exchange) spectroscopy	NSC	Nippon Steel Corporation (steelmaking process)
NOE-DIFF	nuclear OVERHAUSER enhancement difference (spectroscopy)	NSE	nonlinear SCHROEDINGER equation
NOLMO	nonorthogonal, strictly local molecular orbital	NSE	normal spectral emittance
NORD	noise(-modulated) off - resonance decoupling	NSE	nuclear solid effect
NOVEL	nuclear (spin) orientation via electron (spin) locking	NSEO	nuclear spin electron orbit
NPD	normal photoelectron diffraction	NSES	neutron spin echo spectroscopy
NPDL	nitrogen - pumped dye laser	NSI	negative surface ionization
NPHB	nonphotochemical hole burning	NSQ	nuclear spin quenching
NPLC	normal phase liquid chromatography	NSS	nonequilibrium solvation state
NPP	normal pulse polarography	NSS	number (density) of surface states
NQCC	nuclear quadrupole coupling constant	NTB	nonorthogonal tight binding (theory)
NQDR	nuclear quadrupole double resonance	NTC	negative temperature coefficient
NQHFS	nuclear quadrupole hyperfine structure	NTD	neutron thermo - diffractometry
NQI	nuclear quadrupole interaction	NTI	negative thermionic mass spectrometry
NQM	nonrelativistic quantum mechanics	NWG	Nachweisgrenze (alt.:LOD)
NQR	nuclear quadrupole resonance	N-EG	nitride extrinsic gettering
NQRF	nuclear quadrupole resonance frequency	OAD	one atom detection
NRA	nuclear reaction analysis	OAD	optical activity detector
		OAS	optoacoustic spectrometry
		OBK	OPPENHEIMER - BRINKMANN - KRAMERS (approximation)
		OBM	oxygen boden or BROTZMANN Maxhütte bottom blowing BOP
		OC	operating characteristic = Annahmekennlinie

OCAMS	orbital correspondence analysis in maximum symmetry	OHP	outer HELMHOLTZ plane
OCC	Ohno continuous casting	OIP	optimized inner projection (technique)
OCE	one - center expansion	OKE	optical KERR effect
OCF	orientational autocorrelation function	OLP	oxygen lime powder steelmaking process (Irsid)
OCP	one - component plasma	OM	optical microscope
OCV	open - circuit voltage	OMA	optical multichannel analysis
OD	optical density	OMV	obligatory minimum valency
ODC	optimized double configuration	OMVPE	organometallic vapor phase epitaxy
ODDOS	one - dimensional density of states	ONO	oxide - nitride - oxide (of silicon)
ODENDOR	optically detected ENDOR	OODR	optical - optical double resonance (spectroscopy)
ODESR	optically detected ESR	OPD	optical path difference
ODF	orientation density function	OPDF	one - particle distribution function
ODF	orientation distribution function	OPEPR	optical perturbation electron paramagnetic resonance
ODIM	optimized diatomics - in - molecules (method)	OPFIR	optically pumped far infrared
ODLOS	optical deep - level optical spectroscopy	OPHF	orbital - polarized HARTREE - FOCK
ODLTS	optical deep - level thermal spectroscopy	OPLC	overpressure layer chromatography
ODMR	optically detected magnetic resonance spectroscopy	OPTLC	overpressure thin - layer chromatography
ODPAS	optically detected photoacoustic spectroscopy	OPW	orthogonalized plane wave (band - structure calculation)
ODS	orientation distribution function	ORC	oxidation - reduction cycle
ODT	order - disorder transition	ORD	optical rotatory dispersion
OE	optical emission	ORD	oxidation - retarded diffusion
OEB	oscillatory electric birefringence	ORDE	optical rotating disk electrode
OED	oxidation - enhanced diffusion	ORHF	open - shell - restricted HARTREE - FOCK
OEDM	one - electron diatomic molecule	ORM	overlapping resolution map (HPLC)
OEMO	one - electron molecular orbital	OROM	optical read - only memory
OER	oxygen evolution reaction	ORPA	optimized random phase approximation
OES	optical emission spectroscopy	ORR	oxygen reduction reaction
OFAGE	orthogonal field alternating gel electrophoresis	ORZ	optimized ROUSE - ZIMM (equation)
OGE	optogalvanic effect		
OGM	oriented gas model		
OGMS	open gradient magnetic separator		

OS	OVERHAUSER shift	PAMS	precision abrasion mass spectrometry
OSF	oxidation - induced faults	PARPES	polarization - dependent angle - resolved photoemission spectra
OSPES	outer - shell photoelectron spectroscopy	PARS	photoacoustic RAMAN spectroscopy
OSRS	off - resonance stimulated RAMAN scattering	PARUPS	polarization - dependent angle - resolved uv photoemission spectrosc.
OTDR	optical time domain reflectometer	PAS	photoacoustic spectroscopy
OTTLE	optically transparent thin layer electrode	PAS	positron annihilation spectroscopy
OVC	optimized valence configuration	PAS	principle axis system
OVFF	orbital valence force field	PAS	pulsed atom site
OVGF	outer valence GREEN's function	PASCA	positron annihilation spectroscopy for chemical analysis
OVOS	optimized virtual orbital space	PASEM	particle analysis scanning electron microscopy
PA	photoacoustic effect	PB	POISSON - BOLTZMANN (theory)
PA	positron annihilation	PB	projectile bremsstrahlung
PA	proton affinity	PBBS	projected bulk - based structure
PAA	photon activation analysis	PBC	periodic boundary condition
PAC	perturbed angular correlation of gamma rays	PBP	proton - blocking pattern
PACIA	particle agglutination counter immuno assay	PBS	projected band structure
PACVD	plasma - assisted CVD	PBWA	plasma - beat - wave accelerator
PAD	photoemission angular distribution	PC	paper chromatography
PAD	polar angle distribution	PC	pentagon column
PAD	post acceleration detector	PC	personal computer
PAD	pulsed amperometric detector	PCA	principal component analysis
PAES	proton - induced AUGER electron spectroscopy	PCCE	proton coupling constant extraction
PAF	pulsed accelerated flow (spectroscopy; react.kinetics)	PCCP	precalculated collision probability
PAFC	pairwise additive function counterpoise (method)	PCEM	phase contrast electron microscopy
PAGE	polyacrylamide gel electrophoresis	PCF	pair correlation function
PAGIF	polyacrylamide isoelectric focusing	PCI	positive chemical ionization
PAL	positron annihilation lifetime (spectroscopy)	PCI	postcollision interaction
PAM	periodic ANDERSON (model)	PCILO	perturbative configuration interaction based on localized orbitals
PAMOCVD	plasma - assisted metal - organic chemical vapor deposition	PCJCP	phase - corrected coupled J cross - polarization (spectra)

PCLC	preparative column liquid chromatography
PCM	pulse code modulation
PCM	pulse - counting method
PCR	photo - conductive resonance
PCR	principal component regression
PCS	penetrable - concentric - shell (model)
PCS	photon correlation spectroscopy
PCS	plasma chemical synthesis
PCS	protonated carbon suppression
PCTF	phase - contrast transfer function
PCVD	plasma - induced chemical vapor deposition
PD	PENNING deexcitation
PD	photodesorption
PD	photoelectron diffraction (alt.: PED)
PD	plasma - deposited
PD	potential difference
PD	pulse delay
PDA	photodiode array
PDA	pulse hight distribution analysis
PDD	probability density distribution
PDE	partial differential equation
PDE	photon drag effect
PDF	pair distribution function
PDF	pole density function
PDF	powder diffraction file
PDL	pulse dye laser
PDLC	polymer - dispersed liquid crystal
PDMS	plasma desorption mass spectroscopy
PDM-ECD	photodetachment - modulated electron capture detector
PDOS	partial density of states
PDPI	primitive discretized path integral
PDS	planar density of states
PDSC	pressure differential scanning calorimetry
PD-LSF	potential - derived (point charge) least - squares fitting (model)
PE	photon echo
PE	potential energy
PEC	photoelectrochemical cell
PECVD	plasma - enhanced chemical vapor deposition
PED	photoelectron diffraction (alt.: PD)
PED	potential energy distribution
PEEE	photostimulated exoelectron emission
PEEM	phosphorescence emission excitation matrix
PEF	potential energy function
PEG	polycrystalline (silicon) extrinsic gettering
PEM	photoelectron microscopy
PEM	piezoelastic modulation
PEMCSCF	pair - excitation multiconfiguration self - consistent field
PENIS	proton - enhanced nuclear induction spectroscopy
PEOE	partial equalization of orbital electronegativity
PEPICO	photoelectron - photoion coincidence
PEPIPICO	photoelectron - photoion - photoion coincidence
PES	photoelectron spectroscopy
PES	potential energy surface
PESICO	photoelectron secondary ion coincidence
PESIS	photo electron spectroscopy of inner shell(s)
PESM	photoelectron spectromicroscopy
PESOS	photoelectron spectroscopy of outer shell(s)
PET	positron emission tomography
PEY	photoelectron yield

PEYS	photoelectron yield spectroscopy	PIAS	photon - counting (two - dimensional) image acquisition system
PFA	pulse flip angle		
PFDMS	pulsed field desorption (time - of - flight) mass spectrometer	PIB	potential - induced breathing (model)
PFG	pulsed field gel electrophoresis	PIC	paired ion chromatography
PFGC	parameters from group contribution (equation of state)	PICED	photoinduced changes (of the) energy distribution
PFGNMR	pulsed field gradient (spin echo) nuclear magnetic resonance	PICI	positive ion chemical ionization
		PICTS	photoinduced current transient spectroscopy
PFI	pulsed field ionization		
PFM	pulse frequence modulation	PID	particle - induced desorption
PFMS	pyrolysis field ionization mass spectrometry	PID	photoinduced desorption
		PID	photoion detector
PFS	programmable frequency source	PIDC	photo - induced discharge characteristics
PFSEPR	pulse field - sweep electron paramagnetic resonance	PIDFTMS	particle - induced desorption FOURIER transform mass spectrometry
PFT	pulse FOURIER transformation		
PG	proton glass	PIE	photoionization efficiency (spectroscopy)
PG	pulse generator		
PGC	pyrolysis gas chromatography	PIES	PENNING ionization electron spectroscopy
PGL	precursor geometry limited (reaction)		
		PIFIMS	photon - induced field ionization mass spectroscopy
PGNAA	prompt gamma neutron activation analysis		
		PIG	PENNING ion gage
PGSE	pulsed - gradient spin - echo	PIM	peak integration method
PHB	photochemical hole burning (experiments)	PIMC	path - integral Monte Carlo
		PIMERS	periodical immersion and emersion RAMAN spectroscopy
PHCT	perturbed hard chain theory		
PHEEM	photoemission electron microscopy	PIO	paired interacting orbitals
		PIOS	PENNING ionization optical spectroscopy
PHIP	para - hydrogen - induced polarization		
		PIPECO	photo ion - photo electron coincidence
PHOFEX	photofragment excitation		
PHOFRY	photofragment yield (spectroscopy)	PIR	photon - induced x - ray
		PIRS	pulsed infrared stimulation
PHPM	pulsed (electron-beam) high pressure mass (spectrometry)	PIS	PENNING ionization spectroscopy
		PITL	photo induced thermoluminescence
PHR	peak height ratio		
PHS	potential hypersurface	PITS	photo induced transient spectroscopy
PHSI	positive ion hyperthermal surface ionization		

357

PIX	particle - induced x - rays	PMDR	phosphorescence microwave double resonance spectroscopy
PIX	photo induced x - rays	PMEP	principal metal ESCA peak
PIXE	particle(proton) - induced x - ray emission	PMF	potential of mean force
PIXES	particle - induced x - ray emission spectroscopy	PMFG	pulsed magnetic field gradient
		PMF-NMR	pulsed - magnetic - field nuclear magnetic resonance
PI-TOF-MS	photoionization time - of - flight mass spectrum	PMO	perturbational molecular orbital
PK	PENG - ROBINSON (equation of state)	PMPSPT	polarization MOELLER - PLESSET static perturbation theory
PKA	primary knock - on atom	PMR	proton magnetic resonance
PKE	polar KERR effect	PMS	pulsed (time - of - flight) mass spectrometer
PL	photoluminescence		
PLANOX	planar oxide	PMU	pressure measuring unit
PLAP	pulsed laser atom probe (technique)	PM-ENDOR	polarizn. modultd. (RF fields) in electron nucl. double resonance
PLC	plasma chromatography	PM-FMR	photothermally modulated ferromagnetic resonance
PLC	polymer liquid crystal		
PLC	preparative layer chromatography	PM-IRRAS	polarization modulated infrared reflection - absorption spectroscopy
PLC	process liquid chromatography		
PLD	periodic lattice distortion	PND	polarized neutron diffraction
PLE	photoluminescence excitation	PND	proton noise decoupling
PLEED	polarized low - energy electron diffraction	PNDO	partial neglect of differential overlap
PLFA	pulsed laser flash absorption	PNEG	polycrystalline nitride extrinsic gettering
PLL C-MOS	phase - locked loop C - MOS		
PLM	polarized light microscopy	PNMR	pulsed(proton) nuclear magnetic resonance
PLP	pulsed laser photolysis	PNO	pair natural orbitals
PLP-LPLA	pulsed laser photolysis long - path laser absorption	PNO	pseudonatural orbital
		PNOCID	pair-natural-orbital configuration interaction(with)double(excitation)
PLP-RF	pulsed laser photolysis resonance fluorescence		
PLS	partial least - squares	PNO-CEPA	pseudonatural orbital - coupled electron pair approximation
PL-process	Phönix-Lanzen prozess		
PM	PENSKY - MARTENS (Flammpunkt)	PN-EG	polycrystalline nitride extrinsic gettering
PM	phase modulation	POAV	π orbital axis vector method
PM	photomultiplier	POCL	photooxygenation chemiluminescence
PM	planar matching (theory, model)		
PMA	plane mirror analyzer	POF	product operator formalism

POF	pulsed optical feedback
POL-CI	polarization configuration interaction
POL-CM	polarization configuration mixing
POMMIE	phase oscillations to maximize editing
POP	population analysis
PPA	paired phonon analysis
PPA	pulsed plasma accelerator
PPB	parts per billion ($1:10^9$)
PPC	paper partition chromatography
PPC	persistent photoconductivity
PPCP	pulse - corona - induced plasma chemical process
PPD	pure phase detection
PPE	photopyroelectric (technique)
PPINICI	pulsed positive ion negative ion chemical ionization
PPL	plasma polymer layer
PPLE	polarized photoluminescence excitation
PPM	parts per million ($1:10^6$)
PPMD	programmed permanent memory device
PPP	PARISER - POPLE - PARR (method)
PPQ	parts per quadrillion ($1:10^{15}$)
PPT	parts per trillion ($1:10^{12}$)
PP-LIF	pump - probe - laser - induced fluorescence
PRA	perturbed rotating atom approximation
PRA	prompt radiation analysis
PRDDO	partial retention of diatomic differential overlap
PRDF	partial radial distribution function
PRMO	partially restricted molecular orbital
PROD	paramagnetic resonance by optical detection
PROGRESS	point - resolved rotating gradient surface - coil spectroscopy
PROM	programmable read - only memory
PRR	pulse repetition rate
PRXN	surface - aligned photoreaction
PSA	potentiometric stripping analysis
PSC	polar stratospheric cloud
PSCE	partially spin coupled echo
PSCR	PAULING second crystal rule
PSD	photon - stimulated desorption
PSD	plastic shear defect
PSD	positron(phase) sensitive proportional detector
PSD	product state distribution
PSD	programmable dispenser
PSDIAD	photon - stimulated desorption ion angular distribution
PSE	periodic system of the elements
PSEE	photostimulated exoelectron emission
PSEP	polyhedral skeletal electron pair (theory)
PSEPT	polyhedral skeletal electron pair theory
PSF	point spread function
PSFEM	photostimulated field emission from metals
PSFI	photon - stimulated field ionization
PSFT	progressive - saturation FOURIER transform
PSG	phosphosilicate glass
PSG	pulse sequence generation
PSHB	persistent spectral hole burning
PSI	positive surface ionization
PSI	pounds per square inch
PSIA	pounds per square inch absolute
PSID	photon - stimulated ionic desorption
PSIG	pounds per square inch gauge

PSPC	position sensitive proportional counter	PWR	pressured water reactor
PSPD	position sensitive proportional detector	PXA	primary x - ray analysis
		PXAS	polarized x - ray absorption spectroscopy
PSPF	post - source pulse focusing	PY	PERCUS - YEVICK (equation)
PSRA	pulse surface reaction rate analysis	PYS	partial yield spectroscopy
PSRG	position space renormalization group	PZC	potential of zero charge
		PZT	piezoelectric transducer
PSSD	position sensitive scintillation detector	PZZP	point of zero zeta potential
		PhD	photoelectron diffraction
PST	phase space theory	P-EC	polycrystalline (silicon) extrinsic gettering
PSZ	partially stabilized zirconia		
PTC	phase transfer catalysis	P-ENDOR	pulsed electron nuclear double resonance
PTC	phase transition curve		
PTC	positive temperature coefficient	P.E.COSY	primitive exclusive correlated spectroscopy (nmr)
PTCI	perturbation treatment configuration interaction		
		Q1D EG	quasi - one - dimensional electron gas
PTCR	positive temperature coefficient of resistance		
		Q2D	quasi - two - dimensional
PTIS	photothermal ionization spectroscopy	QC	quality control
		QCC	quadrupole coupling constant
PTK	percentage of perturbation theory kept	QCD	quantum chromodynamics
		QCDFR	quasichemical defect formation equilibrium reaction
PTS	pressure tuning spectroscopy		
PTV	programmed temperature vaporizer	QCFF	quantum chemical force field (calculation)
		QCI	quadratic configuration interaction
PUVE	pulsed ultraviolet excitation	QCISD	quadratic config.interact.(limited to)single(and)double(excitations)
PV	photovoltaic		
PVD	physical vapor deposition	QCL	quasi - classical
PVT	pressure - volume - temperature relation	QCM	quartz crystal microbalance
		QCOM	quartz crystal oscillator microbalance
PVT	pulsed video thermography		
PW	pulse width	QCOT	qualitative crystal orbital theory
PWBA	plane wave BORN approximation	QCS	quasicrystal structure
PWFA	plasma wake - field accelerator	QCSE	quantum - confined STARK effect
PWHT	postweld heat treatment	QCT	quasi - classical trajectory (calculation)
PWIA	plane wave impulse approximation		
PWMCSCF	partial wave multiconfiguration self - consistent field	QDE	quantum detection efficiency

QDLEED	quasi - dynamical low - energy electron diffraction
QDM	quantum defect method
QDOS	quasiparticle density of states (electronic)
QDVPT	quasi - degenerate variational perturbation theory
QE	quadrupole - echo (spectroscopy)
QED	quantum electro dynamics
QED	quenched epitaxy desorption
QEGS	quasi - elastic gamma - ray scattering
QELS	quasi - electric light scattering
QET	quasi - equilibrium theory
QF	quadrupole - electric field (gradient)
QHA	quasiharmonic approximation
QHE	quantum HALL effect
QITMS	quadrupole ion trap mass spectrometry
QL	quasiline (spectrum)
QLDM	quantum liquid drop model
QLQC	quasi - lattice quasi - chemical (method)
QLS	quasi - elastic light sacttering
QM	quantitative microscopy
QMAS	quadrupole mass analyzer for solids
QMC	quantum Monte Carlo
QMF	quadrupole mass filter
QMRE	quantum - mechanical resonance energy
QMS	quadrupole mass spectrometer
QMST	quark model of superconductivity type
QMT	quantum - mechanical tunneling
QNS	quasi - elastic neutron scattering
QOM	quartz oscillator microgravimetry
QPD	quadrature phase detection
QRGA	quadrupole residual gas analyzer
QRN	quasi - resonant neutralization
QS	quadruple scattering
QS	quadrupole splitting
QSCE	quantum - confined STARK effect
QSF	quantized signal field (method)
QSF	quantum spin fluid
QSRR	quantitative structure retention relationship
QTST	quantum transition state theory
QUPID	quantum path integral molecular dynamics (method)
QW	quantum well
QWH	quantum well heterostructure
QY	quantum yield
R2PI	resonant two - photon ionization (spectroscopy)
RA	radiative AUGER
RA	reduction in area
RA	reflection - absorption
RA	resonance absorption
RAD	radiation absorption dose
RADEED	radial distributions of exterior electron densities
RADFET	radiation (sensing) FET
RAIRS	RAMAN infrared spectroscopy
RAIRS	reflection - absorption infrared spectroscopy
RAM	random access memory
RAMA	RAMAN microanalysis
RAMP	RAMAN microprobe
RAS	reflection absorption spectrometry
RBS	RUTHERFORD backscattering spectroscopy
RC	reaction center
RCARS	(one - photon) resonance coherent anti - STOKES RAMAN spectroscopy
RCF	relative centrifugative force
RCI	restricted configuration interaction

RCLIF	rotationally cooled laser induced fluorescence	REPE	resonance energy per (.pi.) electron
RCNDO	RYDBERG complete neglect of differential overlap	REP-QMC	relativistic effective potential quantum Monte Carlo
RCS	region(s) of coherent scattering	RES	relative emission sensitivity
RCS	replacement collision sequence	RES	relaxed excited state
RCT	relayed coherence transfer spectroscopy (nmr)	RESPA	reference system propagator algorithm
RDE	rotating disc electrode	RET	revised ENSKOG theory
RDF	radial dielectric function	RET	rotational energy transfer
RDF	radial distribution function	RE-TM	rare earth - transition metal
RDS	RAMAN difference spectroscopy	RF	radio frequency
RDS	relative detection sensitivity	RF	ratio of fronts
RE	reference electrode	RF	resonance fluorescence
RE	resonance energy	RF	response factor
READI	resonant - excitation - auto - double - ionization	RFA	ROENTGEN Fluoreszenz - Analyse
REC	radiation electron capture	RFA	retarding field analyzer
RECP	relativistic effective core potential	RFA	x - ray fluorescence analysis
RED	radial electron distribution	RFDS	radiofrequency discrete saturation
RED	reflection electron diffraction	RFE	reaction field with exclusion (model)
REDA	resonant - excitation - double - autoionization	RFI	radio frequency interference
REE	revised ENSKOG equation	RFMWDR	radiofrequency - microwave double resonance
REELS	reflection electron energy loss spectroscopy	RFS	renormalized forward scattering
REFET	reference FET	RFT	rotational frame transformation
REGF	reference energy GREEN's function	RG	renormalization group
REM	Raster Elektronen Mikroskopie	RGA	residual gas analysis
REM	reflection electron microscopy	RGC	radio gas chromatography
REMEDIE	reflect.electron microsc.+ electron diffract. at intermediate energy	RGC	reconstructed gas chromatogram
		RGI	refocused gradient imaging
REMPI	resonance - enhanced multiphoton ionization	RGM	residual gas molecules
REOM	reduced - equations - of - motion (theory)	RH	Ruhrstahl HERAEUS process
		RH	relative humidity
REP	ROENTGEN equivalent physical	RHEED	reflection high - energy electron diffraction
REP	relativistic effective (core) potential	RHF	restricted HARTREE - FOCK

RHNC	reference hypernetted chain (theory)
RH-OB	Ruhrstahl HERAEUS oxygen blowing process
RH-PB	Ruhrstahl HERAEUS powder blowing process
RI	resonance ionization
RI	retention index
RIA	radio immuno assay
RIBS	RUTHERFORD ion backscattering spectroscopy
RIE	reactive ion etching
RIM	Raster Ionen Mikroskopie
RIM	radio induction method
RIM	reactant ion monitoring
RIM	retention index method
RIMS	resonance ionization mass spectroscopy
RINDO	RYDBERG intermediate neglect of differential overlap
RIOSA	reactive infinite order sudden approximation
RIS	resonance ionization spectroscopy
RIS	rotational isomeric state
RISM	reference interaction site model
RISM	rotational isomeric state model
RIU	refractive index
RIX	rapid ion extraction
RJCP	refocused J cross - polarization
RKKY	RUDERMAN - KITTEL - KASUYA - YOSIDA (theory,magn.,solid state phys.)
RKR	RYDBERG - KLEIN - REES (potential)
RKS	REDLICH - KWONG - SOAVE (equation of state)
RKSA	ROENTGEN - Kristall - Struktur - Analyse
RL	radio luminescence
RLA	rapid lamp annealing
RLA	resonant laser ablation
RLCA	reaction - limited cluster aggregation
RLCC	rotation locular counter current chromatography
RLHNC	reference - linearized hypernetted chain (theory)
RLS	resonant light scattering
RM	reverse micelle
RMA	random magnetic anisotropy
RMAED	rocking micro area electron diffraction
RMEE	rotating mercury film electrode
RMPI	resonant multiphoton ionization
RMS	root mean square
RMSA	reference mean spherical approximation
RMSA	rescaled mean spherical approximation
RMSR	root - mean - square radius
RMZ	REICHELT - MEISSL - Zahl
RN	resonance neutralization
RNAA	radioactive neutron activation analysis
RNT	radionuclide technique
RNT	relative normal momentum transfer
RO	reverse osmosis
ROA	RAMAN optical activity
ROB	resonatorless optical bistability
ROESY	rotating frame OVERHAUSER effect spectroscopy (alt.:CAMELSPIN) 2D-nmr
ROHF	restricted open - shell HARTREE - FOCK
ROM	read - only memory
ROR	resonant optical reflection
ROSDALE	representation of structure description arranged linearly
ROTO	ROESY - TOCSY (2D - nmr)

RP	resolving power	RRKM	RICE-RAMSPERGER-KASSEL-MARCUS (theory)(monomol. gas-phase-reaction)
RPA	random - phase approximation		
RPA	retarding potential analyzer		
RPAE	random - phase approximation with exchange	RRL	reaction - rate - limited (kinetics)
		RRPA	relativistic random - phase approximation
RPC	reverse phase chromatography		
RPD	retarding potential difference	RRR	residual resistivity ratio
RPECVD	remote plasma - enhanced chemical vapor deposition	RRS	resonance RAMAN scattering spectrometry
		RRSB	distribution to ROSIN - RAMMLER - SPERLING - BENETT
RPED	rocking probe electron diffraction		
RPFC	reversed flash chromatography	RRT	relative retention time
RPIPP	reverse phase ion pair chromatography	RSA	random sequential adsorption
		RSA	relative Standardabweichung
RPL	radio photoluminescence	RSAED	rocking selected area electron diffraction pattern
RPM	restricted primitive model		
RPM	rounds (revolutions) per minute	RSC	redistributed successive collision (model)
RPPICS	relative partial photoionization cross section		
		RSC	relative sensitivity coefficient
RPS	random pulse sequence	RSCF	relativistic self - consistent field
RPT	reverse polarization transfer	RSD	relative standard deviation
RQHNC	reference quadratic hypernetted chain (theory)	RSE	resonant secondary emission
		RSECI	restricted single excitation configuration interaction
RQL	rejectable quality level = Rückweisegrenze (alt.:LQ, LTPD)		
		RSF	relative sensitivity factor
RQM	relativistic quantum mechanics	RSG	reentrant spin glass
RR	relative repression	RSMW	rapid scanning multiple wavelength
RR	residual resistance		
RR	resonance RAMAN (experiment)	RSP	reverse scattering perturbation
RR	rigid rotator (approximation)	RSPT	RAYLEIGH - SCHROEDINGER perturbation theory
RRD	restricted rotational diffusion (theory)		
		RSPTn	RAYLEIGH - SCHROEDINGER perturbation theory of n-th order
RRD	ring - rate decay		
RRDE	rotating ring disk electrode	RST	rapid solidification technology
RREP	resonance RAMAN excitation profile	RSWPS	repetitive square wave potential signal
RRF	relative response factor	RTA	rapid thermal annealing
RRGM	recursive residue generation method	RTD	resistance temperature detector
		RTL	resistor transistor logic
RRHO	rigid rotor harmonic oscillator (approximation)	RTM	raster tunnel microscopy

RTM	real - time monitoring	SAM	scanning AUGER microprobe
RTM	resin transfer molding	SAM	scanning AUGER microscopy
RTO	rapid thermal oxidation	SAM	scanning acoustic microscopy
RTP	rapid thermal processing	SAMO	semilocalized alternant molecular orbital
RTP	room temperature phosphorescence	SANR	scaled adiabatic nuclear rotation (method)
RTPL	room temperature phosphorescence in liquid chromatography	SANS	small - angle neutron scattering
RTPS	repetitive triangular potential sweep	SAPT	symmetry - adapted perturbation theory
RUCA	reversible universal cellular automaton	SAR	specific absorption rate
		SASA	solvent - accessible surface area
RVB	resonating valence bond (model)	SASH	symmetry - adapted spherical - harmonic (function)
RYDMR	radical - yield - detected magnetic resonance	SATO	self - aligned thick oxide
RaD	radiative deexcitation	SAW	self - avoiding walk
RaN	radiative neutralization	SAW	surface acoustic wave
SA	surface analysis	SAX	selected area x - ray photoelectron spectroscopy
SAC	specific absorption coefficient (wavelength)	SAXPS	soft x - ray appearance spectroscopy
SACM	single adiabatic channel model		
SACM	statistical adiabatic channel model	SAXS	small - angle x - ray scattering
SACP	selected area (electron) channeling pattern	SB	surface barrier (detector)
		SB	symmetry breaking
SAC-CI	symmetry adapted cluster - configuration interaction	SBC	single - bond correlation
		SBEC	single binary elastic collision
SAD	selected area electron diffraction (alt.: SAED)	SBM	SOLOMON - BLOEMBERGEN - MORGAN (theory)
SAD	selective area diffraction	SBR	signal - to - background ratio
SAD	single atom detection	SBS	stimulated BRILLOUIN scattering
SADP	selected area diffraction pattern	SBSC	SCHOTTKY barrier solar cell
SADVR	symmetry - adapted discrete variable representation	SBZ	surface BRILLOUIN zone
		SC	single crystal
SAECP	selected area electron channeling patterns	SC	supercapacitance
		SC	surface conductivity
SAED	selective area electron diffraction	SCAD	surface characterization and depth profiling
SAES	scanning AUGER electron spectroscopy		
		SCANIIR	surface composition by analysis of neutral and ion impact radiation
SALS	small - angle light scattering		
SALTS	self - alignment lift - off technique by selective (oxidation)	SCAO	spherical cloud atomic orbital

SCBA	self - consistent BORN approximation
SCC	self - consistent charge
SCC	short circuit current
SCCC	self - consistent charge and configuration (MO calculation)
SCCEH	self - consistent charge - extended HUECKEL (procedure)
SCCM	standard cubic centimetre per minute
SCDF	scanning electron diffraction
SCDM	self - consistent diagrammatic method
SCDW	surface charge density wave
SCE	saturated calomel electrode
SCE	secondary chemical equilibrium
SCE	single - centre expansion
SCEM	self - consistent eikonal method
SCEM	single - channel electron multiplier
SCEP	self - consistent electron pairs
SCEP-CEPA	self - consistent electron - pair - coupled electron pair approximatio
SCF	self - consistent field
SCFM	standard cubic feet per minute
SCG	subcritical crack growth
SCIM	scanned transmission electron image microscopy
SCL	space charge layer
SCL	strong coupling limit
SCLC	sequence centrifugal layer chromatography
SCLO	self - consistent linear orbital
SCLO	self - consistent local orbital
SCLR	single - configuration linear response (theory)
SCM	same - centre molecules
SCM	self - consistent multipolar
SCMF	self - consistent mean field
SCMP	self - consistent MADELUNG potential
SCOFF	sharp cut - off fringing field
SCPP	self - consistent phase - phonon (approach)
SCPT	self - consistent perturbation theory
SCR	self - consistent renormalization (theory)
SCR	silicon - controlled rectifiers
SCRS	STOKES coherent RAMAN spectroscopy
SCS	sterically controlled substitution
SCS	substituent chemical shift
SCSSD	surface - constrained soft sphere dipole (model)
SCT	surface change transistor
SC(T)SAG	small-curvature (tunneling) semiclassical adiabatic ground state approx.
SD	selective decoupling
SD	self - diffusion
SD	spectral diffusion
SD	spinodal decomposition
SDA	smoothed density approach
SDA	spherical deflection analyzer
SDCS	single differential cross section
SDDS	spin decoupling difference spectroscopy
SDF	spin density functional formalism (HOHENBERG-KOHN-SHAM)
SDF	spin - density fluctuation
SDF	synthetic discriminant function
SDLTS	scanning deep level transient spectroscopy
SDMM	scanning desorption molecule microscopy
SDOS	surface density of states
SDP	spin density product
SDP	steepest descent path
SDR	spin - dependent resonance
SDS	stripe domain structure

SDVS	slotted disk velocity selector	SEFIT	single electron fit
SDW	spin density wave	SEFT	spin echo FOURIER transform (nmr)
SDW	static distortion waves		
SDX	selective deposition by exdiffusion	SEHF	spin - projected extended HARTREE - FOCK
SE	secondary electron (emission)		
SE	size exclusion	SELEX	selective (spin -) exchange
SE	spin - echo	SEM	scanning electron microscopy
SE	stimulated echo	SEM	secondary electron multiplier
SEA	sound emission analysis	SEMEBIC	scanning electron microscopy electron beam current
SEA	static exchange approximation	SEMEDS	scanning electron microscopy energy dispersive x - ray spectroscopy
SEB	secondary electron bremsstrahlung		
SEC	single electron capture	SEMUT	subspectral editing (using a) multiple quantum trap
SEC	size exclusion chromatography		
SEC	spectro electrochemistry	SENB	single - edge - notched beam
SECOSS	spin - echo correlation (with) shift scaling	SEP	skeletal electron pair
		SEP	stimulated emission pumping (spectroscopy)
SECS	selective electron capture sensitization		
		SEPB	single - edge - precracked beam
SECSY	spin echo correlated spectroscopy	SEPES	synchrotron - radiation - excited photoelectron spectroscopy
SECSY	spin - echo correlated spectroscopy		
		SEPIL	selectively exciting probe ion luminescence
SED	STOKES - EINSTEIN - DEBYE (law)		
		SEPOX	selective polycrystalline silicon oxidation
SED	secondary electron detector		
SED	semi - equilibrium dialysis (method)	SEPT	special environment powder diffractometer
SED	slow electron diffraction (alt.: LEED)	SER	surface - elevated RAMAN effect
		SERRS	surface - enhanced resonance RAMAN scattering
SED	spin echo difference		
SEDFB	surface - emitting distributed feedback	SERS	surface - enhanced RAMAN spectroscopy
SEDOR	spin echo quadrupole - quadrupole double resonance (NQR)	SESCA	scanning electron spectroscopy for chemical applications
SEE	secondary electron emission	SESD	scanning electron stimulated desorption
SEED	self - electrooptic effect device		
SEELFS	surface extended energy loss fine structure	SESET	semi - selective excitation
		SET	single electron transfer
SEES	secondary electron emission	SET	single exposure technique
SEFE	secondary electron field emission	SET	standard ENSKOG theory

SEU	selective excitation unit	SI	static induction
SEW	surface electromagnetic wave (spectroscopy)	SI	surface ionization
SEWS	surface electromagnetic wave spectroscopy	SIA	screened interaction approximation
SEXAFS	surface - extended x - ray absorption fine structure	SIA	self - interstitial atoms
SFC	supercritical fluid chromatography	SIC	self - interaction correction
SFEP	self - consistent electron pairs	SIC	silicon integrated circuit
SFET	standard free energy of transfer	SICLSD	self - interaction - corrected local spin density
SFG	sequence generating function	SICOS	sidewall base contact structure
SFNL	step function nonradiative lifetime	SICP	selected ion current profile
SFORD	single frequency off resonance decoupling	SIC-LSD	self - interaction - corrected local spin density
SFT	stacking fault tetrahedron	SID	single(selected) ion detection
SG	spin glasses = magn.phases, mictomagnets	SID	surface - induced dissociation
SGF	sequence - generating function	SIEM	shadow image electron microscopy
SGFM	surface GREEN's function matching	SIFDT	selected ion flow drift tube
SGM	shape group method	SIFT	selected ion flow tube (apparatus)
SGOBE	self - consistent group orbital and bond electronegativity	SIIE	secondary ion - ion emission
SGOS	silicon gate oxide semiconductor	SIIMS	secondary ion imaging mass spectroscopy
SGRPA	spherical grid retarding potential analyzer	SILO	sealed interface local oxidation
SGSE	steady - gradient spin - echo	SIM	selected ion monitoring
SHARP	sensitive, homogeneous and resolved peaks	SIMA	Sekundär - Ionen - Analyse (alt.: SIMS)
SHE	standard hydrogen electrode	SIMA	secondary ion microanalysis
SHEED	scanning (or secondary) high energy electron diffraction	SIMIT	size - induced metal - insulator transition
SHF	super high frequency	SIMMS	secondary ion microprobe
SHG	second harmonic generation	SIMPLE	secondary isotope multiplets of partially labeled entities (nmr)
SHM	simple harmonic motion	SIMS	secondary ion mass spectrometry
SHO	simple harmonic oscillator	SIMSIDP	secondary ion mass spectroscopy image depth profiling
SHRIMP	scalar heteronuclear recoupled interactions by multiple pulse	SIMTOP	silicon nitride masked thermally oxidized postdiffused mesa process
SHS	self - propagating high - temperature synthesis	SINDO	scaled SCF - MO method at INDO level of approximation

SIPOS	semiinsulating polycrystalline silicon
SIPS	sputter - induced photon spectroscopy
SIR	selected ion recording
SIRRS	surface - induced resonant scattering
SIT	self - induced transparency
SIT	specific interaction theory
SK	SHERRINGTON - KIRKPATRICK (theory)
SKEW	square kinetic energy well
SL	Scandinavian Lancers Process
SL	superlattice
SLAM	scanning laser acoustic microscopy
SLAP	sign - labeled polarization transfer
SLE	stochastic LIOUVILLE equation
SLEEP	scanning low energy electron probe
SLF	surface loss function
SLGC	splitless gas chromatography technique
SLM	scanning laser microscope
SLM	sound level meter
SLR	spin - lattice relaxation
SLR	super lattice reflection
SLS	static light scattering
SLS	strained layer superlattice
SLT	second law of thermodynamics
SLUMO	second lowest unoccupied molecular orbital
SM	mass spectrometer (french spelling)
SMA	simultaneous multiwavelength acquisition
SMA	single - mode approximation
SMA	spherical mirror analyzer
SMATCH	simultaneous mass and temperature change
SMB	supersonic molecular beam
SMDE	stationary mercury drop electrode
SMDR	surface - mode dispersion relation
SME	semiconductor - metal eutectic
SMEPR	strain - modulated electron paramagnetic resonance
SMF	static magnetic field
SMGE	selective multisolvent gradient elution
SMIM	selective metastable ion monitoring
SMOKE	surface magnetooptic KERR effect
SMSI	strong metal - support interaction
SM-ART	short memory augmented rate theory
SN	signal - to - noise ratio
SNIFTIRS	substractively normalized interfacial FOURIER transform ir spectry.
SNIPER	saddle - node infinite period
SNMS	secondary neutralization mass spectroscopy
SNMS	sputtered neutral mass spectroscopy
SNOS	silicon - nitride - oxide - silicon
SNR	signal - to - noise ratio
SNS	silicon/nitride/ silicon
SO	spin orbital
SOC	single occupancy cell (method)
SOC	spin - orbit coupling
SOCI	second - order configuration interaction
SOD	second order differencing (method)
SOI	silicon on insulator
SOLL	second - order local linearization
SOLZ	second order LAUE zone
SOMO	semioccupied molecular orbital
SOMO	singly occupied molecular orbital
SONOS	semiconductor - oxide - nitride - oxide - silicon

SONRES	saturated optical nonresonant emission spectroscopy	SPHF	spin - polarized HARTREE - FOCK
SOPPA	second order polarization propagator approximation	SPI	selective population inversion (nmr)
SOS	silicon on sapphire	SPI	surface PENNING ionization
SOS	sum over states	SPIES	surface PENNING ionization electron spectroscopy
SOSA	spin - orbit split array		
SOS-CI	sum over states configuration interaction	SPIPES	spin - polarized inverse photoemission spectroscopy
SP	square pyramidal	SPIS	surface PENNING ionization spectroscopy
SP	surface potential		
SP	survival probability	SPIXE	scanning proton - induced x- ray emission
SPACE	spatial and chemical shift - encoded excitation	SPLEED	spin - polarized low energy electron diffraction
SPAES	spin - polarized AUGER electron spectroscopy	SPP	spin - polarized photo emission
SPAIRS	single potential alteration infrared spectroscopy	SPPES	spin - polarized photoelectron spectroscopy
		SPQW	stepped - potential quantum well
SPARPES	spin - polarized angle - resolved photoelectron spectroscopy	SPRPAE	spin - polarized random phase approximation with exchange
SPARS	spatially resolved spectroscopy	SPS	single particle scattering
SPC-FP	simple point charge (model)(with)flexible(bonds)and polarization	SPT	scaled particle theory
		SPT	selective population transfer (nmr)
SPD	scaled particle theory	SPT	single photon timing
SPD	singular point detection	SPT	statistical perturbation theory
SPD	surface potential difference	SPW	self - penalty walk
SPE	solid phase epitaxy	SQM	scaled quantum mechanical (method)
SPE	solid phase extraction		
SPE	solid polymer electrolyte (membrane)	SQMOFF	scaled quantum - mechanical oligomer force field
SPE	stimulated photon echo	SQUID	superconducting quantum interference device
SPEG	statistical polynomial - exponential gap (law)	SQW	single quantum well
		SR	selective reflection
SPEXAFS	spin - polarized extended x - ray - absorption fine structure	SR	synchrotron radiation
		SRAM	static RAM
SPF	spectrophotofluorometer	SRCP	successive reaction counterpoise (method)
SPG	statistical power gap (law)		
SPHCT	simplified perturbed hard chain theory	SRET	scanning reference electrochemical technique

SRFT	saturation - recovery FOURIER transform	SSNOEDS	steady - state nuclear OVERHAUSER effect difference spectroscopy
SRO	short range order	SSOZ	site - site ORNSTEIN - ZERNIKE (equation)
SRPES	synchrotron - radiation photoelectron spectroscopy	SSO-FFT	symmetrically split operator fast FOURIER transform (method)
SRRS	surface resonance RAMAN spectroscopy	SSP	suspended solid phase separation
SRS	specular reflection spectrometry	SSP	sustained shockwave plasma
SRS	stimulated RAMAN spectroscopy	SSRP	symmetry selection rule procedure
SRS	surface RAMAN spectroscopy	SSRTP	solid surface room temperature phosphorescence
SRS	surface reflectance spectroscopy	SSS	sequential slow scanning
SRT	spin reorientation transition	SSS	superlattice surface states
SRXRF	synchrotron radiation X- ray fluorescence	SST	single strip tester
SSA	specific surface area	SST	solvent - suppression techniques
SSB	spinning side band	SSVW	symmetric shear vertical wave
SSC	spin - spin contact	ST	saturation transfer
SSCE	sodium saturated calomel electrode	STAT	slotted tube atom trap
SSD	spin - spin dipole	STC RAM	stacked capacitor RAM
SSE	separate statistical ensembles	STD	stepwise thermal desorption
SSEP	self - stimulated emission pumping	STE	self - trapped excitons
SSEXP	steady - state excitation photoselection	STE	stimulated spin - echo
SSF	surface - sensitive feature	STEAM	stimulated echo acquisition mode
SSFC	site - site function counterpoise (method)	STEBIC	scanning transmission electron beam current
SSH	SCHWARTZ - SLAWSKY - HERZFELD (theory)	STEM	scanning transmission electron microscopy
SSHW	symmetric shear horizontal wave	STEPR	saturation transfer EPR
SSI	small scale integration	STESR	saturation transport electron spin resonance
SSIMS	static secondary ion mass spectroscopy	STF	SLATER - type function
SSL	strong segregation limit	STH	self - trapped holes
SSLC	super speed liquid chromatography	STHF	supertransferred hyperfine field
SSMC	single scattering Monte Carlo	STIRAP	stimulated RAMAN adiabatic passage
SSMS	spark source mass spectrometry	STM	scanning tunneling microscopy (surface analysis)
		STMRA	sparsely truncated multiresonance approximation

STNMR	stochastic NMR	SXAPS	soft x - ray appearance potential spectroscopy
STO	SLATER - type (atomic) orbitals	SXAS	soft x - ray absorption spectroscopy
STO-nG	SLATER - type orbital at the n - GAUSSIAN level	SXE	soft x - ray emission spectroscopy
STP	standard temperature and pressure	SXES	soft x - ray emission spectroscopy
STPS	single triangular potential sweep	SXPES	soft x - ray photo electron spectroscopy
STS	SLATER transition state	SXPM	scanning x - ray photoelectron microscopy
STSMC	statistical thermodynamic supermolecule - continuum	SXPS	soft x - ray photoelectron spectroscopy
STTL	SCHOTTKY transistor transistor logic	SXR	scanning x - ray radiography
STTR-CIDNP	stochastic time - resolved chem. induced dynamic nuclear polarization	SXRA	synchrotron x - ray fluorescence analysis
SUFIR	superfast inversion recovery	SXS	soft x - ray spectroscopy
SUHF	spin - unrestricted HARTREE - FOCK	S-RAM	static RAM
SV	stripping voltammetry	S.COSY	scaled correlation spectroscopy
SVCC	submerged vertical continuous casting	TA	thermal analysis
SVD	singular value decomposition	TAC	tangential momentum accomodation coefficient
SVDN	state - variable-dependent noise	TAC	translation accommodation coefficient (engl.version)
SVE	SMOLUCHOWSKI - VLASOV equation	TACF	time - autocorrelation function
SVFF	simplified valency force field	TACM	temperature dependence of adiabatic compressibility minimum
SVIN	state - variable - independent noise	TAK	Translations - Akkommodations Koeffizient
SVL	single vibronic level	TANGO	testing (for) adjacent nuclei (with a) gyration operator
SVLF	single vibronic level fluorescence	TAPS	triple action process STB (Sumitomo)
SW	scattered wave	TART	tip - angle reduced T1 imaging
SWAMI	sidewall masked isolation	TAT	thermally assisted tunnelling
SWIFT	stored waveform inverse FOURIER transform	TB	tightly bound
SWR	spin wave resonance	TB	tip blunting
SWSAC	statistical weights of stable atomic configurations	TBA	tight - binding approximation
SXA	soft x - ray absorption	TBB	tight - binding bond
SXANES	surface x - ray absorption near - edge structures	TBIS	transverse biased initial susceptibility

TBLMTO	tight - binding linear muffin - tin orbital	TDGL	time - dependent GINZBURG - LANDAU (theory)
TBP	trigonal bipyramidal	TDH	temperature - dependent HALL
TC	transmission channeling	TDHF	time - dependent HARTREE - FOCK
TCAM	relation entre la temp. et la compressibilite adiabat. minimale	TDHG	time - dependent HARTREE grid (method)
TCC	temperature coefficient (of) conductivity	TDKIE	temperature dependence of the kinetic isotope effect
TCC	thermal conduction controlling	TDLDA	time - dependent local density approximation
TCD	thermal conductivity detector		
TCDS	tandem cylindrical deflector spectrometry	TDMS	thermal desorption mass spectrometry
TCMS	relation entre la temp. et la velocite maximale du son	TDOA	thermally detected optical absorption
TCP	tricritical point	TDOS	total density of states
TCR	temperature coefficient of resistivity (resistance)	TDPAC	time - differential - perturbed angular correlation (method)
TCR	thermochemical reduction	TDQM	time - dependent quantum - mechanical (calculation)
TCS	thermal conversion spectroscopy	TDS	thermal desorption spectroscopy
TCS	total current spectroscopy	TDS	thermal diffuse scattering
TCS	total (integrated) cross section	TDS	time domain spectroscopy
TCSCF	two - configuration SCF	TDS	total density of states
TCSPC	time - correlated single photon counting	TDS	total dissolved solids
TD	thermal desorption	TDSCF	time - dependent self - consistent field
TDA	TAMM - DANCOFF approximation	TDSE	time - dependent SCHROEDINGER equation
TDC	time - to - digital converter	TDSS	time - dependent fluorescence STOKES shift
TDCHF	time - dependent coupled HARTREE - FOCK (method)	TDTL	time - dependent thermal lensing
TDCS	total desorption cross section	TDVC	transition dipole vector coupling (model)
TDCS	triple differential cross section		
TDD	total difference density	TDVM	time - dependent variational method
TDD	two detector delay		
TDDB	time - dependent dielectric breakdown	TDVP	time - dependent variational principle
TDEPR	thermally detected electron paramagnetic resonance	TE	thermionic emission
		TE	transverse electric (mode)
TDFSS	time - dependent fluorescence STOKES shift	TEA	thermal energy analyzer

TEAS	thermal energy atom scattering	TGA	thermogravimetric analysis
TEB	transient electric birefringence	TGL	thermal gradient lamp
TEC	thermal expansion coefficient	THDS	thermal helium desorption spectrometry
TEC	thermionic energy converter		
TED	total energy distribution	THEED	transmission high - energy (scanning) electron diffraction
TED	transmission electron diffraction		
TEDE	temperature - enhanced displacement effect	THF	tres hautes frequences
		THG	third - harmonic generation
TEDP	tensor of effective dielectric permittivity	TI	transfer ionization
		TIB	transferred interaction block
TEE	thermionic electron emission	TIC	total ion chromatography
TEELS	transmission electron energy loss spectroscopy	TIC	total ion current
		TICP	total ion current profile
TEEM	thermionic electron emission microscope (alt.: TEM)	TICS	timereversal invariant closed shell
		TICS	total integral cross section
TELS	transmission energy loss spectroscopy	TICT	twisted intramolecular charge transfer
TELSCA	transmission energy loss electron spectroscopy for chem. analysis	TID	thermal ionization detector
		TIDF	temperature - independent delayed fluorescence
TEM	transmission electron microscopy		
TEP	thermoelectric power	TIM	total ion monitoring
TEPICO	threshold electron photoion coincidence	TIMAS	relation entre la temp. et l'impedance acoustique specifique
TERA	transient error reconstruction approach (algorithm)	TIMS	thermal ionization mass spectrometry
TES	translational energy spectroscopy	TIP	temperature independent paramagnetism
TESICO	threshold electron - secondary ion coincidence (technique)	TIQM	time - independent quantum - mechanical (calculation)
TET	transient energy transfer	TIS	time integration spectroscopy
TEY	total electron yield	TIS	trench - isolated (transistor)
TF	transfer function	TISR	temperature - induced spin reorientation
TFA	thin - film analysis		
TFD	thermofield dynamics	TJ	temperature jump (method)
TFDW	THOMAS - FERMI - DIRAC - WEIZAECKER (model)	TJMTS	TELEMAN - JOENSSON multiple time step
TFMC	thin - film mercury electrode	TL	thermoluminescence
TFP	trans fibre photography	TLC	thin - layer chromatography
TFT	thin - film transistor	TLCF	thin - layer chromatography combined with fluorimetry
TFTS	target facing type sputtering		
TG	thermogravimetry		

TLCV	thin - layer cyclic voltammetry
TLD	thermoluminescence dosimeter
TLGPC	thin - layer gel permeation chromatography
TLM	transmission light microscope
TLM	transmission line model
TLS	two - level system
TLV	threshold limit values
TM	transverse magnetic (wave)
TM	tunnelling model
TMA	thermomechanical analysis
TMAC	tangential momentum accomodation coefficient
TMCP	thermomechanical controlled processing
TMR	topical magnetic resonance
TMS	thermionic mass spectrometry
TMT	thermomechanical treatment
TMTSV	triangular modulated triangular sweep voltammetry
TN	THYSSEN Niederrhein Process
TNAA	thermal neutrons atomic absorption
TNMR	topical nuclear magnetic resonance
TOCSY	total correlation spectroscopy (2D-nmr)
TOF	time - of - flight (mass spectrometry)
TOFA	time - of - flight analysis
TOFMS	time - of - flight mass spectrometry
TOLZ	third - order LAUE zone
TOMAL	task - oriented microprocessor application language
TORO	TOCSY - ROESY (2D-nmr)
TOSS	total suppression of sidebands
TOSS	two - step oxidation of sidewall surface
TOX	thermal oxide
TP	test stop pulse
TPA	two - photon absorption
TPAD	temperature - programmed ammonia desorption
TPC	three - phase catalysis
TPC	time - to - pulse - height converter
TPD	temperature - programmed desorption
TPD	transverse photothermal deflection
TPD	two - photon dissociation
TPDICS	two - photon differential cross section
TPE	two - photon excitation
TPE HNC/MS	three-point-extension hypernetted-chain-mean-spherical (equation)
TPEF	two - photon excited fluorescence
TPEPICO	threshold photoelectron photoion coincidence
TPES	threshold photoelectron spectrum
TPES	two - photon excitation spectrum
TPF	two - photon fluorescence
TPGC	temperature-programmed gas chromatography
TPHC	time - to - pulse - height converter
TPI	tracks per inch
TPL	two - photon luminescence
TPO	temperature-programmed oxidation
TPOSD	two - photon oscillator strength density
TPP	theoretical pairwise potential
TPPI	time - proportional phase incrementation
TPR	temperature - programmed reduction
TPRE	two - photon RAMAN excitation
TPRS	temperature - programmed reaction spectroscopy
TPS	temperature - programmed sulphation
TPS	two - dimensional periodic structure

TPSSIMS	temperature - programmed static secondary ion mass spectrometry	TRRR	time - resolved resonance RAMAN spectrometry
TPV	transport en phase vapeur	TRRS	time - resolved RAMAN spectroscopy
TQF	triple - quantum - filtered		
TQF-COSY	triple - quantum filtered - correlation spectroscopy	TRRS	two - photon resonant RAMAN scattering
TQMS	triple quadrupole mass spectrometry	TRS	time - resolved spectroscopy
		TRU	transuranium processing facility
TR	time - resolved	TRXD	time - resolved x - ray diffraction
TR3S	time - resolved resonance RAMAN spectroscopy	TS	transition state
		TS	tunneling state
TRAMEX	tertiary amine extraction (method)	TS	(ultimate) tensile strength
TRDF	time - resolved dispersed fluorescence	TSA	total surface area
		TSA	two - step absorption
TRE	thermochemical resonance energy	TSAIM	temperature dependence of sound acoustic impedance
TRE	topological resonance energy		
TREELS	time - resolved electron energy loss spectroscopy	TSC	thermally stimulated current
		TSCAP	thermally stimulated capacitance
TREPR	time - resolved electron paramagnetic resonance	TSCTES	total spin coherence transfer echo filtering spectroscopy
TRES	time - resolved emission spectrum	TSD	thermally stimulated depolarization
TREXP	time - resolved excitation photoselection	TSD	thermionic specific detector
		TSD	time slice detection
TRFA	total reflexions ROENTGEN fluoreszenz analyse	TSDA	tandem spherical deflector analyzer
TRFD	time - resolved fluorescence depletion	TSDC	thermally stimulated depolarization current
TRFS	time - resolved fluorescence spectroscopy	TSED	transmission scanning electron diffraction
TRILD	time - resolved intracavity laser detection	TSEE	thermally stimulated exo electron emission
TRIMS	time - resolved ion momentum spectrometry	TSEM	transmission scanning electron microscopy
TRIR	time - resolved infrared (spectroscopy)	TSFZ	travelling solvent floating zone
		TSH	tensor surface harmonic (theory) (STONE)
TRIS	time - resolved infrared spectroscopy		
TRIX	total rate imaging of x - rays	TSH	trajectory - surface - hopping (calculation)
TROA	time - resolved optical absorption		
TRRFA	time - resolved x - ray fluorescence analysis	TSHEO	tensor surface harmonic equivalent orbital
		TSL	tristate logic

TSLE	two - step laser excitation	UHF	uniform heat flux
TSP	titanium sublimation pump	UHF	unrestricted HARTREE - FOCK
TSPC	thermally stimulated polarization current	UHP	ultra high power electric arc steelmaking
TSQ	triple state quadrupole mass spectrometry	UHRNMR	ultra - high - resolution NMR
TSRO	topological short - range order	UHV	ultrahigh vacuum
TST	transition state theory	UHVEM	ultrahigh voltage electron microscopy
TSVM	temperature dependence of sound velocity maximum	UMP	unrestricted MOELLER - PLESSET (theory)
TTA	traditional theoretical approach	UMPA	universal microprobe mass analyzer
TTA	triplet - triplet absorption	UO	Umkehr - Osmose
TTL	transistor - transistor logic	UPD	underpotential metal deposition
TTOF	tandem time - of - flight (mass spectrometry)	UPES	ultraviolet photoelectron (or - emission) spectroscopy
TTPD	threshold temperature programmed desorption	UPN	umgekehrte polnische Notation
TTVD	trap - to - trap distillation	UPS	ultraviolet photoelectron spectroscopy
TUV	thermal ultraviolet	UPS	ultraviolet photoemission spectroscopy (alt.: UVPS)
TVC	thermal - to - voltage converter	UPT	universal polarization transfer
TVEC	tangent vector error criterion	UR	ultrarot
TVS	triangle voltage sweep	US	unified statistical (theory)
TYS	tensile yield strength	USM	ultra sound microscopy
TZ	Trennzahl	USN	ultrasonic nebulization
TZ	triple - zeta basis	UTA	unresolved transition array
TZ2P	triple - zeta plus double polarization	UTO	ultrathin oxide
TZE	transverse ZEEMAN effect	UV	ultraviolet
UA	united atom	UVBIS	ultraviolet bremsstrahlung isochromat spectroscopy
UAE	unsteady adiabatic expansion	UVPD	ultraviolet photodesorption
UBFF	UREY - BRADLEY force field	UVPES	ultraviolet photoelectron spectroscopy
UCA	universal cellular automaton	UVPS	ultraviolet photoelectron spectroscopy (alt.: UPS)
UCAM	uncoupled angular momentum (representation)	UVRR	ultraviolet resonance RAMAN spectroscopy
UCHF	uncoupled HARTREE - FOCK	UVS	ultraviolet spectroscopy
UCST	upper critical solution temperature		
UFP-NMR	ultra fine particle NMR		
UGA	unitary group approach		
UHF	ultrahigh frequency		

UVSOR	ultraviolet synchrotron orbital radiation	VEELS	vibrational energy - loss electron spectroscopy
UVVIS	ultraviolet - visible spectrometry	VEH	valence effective HAMILTONIAN
UWT	uniform wall temperature	VELD	valence electron localization degree (model)
VAC	voltage - alternating current	VEOMP	valence electron - only model potential
VACF	velocity autocorrelation function	VES	vibrational excitation spectroscopy
VAD	vacuum arc degassing process	VET	vibrational energy transfer
VADS	velocity - aligned DOPPLER spectroscopy	VETT	height of a theoretical plate (russ. version)
VAF	velocity autocorrelation function	VF	VOGEL - FULCHER (law)
VAP	valence alteration pair	VFB	flatband voltage
VARPT	variational perturbation theory	VFET	variable field effect transistor
VAS	variable - angle spinning	VFP	variable frequency pulse (nmr)
VASS	variable - angle sample spinning (NMR)	VFT	vibrational frame transformation
VAT	vibrationally assisted tunneling	VFTH	VOGEL - FULCHER - TAMMAN - HESSE (equation)
VB	valence band	VIP	vertical ionization potential
VB	valence bond (method)	VIP	visual image processing
VBL	vertical BLOCH line	VIS	visible spectroscopy
VBM	valence bond maximum	VLBI	very - long - baseline interferometry
VBXES	valence band x - ray emission spectroscopy	VLF	very low frequency
VCA	virtual - crystal approximation	VLPP	very low pressure pyrolysis
VCD	vibrational circular dichroism	VLPR	very low pressure reactor
VCF	velocity autocorrelation function	VLS	valence level spectroscopy
VCNR	voltage - controlled negative differential resistance	VLSI	very large scale integration
VD	vacuum degassing (generic term)	VMC	variational Monte Carlo
VD	vacuum deposition	VOD	vacuum oxygen decarburization process
VDC	voltage direct current	VODC	vacuum oxygen decarburization converter process
VDE	vertical detachment energy	VODK	vacuum oxygen decarburization in the converter (THYSSEN)
VDEh	Verein Deutscher Eisenhüttenleute	VOI	volume of interest
VDHF	variational DIRAC - HARTREE - FOCK	VOIP	valence orbital ionization potential
VDR	voltage - dependent resistor	VORD	vibrational optical rotatory dispersion
VDW	valley density wave	VOSY	volume - selective spectroscopy
VDWS	VAN DER WAALS surface		

VP	vapor transport
VPC	vapor phase chromatography
VPE	vapor phase epitaxy(-ial)
VPS	VAINSHTEIN - PRESNYAKOV - SOBELMAN (approximation)
VPT	variational perturbation theory
VR	voltage regulation
VRDDO	variable retention of diatomic differential overlap
VRH	variable - range - hopping (MOTT - law)
VRT	vibration - rotation transitions
VRT	vibration - rotation - tunneling
VSE	vibrational STARK effect
VSE	volume - selective excitation
VSEPR	valence shell electron pair repulsion
VSIE	valence state ionization energy
VSIP	valence state ionization potential
VSM	vibrating sample magnetometer
VT	variable temperature
VTA	vertical transition approximation
VTE	variable time expansion
VTE	vertical tube evaporator
VTL	variable threshold logic
VTST	variational transition state theory
VT-SIFDT	variable - temperature - selected ion flow drift tube
VUV	vacuum ultraviolet
VUVS	vacuum ultraviolet spectroscopy
VVC	voltage variable capacitance
VW	valley wave
VWD	variable wavelength detector
VWG	VAN DER WAALS gap
VZ	Verseifungszahl
WACBDP	wide - angle convergent beam diffraction pattern
WALTZ	wideband alternat.phase low power techn.for zero residue splitting
WAOI	wide - angle acoustooptic interaction
WAXS	wide - angle x - ray scattering
WB	weak beam
WBDF	weak - beam dark field method
WBT	white beam topography
WCA	WEEKS - CHANDLER - ANDERSEN (theory)
WCS	writeable control store
WD	wavelength dispersion
WDA	weighted density approximation
WDE	weak diffusion expansion
WDF	WIGNER distribution function
WDS	wavelength dispersive spectrometer
WDX	wavelength dispersive x - ray analysis
WE	working electrode
WEFA	Wharton Econometric Forecasting Associates
WF	wave function
WF	work function
WIFT	stored waveform inverse FOURIER transform
WIMP	wireless implanted magnetic resonance probes
WKB	WENTZEL - KRAMERS - BRILLOUIN (method)
WNNLSA	white noise non - linear system analysis
WORCRA	Worner, Conzinc Rio Tinto of Australia
WORM	write - once - read - mostly
WQ	water quenched
WRS	waveguide RAMAN spectroscopy
WSL	weak segregation limit
XADM	x - ray anomalous dispersion method

XAES	x - ray absorption edge spectrometry	XPD	x - ray photoelectron diffraction (alt.: XPED)
XAES	x - ray - excited AUGER electron spectroscopy	XPED	x - ray photoelectron diffraction (alt.: XPD)
XAES	x - ray - induced AUGER electron spectroscopy	XPES	x - ray photoelectron spectroscopy (alt.: XPS)
XANES	x - ray absorption near - edge structure	XPES	x - ray photoemission spectroscopy (alt.: XPS)
XAPS	x - ray appearence potential spectroscopy	XPS	x - ray photoelectron spectroscopy (alt.: ESCA, XPES)
XAS	x - ray absorption spectroscopy	XPS	x - ray photoemission spectroscopy (alt.: XPES)
XAS	x - ray - excited AUGER spectroscopy	XRD	x - ray diffraction
XBIS	x - ray bremsstrahlung isochromat spectroscopy	XRF	x - ray fluorescence
		XRFA	x - ray fluorescence analysis
XCORFE	x - nucleus correlation with fixed evolution time (2D-nmr)	XRLBA	x - ray line broadening analysis
		XSAD	x - ray small - angle diffraction
XDC	x - ray double crystal diffraction	XSWT	x - ray standing wave technique
XDM	extended dipolar modulation (nmr)	XTEM	cross - sectional transmission electron microscopy
XEAES	x - ray - excited AUGER electron spectroscopy	XUPS	photoelectron spectroscopy between UV and x - ray (alt.: XUVPES)
XEAPS	x - ray - excited electron appearance potential spectroscopy	XUVPES	photoelectron spectroscopy between UV and x - ray (alt.: XUPS)
XED	x - ray energy dispersive diffractometer	ZAA	ZEEMAN atomic absorption
XEM	exoelectron microscopy	ZAAS	ZEEMAN atomic absorption spectroscopy
XEOF	x - ray - excited optical fluorescence spectroscopy	ZAP	zone axis pattern
XES	exo electron spectroscopy	ZBS	zero bias SCHOTTKY diode
XES	x - ray emission spectroscopy	ZDA	zero displacement adiabatic (approximation)
XESD	x - ray - induced electron - stimulated desorption	ZDO	zero - differential overlap
XFA	x - ray fluorescence analysis	ZEKE	zero electron kinetic energy
XFLU	x - ray fluorescence	ZEKES	zero electron kinetic energy spectrometry
XHTB	extended HUECKEL tight - binding	ZF	zero - field
XIAES	x - ray - induced AUGER emission spectroscopy	ZFS	zero field splitting
XIN	x - ray interferometer	ZGB	ZIFF - GULARI - BARSHAD (model)
XIS	x - ray isochromat spectroscopy	ZIA	zone immunoassay
XMPA	x - ray electron microprobe analysis		

ZOLZ .... zero - order LAUE zone
ZPE .... zero - point energy
ZPL .... zero phonon line
ZPVE .... zero - point vibrational energy
ZQC .... zero - quantum coherence
ZQS .... zero - quantum spectroscopy
ZTS .... Z - transition state